U0063077

国家出版基金资助项目

现代数学中的著名定理纵横谈丛书
丛书主编　王梓坤

BAYES STATISTICAL DECISION—INTRODUCTION TO IMAGE RECOGNITION

Bayes统计判决——图像识别导论

程民德　沈燮昌　著

哈爾濱工業大學出版社
HARBIN INSTITUTE OF TECHNOLOGY PRESS

内容简介

本书从统计判决、语言结构法、模糊集论三方面提供了图象识别的理论基础.

第一章介绍了图像识别研究的对象及方法,它是本书的引论;第二章到第四章介绍了统计图像识别中的一些基本方法及理论基础;第五章介绍了图像识别的语言结构法;第六章介绍了用模糊集的方法进行图像识别.

本书可供从事有关图像识别的广大工程技术人员及科学研究工作者参考,也可以作为高等院校中有关专业的教科书或参考书.

图书在版编目(CIP)数据

Bayes 统计判决:图像识别导论/程民德,沈燮昌著.—哈尔滨:哈尔滨工业大学出版社,2024.1

(现代数学中的著名定理纵横谈丛书)

ISBN 978-7-5767-0400-6

Ⅰ.①B… Ⅱ.①程… ②沈… Ⅲ.①贝叶斯统计量-图像识别-研究 Ⅳ.①O212.8

中国版本图书馆 CIP 数据核字(2022)第 179399 号

Bayes TONGJI PANJUE:TUXIANG SHIBIE DAOLUN

策划编辑 刘培杰 张永芹
责任编辑 李广鑫
封面设计 孙茵艾
出版发行 哈尔滨工业大学出版社
社　　址 哈尔滨市南岗区复华四道街 10 号 邮编 150006
传　　真 0451-86414749
网　　址 http://hitpress.hit.edu.cn
印　　刷 辽宁新华印务有限公司
开　　本 787 mm×960 mm 1/16 印张 27.5 字数 290 千字
版　　次 2024 年 1 月第 1 版 2024 年 1 月第 1 次印刷
书　　号 ISBN 978-7-5767-0400-6
定　　价 98.00 元

◎代序

读书的乐趣

你最喜爱什么——书籍.

你经常去哪里——书店.

你最大的乐趣是什么——读书.

这是友人提出的问题和我的回答.真的,我这一辈子算是和书籍,特别是好书结下了不解之缘.有人说,读书要费那么大的劲,又发不了财,读它做什么?我却至今不悔,不仅不悔,反而情趣越来越浓.想当年,我也曾爱打球,也曾爱下棋,对操琴也有兴趣,还登台伴奏过.但后来却都一一断交,“终身不复鼓琴”.那原因便是怕花费时间,玩物丧志,误了我的大事——求学.这当然过激了一些.剩下来唯有读书一事,自幼至今,无日少废,谓之书痴也可,谓之书橱也可,管它呢,人各有志,不可相强.我的一生大志,便是教书,而当教师,不多读书是不行的.

读好书是一种乐趣,一种情操;一种向全世界古往今来的伟人和名人求教的方法，一种和他们展开讨论的方式；一封出席各种活动、体验各种生活、结识各种人物的邀请信；一张迈进科学宫殿和未知世界的入场券；一股改造自己、丰富自己的强大力量.书籍是全人类有史以来共同创造的财富，是永不枯竭的智慧的源泉.失意时读书，可以使人重整旗鼓；得意时读书，可以使人头脑清醒；疑难时读书，可以得到解答或启示；年轻人读书，可明奋进之道；年老人读书，能知健神之理.浩浩乎！洋洋乎！如临大海，或波涛汹涌，或清风微拂，取之不尽，用之不竭.吾于读书，无疑义矣，三日不读，则头脑麻木，心摇摇无主.

潜能需要激发

我和书籍结缘，开始于一次非常偶然的机会.大概是八九岁吧，家里穷得揭不开锅，我每天从早到晚都要去田园里帮工.一天，偶然从旧木柜阴湿的角落里，找到一本蜡光纸的小书，自然很破了.屋内光线暗淡，又是黄昏时分，只好拿到大门外去看.封面已经脱落，扉页上写的是《薛仁贵征东》.管它呢，且往下看.第一回的标题已忘记，只是那首开卷诗不知为什么至今仍记忆犹新：

日出遥遥一点红，飘飘四海影无踪.

三岁孩童千两价，保主跨海去征东.

第一句指山东，二、三两句分别点出薛仁贵(雪、人贵).那时识字很少，半看半猜，居然引起了我极大的兴趣，同时也教我认识了许多生字.这是我有生以来独立看的第一本书.尝到甜头以后，我便千方百计去找书，向小朋友借，到亲友家找，居然断断续续看了《薛丁山征西》《彭公案》《二度梅》等，樊梨花便成了我心中的女英雄.我真入迷了.从此,放牛也罢,车水也罢,我总要带一本书,还练出了边走田间小路边读书的本领,读得津津有味,不知人间别有他事.

当我们安静下来回想往事时,往往会发现一些偶然的小事却影响了自己的一生.如果不是找到那本《薛仁贵征东》,我的好学心也许激发不起来.我这一生,也许会走另一条路.人的潜能,好比一座汽油库,星星之火,可以使它雷声隆隆、光照天地;但若少了这粒火星,它便会成为一潭死水,永归沉寂.

抄,总抄得起

好不容易上了中学,做完功课还有点时间,便常光顾图书馆.好书借了实在舍不得还,但买不到也买不起,便下决心动手抄书.抄,总抄得起.我抄过林语堂写的《高级英文法》,抄过英文的《英文典大全》,还抄过《孙子兵法》,这本书实在爱得狠了,竟一口气抄了两份.人们虽知抄书之苦,未知抄书之益,抄完毫末俱见,一览无余,胜读十遍.

始于精于一,返于精于博

关于康有为的教学法,他的弟子梁启超说:"康先生之教,专标专精、涉猎二条,无专精则不能成,无涉猎则不能通也."可见康有为强烈要求学生把专精和广博(即"涉猎")相结合.

在先后次序上,我认为要从精于一开始.首先应集中精力学好专业,并在专业的科研中做出成绩,然后逐步扩大领域,力求多方面的精.年轻时,我曾精读杜布(J. L. Doob)的《随机过程论》,哈尔莫斯(P. R. Halmos)的《测度论》等世界数学名著,使我终身受益.简言之,即"始于精于一,返于精于博".正如中国革命一样,必须先有一块根据地,站稳后再开创几块,最后连成一片.

丰富我文采,澡雪我精神

辛苦了一周,人相当疲劳了,每到星期六,我便到旧书店走走,这已成为生活中的一部分,多年如此.一次,偶然看到一套《纲鉴易知录》,编者之一便是选编《古文观止》的吴楚材.这部书提纲挈领地讲中国历史,上自盘古氏,直到明末,记事简明,文字古雅,又富于故事性,便把这部书从头到尾读了一遍.从此启发了我读史书的兴趣.

我爱读中国的古典小说,例如《三国演义》和《东周列国志》.我常对人说,这两部书简直是世界上政治阴谋诡计大全.即以近年来极时髦的人质问题(伊朗人质、劫机人质等),这些书中早就有了,秦始皇的父亲便是受害者,堪称"人质之父".

《庄子》超尘绝俗,不屑于名利.其中"秋水""解牛"诸篇,诚绝唱也.《论语》束身严谨,勇于面世,"己所不欲,勿施于人",有长者之风.司马迁的《报任少卿书》,读之我心两伤,既伤少卿,又伤司马;我不知道少卿是否收到这封信,希望有人做点研究.我也爱读鲁迅的杂文,果戈理、梅里美的小说.我非常敬重文天祥、秋瑾的人品,常记他们的诗句:"人生自古谁无死,留取丹心照汗青""休言女子非英物,夜夜龙泉壁上鸣".唐诗、宋词、《西厢记》《牡丹亭》,丰富我文采,澡雪我精神,其中精粹,实是人间神品.

读了邓拓的《燕山夜话》,既叹服其广博,也使我动了写《科学发现纵横谈》的心.不料这本小册子竟给我招来了上千封鼓励信.以后人们便写出了许许多多的“纵横谈”.

从学生时代起,我就喜读方法论方面的论著.我想,做什么事情都要讲究方法,追求效率、效果和效益,方法好能事半而功倍.我很留心一些著名科学家、文学家写的心得体会和经验.我曾惊讶为什么巴尔扎克在51年短短的一生中能写出上百本书,并从他的传记中去寻找答案.文史哲和科学的海洋无边无际,先哲们的明智之光沐浴着人们的心灵,我衷心感谢他们的恩惠.

读书的另一面

以上我谈了读书的好处,现在要回过头来说说事情的另一面.

读书要选择.世上有各种各样的书:有的不值一看,有的只值看20分钟,有的可看5年,有的可保存一辈子,有的将永远不朽.即使是不朽的超级名著,由于我们的精力与时间有限,也必须加以选择.决不要看坏书,对一般书,要学会速读.

读书要多思考.应该想想,作者说得对吗?完全吗?适合今天的情况吗?从书本中迅速获得效果的好办法是有的放矢地读书,带着问题去读,或偏重某一方面去读.这时我们的思维处于主动寻找的地位,就像猎人追找猎物一样主动,很快就能找到答案,或者发现书中的问题.

有的书浏览即止,有的要读出声来,有的要心头记住,有的要笔头记录.对重要的专业书或名著,要勤做笔记,“不动笔墨不读书”.动脑加动手,手脑并用,既可加深理解,又可避忘备查,特别是自己的灵感,更要及时抓住.清代章学诚在《文史通义》中说:“札记之功必不可少,如不札记,则无穷妙绪如雨珠落大海矣.”

许多大事业、大作品,都是长期积累和短期突击相结合的产物.涓涓不息,将成江河;无此涓涓,何来江河?

爱好读书是许多伟人的共同特性,不仅学者专家如此,一些大政治家、大军事家也如此.曹操、康熙、拿破仑、毛泽东都是手不释卷,嗜书如命的人.他们的巨大成就与毕生刻苦自学密切相关.

王梓坤

序

近年来,图像识别这一课题在理论研究和工作实践中都有了迅速的发展.一方面是由于图像识别的应用范围已渗透到国民经济的许多领域,另一方面则是由于计算机科学的飞速发展使这一应用的可能性越来越大.除了早期的文字识别及语音识别以外,目前图像识别在天气预报、质量控制、国防科学、指纹识别、遥感技术、地震探测、疾病诊断、细胞识别等各方面都有广泛的应用.

目前,在国际上,图像识别这一课题已受到极大的重视,有许多不同领域的科技工作者都从事这方面的研究.最近每年都有图像识别以及与它有关的图像处理、人工智能的专业性会议,并出版了各种会议的报告集以及有关的书籍.在杂志 *Computer Graphics and Image Processing* 中,每年都载有图像识别及有关领域全年发表的文章总清单.现在,国际上已成立了图像识别及人工智能的专业委员会.外国有的厂商已制造出了图像识别的专用机器.

图像识别的研究牵涉到很多学科,为了实现识别,需要综合各有关学科的知识和技术.仅就数学这一学科而言,就需要线性代数、矩阵论、规划论、信息论、函数论、概率统计、数理逻辑、形式语言等各方面的知识.本书主要论述图像识别的基本数学理论和方法,重点放在统计图像识别方面,同时也介绍用语言结构法及模糊集方法来进行识别.本书是近年来在北京大学举办的有若干兄弟单位参加的一个讨论班的研讨内容基础上整理而成的.尽管本书内容的取材及写法可能有许多不完善及不妥之处,但是由于国内介绍有关这方面的书籍很少,因此编者希望本书能向读者提供一个在图像识别方面的初步介绍.

本书第一章介绍了图像识别的研究对象、基本概念及几个简单方法.这一章是由沈燮昌及周民强两位同志合写的.第二章着重讲 Bayes 判决及其应用,同时介绍了 Neyman-Pearson 判决方法.第三章介绍了统计图像识别中的几个判决方法,如 Fisher 判决、Wald 判决、概率密度函数的估计、一些非参数方法等.这两章是由沈燮昌同志执笔写成的.第四章介绍特性提取与特征选择这一方法,主要是由程民德同志执笔写成的,其中 §4.7 由石青云同志执笔写成.第五章介绍用语言结构法来进行图像识别.第六章介绍模糊集方法在图像识别中的应用.这两章是由钱敏平同志执笔写的,由沈燮昌同志做了若干补充,并由石青云同志进行了校正.在一些章节后面还加了附录,以便读者进一步查阅.我们在编写过程中曾进行多次讨论,最后由沈燮昌同志对全书做了统稿工作.

复旦大学的唐国兴同志为本书稿提了不少宝贵意见,谨表示感谢.

限于我们的水平及时间仓促,不足之处可能很多,欢迎读者评批指正.

作　者

⊙ 目录

导　引

第一章

§1.1　图像识别简介

图像识别(Pattern Recognition,也称模式识别,这里沿用习惯名称),粗略地说:就是要把一种研究对象,根据其某些特征进行识别并分类.例如要识别写在卡片上的数字,判断它是0,1,2,…,9中的哪个数字,这就是将数字图像分成十类的问题.因此,这种识别早已存在于人们的生活实践中.然而,随着实践活动的扩大、深入和更加社会化的需要,人们不仅需要识别分类数很多的事物,而且被识别的对象的内容也越来越复杂.例如邮局每天需要识别大量信件上的编码,以便送到各个地区(分类);又如对某地区数十万人口进行某种疾病的普查,以便进行预防和治疗等.特别是由于科学技术水平的提高,可以使得各种不同的研究对象"图像化"或"数字化",也就是说,可采用某种技术把考察的对象转换成照片(如各种高空照片及 X 光照片)、波形图(心电图、地震波等)以及若干数据(遥测遥感中用多光谱扫描所得的数据),这些数据就可以代表所研究的对象. 因此,“图像”一词的含意绝不只是指通常意义下的图或照片. 人们自然希望采用各种仪器及设备来代替繁重的劳动,并且能够多快好省地进行图像识别. 在有了大型、快速电子计算机的今天,数值化处理的手段已显示出很大的优越性. 因此,数学的理论和方法已日益显示出它在这个领域中所起的作用.

我们所研究的对象——图像是千差万别的,它们都蕴含本身固有的特性,因此,把它们区别或分类是有可能的. 所以除了对图像进行“数值化”以外,还需要通过一些手段,将各类图像的重要特性用数字刻画出来,这就称为特性提取. 实际上,反映一类图像特性的数目往往是比较多的,这样,一方面在用计算机处理时,必须花费很多时间,另一方面,由于这些特性的提取往往是不精确的,会带有一定的误差. 因此,有必要对这些特性进一步进行选择,使得尽量设法去掉一些误差,而又保留原来特性中的信息. 这往往是利用原来的特性,通过一些方法,找出某些(比原来特性数目要少)综合性指标来,这就称为特征选择. 这样一来,每个图像就由一组数来表示. 进一步的问题,就是要设计识别方案,使得对任何一个未知类别的图像,根据方案就可以判定它属于哪一类. 由于同一类图像往往可以用不同的一组数来表示,也就是说,这组数往往是随机的. 因此,就可以用统计方法来设计识别方案. 有时也用统计方法来进行特征选择. 此外,也经常用已知类别

的一些图像(样本)来设计识别方案,使得这个方案对原来已知类别的图像能正确地识别,或者在某种意义下使得错误识别的可能性最小. 这就是统计图像识别的主要思想.

现在我们举例说明:如在细胞识别中,需要判断哪些细胞是癌细胞,哪些是正常细胞. 这就是一个两类图像的识别问题. 根据医生的经验,癌细胞有一系列的异常情况:如①细胞核大;②细胞核染色增深;③细胞核形态畸形(正常细胞核呈圆形或卵圆形);④核浆比倒置;⑤核内染色质出现粗颗粒,结成团状或有核膜、核仁,染色质分布不均匀;⑥整个细胞呈长条(纤维状)、串状等各种畸形. 这样,我们把每一个细胞放入某一类仪器中,这个仪器能按一定的间隔测出细胞每一点附近的透光值,称为消光系数. 如果在每一个细胞的纵向与横向都取 19 个点,这样就得到 361 个数据,这就是细胞的"数值化". 然后,根据上面的六个特性,用一些方法,从这 361 个数据中设法找出每一个特性的数,这就是特性提取. 例如,可以通过消光系数值的大小及分布,判断出哪些是细胞核,哪些是细胞质. 计算细胞核所对应的消化系数的点的个数就能知道细胞核的面积,这个数就可以反映第一个特性. 也可以用细胞核边缘的周长平方与其面积之比来刻画它的畸形情况. 这是因为在周长一定的情况下,圆的面积最大. 这里取周长的平方是为了表示与面积的量纲一样. 当然也可以取别的方幂. 这样,又得到了一个数,它刻画了第三个特性. 最后,每个细胞就对应着刻画这六个特性的六个数,这些数构成一组有次序的数或向量. 从这六个特性可以看出,它们彼此之间不是孤立的,是有一定关系的,因此,没有必要用这六个特性来进行识别. 可以用一些方法(往往是用最优化方法及统计方法)从这六个特性中选出两个综合性指标. 这样,一个细胞就对应着两个有序的数 x_1, x_2,它构成平面上一个向量 $\boldsymbol{x} = (x_1, x_2)^{\mathrm{T}}$(后文我们认为向量是列向量,T 表示转置)或在平面坐标系中对应着一个点(x_1, x_2). 很多细胞就对应着平面上的很多点.

现在我们取一批已知类别的细胞,如取 100 个癌细胞及 100 个正常细胞(称为训练样本),它们在平面上就对应着两类点集. 我们可以找一条曲线把这两类点分开(图 1-1),这样,整个平面就被这条曲线分成两个区域. 对于任何一个未知类别的细胞,按上述特征选择方法也可以对应着一个点 $M(x_1, x_2)$,如果 M 落入区域Ⅰ,则就可以认为这个细胞是正常细胞;如果 M 落入区域Ⅱ,则就认为这个细胞是癌细胞. 上述曲线就称为判决边界,其方程记作 $g(x_1, x_2) = 0$;上述识别细胞的方法称为判决. 从数学来看,可以认为:若 $M(x_1, x_2)$使 $g(x_1, x_2) < 0$,则判决 M 表示正常细胞;若 $M(x_1, x_2)$使 $g(x_1, x_2) > 0$,则判决 M 表示癌细胞. 函数 $g(x_1, x_2)$称为判决函数. 当然,这样找到的判决函数形状可能会很复杂,在计算时会带来很大的不便. 我们也可以选择 $g(x_1, x_2)$为一个线性函数$\bar{g}(x_1, x_2)$,而用 $\bar{g}(x_1, x_2) = 0$ 作为判决边界,对前面给出的 200 个已知类别的细胞可能会有误判,此时,可以指定某个准则,使得在这个准则下,误判的可能性最小.

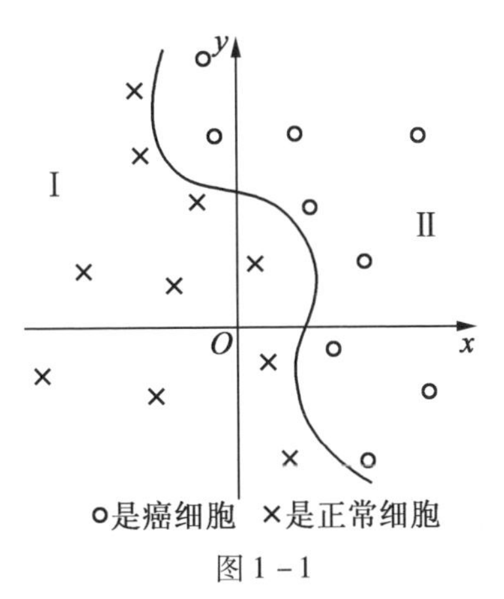

图 1－1

现在可以用框图 1－2 来描述统计图像识别的大致过程：

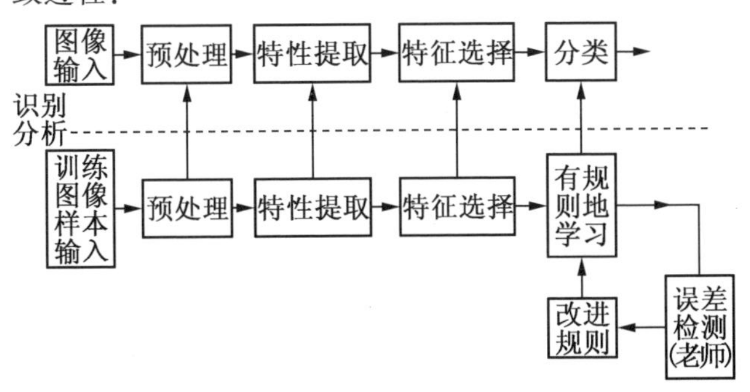

图 1－2

图 1－2 中上半部分是识别部分，即对未知类别的图像进行分类；下半部分是分析部分，即对已知类别的图像样本制定出判决函数及判决规则（有规则地学习），使得对未知类别的图像能够进行分类. 由于所输入的图像需要进行数字化，这就会产生误差；又如在高空中所拍摄的照片，由于大气扰动的影响或飞行器的

移动等,都会使照片模糊;遥测遥感照片或多光谱扫描所得的数据也需要进行某些校正.所有这些都需要进行预处理.框图右下角部分是自适应处理部分.当用训练图像样本根据某些准则制定(学习)出一些判决规则后,再对这些训练样本逐个进行检测,观察是否有误差(这相当于请老师进行指导),如果有,再进一步改进判决规则,直到比较满意为止.

在一些图像识别中,往往需要了解的是图像的结构信息,且识别的目的不仅是需要安排图像属于哪一类,而且还要描写图像的形态.这方面的例子有指纹识别、场景分析等.近年来,用语言结构法来识别图像也有不少研究.由于一些图像的结构比较复杂,且特性的数目非常多,因此,要简单地判断它属于哪一类是不实际的.这样,自然要想到:能否将复杂的图像用一些相对比较简单的图像的组合来表示,而这些子图像又用一些更为简单的图像来表示,……,最后用一些最简单的图像(称为基元)来表示,且所有这种表示又都按一定的规律组成.

例如,考虑下面的场景 A(图 1-3),它是由一些物体及背景所组成的,而物体又是由一个长方体及一个三角体组成;背景是由地板与墙所组成;长方体是由看得到的三个面所组成;三角体是由两个看得到的面所组成.这样,我们就可以逐渐地描写这种结构(图 1-4).于是,这样一种逐级描写的结构方法与日常所用的句子分析有类似之处(图 1-5).当然,这里每一个字还可以再分解成一些字母的组合.这里的字用语法规则连接起来构造出短语,最后再构成一句完

整的句子. 对照一下上述的场景,取最简单的子图像(基元),用一定的规则即可构成较为复杂的子图像,再根据一定的规律,可从子图像逐步地构成一幅场景. 在句子中字与字之间有语法规则连接;在图像的基元与基元之间也有一定的规则连接,这种规则也可以称为文法. 这种文法就称为图像文法. 用基元及其关系(文法)能描述图像结构的语言称为图像描述语言.

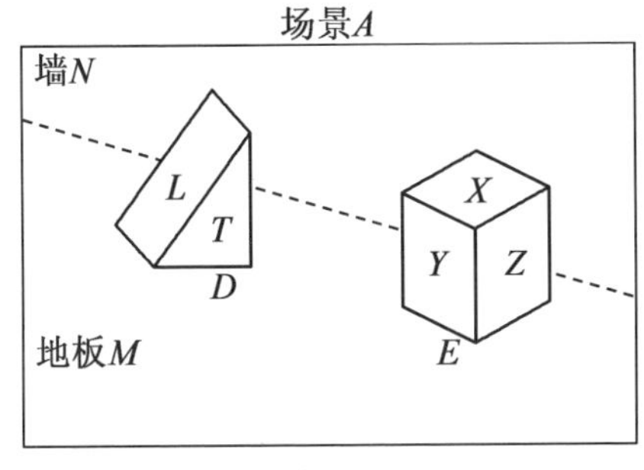

图 1－3

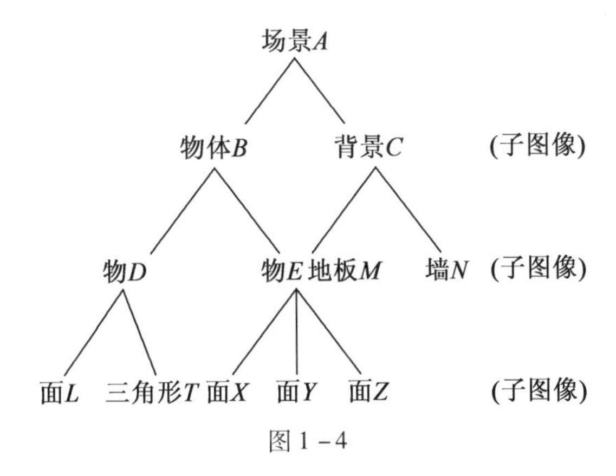

图 1－4

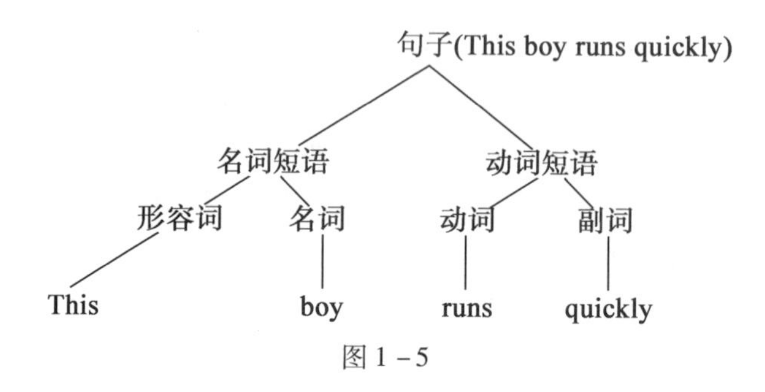

图 1－5

语言结构法中图像识别系统的方框图如图 1－6 所示.

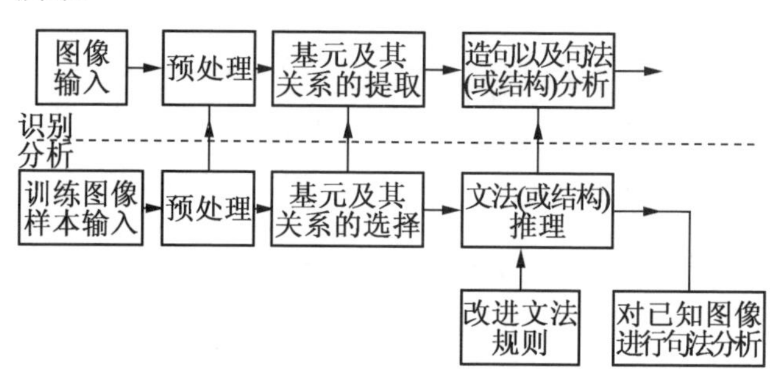

图 1－6

这里,像用统计方法进行图像识别一样,也分成两部分:上半部分是识别部分;下半部分是分析部分. 在分析部分中,用一些已知结构信息的图像作为“训练样本”构造出一些文法规则,再用这些文法对未知结构信息的图像所表示的句子(经常可以由字链所构成)来进行句法分析,这实际上就是识别. 如果能够被已知结构信息的文法分析出来,那么这个未知图像也有这样的结构信息,否则,它就不是具有这种结构信息的图像.

在基元及其关系的提取阶段类似于前面的特性提

取及特征选择这两个阶段，当然在具体实现时是完全不同的. 例如，我们要描写数字 9（图 1－7），就可以用四个基元来描写（图 1－8）. 这四个基元是四个向量，其长度都一样（图 1－8），而连接的方式只能有两种，即向量的首尾相连. 它的结构图如图 1－9 所示.

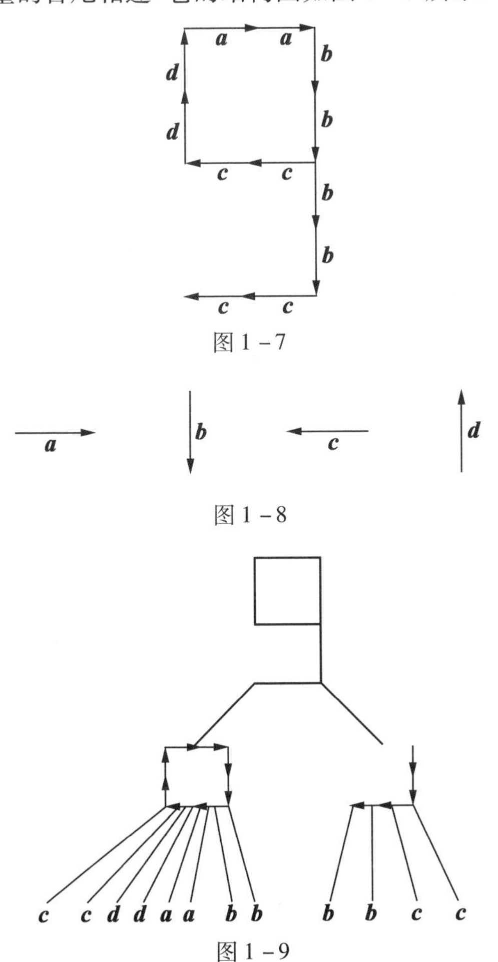

图 1－7

图 1－8

图 1－9

写成的句子就是 $\boldsymbol{ccddaabbbbcc}$，或简单地写为 $\boldsymbol{c^2d^2a^2b^4c^2}$，这也称为链码.

对于手写体文字，一笔一画可以作为基元；在形状分析中，一定特性的直线段或曲线段都可以作为基元；在语音识别中，单音可以作为基元；…….

在选择基元时，如果选择得非常简单，其优点是容易把它找出来，但缺点是不易用紧凑的文法来描述一个图像；反之，如果基元选择得比较复杂，虽然容易用紧凑的文法来描述图像，但对基元本身却不容易识别. 这二者往往是矛盾的，所以就需要适当选取，二者兼顾. 有时可以用统计图像识别方法来识别基元，然后再用紧凑文法来描述图像.

有了基元后，必须对各种训练图像样本构造文法，这样才能产生语言，并用它来描述图像即造句. 当然，最理想的是从已给定的基元来自动地产生文法，如对“桥”的基元能自动地推出生成“桥”的文法，因此就需要根据预先的知识及经验进行人工编制. 当编制出来几条文法规则以后，再用已知结构信息的图像来进行句子分析，若能够分析出是这种结构，则这几条文法规则是可采用的，反之，若分析出来不是这种结构，则就需要修改上述几条文法规则. 这就是前面框图（图 1－6）右下角一块的含意，这类似于统计图像识别中自适应修改判决规则的那一部分. 对于一种文法来说，若规则很多，当然功能就大，但因此设备也大，花时间多，代价也大，而其优点是解决问题的范围也大；反之，如果功能小，则很多图像就无法描述.

例如，对前面的句子“This boy runs quickly”可以引入文法（即改写规则或生成规则）如下：

P_i〈句子〉→〈句词短语〉〈动词短语〉

〈名词短语〉→〈形〉〈名〉

〈动词短语〉→〈动〉〈副〉

〈形〉→This　〈名〉→boy

〈动〉→runs　〈副〉→quickly

其中〈句子〉是开始符，它连同〈名词短语〉〈动词短语〉〈形〉〈名〉〈动〉〈副〉都称为非终止符，而 This、boy、runs、quickly 这四个字称为终止符。

对前面的数字“9”，其非终止符为：⊒，⊔，↲；终止符为 $\boldsymbol{a}$，↓$\boldsymbol{b}$，$\boldsymbol{c}$，↑$\boldsymbol{d}$. 改写规则如图 1－10 所示.

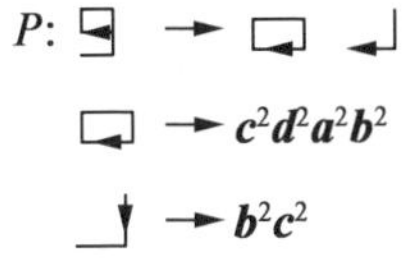

P: ⊒ → ⊔ ↲

⊔ → $\boldsymbol{c}^2\boldsymbol{d}^2\boldsymbol{a}^2\boldsymbol{b}^2$

⌟ → $\boldsymbol{b}^2\boldsymbol{c}^2$

图 1－10

显然，这两个文法（改写规则）都是非常简单的，且只能描述一个句子或一个数字“9”. 如果想要描述一类句子或一批数字，则文法规则就复杂多了. 对一般的图像，也可以用上述原则来构造文法，但是非常复杂.

有了各种文法后，对于未知结构信息的图像，在把它按一定的规则写成句子后，就可以用各种文法来进行句法分析. 这往往是对一串终止符或链码通过由各种文法所对应的自动机来进行分析. 如果能被某一种自动机通过，则这个图像就具有此自动机所对应的文法而产生的结构. 这些就是用语言结构法来进行图像识别的大意. 这将在第五章中做详细的介绍.

除了继续使用上述两种方法来识别图像外，还产生了用模糊集的方法来识别图像. 由于客观世界中有很多概念不是确定性的,而是模糊的. 例如年老、年轻、美丽、想象……. 过去经典的集合论只反映确定性的概念:给定了一个集合,任何一个元素或者属于这个集合,或者不属于这个集合,二者必居其一. 如果一个集合代表年老,则不属于这个集合的代表年轻. 显然,这样截然的分开方法也不是很科学的.

经典集合论中一个元素 x 是否属于一个集合 E 还可以用这个集合的特征函数 $f_E \notin (x)$ 来刻画:若 $f_E(x) = 1$,则 $x \in E$;若 $f_E(x) = 0$,则 $x \notin E$. 在模糊集理论中,就将特征函数做推广. 这里已经不是简单地讨论“不是年老就年轻”的问题,而是研究“取得老年的资格与标准”. 具体地说,用一个取值在 $[0,1]$ 上的函数 $f(x)$,由这个函数值的大小来刻画取得“年老”的资格与标准,即用 $f(x)$ 的值来说明在 x 处取得“年老”的资格程度. 所以,一个函数 $f(x)$ 就代表一个模糊集,而只取 0、1 两个值的函数对应着一个古典的集合. 因此,模糊集是古典集合论的推广. 在模糊集中,也可以引进各种运算、关系等概念,这样就形成一整套理论,并用这套理论来解决图像识别中的问题. 我们将在第六章中做较为详细的介绍.

§1.2 统计图像识别的基本概念及数学知识准备

在这一节中介绍统计图像识别中的一些常用符号、记号、基本概念及数学方面的一些准备知识.

1. **特征空间**

设对某个图像,可以用 n 个有次序的数 $x_1,x_2,\cdots,x_n$ 来刻画,则可用向量 $\boldsymbol{X}=(x_1,x_2,\cdots,x_n)^{\mathrm{T}}$ 表示图像. 因此每一个图像可以看作 n 维空间中的向量或点,我们称此空间为图像的特征空间.

2. **图像的类属**

设某个图像集合 Ω 由 m 类图像所组成,将其中第 i 类图像记为 Ω_i;将图像 ξ 属于第 i 类图像记为 $\xi\in\Omega_i$,有时也将图像 ξ 所对应的 n 维向量 $\boldsymbol{X}$ 写作 $\boldsymbol{X}\in\Omega_i$ 来表示图像 ξ(或说"图像"$\boldsymbol{X}$)属于第 i 类图像.

3. **判决函数(识别函数)**

对于 m 类图像 $\Omega_i(1\leqslant i\leqslant m)$ 的识别问题,判决函数是指一组定义在特征空间上的函数

$$g_j(\boldsymbol{X})=g_j(x_1,x_2,\cdots,x_n)\quad(j=1,2,\cdots,m)$$

其判决(识别)规则如下:对于任意一个"图像"$\boldsymbol{X}$,若

$$g_i(\boldsymbol{X})>g_j(\boldsymbol{X})\quad(j\neq i;j=1,2,\cdots,m)$$

则判决"图像"$\boldsymbol{X}\in\Omega_i$. 若令 $\phi_{ij}(\boldsymbol{X})=g_i(\boldsymbol{X})-g_j(\boldsymbol{X})$,则 $\phi_{ij}(\boldsymbol{X})=0$ 是 n 维特征空间中的超曲面,称为判决边界. 判决规则可以由 $\phi_{ij}(\boldsymbol{X})>0$ 或 $\phi_{ij}(\boldsymbol{X})<0$ 来确定,有时称 $\phi_{ij}(\boldsymbol{X})$ 为判决函数. 今后也将一些其他能判决图像所属类别的函数称为判决函数.

对于二类问题,判决边界为 $\phi(\boldsymbol{X})=g_1(\boldsymbol{X})-g_2(\boldsymbol{X})=0$,判决规则从 $\phi(\boldsymbol{X})>0$ 或 $\phi(\boldsymbol{X})<0$ 来区分,其中"0"称为门限值,门限值也可以用别的适当的数值来代替.

4. **样本集**

我们称从已知图像类中随机地抽取的一个图像为一个样本;而相互独立地抽取的 N 个样本 $\boldsymbol{X}_1,\boldsymbol{X}_2,\cdots,$

X_N 为样本集. 例如,从第 j 类图像 Ω_j 中抽取 N_j 个样本构成的样本集为

$$\Omega_j: X_i^{(j)} = \{x_{i1}^{(j)}, x_{i2}^{(j)}, \cdots, x_{in}^{(j)}\}^{\mathrm{T}}$$
$$(i=1,2,\cdots,N_j; j=1,2,\cdots,m)$$

这里 $N = \sum_{j=1}^{m} N_j$ 为 m 类图像 $\Omega_j(1 \leqslant j \leqslant m)$ 全体的样本集中总的样本个数.

有时,我们需要将上述样本的全体集中起来,排成一个序列

$$\{X_1^{(1)}, \cdots, X_{N_1}^{(1)}; X_1^{(2)}, \cdots, X_{N_2}^{(2)}; \cdots; X_1^{(m)}, \cdots, X_{N_m}^{(m)}; X_1^{(1)}, \cdots,$$
$$X_{N_1}^{(1)}; X_1^{(2)}, \cdots, X_{N_2}^{(2)}; \cdots; X_1^{(m)}, \cdots, X_{N_m}^{(m)}; \cdots\}$$

其中每一类图像的样本集都依次重复出现在此序列中,并称此序列为样本序列.

5. 距离

如果两个图像是属于同一类的,那么,一般地说,从它们中提取的特性所得到的问题应该是比较接近的. 在数学上,常用"距离"这个概念来刻画两个向量接近的程度.

如果对于向量空间中任意两个向量 X 与 Y,能确定唯一数值,记作 $\rho(X,Y)$,且满足下列三个条件:

(1) $\rho(X,Y) \geqslant 0$,且 $\rho(X,Y)=0 \Leftrightarrow X=Y$;

(2) $\rho(X,Y)=\rho(Y,X)$;

(3) $\rho(X,Z) \leqslant \rho(X,Y)+\rho(Y,Z)$.

则称此数值 $\rho(X,Y)$ 为 X 与 Y 之间的距离.

例 1 n 维向量空间中的两个向量 $X=\{x_1, x_2, \cdots, x_n\}^{\mathrm{T}}$ 与 $Y=\{y_1, y_2, \cdots, y_n\}^{\mathrm{T}}$ 的距离 $\rho(X,Y)$ 可以定义为

$$\rho(X,Y) = \left\{\sum_{j=1}^{n}(x_j - y_j)^2\right\}^{\frac{1}{2}}$$

这就是众所周知的欧氏距离.

例2 n 维向量空间中的两个向量 $\boldsymbol{X}=(x_1,x_2,\cdots,x_n)^{\mathrm{T}}$ 与 $\boldsymbol{Y}=(y_1,y_2,\cdots,y_n)^{\mathrm{T}}$ 的距离 $\rho(\boldsymbol{X},\boldsymbol{Y})$ 还可以定义为

$$\rho(\boldsymbol{X},\boldsymbol{Y})=\left\{\sum_{j=1}^{n}(x_j-y_j)^p\right\}^{\frac{1}{p}}\quad(p\geqslant 1)$$

这就是众所周知的 l_p 中的距离.

6. 正规化

当用某种距离的概念对图像进行分类时,由于表示图像的各个特征的含义不同,因而各个特征所使用的单位以及测量所得到的数值可能差别很大,所以各个特征"相互接近"的程度是不一样的,不能同等对待. 否则,在特征空间中来划分区域时就会产生较大的误差. 在这种情况下,必须预先加以处理,即正规化. 下面介绍两种正规化的方法:

(1)在样本集中,考察每一个特征在所有样本集中的取值范围. 令

$$a_p=\max_{\substack{1\leqslant i\leqslant m\\1\leqslant j\leqslant N_i}}\{x_{jp}^{(i)}\}-\min_{\substack{1\leqslant i\leqslant m\\1\leqslant j\leqslant N_i}}\{x_{jp}^{(i)}\}\quad(1\leqslant p\leqslant n)$$

其中,$x_{jp}^{(i)}$ 表示第 i 类图像 Ω_i 中的第 j 个样本的第 p 个分量(即第 p 个特征). 再令

$$y_{jp}^{(i)}=\frac{x_{jp}^{(i)}}{a_p}\quad(1\leqslant p\leqslant n)$$

作为各个样本的第 p 个新特征,并称 $y_{jp}^{(i)}$ 为正规化了的特征.

(2)引入平均值及方差

$$\bar{x}_p=\frac{1}{N}\sum_{i=1}^{m}\sum_{j=1}^{N_i}x_{jp}^{(i)}\quad(1\leqslant p\leqslant n)$$

$$\sigma_p^2 = \frac{1}{N}\sum_{i=1}^{m}\sum_{j=1}^{N_i}(x_{jp}^{(i)} - \bar{x}_p)^2 \quad (1 \leqslant p \leqslant n)$$

其中, $N = \sum_{j=1}^{m} N_j$ 为全体样本的总个数. 再令

$$y_{jp}^{(i)} = \frac{x_{jp}^{(i)} - \bar{x}_p}{\sigma_p} \quad (1 \leqslant p \leqslant n)$$

为正规化了的特征.

7. 向量与矩阵

n 维向量空间中的两个向量 $\boldsymbol{X} = (x_1, x_2, \cdots, x_n)^{\mathrm{T}}$ 与 $\boldsymbol{Y} = (y_1, y_2, \cdots, y_n)^{\mathrm{T}}$,可以构成内积

$$(\boldsymbol{X}, \boldsymbol{Y}) = \sum_{j=1}^{n} x_j y_j \text{ 或 } \boldsymbol{X}^{\mathrm{T}}\boldsymbol{Y} = \sum_{j=1}^{n} x_j y_j$$

显然有 $\boldsymbol{X}^{\mathrm{T}}\boldsymbol{X} = \sum_{j=1}^{n} x_j^2$. 若 $\boldsymbol{X}^{\mathrm{T}}\boldsymbol{Y} = 0$,则称向量 $\boldsymbol{X}$ 与 $\boldsymbol{Y}$ 正交. $\|\boldsymbol{X}\| = (\boldsymbol{X}^{\mathrm{T}}\boldsymbol{X})^{\frac{1}{2}}$称为向量$\boldsymbol{X}$的长度. $\|\boldsymbol{X} - \boldsymbol{Y}\|$ 称为向量 $\boldsymbol{X}$ 与 $\boldsymbol{Y}$ 之间的欧氏距离.

n 维空间中的超平面用向量形式可表示为

$$\boldsymbol{\alpha}^{\mathrm{T}}\boldsymbol{X} + \alpha_{n+1} = 0$$

其中,$\boldsymbol{\alpha} = (\alpha_1, \alpha_2, \cdots, \alpha_n)^{\mathrm{T}}$ 为已知向量,$\boldsymbol{X} = \{x_1, x_2, \cdots, x_n\}^{\mathrm{T}}$,$\alpha_{n+1}$为已知数.

对于 $n \times m$ 阶矩阵

$$\boldsymbol{A} = \begin{pmatrix} a_{11} & a_{12} & \cdots & a_{1m} \\ a_{21} & a_{22} & \cdots & a_{2m} \\ \vdots & \vdots & & \vdots \\ a_{n1} & a_{n2} & \cdots & a_{nm} \end{pmatrix}$$

称
$$A^{\mathrm{T}}=\begin{pmatrix} a_{11} & a_{21} & \cdots & a_{n1} \\ a_{12} & a_{22} & \cdots & a_{n2} \\ \vdots & \vdots & & \vdots \\ a_{1m} & a_{2m} & \cdots & a_{nm} \end{pmatrix}$$
为 $\boldsymbol{A}$ 的转置矩阵. 若 $n=m$，且 $a_{ij}=a_{ji}(i,j=1,2,\cdots,n)$，则称 $\boldsymbol{A}$ 为对称矩阵.

$n\times n$ 阶矩阵 $\boldsymbol{A}$ 的逆矩阵记为 $\boldsymbol{A}^{-1}$，它满足 $\boldsymbol{A}\boldsymbol{A}^{-1}=\boldsymbol{A}^{-1}\boldsymbol{A}=\boldsymbol{I}_n$，其中 $\boldsymbol{I}_n$ 为 $n\times n$ 阶单位矩阵.

$n\times n$ 阶矩阵 $\boldsymbol{A}$ 如果满足 $\boldsymbol{A}^{\mathrm{T}}\boldsymbol{A}=\boldsymbol{A}\boldsymbol{A}^{\mathrm{T}}=\boldsymbol{I}_n$，则称为正交矩阵. 显然，此时有 $\boldsymbol{A}^{-1}=\boldsymbol{A}^{\mathrm{T}}$.

8. **向量导数**

设 n 维向量函数 $f(\boldsymbol{X})=f(x_1,x_2,\cdots,x_n)$ 为可微的，则定义 $f(\boldsymbol{X})$ 的梯度向量为
$$\nabla f(\boldsymbol{X})=\left(\frac{\partial f}{\partial x_1},\frac{\partial f}{\partial x_2},\cdots,\frac{\partial f}{\partial x_n}\right)^{\mathrm{T}}$$

例 3
$$\nabla \boldsymbol{X}^{\mathrm{T}}\boldsymbol{X}=2\boldsymbol{X} \tag{1.2.1}$$

解　因为 $\boldsymbol{X}^{\mathrm{T}}\boldsymbol{X}=x_1^2+x_2^2+\cdots+x_n^2$，显然有 $\dfrac{\partial f}{\partial x_j}=2x_j$，由此即得(1.2.1).

例 4　设 $\boldsymbol{A}$ 为对称矩阵，则
$$\nabla(\boldsymbol{X}^{\mathrm{T}}\boldsymbol{A}\boldsymbol{X})=2\boldsymbol{A}\boldsymbol{X} \tag{1.2.2}$$

解　已知 $\boldsymbol{X}^{\mathrm{T}}\boldsymbol{A}\boldsymbol{X}=\sum\limits_{i=1}^{n}\sum\limits_{j=1}^{n}a_{ij}x_ix_j$，则对任意的 $k(1\leqslant k\leqslant n)$，有 $\dfrac{\partial f}{\partial x_k}=2\sum\limits_{i=1}^{n}a_{ki}x_i$，由此即得(1.2.2)。

对于矩形函数 $f(\boldsymbol{A})$，定义

$$\frac{\partial f(\boldsymbol{A})}{\partial \boldsymbol{A}}=\begin{pmatrix} \frac{\partial}{\partial a_{11}}f(\boldsymbol{A}) & \frac{\partial}{\partial a_{12}}f(\boldsymbol{A}) & \cdots & \frac{\partial}{\partial a_{1m}}f(\boldsymbol{A}) \\ \frac{\partial}{\partial a_{21}}f(\boldsymbol{A}) & \frac{\partial}{\partial a_{22}}f(\boldsymbol{A}) & \cdots & \frac{\partial}{\partial a_{2m}}f(\boldsymbol{A}) \\ \vdots & \vdots & & \vdots \\ \frac{\partial}{\partial a_{n1}}f(\boldsymbol{A}) & \frac{\partial}{\partial a_{n2}}f(\boldsymbol{A}) & \cdots & \frac{\partial}{\partial a_{nm}}f(\boldsymbol{A}) \end{pmatrix}$$

例 5 当 $\boldsymbol{A}$ 是 $n\times n$ 阶矩阵时

$$\frac{\partial}{\partial \boldsymbol{A}}(\boldsymbol{X}^{\mathrm{T}}\boldsymbol{A}\boldsymbol{X})=\boldsymbol{X}\boldsymbol{X}^{\mathrm{T}}$$

例 6 当 $\boldsymbol{A}$ 是 $n\times n$ 阶矩阵时

$$\frac{\partial}{\partial \boldsymbol{A}}(\boldsymbol{X}^{\mathrm{T}}\boldsymbol{A}^{\mathrm{T}}\boldsymbol{A}\boldsymbol{X})=2\boldsymbol{A}\boldsymbol{X}\boldsymbol{X}^{\mathrm{T}}$$

以上两例的证明是很显然的.

现在将统计中经常使用的基本概念介绍如下:

设 $\boldsymbol{X}=\{x_1,x_2,\cdots,x_n\}^{\mathrm{T}}$ 为一 n 维随机变量,其联合概率密度函数为 $p(\boldsymbol{X})=p(x_1,x_2,\cdots,x_n)$,则分布函数为

$$\begin{aligned} F(\boldsymbol{X}) &= F(x_1,x_2,\cdots,x_n) \\ &= \int_{-\infty}^{x_1}\cdots\int_{-\infty}^{x_n} p(x_1,x_2,\cdots,x_n)\,\mathrm{d}x_1\cdots\mathrm{d}x_n \end{aligned}$$

而随机变量 x_k 的边缘密度为

$$p(x_k)=\underbrace{\int_{-\infty}^{+\infty}\cdots\int_{-\infty}^{+\infty}}_{\text{对前}k-1\text{个变量}}\underbrace{\int_{-\infty}^{+\infty}\cdots\int_{-\infty}^{+\infty}}_{\text{对后}n-k\text{个变量}}p(x_1,\cdots,x_n)\cdot \mathrm{d}x_1\cdots\mathrm{d}x_{k-1}\mathrm{d}x_{k+1}\cdots\cdots\mathrm{d}x_n$$

设事件 Ω_j 发生的概率为 $P(j)$,把随机向量在事件 Ω_j 发生的条件下的条件概率密度函数记为 $p(\boldsymbol{X}|j)$,则显然有

$$p(\boldsymbol{X}) = \sum_{j=1}^{n} p(\boldsymbol{X}|j)P(j) \tag{1.2.3}$$

其中,$\bigcup\limits_{j=1}^{m}\Omega_j$ 为必然事件,$\Omega_j \cap \Omega_i = \varnothing(i \neq j)$. 根据 Bayes 公式,还有

$$p(\boldsymbol{X}|j) = \frac{P(j|\boldsymbol{X})p(\boldsymbol{X})}{P(j)} \tag{1.2.4}$$

其中,$P(j|\boldsymbol{X})$是在 $\boldsymbol{X}$ 发生的情况下属于事件 Ω_j 的条件概率.

9. 数字特征

随机向量 $\boldsymbol{X}$ 的均值向量 $\boldsymbol{m}=E(\boldsymbol{X})$ 为

$$\begin{aligned}
\boldsymbol{m} &= E(\boldsymbol{X}) = \int_{-\infty}^{+\infty}\cdots\int_{-\infty}^{+\infty} \boldsymbol{X}p(\boldsymbol{X})\mathrm{d}\boldsymbol{X} \\
&= \int_{-\infty}^{+\infty}\cdots\int_{-\infty}^{+\infty} \boldsymbol{X}p(x_1,\cdots,x_n)\mathrm{d}x_1\cdots\mathrm{d}x_n \\
&= \Big(\int_{-\infty}^{+\infty}\cdots\int_{-\infty}^{+\infty} x_1p(x_1,\cdots,x_n)\mathrm{d}x_1\cdots\mathrm{d}x_n,\cdots, \\
&\quad \int_{-\infty}^{+\infty}\cdots\int_{-\infty}^{+\infty} x_np(x_1,\cdots,x_n)\mathrm{d}x_1\cdots\mathrm{d}x_n\Big)^{\mathrm{T}}
\end{aligned} \tag{1.2.5}$$

若令 $\boldsymbol{m}=(m_1,m_2,\cdots,m_n)^{\mathrm{T}}$,则 $\boldsymbol{X}$ 的协方差矩阵为

$$\begin{aligned}
\sum\nolimits_X &= E[(X-\boldsymbol{m})(X-\boldsymbol{m})^{\mathrm{T}}] \\
&= \begin{pmatrix}
E[(x_1-m_1)(x_1-m_1)] & E[(x_1-m_1)(x_2-m_2)] & \cdots & E[(x_1-m_1)(x_n-m_n)] \\
E[(x_2-m_2)(x_1-m_1)] & E[(x_2-m_2)(x_2-m_2)] & \cdots & E[(x_2-m_2)(x_n-m_n)] \\
\vdots & \vdots & & \vdots \\
E[(x_n-m_n)(x_1-m_1)] & E[(x_n-m_n)(x_2-m_2)] & \cdots & E[(x_n-m_n)(x_n-m_n)]
\end{pmatrix} \\
&= \begin{pmatrix}
\lambda_{11} & \lambda_{12} & \cdots & \lambda_{1n} \\
\lambda_{21} & \lambda_{22} & \cdots & \lambda_{2n} \\
\vdots & \vdots & & \vdots \\
\lambda_{n1} & \lambda_{n2} & \cdots & \lambda_{nm}
\end{pmatrix}
\end{aligned} \tag{1.2.6}$$

其中

$$\lambda_{ij}=E[(x_i-m_i)(x_j-m_j)]$$
$$=\int_{-\infty}^{+\infty}\cdots\int_{-\infty}^{+\infty}(x_i-m_i)(x_j-m_j)p(x_1,x_2,\cdots,x_n)\cdot \mathrm{d}x_1\mathrm{d}x_2\cdots\mathrm{d}x_n\quad(i,j=1,2,\cdots,n)\tag{1.2.7}$$

令

$$\lambda_{ii}=\sigma_{ii}^2\quad(i=1,2,\cdots,n)$$
$$\gamma_{ij}=\frac{\lambda_{ij}}{\sigma_{ii}\sigma_{jj}}\quad(i,j=1,2,\cdots,n)$$

则称 γ_{ij} 为相关系数,矩阵

$$\boldsymbol{R}=\begin{pmatrix} r_{11} & r_{12} & \cdots & r_{1n}\\ r_{21} & r_{22} & \cdots & r_{2n}\\ \vdots & \vdots & & \vdots\\ r_{n1} & r_{n2} & \cdots & r_{nn}\end{pmatrix}\tag{1.2.8}$$

为相关矩阵.

§1.3 图像识别的几个简单方法

在本节中要介绍几个简单的寻找判决函数的方法,以便对前两节中的一般讨论有个具体的印象.

1. 最小距离判决法

最小距离判决法的基本思想是认为各图像都比较均匀地分布在“代表”各类图像的一个向量的周围. 对于任意一个未知类别的图像,比较它与各类图像的“代表”之间的距离,以判决它属于最小距离所对应的那一类图像中.

(1) 首先考虑两类问题,设对类 Ω_1 已知 N_1 个样本 $\boldsymbol{X}_j^{(1)}(j=1,2,\cdots,N_1)$;对类 Ω_2 已知 N_2 个样本 $\boldsymbol{X}_j^{(2)}$

$(j=1,2,\cdots,N_2)$,它们都是 n 维向量.

设 Ω_1 及 Ω_2 中的样本平均值向量分别为

$$\overline{\boldsymbol{X}}^{(1)} = \frac{1}{N_1}\sum_{j=1}^{N_1}\boldsymbol{X}_j^{(1)} \tag{1.3.1}$$

$$\overline{\boldsymbol{X}}^{(2)} = \frac{1}{N_2}\sum_{j=1}^{N_2}\boldsymbol{X}_j^{(2)} \tag{1.3.2}$$

以 $\overline{\boldsymbol{X}}^{(1)}$ 及 $\overline{\boldsymbol{X}}^{(2)}$ 分别作为类 Ω_1 与 Ω_2 的代表. 对于任意一个图像 $\boldsymbol{X}$(它也是 n 维向量):

若 $\|\boldsymbol{X}-\overline{\boldsymbol{X}}^{(1)}\| < \|\boldsymbol{X}-\overline{\boldsymbol{X}}^{(2)}\|$,则判决 $\boldsymbol{X}\in\Omega_1$;

若 $\|\boldsymbol{X}-\overline{\boldsymbol{X}}^{(1)}\| > \|\boldsymbol{X}-\overline{\boldsymbol{X}}^{(2)}\|$,则判决 $\boldsymbol{X}\in\Omega_2$.

这样一来, 判决边界是 $\|\boldsymbol{X}-\overline{\boldsymbol{X}}^{(1)}\|^2 = \|\boldsymbol{X}-\overline{\boldsymbol{X}}^{(2)}\|^2$, 即 $(\boldsymbol{X}-\overline{\boldsymbol{X}}^{(1)})^{\mathrm{T}}(\boldsymbol{X}-\overline{\boldsymbol{X}}^{(1)}) = (\boldsymbol{X}-\overline{\boldsymbol{X}}^{(2)})^{\mathrm{T}}(\boldsymbol{X}-\boldsymbol{X}^{(2)})$,由此得到

$$(\overline{\boldsymbol{X}}^{(1)}-\overline{\boldsymbol{X}}^{(2)})^{\mathrm{T}}\boldsymbol{X} = \frac{1}{2}(\|\overline{\boldsymbol{X}}^{(1)}\|^2 - \|\overline{\boldsymbol{X}}^{(2)}\|^2) \tag{1.3.3}$$

因此判决函数可以取

$$\phi(\boldsymbol{X}) = (\overline{\boldsymbol{X}}^{(1)}-\overline{\boldsymbol{X}}^{(2)})^{\mathrm{T}}\boldsymbol{X} - \frac{1}{2}(\|\overline{\boldsymbol{X}}^{(1)}\|^2 - \|\overline{\boldsymbol{X}}^{(2)}\|^2) \tag{1.3.4}$$

其判决规则为:

若 $\phi(\boldsymbol{X})>0$,则判决 $\boldsymbol{X}\in\Omega_1$;

若 $\phi(\boldsymbol{X})<0$,则判决 $\boldsymbol{X}\in\Omega_2$.

容易看出,判决边界是通过连接向量 $\overline{\boldsymbol{X}}^{(1)}$ 及 $\boldsymbol{X}^{(2)}$ 所成线段的中点且垂直于此线段的超平面(图 1-11;在二维情况,是连接向量 $\overline{\boldsymbol{X}}^{(1)}$ 及 $\overline{\boldsymbol{X}}^{(2)}$ 所成线段的垂直平分线). 在平分线的右侧,判决 $\boldsymbol{X}\in\Omega_1$;在平分线的

左侧,判决 $X \in \Omega_2$;在平分线上时,则认为不能判断.

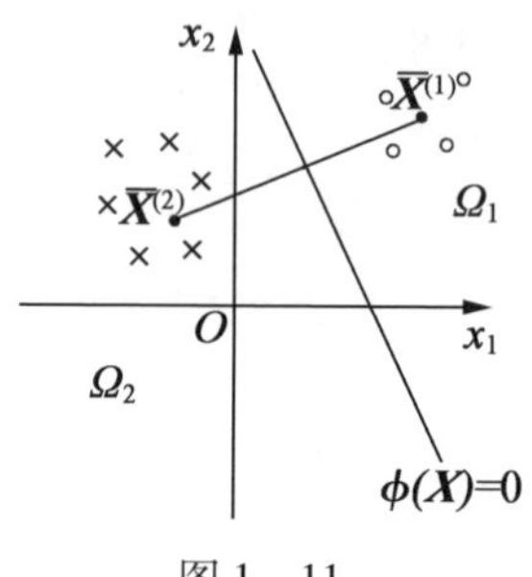

图 1 - 11

例 7 两类问题:

$$\Omega_1: X_1^{(1)} = \begin{pmatrix} 5 \\ 5 \end{pmatrix}, X_2^{(1)} = \begin{pmatrix} 6 \\ 5 \end{pmatrix}, X_3^{(1)} = \begin{pmatrix} 6 \\ 6 \end{pmatrix}$$

$$X_4^{(1)} = \begin{pmatrix} 6 \\ 7 \end{pmatrix}, X_5^{(1)} = \begin{pmatrix} 7 \\ 5 \end{pmatrix};$$

$$\Omega_2: X_1^{(2)} = \begin{pmatrix} 0 \\ 3 \end{pmatrix}, X_2^{(2)} = \begin{pmatrix} -1 \\ 3 \end{pmatrix}, X_3^{(2)} = \begin{pmatrix} -2 \\ 3 \end{pmatrix}$$

$$X_4^{(2)} = \begin{pmatrix} -3 \\ 3 \end{pmatrix}, X_5^{(2)} = \begin{pmatrix} -4 \\ 3 \end{pmatrix}$$

则

$$\overline{X}^{(1)} = \frac{1}{5}\sum_{j=1}^{5} X_j^{(1)} = \begin{pmatrix} 6 \\ 5.6 \end{pmatrix}$$

$$\overline{X}^{(2)} = \frac{1}{5}\sum_{j=1}^{5} X_j^{(2)} = \begin{pmatrix} -2 \\ 3 \end{pmatrix}.$$

容易得到判决函数为

$$\phi(X) = 8x_1 + 2.6x_2 - 27.18$$

显然,对未知类别样本 $a = \begin{pmatrix} 3 \\ 8 \end{pmatrix}$ 及 $b = \begin{pmatrix} -2 \\ 7 \end{pmatrix}$, 有:

若 $\phi(a) = 8 \times 3 + 2.6 \times 8 - 27.18 > 0$,则判断

$\boldsymbol{a} \in \Omega_1$；

若 $\phi(\boldsymbol{b}) = 8 \times (-2) + 2.6 \times 7 - 27.18 < 0$，则判断 $\boldsymbol{b} \in \Omega_2$.

（2）多类问题利用上面的方法，对每一类考虑一个"代表"（参看（1.3.1）与（1.3.2）），比较任何一个未知类别的图像与这些代表之间的距离，而判决这个图像到能达到最小距离的"代表"所对应的类. 现在来具体阐明这个方法如下：

设图像类 Ω_i 中的样本集为 $\{\boldsymbol{X}_1^{(i)}, \boldsymbol{X}_2^{(i)}, \cdots, \boldsymbol{X}_{N_i}^{(i)}\}$ $(1 \leqslant i \leqslant m)$，它们都是 n 维向量. 考虑其平均值

$$\overline{\boldsymbol{X}}^{(i)} = \frac{1}{N_i}\sum_{j=1}^{N_i} \boldsymbol{X}_j^{(i)}$$

用 d_i 表示任何一个图像样本 $\boldsymbol{X} = (x_1, x_2, \cdots, x_n)^{\mathrm{T}}$ 与 $\overline{\boldsymbol{X}}^{(i)}$ 之间的距离

$$\begin{aligned} d_i^2 &= \|\boldsymbol{X} - \overline{\boldsymbol{X}}^{(i)}\|^2 = (\boldsymbol{X} - \overline{\boldsymbol{X}}^{(i)})^{\mathrm{T}}(\boldsymbol{X} - \overline{\boldsymbol{X}}^{(i)}) \\ &= \|\boldsymbol{X}\|^2 - 2\left(\overline{\boldsymbol{X}}^{(i)\mathrm{T}}\boldsymbol{X} - \frac{1}{2}\|\overline{\boldsymbol{X}}^{(i)}\|^2\right) \quad (1 \leqslant i \leqslant m) \end{aligned}$$

显然，求 d_i 的最小值就是求 $\left(\overline{\boldsymbol{X}}^{(i)\mathrm{T}}\boldsymbol{X} - \frac{1}{2}\|\overline{\boldsymbol{X}}^{(i)}\|^2\right)$ 的最大值. 因此，对每一个类 Ω_i，就对应着一个函数

$$g_i(\boldsymbol{X}) = \overline{\boldsymbol{X}}^{(i)\mathrm{T}}\boldsymbol{X} - \frac{1}{2}\|\overline{\boldsymbol{X}}^{(i)}\|^2 \qquad (1.3.5)$$

若

$$\max_{1 \leqslant i \leqslant m} g_i(\boldsymbol{X}) = g_{i_0}(\boldsymbol{X})$$

则判决 $\boldsymbol{X} \in \Omega_{i_0}$（若有几个 i_0 同时达到最大值，则认为 $\boldsymbol{X}$ 属于指标最小者所属的图像类）.

例 8　三类问题：

$$\Omega_1: \boldsymbol{X}_1^{(1)} = \begin{pmatrix} 0 \\ 3 \end{pmatrix}, \boldsymbol{X}_2^{(1)} = \begin{pmatrix} -1 \\ 3 \end{pmatrix}, \boldsymbol{X}_3^{(1)} = \begin{pmatrix} -2 \\ 3 \end{pmatrix}$$

$$X_4^{(1)}=\begin{pmatrix}-3\\3\end{pmatrix},X_5^{(1)}=\begin{pmatrix}-4\\3\end{pmatrix}$$

$$\Omega_2:X_1^{(2)}=\begin{pmatrix}5\\5\end{pmatrix},X_2^{(2)}=\begin{pmatrix}6\\5\end{pmatrix},X_3^{(2)}=\begin{pmatrix}6\\6\end{pmatrix}$$

$$X_4^{(2)}=\begin{pmatrix}6\\7\end{pmatrix},X_5^{(2)}=\begin{pmatrix}7\\5\end{pmatrix}$$

$$\Omega_3:X_1^{(3)}=\begin{pmatrix}6\\-1\end{pmatrix},X_2^{(3)}=\begin{pmatrix}7\\5\end{pmatrix},X_3^{(3)}=\begin{pmatrix}8\\1\end{pmatrix}$$

$$X_4^{(3)}=\begin{pmatrix}9\\1\end{pmatrix},X_5^{(3)}=\begin{pmatrix}10\\1\end{pmatrix}$$

容易算出

$$\overline{X}^{(1)}=\begin{pmatrix}-2\\3\end{pmatrix},\overline{X}^{(2)}=\begin{pmatrix}6\\5.6\end{pmatrix},\overline{X}^{(3)}=\begin{pmatrix}8\\0.4\end{pmatrix}$$

由(1.3.5),可以得到判决函数为

$$g_1(X)=-2x_1+3x_2-6.5$$

$$g_2(X)=6x_1+5.6x_2-33.68$$

$$g_3(X)=8x_1+0.4x_2-32.08$$

对任一图像,若

$$\max_{1\leqslant i\leqslant 3} g_i(X)=g_{i_0}(X)$$

则判断 $X\in\Omega_{i_0}$. 容易看出,其判决边界为三条射线(图 1-12).

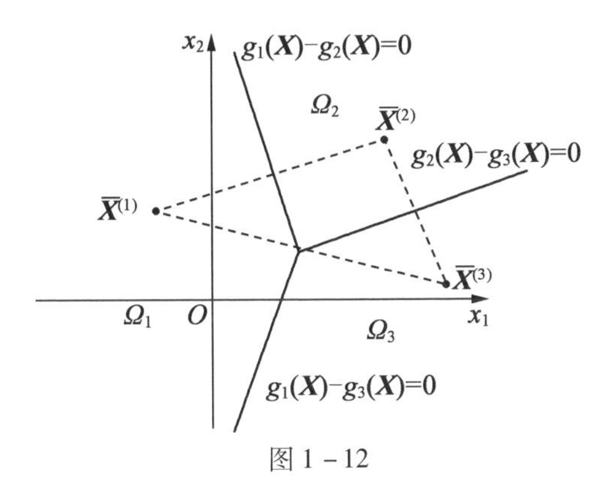

图 1－12

对未知类别的图像 $\boldsymbol{a}=\begin{pmatrix}1\\1\end{pmatrix}$,计算出

$$g_1(\boldsymbol{a})=-5.5, g_2(\boldsymbol{a})=-22.18, g_3(\boldsymbol{a})=-27.68$$

由于

$$\max_{1\leqslant i\leqslant 3} g_i(\boldsymbol{a})=g_1(\boldsymbol{a})$$

因此判决 $\boldsymbol{a}\in\Omega_1$。

2. 最近邻域判决法

最近邻域判决法的实质是对任意一个未知类别的图像 $\boldsymbol{X}$,观察 $\boldsymbol{X}$ 与每一类图像中样本的最短距离,比较所有这些距离,其中距离最小者所对应的类就是 $\boldsymbol{X}$ 所属于的类.

设 n 维空间中有 m 类图像 $\Omega_i(1\leqslant i\leqslant m)$ 且每一类 Ω_i 的样本集为 $\{\boldsymbol{X}_1^{(i)},\boldsymbol{X}_2^{(i)},\cdots,\boldsymbol{X}_{N_i}^{(i)}\}$. 根据 §1.2 的 6 中介绍的方法对样本进行正规化后,再用 §1.2 的 5 中确定的任何一个距离 $d(\boldsymbol{X},\boldsymbol{Y})$ 来刻画任何两个样本 $\boldsymbol{X},\boldsymbol{Y}$ 接近的程度. 对每一类图像 Ω_i,定义判决函数 $g_i(\boldsymbol{X})$ 为

$$g_i(\boldsymbol{X})=-\min_{1\leqslant j\leqslant N_i} d(\boldsymbol{X},\boldsymbol{X}_j^{(i)}) \qquad (1.3.6)$$

若
$$\max_{1 \leq i \leq m} g_i(\boldsymbol{X}) = g_{i_0}(\boldsymbol{X})$$
则判决 $\boldsymbol{X} \in \Omega_{i_0}$.

二维情况下的两类问题的判决边界见图 1－13,它已经不是由简单的直线或是由几条射线所构成的集合了.

一维情况下的两类问题的判决函数 $g_i(x)(i=1,2)$ 可见图 1－14,其判决边界是所有满足 $g_1(x)-g_2(x)=0$ 在 x 轴上的点集.

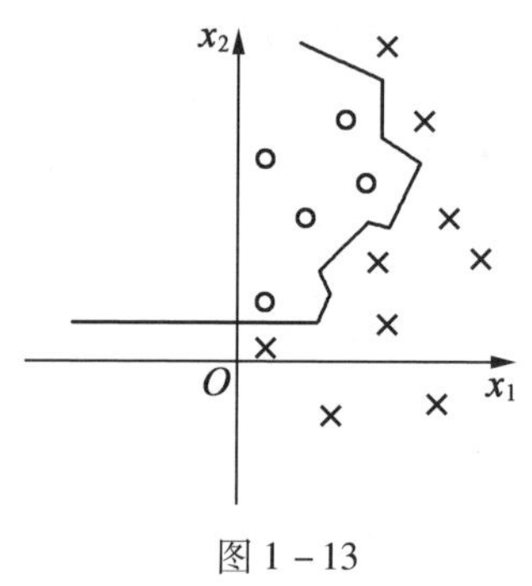

图 1－13

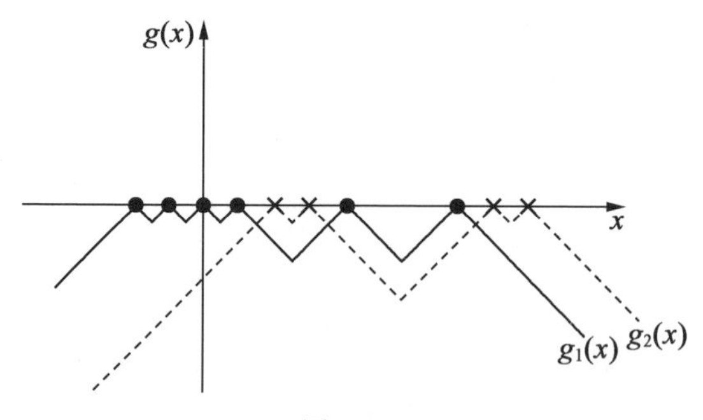

图 1－14

进一步还可以考虑 L 最近邻域点的判决点:对于任何一个未知类别的图像 $\boldsymbol{X}$(n 维空间中的向量),在

整个图像空间 $\bigcup_{i=1}^{m}\Omega_i$（实际上只考虑其全部的样本集）中考虑离 $\boldsymbol{X}$ 的第 L 个最近的样本，设为 $\boldsymbol{Y}$. 现在以 $\boldsymbol{X}$ 为中心，$d(\boldsymbol{X},\boldsymbol{Y})$ 为半径作一个闭球，计算在此球中每一类图像的样本个数 $L_i(1\leqslant i\leqslant m)$. 设

$$\max_{1\leqslant i\leqslant m} L_i = L_{i_0}$$

则判决 $\boldsymbol{X}\in\Omega_{i_0}$.

3. **线性判决固定增量的逐次调整法**

在本节第 1 段中，我们曾见到判决函数是线性函数的情况. 由于线性函数的形状简单，计算方便，因此在图像识别中，常常用线性函数来作为判决函数.

定义 若对两类图像（或其样本集），存在一个超平面能将它们（或其样本集）精确地分开，即其判决边界为线性方程，则称这两类图像（或其样本集）线性可分.

用线性判决函数所设计的分类器称为线性分类器.

如果把图像放在扩大的特征空间（$n+1$ 维向量空间）来研究，则由 §1.2 知，其线性判决函数为

$$\phi(\boldsymbol{X})=\boldsymbol{\alpha}^{\mathrm{T}}\boldsymbol{X}$$

其中，$\boldsymbol{\alpha}=(\alpha_1,\alpha_2,\cdots,\alpha_{n+1})^{\mathrm{T}}$ 是某个需要确定的向量，$\boldsymbol{X}=(x_1,x_2,\cdots,x_n,1)^{\mathrm{T}}$，且判决规则如下：

若 $\boldsymbol{\alpha}^{\mathrm{T}}\boldsymbol{X}>0$，则判断 $\boldsymbol{X}\in\Omega_1$；

若 $\boldsymbol{\alpha}^{\mathrm{T}}\boldsymbol{X}<0$，则判断 $\boldsymbol{X}\in\Omega_2$.

现在的问题是对两类图像样本集 $\boldsymbol{X}_i^{(1)}(1\leqslant i\leqslant N_1)$ 与 $\boldsymbol{X}_i^{(2)}(1\leqslant i\leqslant N_2)$ 在线性可分的假设下，如何来找出它们的线性判决函数. 这个问题是可以用线性规划的

方法来解决的，这里就不介绍了（可以看第四章中的有关部分）. 下面介绍一个从§1.2 中所构成的样本序列

$$\{X_1^{(1)},\cdots,X_{N_1}^{(1)};X_1^{(2)},\cdots,X_{N_2}^{(2)};X_1^{(1)},\cdots,X_{N_1}^{(1)};X_1^{(2)},\cdots,X_{N_2}^{(2)};\cdots\} \tag{1.3.7}$$

逐个依次输入，不断地来调整向量 $\boldsymbol{\alpha}$ 的方法称为固定增量的逐次调整法. 其过程如下：

（1）任选初值 $\boldsymbol{\alpha}=\boldsymbol{\alpha}_1$ [如取 $\boldsymbol{\alpha}_1=\underbrace{(0,0,\cdots,0)}_{n+1}{}^{\mathrm{T}}$]；

（2）如果已有 $\boldsymbol{\alpha}=\boldsymbol{\alpha}_i$，对于序列（1.3.7）中第 i 个向量 X_i：

若 $X_i\in\Omega_1$，但 $\boldsymbol{\alpha}_i^{\mathrm{T}}X_i\leqslant 0$，则令 $\boldsymbol{\alpha}_{i+1}=\boldsymbol{\alpha}_i+X_i$；

若 $X_i\in\Omega_2$，但 $\boldsymbol{\alpha}_i^{\mathrm{T}}X_i\geqslant 0$，则令 $\boldsymbol{\alpha}_{i+1}=\boldsymbol{\alpha}_i-X_i$；

若 $X_i\in\Omega_1$，但 $\boldsymbol{\alpha}_i^{\mathrm{T}}X_i>0$，则令 $\boldsymbol{\alpha}_{i+1}=\boldsymbol{\alpha}_i$；

若 $X_i\in\Omega_2$，但 $\boldsymbol{\alpha}_i^{\mathrm{T}}X_i<0$，则令 $\boldsymbol{\alpha}_{i+1}=\boldsymbol{\alpha}_i$.

可以证明，在线性假设的情况下，在有限步后就可以找到线性判决函数（有兴趣的读者可参看文献[8]中的证明）.

例 9 考虑两类问题，$n=3$ 的情况，设样本集为

$$\Omega_1: X_1^{(1)}=(1,0,1,1)^{\mathrm{T}}, X_2^{(1)}=(0,1,1,1)^{\mathrm{T}}$$

$$\Omega_2: X_1^{(2)}=(1,1,0,1)^{\mathrm{T}}, X_2^{(2)}=(0,1,0,1)^{\mathrm{T}}$$

求线性判决函数.

解 作样本序列

$$\{X_1^{(1)},X_2^{(1)};X_1^{(2)},X_2^{(2)};X_1^{(1)},X_2^{(1)};X_1^{(2)},X_2^{(2)};\cdots\}$$

首先取 $\boldsymbol{\alpha}_1=(0,0,0,0)^{\mathrm{T}}$，计算

$$\boldsymbol{\alpha}_1^{\mathrm{T}}X_1^{(1)}=0$$

于是令 $\boldsymbol{\alpha}_2=\boldsymbol{\alpha}_1+X_1^{(1)}=(1,0,1,1)^{\mathrm{T}}$，计算

$$\boldsymbol{\alpha}_2^{\mathrm{T}}\boldsymbol{X}_2^{(1)}=(1,0,1,1)\cdot(0,1,1,1)^{\mathrm{T}}=2>0$$

令 $\boldsymbol{\alpha}_3=\boldsymbol{\alpha}_2=(1,0,1,1)^{\mathrm{T}}$,计算

$$\boldsymbol{\alpha}_3^{\mathrm{T}}\boldsymbol{X}_1^{(2)}=(1,0,1,1)\cdot(1,1,0,1)^{\mathrm{T}}=2>0$$

令

$$\begin{aligned}\boldsymbol{\alpha}_4&=\boldsymbol{\alpha}_3-\boldsymbol{X}_1^{(2)}\\&=(1,0,1,1)^{\mathrm{T}}-(1,1,0,1)^{\mathrm{T}}\\&=(0,-1,1,0)^{\mathrm{T}}\end{aligned}$$

计算

$$\boldsymbol{\alpha}_4^{\mathrm{T}}\boldsymbol{X}_2^{(2)}=(0,-1,1,0)\cdot(0,1,0,1)^{\mathrm{T}}=-1<0$$

令 $\boldsymbol{\alpha}_5=\boldsymbol{\alpha}_4=(0,-1,1,0)^{\mathrm{T}}$,继续算下去,将所得到的结果列表如表 1－1 所示.

表 1－1

$\boldsymbol{X}$	类别	$\boldsymbol{\alpha}^{\mathrm{T}}\boldsymbol{X}$ 的值	新的 $\boldsymbol{\alpha}$ 值	迭代周期
$(1,0,1,1)^{\mathrm{T}}$	Ω_1	0	$(1,0,1,1)^{\mathrm{T}}$	1
$(0,1,1,1)^{\mathrm{T}}$	Ω_1	+	$(1,0,1,1)^{\mathrm{T}}$	
$(1,1,0,1)^{\mathrm{T}}$	Ω_2	+	$(0,-1,1,0)^{\mathrm{T}}$	
$(0,1,0,1)^{\mathrm{T}}$	Ω_2	－	$(0,-1,1,0)^{\mathrm{T}}$	
$(1,0,1,1)^{\mathrm{T}}$	Ω_1	+	$(0,-1,1,0)^{\mathrm{T}}$	11
$(0,1,1,1)^{\mathrm{T}}$	Ω_1	0	$(0,0,2,1)^{\mathrm{T}}$	
$(1,1,0,1)^{\mathrm{T}}$	Ω_2	+	$(-1,-1,2,0)^{\mathrm{T}}$	
$(0,1,0,1)^{\mathrm{T}}$	Ω_2	－	$(-1,-1,2,0)^{\mathrm{T}}$	
$(1,0,1,1)^{\mathrm{T}}$	Ω_1	+	$(-1,-1,2,0)^{\mathrm{T}}$	111
$(0,1,1,1)^{\mathrm{T}}$	Ω_1	+	$(-1,-1,2,0)^{\mathrm{T}}$	
$(1,1,0,1)^{\mathrm{T}}$	Ω_2	－	$(-1,-1,2,0)^{\mathrm{T}}$	
$(0,1,0,1)^{\mathrm{T}}$	Ω_2	－	$(-1,-1,2,0)^{\mathrm{T}}$	

由表 1－1 可看出,经过三个周期的逐次调整后,

向量 $\boldsymbol{\alpha}$ 的值就不再改变了，因此最后得到线性判决函数为

$$\Phi(\boldsymbol{X})=(-1,-1,2,0)(x_1,x_2,x_3,1)^{\mathrm{T}}=-x_1-x_2+2x_3$$

实际上，判别了两类图像线性可分，往往同时也已经找到了权向量 $\boldsymbol{\alpha}$. 但是，对于任何一个不知是否线性可分的两类图像，上述方法仍然有一定的意义. 仍然可以使用上述的逐次调整过程. 如果在有限步以后，$\boldsymbol{\alpha}$ 不再改变了，或者改变得很少，那么就可以取这个 $\boldsymbol{\alpha}$ 作为权向量. 虽然此时不一定是线性可分，但用这个 $\boldsymbol{\alpha}$ 作为权向量，误差是不会太大的. 如果用这个逐次调整方法所得到的 $\boldsymbol{\alpha}$ 序列是发散的，则这个方法就失效了，必须用其他方法来研究.

下面再介绍一个原则性的方法，为了方便起见，我们将第二类的扩充了的图像样本集内的向量 $\boldsymbol{X}_i^{(2)}$ 都换成 $-\boldsymbol{X}_i^{(2)}$，把这样组成的全体样本集记作 $E=\{\boldsymbol{X}_1,\boldsymbol{X}_2,\cdots,\boldsymbol{X}_N\}$，$N=N_1+N_2$. 因此，如果两类图像样本集是线性可分的，则必存在权向量 $\boldsymbol{\alpha}$，使得

$$\boldsymbol{\alpha}^{\mathrm{T}}\boldsymbol{X}_i>0\quad(i=1,2,\cdots,N)\tag{1.3.8}$$

现在对第 j 个样本 $\boldsymbol{X}_j\in E$，构造

$$h_j=\begin{cases}\boldsymbol{\alpha}^{\mathrm{T}}\boldsymbol{X}_j & (\boldsymbol{\alpha}^{\mathrm{T}}\boldsymbol{X}_j<0)\\ 0 & (\boldsymbol{\alpha}^{\mathrm{T}}\boldsymbol{X}_j\geqslant 0)\end{cases}\tag{1.3.9}$$

它反映了错误判决的一个量，并把

$$\boldsymbol{H}_{\boldsymbol{\alpha}}=-\sum_{j=1}^{N}h_j$$

称为其错误判决的总误差. 显然有 $\boldsymbol{H}_{\boldsymbol{\alpha}}\geqslant 0$. 因此，若 H 值越小，在某种程度上表示所选择的加权向量 $\boldsymbol{\alpha}$ 可使错误判决的可能性也越小. 由此自然应想到求 $\min\limits_{\boldsymbol{\alpha}}\boldsymbol{H}_{\boldsymbol{\alpha}}$.

这可用最速下降法来实现. 先求梯度向量

$$\nabla \boldsymbol{H}_{\boldsymbol{\alpha}}=\left(\frac{\partial \boldsymbol{H}_{\boldsymbol{\alpha}}}{\partial \boldsymbol{\alpha}_1},\frac{\partial \boldsymbol{H}_{\boldsymbol{\alpha}}}{\partial \boldsymbol{\alpha}_2},\cdots,\frac{\partial \boldsymbol{H}_{\boldsymbol{\alpha}}}{\partial \boldsymbol{\alpha}_{n+1}}\right)^{\mathrm{T}}$$

其中

$$\frac{\partial \boldsymbol{H}_{\boldsymbol{\alpha}}}{\partial \boldsymbol{\alpha}_k}=\frac{\boldsymbol{\alpha}-\sum\limits_{h_j\neq 0}\boldsymbol{\alpha}^{\mathrm{T}}x_j}{\partial \boldsymbol{\alpha}_k}=-\sum_{h_j\neq 0}x_{jk}$$

其中,x_{jk}是图像总样本集 E 中第 j 个样本中的第 k 个分量. 因此

$$\nabla \boldsymbol{H}_{\boldsymbol{\alpha}}=-\sum_{h_j\neq 0}\boldsymbol{X}_j$$

具体算法如下:首先任取一个 $n+1$ 维向量 $\boldsymbol{\alpha}_1$,设在第 i 步有向量 $\boldsymbol{\alpha}_i$,然后按公式(1.3.9)计算全部 h_j

$$h_j=\begin{cases}\boldsymbol{\alpha}_i^{\mathrm{T}}\boldsymbol{X}_j & (\boldsymbol{\alpha}_i^{\mathrm{T}}\boldsymbol{X}_j<0)\\ 0 & (\boldsymbol{\alpha}_i^{\mathrm{T}}\boldsymbol{X}_j\geqslant 0)\end{cases}\qquad(1.3.10)$$

由此构成新的权向量 $\boldsymbol{\alpha}_{i+1}$.

$$\boldsymbol{\alpha}_{i+1}=\boldsymbol{\alpha}_i+\sum_{h_j\neq 0}\boldsymbol{X}_j$$

再按公式(1.3.10)计算新的 h_j,只是将其中的 $\boldsymbol{\alpha}_i$ 换为 $\boldsymbol{\alpha}_{i+1}$. 这样不断地继续下去.

当两类图像样本集是线性可分的情况时,容易看出这相当于上述的固定增量的逐次调整法,因此,在有限步以后就能收敛;当它们不是线性可分时,则在有限步以后,如果 $\boldsymbol{\alpha}_i$ 变化不大,就可以近似地认为这个 $\boldsymbol{\alpha}_i$ 就是能够使得达到$\min\limits_{\boldsymbol{\alpha}}\boldsymbol{H}_{\boldsymbol{\alpha}}$ 的 $\boldsymbol{\alpha}$,这样也可以停止算法.

顺便指出,这里也可以用 $\boldsymbol{H}_{\boldsymbol{\alpha}}=\sum\limits_{j=1}^{N}h_j^2$ 作为其错误判决的总误差. 我们在第三章中还要继续讨论.

4. 最小二乘的最小距离判决法

从上述几种简单的图像识别的方法可以看出:如果各类图像样本都相对地比较集中,则容易识别,且可用线性函数或逐段线性函数来识别;反之,就比较困难了. 但在实际上,各类图像样本很可能分布得比较散,因此就促使我们需做一个变换,使得每一类图像在经过这个变换后,能够比较相对地集中. 这样,就可以用最小距离法或其他的简单方法来进行识别. 最小二乘法就给我们提供了这方面的途径.

设在 n 维空间中有 m 类图像 $\Omega_i(1\leqslant i\leqslant m)$,已知每一类 Ω_i 的样本集为 $\boldsymbol{X}_j^{(i)}(1\leqslant j\leqslant N_i)$. 现在我们用一个线性变换 $\boldsymbol{A}$ 把它们映射到 m 维空间(显然 $\boldsymbol{A}$ 是一个 $m\times n$ 阶矩阵),使得 $\boldsymbol{X}_j^{(i)}(1\leqslant j\leqslant N_i)$ 经映射 $\boldsymbol{A}$ 以后,离开预先给定的 m 维向量 $\boldsymbol{V}^{(i)}$ 的均方差最小. 下面就详细地阐明这个方法.

设

$$\boldsymbol{Y}_j^{(i)}=\boldsymbol{A}\boldsymbol{X}_j^{(i)}\quad(i=1,2,\cdots,m;j=1,2,\cdots,N_i)\tag{1.3.11}$$

考虑 Ω_i,$\boldsymbol{X}_j^{(i)}(1\leqslant j\leqslant N_i)$,经映射后,对 $\boldsymbol{V}^{(i)}$ 的均方差为

$$\begin{aligned}\varepsilon_i&=\frac{1}{N_i}\sum_{j=1}^{N_i}\|\boldsymbol{Y}_j^{(i)}-\boldsymbol{V}^{(i)}\|^2\\&=\frac{1}{N_i}\sum_{j=1}^{N_i}\|\boldsymbol{A}\boldsymbol{X}_j^{(i)}-\boldsymbol{V}^{(i)}\|^2\\&=\frac{1}{N_i}\sum_{j=1}^{N_i}\{\boldsymbol{X}_j^{(i)\mathrm{T}}\boldsymbol{A}^{\mathrm{T}}\boldsymbol{A}\boldsymbol{X}_j^{(i)}-2\boldsymbol{X}_j^{(i)\mathrm{T}}\boldsymbol{A}\boldsymbol{V}^{(i)}+\|\boldsymbol{V}^i\|^2\}\end{aligned}\tag{1.3.12}$$

为了求 ε_i 的最小值,必须求$\dfrac{\partial\varepsilon_i}{\partial\boldsymbol{A}}$(见 §1.2 中的定义)

$$\frac{\partial \varepsilon_i}{\partial \boldsymbol{A}}=\frac{1}{N_i}\sum_{j=1}^{N_i}\left\{\frac{\partial \boldsymbol{X}_j^{(i)\mathrm{T}}\boldsymbol{A}^{\mathrm{T}}\boldsymbol{A}\boldsymbol{X}_j^{(i)}}{\partial \boldsymbol{A}}-2\frac{\partial \boldsymbol{X}_j^{(i)\mathrm{T}}\boldsymbol{A}^{\mathrm{T}}\boldsymbol{V}^{(i)}}{\partial \boldsymbol{A}}+\frac{\partial\|\boldsymbol{V}^{(i)}\|^2}{\partial \boldsymbol{A}}\right\} \tag{1.3.13}$$

显然

$$\frac{\partial\|\boldsymbol{V}^{(i)}\|^2}{\partial \boldsymbol{A}}=0 \tag{1.3.14}$$

设

$\boldsymbol{X}=(x_1,x_2,\cdots,x_n)^{\mathrm{T}},\boldsymbol{A}=(a_{ls})_{m\times n},\boldsymbol{V}=(v_1,v_2,\cdots,v_m)^{\mathrm{T}}$

则 $\boldsymbol{A}^{\mathrm{T}}\boldsymbol{V}=(b_1,b_2,\cdots,b_n)^{\mathrm{T}}$，其中 $b_s=\sum\limits_{l=1}^{m}a_{ls}v_l(1\leqslant s\leqslant n)$，因而有

$$\boldsymbol{X}^{\mathrm{T}}\boldsymbol{A}^{\mathrm{T}}\boldsymbol{V}=\sum_{s=1}^{n}x_sb_s=\sum_{s=1}^{n}x_s\sum_{l=1}^{m}a_{ls}v_l$$

这样一来，矩阵$\dfrac{\partial \boldsymbol{X}^{\mathrm{T}}\boldsymbol{A}^{\mathrm{T}}\boldsymbol{V}}{\partial \boldsymbol{A}}$的第 t 行第 j 列的分量为

$$\frac{\partial \sum\limits_{s=1}^{n}x_s\sum\limits_{l=1}^{m}a_{ls}v_l}{\partial a_{tj}}=v_tx_j$$

即$\dfrac{\partial \boldsymbol{X}^{\mathrm{T}}\boldsymbol{A}^{\mathrm{T}}\boldsymbol{V}}{\partial \boldsymbol{A}}=\boldsymbol{V}\boldsymbol{X}^{\mathrm{T}}$. 因而有

$$\frac{\partial \boldsymbol{X}_j^{(i)}\boldsymbol{A}^{\mathrm{T}}\boldsymbol{V}^{(i)}}{\partial \boldsymbol{A}}=\boldsymbol{V}^{(i)}\boldsymbol{X}_j^{(i)\mathrm{T}} \tag{1.3.15}$$

用同样的方法可以证明

$$\frac{\partial \boldsymbol{X}_j^{(i)\mathrm{T}}\boldsymbol{A}^{\mathrm{T}}\boldsymbol{A}\boldsymbol{X}_j^{(i)}}{\partial \boldsymbol{A}}=2\boldsymbol{A}\boldsymbol{X}_j^{(i)}\boldsymbol{X}_j^{(i)\mathrm{T}} \tag{1.3.16}$$

事实上，令 $\boldsymbol{A}\boldsymbol{X}_j^{(i)}=(y_1,y_2,\cdots,y_m)^{\mathrm{T}}$，其中 $y_s=\sum\limits_{p=1}^{n}a_{sp}x_{jp}^{(i)}$. 这样一来

$$\boldsymbol{X}_j^{(i)\mathrm{T}}\boldsymbol{A}^{\mathrm{T}}\boldsymbol{A}\boldsymbol{X}_j^{(i)}=(y_1,y_2,\cdots,y_m)(y_1,y_2,\cdots,y_m)^{\mathrm{T}}$$

$$= \sum_{s=1}^{n} \left(\sum_{p=1}^{n} a_{sp} x_{jp}^{(i)} \right)^2$$

因此矩阵$\dfrac{\partial \boldsymbol{X}_j^{(i)\mathrm{T}} \boldsymbol{A}^{\mathrm{T}} \boldsymbol{A} \boldsymbol{X}_j^{(i)}}{\partial \boldsymbol{A}}$的第 t 行第 l 列的分量为

$$\frac{\partial \sum_{s=1}^{n} \left(\sum_{p=1}^{n} a_{sp} x_{jp}^{(i)} \right)^2}{\partial a_{tl}} = 2x_{jl}^{(i)} \sum_{p=1}^{n} a_{tp} x_{jp}^{(i)} = 2x_{jl}^{(i)} y_t$$

即
$$\frac{\partial \boldsymbol{X}_j^{(i)\mathrm{T}} \boldsymbol{A}^{\mathrm{T}} \boldsymbol{A} \boldsymbol{X}_j^{(i)}}{\partial \boldsymbol{A}} = 2\boldsymbol{A}\boldsymbol{X}_j^{(i)} \boldsymbol{X}_j^{(i)\mathrm{T}}$$

由(1.3.14)~(1.3.16),与(1.3.13)比较,就得到

$$\frac{\partial \varepsilon_i}{\partial \boldsymbol{A}} = \frac{2}{N_i} \sum_{j=1}^{N_i} \boldsymbol{A}\boldsymbol{X}_j^{(i)} \boldsymbol{X}_j^{(i)\mathrm{T}} - \frac{2}{N_i} \sum_{j=1}^{N_i} \boldsymbol{V}^{(i)} \boldsymbol{X}_j^{(i)\mathrm{T}} \tag{1.3.17}$$

为了求最小值,令$\dfrac{\partial \varepsilon_i}{\partial \boldsymbol{A}} = 0$,注意到(1.3.17),就有

$$\boldsymbol{A}\left[\sum_{j=1}^{N_i} \boldsymbol{X}_j^{(i)} \boldsymbol{X}_j^{(i)\mathrm{T}} \right] = \sum_{j=1}^{N_i} \boldsymbol{V}^{(i)} \boldsymbol{X}_j^{(i)\mathrm{T}}$$

即

$$\boldsymbol{A} = \left[\sum_{j=1}^{N_i} \boldsymbol{V}^{(i)} \boldsymbol{X}_j^{(i)\mathrm{T}} \right] \left[\sum_{j=1}^{N_i} \boldsymbol{X}_j^{(i)} \boldsymbol{X}_j^{(i)\mathrm{T}} \right]^{-1} \tag{1.3.18}$$

现在对 m 类一起考虑:像前面一样,对每一类 $\boldsymbol{\Omega}_i$ 求一个判别函数

$$g_i(X) = \alpha_1 x + \alpha_2 x_2 + \cdots + \alpha_n x_n + \alpha_{n+1} = \boldsymbol{\alpha}^{\mathrm{T}} \boldsymbol{X} \tag{1.3.19}$$

其中,$\boldsymbol{\alpha} = (\alpha_1, \alpha_2, \cdots, \alpha_{n+1})^{\mathrm{T}}$,$\boldsymbol{X} = (x_1, x_2, \cdots, x_n, 1)^{\mathrm{T}}$,即在扩充了的特征空间中来考虑.

现在求 $m \times (n+1)$ 阶矩阵 $\boldsymbol{A}$,使得每一类图像样

本 $X_j^{(i)}$ $(1\leqslant j\leqslant N)$（在扩充了的特征空间中考虑）在经过矩阵 A 作变换后得 $Y_j^{(i)}=AX_j^{(i)}$ $(1\leqslant j\leqslant N_i,1\leqslant i\leqslant m)$，离开 m 个预先给定的 m 维向量 $V^{(i)}$ 的均方差的和最小

$$\min \varepsilon=\min \sum_{i=1}^{m} P_i\varepsilon_i=\sum_{i=1}^{m}\frac{P_i}{N_i}\sum_{j=1}^{N_i}\|AX_j^{(i)}-V^{(i)}\|^2$$

其中，P_i 为每一类图像 $\boldsymbol{\Omega}_i$ 的先验概率.

同上面一样，可以证明由 $\frac{\partial\varepsilon}{\partial A}=0$ 可以得到

$$A\left[\sum_{i=1}^{m}\frac{P_i}{N_i}\sum_{j=1}^{N_i}X_j^{(i)}X_j^{(i)\mathrm{T}}\right]=\sum_{i=1}^{m}\frac{P_i}{N_i}\sum_{j=1}^{N_i}V^{(i)}X_j^{(i)\mathrm{T}}$$

即

$$A=S_{VX}\cdot S_{XX}^{-1} \tag{1.3.20}$$

其中，S_{VX}称为互相关矩阵；S_{XX}称为自相关矩阵

$$S_{VX}=\sum_{i=1}^{m}\frac{P_i}{N_i}\sum_{j=1}^{N_i}V^{(i)}X_j^{(i)\mathrm{T}}=E(VX^{\mathrm{T}}) \tag{1.3.21}$$

$$S_{XX}=\sum_{i=1}^{m}\frac{P_i}{N_i}\sum_{j=1}^{N_i}X_j^{(i)}X_j^{(i)\mathrm{T}}=E(XX^{\mathrm{T}}) \tag{1.3.22}$$

下面在变换后的空间中用最小距离判决法来识别这 m 类图像. 对任一个未知类别的图像 $X=(x_1,x_2,\cdots,x_n,1)^{\mathrm{T}}$. 首先作变换 $Y=AX$，它是一个 m 维向量. 对于每一类的向量 $V^{(i)}$，用最小距离判决法，令

$$\begin{aligned}D_i^2&=\|Y-V^{(i)}\|^2\\&=\|Y\|^2-2V^{(i)\mathrm{T}}Y+\|V^{(i)}\|^2\quad(1\leqslant i\leqslant m)\end{aligned}$$

因此，当且仅当 $V^{(i)\mathrm{T}}Y-\frac{1}{2}\|V^{(i)}\|^2$ 取最大值时，D_i^2

取最小值. 若

$$\max_{1\leqslant i\leqslant m} \boldsymbol{V}^{(i)}\boldsymbol{Y}-\frac{1}{2}\|\boldsymbol{V}^{(i)}\|^2=\boldsymbol{V}^{(i_0)}\boldsymbol{Y}-\frac{1}{2}\|\boldsymbol{V}^{(i)}\|^2 \tag{1.3.23}$$

则判决向量$(x_1,x_2,\cdots x_n)^{\mathrm{T}}\in\boldsymbol{\Omega}_{i_0}$. 这里每一个函数

$$\boldsymbol{V}^{(i)}\boldsymbol{Y}-\frac{1}{2}\|\boldsymbol{V}^{(i)}\|^2=\boldsymbol{V}^{(i)}\boldsymbol{AX}-\frac{1}{2}\|\boldsymbol{V}^{(i)}\|^2$$

就是形如(1.3.19)的判决函数. 进一步,若取

$$\boldsymbol{V}^{(i)}=(\underbrace{0,\cdots,0,1,0,\cdots,0}_{m})^{\mathrm{T}}$$

其中,第 i 个分量为 1,其他分量都为 0. 这样一来,由于$\|\boldsymbol{V}^{(i)}\|^2\equiv1$,判决函数 $\boldsymbol{V}^{(i)}\boldsymbol{Y}$,利用 $\boldsymbol{V}^{(i)}\boldsymbol{Y}=\boldsymbol{V}^{(i)}\boldsymbol{AX}$,容易得到

$$\begin{pmatrix}\boldsymbol{V}^{(1)}\boldsymbol{Y}\\ \boldsymbol{V}^{(2)}\boldsymbol{Y}\\ \vdots\\ \boldsymbol{V}^{(m)}\boldsymbol{Y}\end{pmatrix}=\begin{pmatrix}1&0&0&\cdots&0\\0&1&0&\cdots&0\\ \vdots&\vdots&\vdots&&\vdots\\0&0&0&\cdots&1\end{pmatrix}\boldsymbol{AX}=\boldsymbol{AX}$$

因而,设变换矩阵 $\boldsymbol{A}$ 为

$$\boldsymbol{A}=\begin{pmatrix}a_{11}&a_{12}&\cdots&a_{1n}&a_{1,n+1}\\a_{21}&a_{22}&\cdots&a_{2n}&a_{2,n+1}\\ \vdots&\vdots&&\vdots&\vdots\\a_{n1}&a_{n2}&\cdots&a_{nn}&a_{n,n+1}\end{pmatrix}$$

则判决函数有下列的形式

$$g_i(\boldsymbol{X})=a_{i1}x_1+a_{i2}x_2+\cdots+a_{in}x_n+a_{in+1}\quad(i=1,2,\cdots,m) \tag{1.3.24}$$

即由
$$\max_{1\leqslant i\leqslant m} g_i(\boldsymbol{X})=g_{i_0}(\boldsymbol{X})$$
就可以判决 $\boldsymbol{X}\in\Omega_{i_0}$.

例 10　考虑三类问题

$$P_1 = P_2 = P_3 = \frac{1}{3}, N_1 = N_2 = N_3 = 5$$

$$\Omega_1: \begin{pmatrix}0\\3\end{pmatrix}, \begin{pmatrix}-1\\3\end{pmatrix}, \begin{pmatrix}-2\\3\end{pmatrix}, \begin{pmatrix}-3\\3\end{pmatrix}, \begin{pmatrix}-4\\3\end{pmatrix}$$

$$\Omega_2: \begin{pmatrix}5\\5\end{pmatrix}, \begin{pmatrix}6\\5\end{pmatrix}, \begin{pmatrix}6\\6\end{pmatrix}, \begin{pmatrix}6\\7\end{pmatrix}, \begin{pmatrix}7\\5\end{pmatrix}$$

$$\Omega_3: \begin{pmatrix}6\\-1\end{pmatrix}, \begin{pmatrix}7\\0\end{pmatrix}, \begin{pmatrix}8\\1\end{pmatrix}, \begin{pmatrix}9\\1\end{pmatrix}, \begin{pmatrix}10\\1\end{pmatrix}$$

求其判决函数 $g_i(\boldsymbol{X})(i=1,2,3)$ 及判决边界.

解　在扩充了的特征空间中考虑:由公式(1.3.21)及(1.3.22)得到

$$\begin{aligned}
\boldsymbol{S}_{VX} = & \frac{1}{15}\begin{pmatrix}1\\0\\0\end{pmatrix}[(0,3,1)+(-1,3,1)+ \\
& (-2,3,1)+(-3,3,1)+(-4,3,1)]+ \\
& \frac{1}{15}\begin{pmatrix}0\\1\\0\end{pmatrix}[(5,5,1)+(6,5,1)+ \\
& (6,6,1)+(6,7,1)+(7,5,1)]+ \\
& \frac{1}{15}\begin{pmatrix}0\\0\\1\end{pmatrix}[(6,-1,1)+(7,0,1)+ \\
& (8,1,1)+(9,1,1)+(10,1,1)] = \\
& \frac{1}{15}\begin{pmatrix}-10 & 15 & 5\\30 & 28 & 5\\40 & 2 & 5\end{pmatrix} = \begin{pmatrix}-0.667 & 1.000 & 0.333\\2.000 & 1.866 & 0.333\\2.666 & 0.133 & 0.333\end{pmatrix}
\end{aligned} \tag{1.3.25}$$

$$\boldsymbol{S}_{XX}=\frac{1}{15}\left[\begin{pmatrix}0\\3\\1\end{pmatrix}(0,3,1)^{\mathrm{T}}+\begin{pmatrix}-1\\3\\1\end{pmatrix}(-1,3,1)^{\mathrm{T}}+\begin{pmatrix}-2\\3\\1\end{pmatrix}(-2,3,1)^{\mathrm{T}}+\begin{pmatrix}-3\\3\\1\end{pmatrix}(-3,3,1)^{\mathrm{T}}+\begin{pmatrix}-4\\3\\1\end{pmatrix}(-4,3,1)^{\mathrm{T}}\right]+\frac{1}{15}\left[\begin{pmatrix}5\\5\\1\end{pmatrix}(5,5,1)^{\mathrm{T}}+\begin{pmatrix}6\\5\\1\end{pmatrix}(6,5,1)^{\mathrm{T}}+\begin{pmatrix}6\\6\\1\end{pmatrix}(6,6,1)^{\mathrm{T}}+\begin{pmatrix}6\\7\\1\end{pmatrix}(6,7,1)^{\mathrm{T}}+\begin{pmatrix}7\\5\\1\end{pmatrix}(7,5,1)^{\mathrm{T}}\right]+\frac{1}{15}\left[\begin{pmatrix}6\\-1\\1\end{pmatrix}(6,-1,1)^{\mathrm{T}}+\begin{pmatrix}7\\0\\1\end{pmatrix}(7,0,1)^{\mathrm{T}}+\begin{pmatrix}8\\1\\1\end{pmatrix}(8,1,1)^{\mathrm{T}}+\begin{pmatrix}9\\1\\1\end{pmatrix}(9,1,1)^{\mathrm{T}}+\begin{pmatrix}10\\1\\1\end{pmatrix}(10,1,1)^{\mathrm{T}}\right]$$

$$=\begin{pmatrix}36.130 & 10.599 & 4.000\\10.599 & 13.932 & 3.000\\4.000 & 3.000 & 1.000\end{pmatrix}$$

由此得

$$\boldsymbol{S}_{XX}^{-1}=\begin{pmatrix}0.051 & 0.014 & 0.246\\0.014 & 0.207 & 0.678\\0.246 & 0.678 & 4.017\end{pmatrix}\quad(1.3.26)$$

将(1.3.24)及(1.3.25)代入(1.3.20)后,得到

$$A=\begin{pmatrix}-0.101 & -0.209 & 0.825\\ 0.046 & 0.189 & -0.418\\ 0.055 & -0.160 & 0.593\end{pmatrix}$$

这样,由(1.3.21)就得到判决函数为

$$g_1(\boldsymbol{X})=-0.101x_1-0.209x_2+0.825$$
$$g_2(\boldsymbol{X})=0.046x_1+0.189x_2-0.418$$
$$g_3(\boldsymbol{X})=0.055x_1-0.160x_2+0.593$$

为了求判决边界,设类 Ω_i 与 Ω_j 的判决边界为 $b_{ij}(i,j=1,2,3)$,即

$b_{12}:g_1(\boldsymbol{X})=g_2(\boldsymbol{X})$,即 $0.147x_1+0.398x_2-1.243=0$;

$b_{23}:g_2(\boldsymbol{X})=g_3(\boldsymbol{X})$,即 $0.009x_1-0.349x_2+1.001=0$;

$b_{31}:g_3(\boldsymbol{X})=g_1(\boldsymbol{X})$,即 $0.156x_1+0.049x_2-0.232=0$.

由此可以得三条射线所组成的判决边界,它的逐段线性方程(图 1-15).

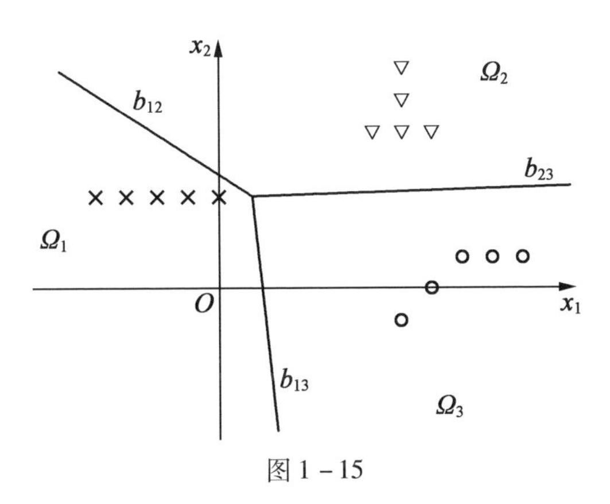

图 1-15

5. Bayes **判决法**

Bayes 判决法是统计判决法中最基本的一种. 设

已知 m 类图像的条件概率 $P(i|\boldsymbol{X})(1\leqslant i\leqslant m)$，最简单的方法就是比较 $P(i|\boldsymbol{X})$ 的大小，且认为图像 $\boldsymbol{X}$ 是属于 $P(i|\boldsymbol{X})$ 中指标较大者所对应的类，即若

$$P(i_0|\boldsymbol{X})>P(i|\boldsymbol{X})\quad(i\neq i_0,1\leqslant i\leqslant m)\quad(1.3.27)$$

则认为 $\boldsymbol{X}\in\Omega_{i_0}$.

由 Bayes 公式(1.2.4)可知公式(1.3.26)等价于：若

$$P(i_0)p(\boldsymbol{X}|i_0)>P(i)p(\boldsymbol{X}|i)\quad(i\neq i_0,1\leqslant i\leqslant m)\quad(1.3.28)$$

则判决 $\boldsymbol{X}\in\Omega_{i_0}$. 用这样的方法进行判决，对于个别的图像可能会是误判，但是可以证明，就总体来说，可使错误判决的概率最小. 这些概念将在第二章中得到阐明，并且在那里将证明这个结果.

这里还有一个问题，是如何来确定各类的条件概率 $P(i|\boldsymbol{X})$ 或条件概率密度函数 $p(\boldsymbol{X}|i)(1\leqslant i\leqslant n)$. 这也可通过各类的样本集近似地求出来，有关这些内容将在第二章及第三章中进行讨论.

§1.4 几点说明

(1) 在实际应用时，当特征空间的维数 n 及图像的类数 m 都比较大时，采用多层识别系统是比较合适的. 这个系统是先将 m 类图像分成若干组，如分成 $k(k\ll m)$ 组，然后选择 n_1 个特征数($n_1\ll n$)，使得在选择适当的 n_1 个特征后，能使 k 组分类在某种意义下最优(如误分类概率最小等). 这样一层一层地往下分. 此外，还可以在不同层上采用自适应的方法来选择最

小的特征数等.

(2)要从样本集上得到该类图像的足够信息,样本的个数就不能太少;如果太少,就不能代表这类图像的整体性质;当然太多了则会引起大量的计算.样本的个数问题是一个重要的研究课题,特别是需要研究它与特征空间的维数之间的关系.大致来说,样本的个数至少应该在维数的四五倍左右才行.

(3)特征选择问题,在统计图像识别的框图中曾做过介绍.特征空间的维数较大时,不仅在分类实践上会带来大量的计算上的复杂性及某些识别方法的有效性,而且由于误差的影响也未必比较精确.于是降低维数的问题——选择较少数目的特征问题就显得十分重要了.经常采用的方法是在特征空间上做适当的交换,变到维数较低的空间上来识别.这一点在§1.3中最小二乘的最小距离判决法中已经提到了.一般的原则是应该寻找变换,使得经变换后的维数比原来的低,且使同一类图像比原来的更集中,这样就更可分了.这里常用最优化方法来处理这类问题,如误分类概率最小、熵准则等都是常用的方法.在实际上还用种种正交变换,如 Karhunen-Loéve 变换、Walsh 变换、Fourier 变换等.这些方法将在第四章中介绍.

(4)在统计图像识别中往往必须先知道各类的条件概率密度函数 $p(\boldsymbol{X}|i)$ 或条件概率 $P(i|\boldsymbol{X})$,而这经常是通过样本集来近似地寻找的.一种方法是预先知道 $p(\boldsymbol{X}|i)$ 的分布形状来求其中的参数,如已知 $p(\boldsymbol{X}|i)$ 是 Gauss 正态分布

$$p(\boldsymbol{X}|i)=p(x_1,x_2,\cdots,x_n|i)$$

$$
= \frac{1}{(2\pi)^{\frac{n}{2}} |\boldsymbol{\Sigma}_i|^{\frac{1}{2}}} \cdot \exp\left[-\frac{1}{2}(\boldsymbol{X}-\boldsymbol{\mu}^{(i)})^{\mathrm{T}}\boldsymbol{\Sigma}_i^{-1}(\boldsymbol{X}-\boldsymbol{\mu}^{(i)})\right]
$$

通过第 i 类图像的样本集近似地求出其均值 $\boldsymbol{\mu}^{(i)}$ 及协方差矩阵 $\boldsymbol{\Sigma}_i$，这里 $|\boldsymbol{\Sigma}_i|$ 是 $\boldsymbol{\Sigma}_i$ 的行列式值. 这种方法称为参数法. 另一种非参数法就是预先不知道函数 $p(\boldsymbol{X}|i)$ 的形状，但也能通过其样本集来估计其形状. 这里常用的有位势函数法、随机逼近等. 这些将在第二章及第三章中分别介绍.

上述已知每一类图像样本集来求其条件概率密度的方法称为有监督的学习(supervised learning). 此外，还有一种称为无监督的学习(unsupervised learning). 这从已知全部图像中的一些样本集(不知道是属于哪一类图像)也可以来估计联合概率密度函数，甚至可以直接来分类. 这种直接进行分类的方法称为聚类分析法(cluster analysis)，它目前已成为一种实用的工具. 但是在理论上的研究还是很不完善的. 我们将在第三章的最后部分做简单介绍.

参考文献

[1] NILSSON N J. Learning Machines-Foundations of Traiuable Pattern-Classifying Systems[M]. New York: McGraw-Hill, 1965.

[2] DUDA R O, HART P E. Pattern Classification and Scene Analysis[M]. New York: Wiley, 1973.

[3] MEISEL W. Computer-Oriented Approaches to Pattern Recognition[M]. New York: Academic, 1972.

[4] FUKUNAGA K. Introduction to Statistical Pattern Recognition[M]. New York: Academic, 1972.

[5] ANDREWO H C. Introduction to Mathematical Techniques in Pattern Recognition[M]. New York: Wiley, 1972.

[6] FU K S. Syntactic Methods in Pattern Recognition[M]. New York: Academic, 1974.

[7] PATRICK E A. Fundamentals on Pattern Recognition[M]. Englewood Cliffs, NJ: Prentice-Hall, 1972.

[8] FU K S. Syntactic Pattern Recognition, Application[M]. New York: Springer-Verlag, Berlin Heidelberg, 1977.

[9] MENDEL J M, FU K S. Adaptive, Learning and Pattern Recognition Systems, Theory and Applications[M]. New York and London: Acad. Press, 1970.

第二章 Bayes 统计判决

§2.1 引　言

第一章中已经讲过,图像识别的基本任务之一是:已知进行识别的图像全体 Ω 由 m 类图像 $\Omega_i(1\leqslant i\leqslant m)$ 所组成

$$\bigcup_1^m \Omega_i = \Omega$$

$$\Omega_i \cap \Omega_j = \varnothing \quad (i\neq j;i,j=1,2,\cdots,m)$$

需要根据每一类图像的特征,制定出一些方法,使得对于 Ω 中的每一个图像能够做出判决它属于这 m 类中的哪一类?如果将每一个图像 ξ 看作随机过程,假设我们已经知道其条件分布 $p(\xi\mid\Omega_i)$(或简写为 $p(\xi\mid i)$,$1\leqslant i\leqslant m$).我们还认为每一类图像 Ω_i 出现的先验概率 $P(\Omega_i)$(或 P_i)也是已知的,显然有

$$\sum_{i=1}^{m} P(\Omega_i)=1 \qquad (2.1.1)$$

如果 $P(\Omega_i)$ 是未知的,有时也可以通

过其频数来近似表示. 例如考虑某地区所有 30 岁以上的成年人,研究他们是否患有食道癌这样的两类问题,这里用 Ω_1 表示患有食道癌的成年人全体;用 Ω_2 表示不患有食道癌的成年人全体. 如果我们事先不知道 $P(\Omega_1)$ 及 $P(\Omega_2)$,则可以在此地区中任选 N 个成年人(N 取得适当的大),若有 N_1 个人属于 Ω_1 类,有 N_2 个人属于 Ω_2 类,$N_1+N_2=N$,则可以近似地认为

$$P(\Omega_1)\sim\frac{N_1}{N},P(\Omega_2)\sim\frac{N_2}{N} \tag{2.1.2}$$

即用频数来近似地表示概率.

值得注意的是,在对图像具体地进行识别时,我们不可能全面地了解每一类图像的全部特性,而往往只能从一些侧面来了解图像的几个特性. 例如对肿瘤细胞,要识别它是否为癌细胞,最高明的医生最多也只可能从几个方面来观察,诸如:细胞核是否大? 细胞核与细胞质的面积之比是否大? 细胞是否畸形? 细胞核中的染色质是否比较粗? 是否均匀? 等等. 就是用显微扫描,也只能求得细胞在有限个点上的消光系数值,且还是量化了的数据. 如果再进一步对这些特殊性进行筛选,那么,特性的数目就更少了. 所以我们只能用有限个数 $x_1,x_2,\cdots,x_n$ 来刻画一个图像 $\xi\in\Omega$(不管这有限个数是用什么方法得来的). 由此看出,对每一个图像 $\xi\in\Omega$,在 n 维空间 $\mathbf{R}_n$ 中有一个 n 维向量 $\boldsymbol{X}=(x_1,x_2,\cdots,x_n)^{\mathrm{T}}$(我们在今后总是考虑到向量,符号“T”表示向量或矩阵的转置),先按一定的规律与 $\xi\in\Omega$ 相对应

$$\xi\in\Omega\xrightarrow{\boldsymbol{X}=S(\xi)}\boldsymbol{X}\in\mathbf{R}_n$$

如在第一章中所讲过的,空间 $\mathbf{R}_n$ 称为图像 $\xi\in\Omega$ 的特

征空间,有时也称为模式空间. 由于原来需要识别的对象 $\xi \in \Omega$ 的随机性,因此其对应的 $\boldsymbol{X} \in \mathbf{R}_n$ 是一个 n 维随机向量. 此外,也由于假设 ξ 在每一类 $\Omega_i(1 \leqslant i \leqslant m)$ 中存在条件分布 $p(\xi | \Omega_i)$,因此 $\boldsymbol{X}$ 在每一类 $\Omega_i(1 \leqslant i \leqslant m)$ 中也有条件分布 $p(\boldsymbol{X} | \Omega_i)$(或简单记作 $p(\boldsymbol{X} | i)$),它可以看作 $p(\xi | \Omega_i)$ 在 n 维空间 $\mathbf{R}_n$ 上的边缘分布. 原来图像类 Ω_i 在 n 维空间 $\mathbf{R}_n$ 中的投影记作 H_i,它是由函数 $\boldsymbol{X} = S(\xi)$ 映射过来的. 显然,集合 $H_i(1 \leqslant i \leqslant m)$ 之间的交有可能是一个非空集,这样一来,对于个别的 $\boldsymbol{X} \in \mathbf{R}_n$,就很难判别它究竟是由哪一类图像 $\Omega_i(1 \leqslant i \leqslant m)$ 对应过来的,也很难判决原来的图像 $\xi(\boldsymbol{X} = S(\xi))$ 究竟是属于哪一类 $\Omega_i(1 \leqslant i \leqslant m)$. 但是由于知道了条件分布 $p(\boldsymbol{X} | i)(1 \leqslant i \leqslant m)$,因此我们可以从统计的角度来研究出一些判决准则,使得对于任何一个图像 $\boldsymbol{X} = S(\xi)$(以后也称 $\boldsymbol{X} \in \mathbf{R}_n$ 为图像),根据这个准则就可以认为原来的图像 $\xi(\boldsymbol{X} = S(\xi))$ 是属于哪一类 $\Omega_i(1 \leqslant i \leqslant m)$. 当然,用这些判决准则来识别图像时,有可能产生错误,但是我们可以使得这种由于识别错误而造成的损失在某种意义下最小,下面我们将详细地谈到这个问题. 首先引入几个定义.

定义 2.1 设 $d(\xi)$ 是一个以识别对象 $\Omega = \bigcup_1^m \Omega_i$ 为定义域,以 $\mathbf{Z}_m = \{1, 2, \cdots, m\}$ 为值域的函数. 我们称 $d(\xi)$ 为判决函数,如果规定,若 $d(\xi) = i$,则就判决 ξ 属于第 i 类图像 Ω_i.

由于 Ω 经变换 $S(\xi)$ 变到 n 维空间 $\mathbf{R}_n$,因此一般考虑判决函数,总是在特性空间 $\mathbf{R}_n$ 上确定一个以 $\mathbf{Z}_m$ 为值域的函数 $C(\boldsymbol{X})$,然后把复合函数 $C(S(\xi))$ 作为判决函数,即

$$d(\xi)=C(S(\xi))=C(\boldsymbol{X})$$

这时，从 $C(\boldsymbol{X})=i$，就判决 $\boldsymbol{X}$ 所对应的 $\xi\in\Omega_i$. 因而在习惯上，就称中间函数 $C(\boldsymbol{X})$ 为判决函数[①].

由于客观事物是异常复杂的，用 $C(\boldsymbol{X})$ 进行判决时，有可能判错，并且对于不同的对象，在判决错误时所受的损失也会是不一样的. 例如在识别一架飞机是敌机还是友机的两类问题中，如果将敌机误判为友机，那就要受到很大的损失；反之，如果将友机误判为敌机，也会受到一定的损失. 但是这两种损失究竟还是不同的. 至于在两种误判情况下的损失究竟有多大，这根据具体情况而决定. 因此有必要引进由于误判而造成损失的"损失函数"的概念.

定义 2.2　设 $\{C_{ij}\}(i,j=1,2,\cdots,m)$ 是 m^2 个常数，在 $\Omega\times\mathbf{Z}_m$ 上确定了一个 ξ 与 j 的二元函数，其值域就是 $\{C_{ij}\}(i,j=1,2,\cdots,m)$：

当 $d(\xi)=i$ 时，令 $L[d(\xi),j]=C_{ij}$.

我们称二元函数 $L[d(\xi),j]$ 为损失函数，其中 $d(\xi)$ 就是判决函数. 这时 C_{ij} 就称为当 ξ 是第 j 类图像 Ω_j 而被错判为第 i 类图像 Ω_i 时所受到的"损失".

由于 $d(\xi)$ 是通过中间函数 $C(\boldsymbol{X})$ 经复合后而得到的，因而

$$L[d(\xi),j]=L[C(S(\xi)),j]=L[C(\boldsymbol{X}),j]$$

习惯上，称中间函数 $L[C(\boldsymbol{X}),j]$ 为损失函数，它满足：

当 $C(\boldsymbol{X})=i$ 时

---

① 这里定义的判决函数与第一章 §1.2 中所定义的判决函数（识别函数）没有本质的区别，因为只要设在区域 $g_i(\boldsymbol{X})-g_j(\boldsymbol{X})>0(j\neq i)$ 中，$C(\boldsymbol{X})=i$ 即是$(i=1,2,\cdots,m)$.

$$L[C(X),j] = C_{ij}(i,j=1,2,\cdots,m) \qquad (2.1.3)$$

此外,由于识别对象 ξ 的任意性,因此 ξ 或由 ξ 所对应的向量 $\boldsymbol{X}$ 以及 ξ 所属的类别 j 都是随机变量. 所以考虑个别一个图像由于错判而引起的损失是没有意义的. 在统计图像识别中,是考虑对全体图像进行识别时由于错误识别而引起的平均损失. 因此就有必要引进损失函数 $L[C(\boldsymbol{X}),j]$ 的数学期望的概念. 由于在损失函数中,有两个随机变量 $\boldsymbol{X}$ 与 j,为此首先要分别考虑每一个变量的数学期望.

随机变量 $j\in\{1,2,\cdots,m\}$ 的任意一个函数 $f(j)$ 的数学期望记作

$$E_j[f(j)] = \sum_{j=1}^{m} f(j)P_j \qquad (2.1.4)$$

这里 $P_j(1\leqslant j\leqslant m)$ 是随机变量取值为 j 的概率,实际上可以把它看作每一类图像 $\Omega_j(1\leqslant j\leqslant m)$ 的先验概率.

此外,设每一类图像 $\Omega_i(1\leqslant i\leqslant m)$ 在 $\mathbf{R}_n$ 中的边缘分布即条件概率密度函数 $p(\boldsymbol{X}|i)$ 是已知的,因此,$\boldsymbol{X}\in\mathbf{R}_n$ 的联合概率密度函数为

$$p(\boldsymbol{X}) = \sum_{i=1}^{m} P_i p(\boldsymbol{X}|i) \qquad (2.1.5)$$

从而,对于 $\mathbf{R}_n$ 中随机变量 $\boldsymbol{X}$ 的任意一个函数 $g(\boldsymbol{X})$ 的数学期望为

$$E_X[g(\boldsymbol{X})] = \int_{\mathbf{R}_n} g(\boldsymbol{X})p(\boldsymbol{X})\,\mathrm{d}\boldsymbol{X} \qquad (2.1.6)$$

其中,$p(\boldsymbol{X})$ 是由(2.1.5)所确定的函数,而积分展布在整个 n 维空间 $\mathbf{R}_n$ 上.

随机变量 $j\in\mathbf{Z}_m$,$\boldsymbol{X}\in\mathbf{R}_n$ 的联合分布为

$$p(j,\boldsymbol{X}) = P_j p(\boldsymbol{X}|j) \qquad (2.1.7)$$

显然有

$$\sum_{j=1}^{m} p(j,\boldsymbol{X}) = \sum_{j=1}^{m} P_j p(\boldsymbol{X}|j) = p(\boldsymbol{X}) \quad (2.1.8)$$

及

$$\int_{\mathbf{R}_n} p(j,\boldsymbol{X})\,\mathrm{d}\boldsymbol{X} = P_j \quad (2.1.9)$$

这分别是它的边缘分布,其中(2.1.8)的右边是联合概率密度函数,而(2.1.9)的右边是第 j 类 Ω_j 的先验概率. 这样一来,对于随机变量 $j \in \mathbf{Z}_m$ 与 $\boldsymbol{X} \in \mathbf{R}_n$ 的任意函数 $h(j,\boldsymbol{X})$ 的联合概率平均值,即数学期望就是

$$\begin{aligned} E_{j,X}[h(j,\boldsymbol{X})] &= \sum_{j=1}^{m} \int_{\mathbf{R}_n} h(j,\boldsymbol{X}) p(j,\boldsymbol{X})\,\mathrm{d}\boldsymbol{X} \\ &= \sum_{j=1}^{m} \int_{\mathbf{R}_n} h(j,\boldsymbol{X}) P_j p(\boldsymbol{X}|j)\,\mathrm{d}\boldsymbol{X} \end{aligned}$$

下面就用损失函数 $L[C(\boldsymbol{X}),j]$ 的联合概率平均值即数学期望 $E_{j,X}[L[C(\boldsymbol{X}),j]]$ 来定义平均损失.

定义 2.3　损失函数 $L[C(\boldsymbol{X}),j]$ 的数学期望称为平均损失,记作

$$\begin{aligned} R &= E_{j,X}[L[C(\boldsymbol{X}),j]] = \sum_{j=1}^{m} \int_{\mathbf{R}_n} L[C(\boldsymbol{X}),j] p(j,\boldsymbol{X})\,\mathrm{d}\boldsymbol{X} \\ &= \int_{\mathbf{R}_n} \sum_{j=1}^{m} L[C(\boldsymbol{X}),j] P_j p(\boldsymbol{X}|j)\,\mathrm{d}\boldsymbol{X} \end{aligned} \quad (2.1.10)$$

最后,我们用 $P(i|\boldsymbol{X})$ 表示 Ω_i 的后验概率,应用 Bayes 的条件概率公式,显然有

$$P(i|\boldsymbol{X}) = \frac{P_i p(\boldsymbol{X}|i)}{p(\boldsymbol{X})} \quad (2.1.11)$$

而后验概率 $P(i|\boldsymbol{X})$ 关于 $\boldsymbol{X}$ 的数学期望为

$$E_X[P(i|\boldsymbol{X})] = \int_{\mathbf{R}_n} P(i|\boldsymbol{X}) p(\boldsymbol{X})\,\mathrm{d}\boldsymbol{X}$$

$$= \int_{\mathbf{R}_n} \frac{P_i p(\boldsymbol{X}|i)}{p(\boldsymbol{X})} p(\boldsymbol{X}) \mathrm{d}\boldsymbol{X} = P_i \tag{2.1.12}$$

这是可以预计到的.

§2.2 Bayes 统计判决准则[1,2]

Bayes 统计判决是最常用的一种统计判决方法,它能使错误分类的概率最小. 但是,由于实际及理论的需要,这里将讲得更一般些,即研究平均损失最小的问题.

2.2.1 最小平均损失

正如已经讲过的,对于每一个图像 $\boldsymbol{X}$,不管用什么原则来确定判决方法,都有判错的可能. 统计图像识别的方法是根据图像出现的随机性,从全体图像一起考虑的观点来研究各种判决方法,从而比较这些判决方法的优劣来找出在某种意义下最好的判决方案. 这里的问题是:先验概率 $P_i(1 \leqslant i \leqslant m)$ 及条件概率密度函数 $p(\boldsymbol{X}|i)(1 \leqslant i \leqslant m)$ 以及损失 $\{C_{ij}\}(i,j=1,2,\cdots,m)$ 都已知时,要在所有的判决函数 $C(\boldsymbol{X})$ 中寻找最优的判决函数 $C_0(\boldsymbol{X})$,使得它所对应的平均损失 $R_0 = E_{j,X}[L[C_0(\boldsymbol{X}),j]]$ 最小,即

$$\begin{aligned} R_0 &= E_{j,X}[L[C_0(\boldsymbol{X}),j]] \\ &= \min_{C(\boldsymbol{X})} E_{j,X}[L[C(\boldsymbol{X}),j]] \end{aligned} \tag{2.2.1}$$

由于判决函数 $C(\boldsymbol{X})$ 只取 m 个值 $\mathbf{Z}_m = \{1,2,\cdots,m\}$,因此为了寻找它,使得(2.2.1)成立,关键是在于将整个图像的特性空间 $\mathbf{R}_n$ 分成 m 个不相交的子集合

$\omega_i(1 \leqslant i \leqslant m)$，使得当 $\boldsymbol{X} \in \omega_i$ 时，令 $C(\boldsymbol{X})=i$，从而判决 $\boldsymbol{X} \in \Omega_i(1 \leqslant i \leqslant m)$. 因此，由(2.1.10)及(2.1.3)可以得到平均损失的表示式

$$\begin{aligned} R &= \sum_{i=1}^{n} \int_{\omega_i} \sum_{j=1}^{m} L[C(\boldsymbol{X}), j] P_j p(\boldsymbol{X} \mid j) \mathrm{d}\boldsymbol{X} \\ &= \sum_{i=1}^{n} \int_{\omega_i} \sum_{j=1}^{m} C_{ij} P_j p(\boldsymbol{X} \mid j) \mathrm{d}\boldsymbol{X} \end{aligned} \tag{2.2.2}$$

由此，从式(2.2.2)可以看出，为了求 R 的最小值，集合 $\omega_i(1 \leqslant i \leqslant m)$ 应该选得使它所对应的被积函数 $\sum_{j=1}^{m} C_{ij} P_j p(\boldsymbol{X} \mid j)$ 在 ω_i 上的值比其他被积函数 $\sum_{j=1}^{m} C_{lj} P_j p(\boldsymbol{X} \mid j)(l \neq i)$ 的取值来得小. 事实上，有下列定理：

定理 2.1　设先验概率 $P(\Omega_i)=P_i$，条件概率密度函数 $p(\boldsymbol{X} \mid i)(i=1,2,\cdots,m)$ 以及损失 $\{C_{ij}\}(i,j=1,2,\cdots,m)$ 都是已知的. 我们构造集合如下

$$\begin{aligned} \omega_1 &= \{\boldsymbol{X} \mid \boldsymbol{X} \in \mathbf{R}_n, \sum_{j=1}^{n} C_{1j} P_j p(\boldsymbol{X} \mid j) \\ &\leqslant \sum_{j=1}^{n} C_{lj} P_j p(\boldsymbol{X} \mid j), l=2,\cdots,n\} \\ \omega_i &= \{\boldsymbol{X} \mid \boldsymbol{X} \in \mathbf{R}_n-(\omega_1 \cup \omega_2 \cdots \cup \omega_{i-1}), \\ &\sum_{j=1}^{n} C_{ij} P_j p(\boldsymbol{X} \mid j) \leqslant \sum_{j=1}^{n} C_{lj} P_j p(\boldsymbol{X} \mid j)\} \\ &(l \neq i, l=1,2,\cdots,m; i=2,3,\cdots,m) \end{aligned} \tag{2.2.3}$$

设

$$C_0(\boldsymbol{X})=i \quad (\boldsymbol{X} \in \omega_i, i=1,2,\cdots,m) \tag{2.2.4}$$

则 $C(\boldsymbol{X})=C_0(\boldsymbol{X})$ 能使(2.1.10)所表示的平均损失达到最小值，即(2.2.1)成立.

证 从(2.1.3)所构造的集合 $\omega_i(1\leqslant i\leqslant m)$ 容易看出

$$\bigcup_1^m \omega_i=\mathbf{R}_n,\omega_i\cap\omega_j=\varnothing\quad(i\neq j)\qquad(2.2.5)$$

因此用(2.2.4)来定义函数 $C_0(\boldsymbol{X})$ 是合理的.

现在如果有任意 m 个集合 $E_i(1\leqslant i\leqslant m)$,它满足

$$\bigcup_1^m E_i=\mathbf{R}_n,E_i\cap E_j=\varnothing\quad(i\neq j)\qquad(2.2.6)$$

且我们构造函数

$$C(\boldsymbol{X})=i\quad(\boldsymbol{X}\in E_i,i=1,2,\cdots,m)\quad(2.2.7)$$

则像在上面一样,由(2.1.10)(2.2.6)及(2.2.5)可得

$$\begin{aligned}R&=\sum_{i=1}^{n}\int_{E_i}\sum_{j=1}^{m}C_{ij}P_jp(\boldsymbol{X}\mid j)\mathrm{d}\boldsymbol{X}\\&=\sum_{i=1}^{m}\sum_{s=1}^{m}\int_{E_i\cap\omega_s}\sum_{j=1}^{m}C_{ij}P_jp(\boldsymbol{X}\mid j)\mathrm{d}\boldsymbol{X}\\&=\sum_{s=1}^{m}\sum_{i=1}^{m}\int_{\omega_s\cap E_i}\sum_{j=1}^{m}C_{ij}P_jp(\boldsymbol{X}\mid j)\mathrm{d}\boldsymbol{X}\end{aligned}$$

对于上面的积分,对任意固定的 $s(1\leqslant s\leqslant m)$,根据集合 ω_s 的构造(2.2.3)可以得到

$$\begin{aligned}R&\geqslant\sum_{s=1}^{m}\sum_{i=1}^{m}\int_{\omega_s\cap E_i}\sum_{j=1}^{m}C_{sj}P_jp(\boldsymbol{X}\mid j)\mathrm{d}\boldsymbol{X}\\&=\sum_{s=1}^{m}\int_{\omega_s}\sum_{j=1}^{m}C_{sj}P_jp(\boldsymbol{X}\mid j)\mathrm{d}\boldsymbol{X}\end{aligned}$$

其中最后一个等式是根据(2.2.6)而得到的. 由上式及(2.1.7)(2.2.4)就得到

$$\begin{aligned}R&\geqslant\sum_{j=1}^{m}\int_{\omega_s}\sum_{s=1}^{m}L[C_0(\boldsymbol{X}),j]p(j,\boldsymbol{X})\mathrm{d}\boldsymbol{X}\\&=\sum_{j=1}^{m}\int_{\mathbf{R}_n}L[C_0(\boldsymbol{X}),j]p(j,\boldsymbol{X})\mathrm{d}\boldsymbol{X}\\&=E_{j,\boldsymbol{X}}[L[C_0(\boldsymbol{X}),j]]\end{aligned}$$

这就证明了定理2.1.

2.2.2　Bayes 判决准则

在这一小节中,我们介绍上面所讲的平均损失的几个特殊情况,在实际应用中是经常会遇到的.

(1)设损失$\{C_{ij}\}$满足

$$C_{ii}=0, C_{ij}=1 \quad (i\neq j, i, j=1,2,\cdots,m) \tag{2.2.8}$$

此时,由(2.1.10)(2.2.3)及(2.2.4)可知:对应的最小平均损失可以写为

$$\begin{aligned} R_0 &= \sum_{i=1}^{m}\int_{\omega_i}\sum_{\substack{j=1\\ j\neq i}}^{m}P_j p(\boldsymbol{X}\mid j)\mathrm{d}\boldsymbol{X} \\ &= \sum_{i=1}^{m}\int_{\omega_i}[p(\boldsymbol{X})-P_i p(\boldsymbol{X}\mid i)]\mathrm{d}\boldsymbol{X} \end{aligned} \tag{2.2.9}$$

其中最后一个等式是利用(2.1.5)后得到的. 根据集合ω_i的构造(2.2.3)及公式(2.1.11),表示式(2.2.9)可以改写为

$$\begin{aligned} R_0 &= \sum_{i=1}^{n}\int_{\omega_i}[p(\boldsymbol{X})-\max_{1\leqslant i\leqslant m}P_i p(\boldsymbol{X}|i)]\mathrm{d}\boldsymbol{X} \\ &= \sum_{i=1}^{n}\int_{\omega_i}[1-\max_{1\leqslant i\leqslant m}P(i|\boldsymbol{X})]p(\boldsymbol{X})\mathrm{d}\boldsymbol{X} \\ &= \int_{\mathbf{R}_n}[1-\max_{1\leqslant i\leqslant m}P(i|\boldsymbol{X})]p(\boldsymbol{X})\mathrm{d}\boldsymbol{X} \end{aligned} \tag{2.2.10}$$

同时,也可以看出,(2.2.3)可以改写为

$$\begin{aligned} \omega_1 &= \{\boldsymbol{X}|\boldsymbol{X}\in\mathbf{R}_n, P_1 p(\boldsymbol{X}|1)\geqslant P_l p(\boldsymbol{X}|l), l=2,3,\cdots,m\} \\ \omega_i &= \{\boldsymbol{X}|\boldsymbol{X}\in\mathbf{R}_n-(\omega_1\cap\omega_2\cap\cdots\cap\omega_{i-1}), \\ &\qquad P_i p(\boldsymbol{X}|i)\geqslant P_l p(\boldsymbol{X}|l)\} \\ &\qquad (l\neq i, l=1,2,\cdots,m; i=2,3,\cdots,m) \end{aligned} \tag{2.2.11}$$

因此,比较(2.2.11)与(2.2.4),可以认为当

$$P_i p(\boldsymbol{X}|i) \geqslant P_l p(\boldsymbol{X}|l) \quad (l \neq i, l=1,2,\cdots,m) \quad (2.2.12)$$

或比较(2. 1. 11),可以认为当

$$P(i|\boldsymbol{X}) \geqslant P(l|\boldsymbol{X}) \quad (l \neq i, l=1,2,\cdots,m) \quad (2.2.13)$$

时,判决 $\boldsymbol{X}$ 所对应的图像 ξ 属于 Ω_i,或简单表示为 $\boldsymbol{X} \in \Omega_i$. 这种判决方法就称为 Bayes 判决准则(在第一章中曾做过简单介绍). 这是在实际问题中最常遇到的一种判决方案. 用(2. 2. 13)所确定的后验概率的大小来进行判决是非常自然的事情,在这里我们奠定了这种判决方案的理论基础. 在实际中,后验概率是不易求的,因此常用公式(2. 2. 12)来进行判决.

下面我们来计算由 Bayes 判决准则所确定的错误分类概率. 由(2. 1. 1)(2. 1. 11)及(2. 2. 13)可以得到

$$\begin{aligned}
I &= \sum_{i=1}^{m} P_i P_r(\text{被判决为不属于 } i \text{ 类} | \Omega_i) \\
&= \sum_{i=1}^{m} P_i \int_{\mathbf{R}_n - \omega_i} p(\boldsymbol{X}|i)\,\mathrm{d}\boldsymbol{X} \\
&= \sum_{i=1}^{m} P_i \left[1 - \int_{\omega_i} p(\boldsymbol{X}|i)\,\mathrm{d}\boldsymbol{X}\right] \\
&= 1 - \sum_{i=1}^{m} \int_{\omega_i} P(i|\boldsymbol{X}) p(\boldsymbol{X})\,\mathrm{d}\boldsymbol{X} \\
&= 1 - \sum_{i=1}^{m} \int_{\omega_i} \max_{1 \leqslant i \leqslant m} P(i|\boldsymbol{X}) p(\boldsymbol{X})\,\mathrm{d}\boldsymbol{X} \\
&= 1 - \int_{\mathbf{R}_n} \max_{1 \leqslant i \leqslant m} P(i|\boldsymbol{X}) p(\boldsymbol{X})\,\mathrm{d}\boldsymbol{X} \\
&= \int_{\mathbf{R}_n} \left[1 - \max_{1 \leqslant i \leqslant m} P(i|\boldsymbol{X})\right] p(\boldsymbol{X})\,\mathrm{d}\boldsymbol{X}
\end{aligned}$$

比较上式与公式(2. 2. 10),可以看出,误分类概率就是平均损失. 因此 Bayes 判决准则也能使误分类的概率最小.

(2) 对两类问题，损失满足 $C_{11}=C_{22}=0$，$C_{12}=C_{21}=1$，此时，由于 $P(1|\boldsymbol{X})+P(2|\boldsymbol{X})=1$，因而

$$1-\max[P(1|\boldsymbol{X}),P(2|\boldsymbol{X})]=\min[P(1|\boldsymbol{X}),P(2|\boldsymbol{X})]$$

由(2.2.10)就可以得到最小损失为

$$\begin{aligned} R_0 &= E_{\boldsymbol{X}}[\min(P(1|\boldsymbol{X}),P(2|\boldsymbol{X}))] \\ &= \int_{\mathbf{R}_n} \min(P(1|\boldsymbol{X}),P(2|\boldsymbol{X}))p(\boldsymbol{X})\mathrm{d}\boldsymbol{X} \end{aligned} \tag{2.2.14}$$

注意到 $\min[P(1|\boldsymbol{X}),P(2|\boldsymbol{X})]=\frac{1}{2}(1-|P(1|\boldsymbol{X})-P(2|\boldsymbol{X})|)$，由(2.2.14)就可以得到

$$\begin{aligned} R_0 &= \frac{1}{2}\int_{\mathbf{R}_n}\{1-|P(1|\boldsymbol{X})-P(2|\boldsymbol{X})|\}p(\boldsymbol{X})\mathrm{d}\boldsymbol{X} \\ &= \frac{1}{2}(1-J_1) \end{aligned} \tag{2.2.15}$$

其中

$$J_1=E_{\boldsymbol{X}}[|P(1|\boldsymbol{X})-P(2|\boldsymbol{X})|] \tag{2.2.16}$$

若令

$$l(\boldsymbol{X})=\frac{p(\boldsymbol{X}|1)}{p(\boldsymbol{X}|2)} \tag{2.2.17}$$

它也称为判决函数，则由(2.2.12)知

$$\begin{aligned} &\text{若 } l(\boldsymbol{X})\geqslant\frac{P_2}{P_1}\text{，则判决 } \boldsymbol{X}\in\Omega_1 \\ &\text{若 } l(\boldsymbol{X})<\frac{P_2}{P_1}\text{，则判决 } \boldsymbol{X}\in\Omega_2 \end{aligned} \tag{2.2.18}$$

由于 $l(\boldsymbol{X})$ 经常取非负值，因此误分类概率可以改写为

$$\begin{aligned} R_0 &= P_1\int_{\omega_2}p(\boldsymbol{X}|1)\mathrm{d}\boldsymbol{X}+P_2\int_{\omega_1}p(\boldsymbol{X}|2)\mathrm{d}\boldsymbol{X} \\ &= P_1\int_0^{\frac{P_2}{P_1}}p(l|1)\mathrm{d}l+P_2\int_{\frac{P_2}{P_1}}^{+\infty}p(l|2)\mathrm{d}l \end{aligned} \tag{2.2.19}$$

其中,第一个积分表示第一类图像误判为第二类的概率;第二个积分表示第二类图像误判为第一类的概率.这两个概率在今后还要提到.

如果引进函数

$$d(\boldsymbol{X}) = -\ln \frac{P_1 p(\boldsymbol{X}|1)}{P_2 p(\boldsymbol{X}|2)} \qquad (2.2.20)$$

则比较(2.2.20)与(2.2.17),(2.2.18)得到

$$\begin{aligned}&\text{若 } d(\boldsymbol{X}) \leqslant 0\text{,则判决 } \boldsymbol{X} \in \Omega_1\\&\text{若 } d(\boldsymbol{X}) > 0\text{,则判决 } \boldsymbol{X} \in \Omega_2\end{aligned} \qquad (2.2.21)$$

这个函数也可以称为判决函数,它与原来的判决函数 $C(\boldsymbol{X})$ 的关系为

$$C(\boldsymbol{X}) = \frac{3 + \operatorname{sgn} d(\boldsymbol{X})}{2}$$

其中

$$\operatorname{sgn} y = \begin{cases} -1 & (y \leqslant 0) \\ 1 & (y > 0) \end{cases}$$

$d(\boldsymbol{X}) = 0$ 就称为判决边界.

现在我们再回到公式(2.2.15)及(2.2.11),注意到 $|\tanh \alpha| = \tanh|\alpha|$,容易验证

$$\tanh \frac{1}{2}|d(\boldsymbol{X})| = |P(1|\boldsymbol{X}) - P(2|\boldsymbol{X})|$$

从而

$$J_1 = E_X\left[\tanh \frac{1}{2}|d(\boldsymbol{X})|\right] \qquad (2.2.22)$$

如果已知图像集 Ω 中任意 N 个样本 $\xi_i(1 \leqslant i \leqslant N)$,它在特性空间 $\mathbf{R}_n$ 上对应着 N 个 n 维向量 $\boldsymbol{X}_i(1 \leqslant i \leqslant N)$,则(2.2.22)及(2.2.15)可以近似地表示为

$$J_1 \cong \bar{J}_1 = \frac{1}{N} \sum_{i=1}^{N} \tanh \frac{1}{2}|d(\boldsymbol{X}_i)| \qquad (2.2.23)$$

及

$$R_0 \cong \overline{R}_0 = \frac{1}{2}[1 - \overline{J}_1] \tag{2.2.24}$$

用$\overline{R}_0$ 来估计最小平均损失或说估计误分类概率的方法称为 F 方法. 这是由 Lissack 与 K. S. Fu 在 1976 年的文章[3]中首先提出来的. 他们还指出,在一定意义下,F 方法比 L 方法更好(L 方法是一次去掉一个的方法,即对 N 个样本 $\boldsymbol{X}_i(1 \leqslant i \leqslant N)$ 每一次留下其中一个样本,而把其余 $N-1$ 个样本作为依据来设计一个判决方法. 然后,再拿所留下的那个样本进行检验,看看有没有误判. 依次取 $i=1,2,\cdots,N$,留下样本 $\boldsymbol{X}_i$,在 N 次检验中,设错判的总数为 ν,则把$\frac{\nu}{N}$看作误分类概率. 这样估计误分类概率的方法就称为 L 方法,英文名词为“leaving one method”,可参看文献[4,5]). F 方法在选择图像的特征时也有用处,这些将在第四章再进行介绍.

(3)对两类问题,损失满足

$$C_{11}=C_{22}=0, C_{21}=h_1, C_{12}=h_2, h_1>h_2>0 \tag{2.2.25}$$

这种模型也有一定的实际意义. 例如考察将肿瘤细胞分成两大类:第一类是癌细胞 Ω_1;第二类是非癌细胞 Ω_2. 如果将癌细胞错判为非癌细胞,这会耽误病人及早治疗而导致死亡,在这种情况下,由于判错而造成的损失为 $C_{21}=h_1$;同样,如果将非癌细胞错判为癌细胞,就需要对病人进行手术治疗而造成病人的痛苦,甚至还会损失劳动力,其损失为 $C_{12}=h_2$. 二者相比较,显然前者比较严重,因为这可能导致病人死亡,故其损失更大. 因此,我们可以认为 $h_1>h_2>0$. 至于 h_1 与 h_2 的值究竟取多大,这需要根据具体情况而确定. 为了使

平均损失最小,应用定理 2.1 中对集合 ω_i 的构造(见公式 2.2.3),容易得到

$$\begin{aligned}&\text{若 } h_1P_1p(\boldsymbol{X}|1)\geqslant h_2P_2p(\boldsymbol{X}|2),\text{则判决 } \boldsymbol{X}\in\Omega_1\\&\text{若 } h_1P_1p(\boldsymbol{X}|1)<h_2P_2p(\boldsymbol{X}|2),\text{则判决 } \boldsymbol{X}\in\Omega_2\end{aligned}\tag{2.2.26}$$

令

$$\bar{d}(\boldsymbol{X})=-\ln\frac{h_1P(1|\boldsymbol{X})}{h_2P(2|\boldsymbol{X})}=-\ln\frac{h_1P_1p(\boldsymbol{X}|1)}{h_2P_2p(\boldsymbol{X}|2)}\tag{2.2.27}$$

将与(2.2.26)相比较,可知

$$\begin{aligned}&\text{若}\bar{d}(\boldsymbol{X})\leqslant 0,\text{则判决 } \boldsymbol{X}\in\Omega_1\\&\text{若}\bar{d}(\boldsymbol{X})>0,\text{则判决 } \boldsymbol{X}\in\Omega_2\end{aligned}\tag{2.2.28}$$

函数$\bar{d}(\boldsymbol{X})$也可称为判决函数,方程$\bar{d}(\boldsymbol{X})=0$称为判决边界.

此时,由(2.2.2)及(2.2.26)可得其平均损失为

$$\begin{aligned}R_0&=\int_{\omega_1}h_2P_2p(\boldsymbol{X}|2)\mathrm{d}\boldsymbol{X}+\int_{\omega_2}h_1P_1p(\boldsymbol{X}|1)\mathrm{d}\boldsymbol{X}\\&=\int_{\mathbf{R}_n}\min[h_1P_1p(\boldsymbol{X}|1),h_2P_2p(\boldsymbol{X}|2)]\mathrm{d}\boldsymbol{X}\\&=\int_{\mathbf{R}_n}\min[h_1P(1|\boldsymbol{X}),h_2P(2|\bar{\boldsymbol{X}})]p(\boldsymbol{X})\mathrm{d}\boldsymbol{X}\end{aligned}\tag{2.2.29}$$

§2.3　Bayes 判决的应用

这一节介绍图像识别的参数法. 我们仍然考虑 m 类图像 $\Omega_i(1\leqslant i\leqslant m)$,将其中每一类图像 Ω_i 中的图像看作 n 维随机向量 $\boldsymbol{X}=(x_1,x_2,\cdots,x_n)^{\mathrm{T}}$,它实际上是

§2.1 中所讲的图像 $\xi \in \Omega_i$ 的投影. 而 Ω_i 中每一个样本可以看作上面所讲的 n 维随机向量 $\boldsymbol{X}$ 的一个实现. 设随机向量的条件概率密度函数的形式 $p(\boldsymbol{X}|\Omega_i) = p(x_1, x_2, \cdots, x_n|\Omega_i)$ 是已知的,可以依赖于一些参数. 对于用这些已知形式的条件概率密度函数来研究图像识别等问题就称为图像识别的参数方法[6-10],[15-17]. 当然,这些参数还需要通过大批样本来进行估计. 在具体进行识别时,就需要利用这些由大批样本来进行估计参数后所得到的条件概率密度函数来进行分类.

最经常使用的模型是假设所有的条件概率密度函数都是多元正态分布:$p(X|\Omega_i) \sim N(\boldsymbol{\mu}^{(i)}, \boldsymbol{\Sigma}_i)$,即

$$p(\boldsymbol{X}|\Omega_i) = \frac{1}{(2\pi)^{\frac{n}{2}}|\boldsymbol{\Sigma}_i|^{\frac{1}{2}}} \cdot \exp\left[-\frac{1}{2}(\boldsymbol{X}-\boldsymbol{\mu}^{(i)})^{\mathrm{T}}\boldsymbol{\Sigma}_i^{-1}(\boldsymbol{X}-\boldsymbol{\mu}^{(i)})\right] \tag{2.3.1}$$

其中,$\boldsymbol{X} = (x_1, x_2, \cdots, x_n)^{\mathrm{T}}$,$\boldsymbol{\mu}^{(i)}$ 是 n 维向量,$\boldsymbol{\Sigma}_i$ 是 $n \times n$ 阶正定对称矩阵,$|\boldsymbol{\Sigma}_i|$ 是矩阵 $\boldsymbol{\Sigma}_i$ 的行列式. 可以证明(见本章附录 Ⅰ)$\boldsymbol{\mu}^{(i)}$ 是随机向量 $\boldsymbol{X}$ 在类 Ω_i 中的数学期望,即

$$\boldsymbol{\mu}^{(i)} = E_i[\boldsymbol{X}] = \int_{\mathbf{R}_n} \boldsymbol{X} p(\boldsymbol{X}|i)\,\mathrm{d}\boldsymbol{X} \tag{2.3.2}$$

而 $\boldsymbol{\Sigma}_i$ 是随机向量 $\boldsymbol{X}$ 的协方差矩阵,即

$$\boldsymbol{\Sigma}_i = E_i[(\boldsymbol{X}-\boldsymbol{\mu}^{(i)})(\boldsymbol{X}-\boldsymbol{\mu}^{(i)})^{\mathrm{T}}] \tag{2.3.3}$$

如果用 $\sigma_{lk}^{(i)}(l,k=1,2,\cdots,n)$ 表示矩阵 $\boldsymbol{\Sigma}_i$ 中的元素,$\boldsymbol{\mu}^{(i)}(\boldsymbol{\mu}_1^{(i)}, \boldsymbol{\mu}_2^{(i)}, \cdots, \boldsymbol{\mu}_n^{(i)})^{\mathrm{T}}$,则由(2.3.3)可以得到

$$\sigma_{lk}^{(i)} = E_i[(x_l - \boldsymbol{\mu}_l^{(i)})(x_k - \boldsymbol{\mu}_k^{(i)})]$$
$$(l,k=1,2,\cdots,n)$$

显然,在(2.3.1)中共有参数 n^2+n 个,其中 n 个值为数学期望 $\boldsymbol{\mu}^{(i)}$ 的 n 个分量 $\boldsymbol{\mu}_1^{(i)},\boldsymbol{\mu}_2^{(i)},\cdots,\boldsymbol{\mu}_n^{(i)}$,而 n^2 个为协方差矩阵 $\boldsymbol{\Sigma}_i$ 的 n^2 个元素 $\sigma_{l,k}^{(i)}(l,k=1,2,\cdots,n)$.

这种模型在研究由多光谱扫描得到各种农作物的数据,再对农作物进行分类时,有很理想的效果[10,11].下面我们将谈到这个问题.

当然,我们也可以根据实际所研究的对象,给出其他的模型,即给出条件概率密度函数 $p(\boldsymbol{X}|\Omega_i)$ 的其他形式.

2.3.1 两类问题在正态分布情况下的研究[1,7,9]

在这一小节中,只考虑两类问题,即有两类图像 Ω_1 及 Ω_2,其中每一类图像都是 n 维向量,它们都是 Gauss 正态分布,其数学期望对应地为 $\boldsymbol{\mu}^{(1)}$ 及 $\boldsymbol{\mu}^{(2)}$,而协方差矩阵对应地为 $\boldsymbol{\Sigma}_1$ 及 $\boldsymbol{\Sigma}_2$,即 $p(\boldsymbol{X}|1)\sim \boldsymbol{N}(\boldsymbol{\mu}^{(1)},\boldsymbol{\Sigma}_1)$,$p(\boldsymbol{X}|2)\sim N(\boldsymbol{\mu}^{(2)},\boldsymbol{\Sigma}_2)$. 这里的 $\boldsymbol{\mu}^{(1)}$,$\boldsymbol{\mu}^{(2)}$,$\boldsymbol{\Sigma}_1$ 及 $\boldsymbol{\Sigma}_2$ 都是已知的.

设两类图像的先验概率也是已知的,它们分别为 P_1 及 P_2;而损失为 $C_{11}=C_{22}=0$,$C_{12}=C_{21}=1$,一般的情况也可做类似研究.

(1)首先考虑等协方差矩阵的情况,即 $\boldsymbol{\Sigma}_1=\boldsymbol{\Sigma}_2=\boldsymbol{\Sigma}$. 根据上面§2.2 中由 Bayes 判决所得到的公式(2.2.17)及(2.2.18),对于量

$$L(\boldsymbol{X})=\ln\frac{p(\boldsymbol{X}|\Omega_1)}{p(\boldsymbol{X}|\Omega_2)} \tag{2.3.4}$$

$$\begin{aligned}&\text{若 } L(\boldsymbol{X})\geqslant \ln\frac{P_2}{P_1},\text{则判决 } \boldsymbol{X}\in\Omega_1\\ &\text{若 } L(\boldsymbol{X})<\ln\frac{P_2}{P_1},\text{则判决 } \boldsymbol{X}\in\Omega_2\end{aligned} \tag{2.3.5}$$

函数 $L(\boldsymbol{X})$ 也称为判决函数,而方程 $L(\boldsymbol{X})=\ln\frac{P_2}{P_1}$ 称为判决边界.

在(2.3.1)中,令 $\boldsymbol{\Sigma}_1=\boldsymbol{\Sigma}_2=\boldsymbol{\Sigma}$,则得到

$$\begin{aligned}
L(\boldsymbol{X}) &= \ln\frac{p(\boldsymbol{X}\mid\Omega_1)}{p(\boldsymbol{X}\mid\Omega_2)} = -\frac{1}{2}(\boldsymbol{X}-\boldsymbol{\mu}^{(1)})^{\mathrm{T}}\boldsymbol{\Sigma}^{-1}(\boldsymbol{X}-\boldsymbol{\mu}^{(1)})+\frac{1}{2}(\boldsymbol{X}-\boldsymbol{\mu}^{(2)})^{\mathrm{T}}\boldsymbol{\Sigma}^{-1}(\boldsymbol{X}-\boldsymbol{\mu}^{(2)}) \\
&= -\frac{1}{2}(\boldsymbol{X}-\boldsymbol{\mu}^{(1)})^{\mathrm{T}}\boldsymbol{\Sigma}^{-1}(\boldsymbol{X}-\boldsymbol{\mu}^{(1)})+\frac{1}{2}(\boldsymbol{X}-\boldsymbol{\mu}^{(2)})^{\mathrm{T}}\boldsymbol{\Sigma}^{-1}(\boldsymbol{X}-\boldsymbol{\mu}^{(1)}+\boldsymbol{\mu}^{(1)}-\boldsymbol{\mu}^{(2)}) \\
&= \frac{1}{2}(\boldsymbol{\mu}^{(1)}-\boldsymbol{\mu}^{(2)})^{\mathrm{T}}\boldsymbol{\Sigma}^{-1}(\boldsymbol{X}-\boldsymbol{\mu}^{(1)})+\frac{1}{2}(\boldsymbol{X}-\boldsymbol{\mu}^{(2)})^{\mathrm{T}}\boldsymbol{\Sigma}^{-1}(\boldsymbol{\mu}^{(1)}-\boldsymbol{\mu}^{(2)}) \\
&= \frac{1}{2}(\boldsymbol{\mu}^{(1)}-\boldsymbol{\mu}^{(2)})^{\mathrm{T}}\boldsymbol{\Sigma}^{-1}[(\boldsymbol{X}+\boldsymbol{\mu}^{(2)})-(\boldsymbol{\mu}^{(1)}+\boldsymbol{\mu}^{(2)})]+\frac{1}{2}(\boldsymbol{X}-\boldsymbol{\mu}^{(2)})^{\mathrm{T}}\boldsymbol{\Sigma}^{-1}(\boldsymbol{\mu}^{(1)}-\boldsymbol{\mu}^{(2)}) \\
&= \boldsymbol{X}^{\mathrm{T}}\boldsymbol{\Sigma}^{-1}(\boldsymbol{\mu}^{(1)}-\boldsymbol{\mu}^{(2)})-\frac{1}{2}(\boldsymbol{\mu}^{(1)}+\boldsymbol{\mu}^{(2)})^{\mathrm{T}}\boldsymbol{\Sigma}^{-1}(\boldsymbol{\mu}^{(1)}-\boldsymbol{\mu}^{(2)})
\end{aligned}\tag{2.3.6}$$

它是 $\boldsymbol{X}$ 的分量 $x_1,x_2,\cdots,x_n$ 的线性函数,因此从(2.3.6)与(2.3.5)看出,其判决边界 $L(\boldsymbol{X})=\ln\frac{P_2}{P_1}$ 就是 n 维空间中的超平面. 若 $n=2$,则判决边界就是平面上的一条直线,这是最简单的情况.

若令

$$C(\boldsymbol{X})=\frac{3-\operatorname{sgn}\left(L(\boldsymbol{X})-\ln\frac{P_2}{P_1}\right)}{2}$$

则由(2. 3. 5)可以得到

$$\text{若 } C(\boldsymbol{X})=1\text{，则判决 } \boldsymbol{X}\in\Omega_1$$
$$\text{若 } C(\boldsymbol{X})=2\text{，则判决 } \boldsymbol{X}\in\Omega_2$$

这就是在§2. 1 中所谈到的判决函数.

如果再令 $\boldsymbol{\Sigma}=\boldsymbol{I}_n$($n\times n$ 的单位矩阵),$P_1=P_2=\frac{1}{2}$,则由(2. 3. 6)得到判决边界为

$$L(\boldsymbol{X})=(\boldsymbol{\mu}^{(1)}-\boldsymbol{\mu}^{(2)})^{\mathrm{T}}\boldsymbol{X}-\frac{1}{2}(\|\boldsymbol{\mu}^{(1)}\|^2-\|\boldsymbol{\mu}^{(2)}\|^2)=0$$

这里 $\|\boldsymbol{\mu}^{(1)}\|$ 及 $\|\boldsymbol{\mu}^{(2)}\|$ 分别表示向量 $\boldsymbol{\mu}^{(1)}$ 及 $\boldsymbol{\mu}^{(2)}$ 在 n 维空间中的长度. 这是一个联结数学期望向量 $\boldsymbol{\mu}^{(1)}$ 及 $\boldsymbol{\mu}^{(2)}$ 所得到的直线的垂直平分平面的方程. 特别地,当 $n=2$ 时,这就是联结向量 $\boldsymbol{\mu}^{(1)}$ 与 $\boldsymbol{\mu}^{(2)}$ 的直线段的垂直平分线方程. 这就相当于每一类图像推出一个“代表”——$\boldsymbol{\mu}^{(1)}$ 及 $\boldsymbol{\mu}^{(2)}$,作联结 $\boldsymbol{\mu}^{(1)}$ 与 $\boldsymbol{\mu}^{(2)}$ 的线段的垂直平分线. 对于一个未知类别的图像,若它位于此垂直平分线包有 $\boldsymbol{\mu}^{(1)}$ 的一侧,则判决它属于第一类 Ω_1;若它位于垂直平分线包有 $\boldsymbol{\mu}^{(2)}$ 的一侧,则判决它属于第二类 Ω_2. 这就是在第一章已经讲过的最简单的判决方法.

现在研究在等协方差矩阵的假设下,误分类的概率. 由判决规则(2. 3. 5),根据 Bayes 判决准则下误分类的概率公式(2. 2. 9),我们得到误分类的概率 R_0 为

$$R_0=P_1\int_{\omega_2}p(\boldsymbol{X}|\Omega_1)\,\mathrm{d}\boldsymbol{X}+P_2\int_{\omega_1}p(\boldsymbol{X}|\Omega_2)\,\mathrm{d}\boldsymbol{X}$$

$$=P_1P_r\left(L(\boldsymbol{X})<\ln\frac{P_2}{P_1}\middle|\Omega_1\right)+$$

$$P_2P_r\left(L(\boldsymbol{X})\geqslant\ln\frac{P_2}{P_1}\middle|\Omega_2\right)$$

$$=P_1\int_{-\infty}^{\ln\frac{P_2}{P_1}}p(L|\Omega_1)\mathrm{d}L+P_2\int_{\ln\frac{P_2}{P_1}}^{+\infty}p(L|\Omega_2)\mathrm{d}L \tag{2.3.7}$$

因为随机向量 $\boldsymbol{X}$ 服从正态分布(2.3.1),在本章附录Ⅱ中证明了:随机变量 $L(\boldsymbol{X})$ 作为 $x_1,x_2,\cdots,x_n$ 的线性函数也服从正态分布. 现在来求它的条件数学期望及方差. 根据附录Ⅱ中的定理,取那里的向量 $\boldsymbol{B}=\boldsymbol{\Sigma}^{-1}(\boldsymbol{\mu}^{(1)}-\boldsymbol{\mu}^{(2)})$,常数 $b=-\frac{1}{2}(\boldsymbol{\mu}^{(1)}+\boldsymbol{\mu}^{(2)})^{\mathrm{T}}\times\boldsymbol{\Sigma}^{-1}(\boldsymbol{\mu}^{(1)}-\boldsymbol{\mu}^{(2)})$

由(2.3.6),得

$$E(L|\Omega_1)=\boldsymbol{\mu}^{(1)\mathrm{T}}\boldsymbol{\Sigma}^{-1}(\boldsymbol{\mu}^{(1)}-\boldsymbol{\mu}^{(2)})-\frac{1}{2}(\boldsymbol{\mu}^{(1)}+\boldsymbol{\mu}^{(2)})^{\mathrm{T}}\boldsymbol{\Sigma}^{-1}(\boldsymbol{\mu}^{(1)}-\boldsymbol{\mu}^{(2)})$$

$$=\frac{1}{2}(\boldsymbol{\mu}^{(1)}-\boldsymbol{\mu}^{(2)})^{\mathrm{T}}\sum{}^{-1}(\boldsymbol{\mu}^{(1)}-\boldsymbol{\mu}^{(2)})$$

$$=\frac{1}{2}J \tag{2.3.8}$$

其中

$$J=(\boldsymbol{\mu}^{(1)}-\boldsymbol{\mu}^{(2)})^{\mathrm{T}}\boldsymbol{\Sigma}^{-1}(\boldsymbol{\mu}^{(1)}-\boldsymbol{\mu}^{(2)})^{①} \tag{2.3.9}$$

同样可证

---

① 因为 $\boldsymbol{\Sigma}$ 是正定矩阵,即对任何 $\boldsymbol{X}\neq\boldsymbol{0}$,有$(\boldsymbol{\Sigma X},\boldsymbol{X})>0$. 因此,令 $\boldsymbol{X}=\boldsymbol{\Sigma}^{-1}\boldsymbol{Y},\boldsymbol{Y}\neq\boldsymbol{0}$,就有$(\boldsymbol{Y},\boldsymbol{\Sigma}^{-1}\boldsymbol{Y})>0$,即有 $\boldsymbol{Y}^{\mathrm{T}}\boldsymbol{\Sigma}^{-1}\boldsymbol{Y}>0$. 所以若$\boldsymbol{\mu}^{(1)}-\boldsymbol{\mu}^{(2)}\neq\boldsymbol{0}$,则 $J>0$.

$$E(L|\Omega_2) = -\frac{1}{2}J \tag{2.3.10}$$

为了求 $L(\boldsymbol{X})$ 的方差，根据(2.3.10)及(2.3.6)，有

$$\begin{aligned}\sigma_1^2 &= E\left[(L-\frac{1}{2}J)^2 \middle| \Omega_1\right]\\ &= E\{[(\boldsymbol{X}-\boldsymbol{\mu}^{(1)})^{\mathrm{T}}\boldsymbol{\Sigma}^{-1}(\boldsymbol{\mu}^{(1)}-\boldsymbol{\mu}^{(2)})]^2)\}\end{aligned} \tag{2.3.11}$$

再利用附录Ⅱ中的定理，取那里的 $\boldsymbol{B}=\boldsymbol{\Sigma}^{-1}(\boldsymbol{\mu}^{(1)}-\boldsymbol{\mu}^{(2)})$，得

$$\begin{aligned}\boldsymbol{\sigma}_1^2 &= [\boldsymbol{\Sigma}^{-1}(\boldsymbol{\mu}^{(1)}-\boldsymbol{\mu}^{(2)})]^{\mathrm{T}}\boldsymbol{\Sigma}[\boldsymbol{\Sigma}^{(1)}(\boldsymbol{\mu}^{(1)}-\boldsymbol{\mu}^{(2)})]\\ &= (\boldsymbol{\mu}^{(1)}-\boldsymbol{\mu}^{(2)})^{\mathrm{T}}\boldsymbol{\Sigma}^{-1}(\boldsymbol{\mu}^{(1)}-\boldsymbol{\mu}^{(2)})\\ &= J\end{aligned} \tag{2.3.12}$$

同样，可以得到

$$\sigma_2^2 = E\left[(L+\frac{1}{2}J)^2 \middle| \Omega_2\right] = J \tag{2.3.13}$$

因此，由附录Ⅱ中的定理知道：随机变量 $L(\boldsymbol{X})$ 也是正态分布，且 $p(L|\Omega_1)\sim N(\frac{1}{2}J,J)$，$p(L|\Omega_2)\sim N(-\frac{1}{2}J,J)$.

这样一来，从(2.3.7)得到

$$\begin{aligned}R_0 &= P_1\int_{-\infty}^{\ln\frac{P_2}{P_1}}\frac{1}{\sqrt{2\pi}J^{\frac{1}{2}}}\mathrm{e}^{-\frac{(y-\frac{1}{2}J)^2}{2J}}\mathrm{d}y+\\ &\quad P_2\int_{\ln\frac{P_2}{P_1}}^{-\infty}\frac{1}{\sqrt{2\pi}J^{\frac{1}{2}}}\mathrm{e}^{-\frac{(y+\frac{1}{2}J)^2}{2J}}\mathrm{d}y\\ &= P_1\int_{-\infty}^{\frac{\ln\frac{P_2}{P_1}-\frac{1}{2}J}{J^{\frac{1}{2}}}}\frac{1}{\sqrt{2\pi}}\mathrm{e}^{-\frac{z^2}{2}}\mathrm{d}z+\\ &\quad P_2\int_{\frac{\ln\frac{P_2}{P_1}+\frac{1}{2}J}{J^{1/2}}}^{+\infty}\frac{1}{\sqrt{2\pi}}\mathrm{e}^{-\frac{z^2}{2}}\mathrm{d}z\end{aligned}$$

$$= P_1 G\left(\frac{\ln\frac{P_2}{P_1} - \frac{1}{2}J}{J^{\frac{1}{2}}}\right) +$$

$$P_2 G\left(\frac{-\ln\frac{P_2}{P_1} - \frac{1}{2}J}{J^{\frac{1}{2}}}\right) \qquad (2.3.14)$$

其中

$$G(x) = \frac{1}{\sqrt{2\pi}}\int_{-\infty}^{x} e^{-\frac{x^2}{2}} dx \qquad (2.3.15)$$

特别地，当 $P_2 = P_1 = \frac{1}{2}$ 时，从(2.3.14)可以得到

$$R_0 = G\left(-\frac{1}{2}J^{\frac{1}{2}}\right) = \int_{-\infty}^{-\frac{1}{2}\sqrt{J}} \frac{1}{\sqrt{2\pi}} e^{-\frac{x^2}{2}} dx \qquad (2.3.16)$$

由此看出，若 J 较大，则误分类概率(2.3.16)较小；若 J 较小，则误分类概率(2.3.16)就较大了. 这一点，从 $p(L|\Omega_1) \sim N(\frac{1}{2}J, J)$，$p(L|\Omega_2) \sim N(-\frac{J}{2}, J)$ 也可以看出. 因为它们都是正态分布，方差相同，差别仅在于数学期望：前者为 $\frac{1}{2}J$，后者为 $-\frac{1}{2}J$. 若 J 较大，则两个数学期望之间的距离拉大，在经过变换 $L(\boldsymbol{X})$ 后，就比较容易分开了，因此误分类的概率也就小了；反之，若 J 较小，则两个数学期望之间的距离比较接近，因此就难于分开了，这样一来，误分类的概率也就大了(参看图 2-1).

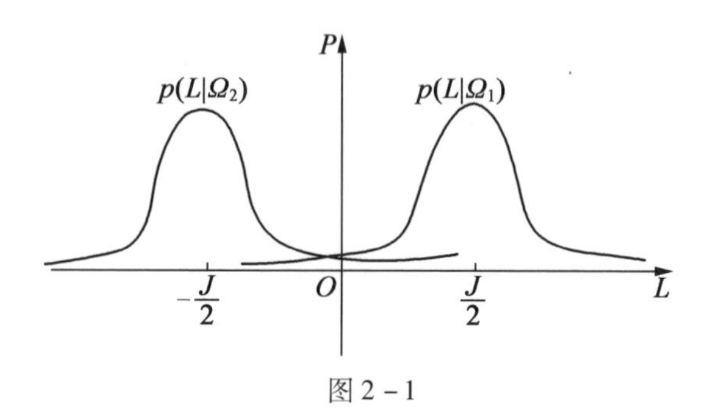

图 2-1

J 称为发散度,或称为两类图像间的 Mahalanobis 距离. 若 $\boldsymbol{\Sigma} = \boldsymbol{I}_n$(单位矩阵),则 J 就是普通距离了. 因此 J 刻画了两类图像之间的平均距离. Mahalanobis 距离在特性选择中也是有用处的.

(2)现在进一步考虑正态分布不等协方差矩阵的情况[7,11,1],即 $\boldsymbol{\Sigma}_1$ 与 $\boldsymbol{\Sigma}_2$ 可以不等,但仍然认为损失满足 $C_{11} = C_{12} = 0, C_{12} = C_{21} = 1$,且先验概率 P_2 与 P_1 也是已知的.

这里仍然用 Bayes 统计判决准则,因为它能使误分类的概率最小. 根据 §2.2 中的公式(2.2.17)及(2.2.18),同样可以得到判决准则(2.3.4)及(2.3.5),但是,在现在的情况下,有

$$L(\boldsymbol{X}) = \ln \frac{p(\boldsymbol{X} \mid \Omega_1)}{p(\boldsymbol{X} \mid \Omega_2)} = \frac{1}{2}\ln\left|\frac{\boldsymbol{\Sigma}_2}{\boldsymbol{\Sigma}_1}\right| - \frac{1}{2}(\boldsymbol{X} - \boldsymbol{\mu}^{(1)})^{\mathrm{T}}\boldsymbol{\Sigma}_1^{-1}(\boldsymbol{X} - \boldsymbol{\mu}^{(1)}) + \frac{1}{2}(\boldsymbol{X} - \boldsymbol{\mu}^{(2)})\boldsymbol{\Sigma}_2^{-1}(\boldsymbol{X} - \boldsymbol{\mu}^{(2)}) \quad (2.3.17)$$

它已经是一个二次函数了. 因此,由(2.3.5)所确定的判

决边界 $L(\boldsymbol{X})=\ln\frac{P_2}{P_1}$ 一般来说已经是一个二次超曲面了.

我们也可以计算其误分类概率,但是由于计算复杂,这里就不做介绍了,有兴趣的读者可参看[1]中第三章或[24].

由于二次函数的计算量比较大,且从图像识别的角度来看,关键在于是否能"分开"两个图像类在密切相交的那一部分区域. 因此,为了计算简单起见,可以设想寻找一个线性判别函数,使其误分类的概率最小. 这是一个次最优的问题(参看图 2-2). 下面就寻找这个最优线性判别函数[1,13].

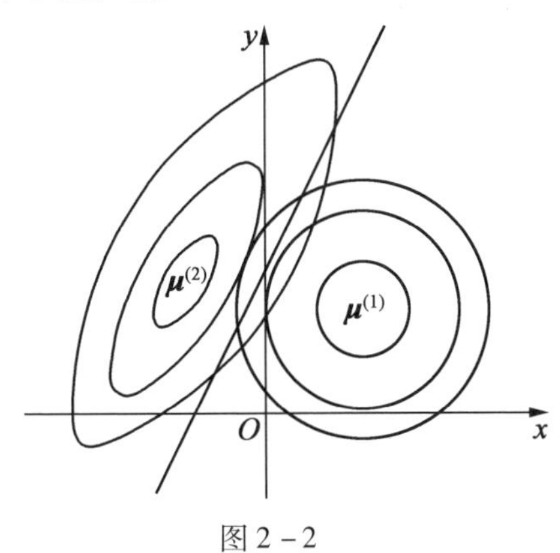

图 2-2

考虑线性判别函数

$$\boldsymbol{\mu}(\boldsymbol{X})=\boldsymbol{B}^{\mathrm{T}}\boldsymbol{X}-c \tag{2.3.18}$$

其中,$\boldsymbol{B}$ 是待定的 n 维向量,c 是待定常数,且规定

$$\begin{aligned}&\text{若 } u(\boldsymbol{X})\geqslant 0\text{,则判决 } \boldsymbol{X}\in\Omega_1\\&\text{若 } u(\boldsymbol{X})<0\text{,则判决 } \boldsymbol{X}\in\Omega_2\end{aligned} \tag{2.3.19}$$

现在的问题是要选择 $\boldsymbol{B}$ 及 c,使得根据判决准则(2.3.19)所引起的误分类概率最小,即求 $\boldsymbol{B}^*$ 与 c^*,使

$$\begin{aligned}\min_{B,C} R &= \min_{b,c}\{P_1 P_r(\boldsymbol{B}^{\mathrm{T}}\boldsymbol{X}-c<0|\Omega_1)+\\&\quad P_2 P_r(\boldsymbol{B}^{\mathrm{T}}\boldsymbol{X}-c\geqslant 0|\Omega_2)\}\\&=P_1 P_r(\boldsymbol{B}^{*\mathrm{T}}\boldsymbol{X}-c^*<0|\Omega_1)+\\&\quad P_2 P_r(\boldsymbol{B}^{*\mathrm{T}}\boldsymbol{X}-6\geqslant 0|\Omega_2)\end{aligned}\tag{2.3.20}$$

根据附录Ⅱ中证明的定理，知道 $u(\boldsymbol{X})=\boldsymbol{B}^{\mathrm{T}}\boldsymbol{X}-c$ 也是正态分布，且其数学期望及方差分别为

$$\begin{aligned}u_1&=E[u(\boldsymbol{X})|\Omega_1]=\boldsymbol{B}^{\mathrm{T}}\boldsymbol{\mu}^{(1)}-c\\u_2&=E[u(\boldsymbol{X})|\Omega_2]=\boldsymbol{B}^{\mathrm{T}}\boldsymbol{\mu}^{(2)}-c\end{aligned}\tag{2.3.21}$$

及

$$\begin{aligned}\sigma_1^2&=E[(u-u_1)^2|\Omega_1]\\&=E[(\boldsymbol{B}^{\mathrm{T}}(\boldsymbol{X}-\boldsymbol{\mu}^{(1)}))^2|\Omega_1]\\&=\boldsymbol{B}^{\mathrm{T}}\boldsymbol{\Sigma}_1\boldsymbol{B}\end{aligned}\tag{2.3.22}$$

$$\begin{aligned}\sigma_2^2&=E[(u-u_2)^2|\Omega_2]\\&=E[(\boldsymbol{B}^{\mathrm{T}}(\boldsymbol{X}-\boldsymbol{\mu}^{(2)}))^2|\Omega_2]\\&=\boldsymbol{B}^{\mathrm{T}}\boldsymbol{\Sigma}_2\boldsymbol{B}\end{aligned}$$

由此，从(2.3.20)(2.3.21)及(2.3.22)得到误分类的概率为

$$\begin{aligned}R&=P_1\int_{-\infty}^{0}\frac{1}{\sqrt{2\pi}\sigma_1}\mathrm{e}^{-\frac{(u-u_1)^2}{2\sigma_1^2}}\mathrm{d}u+\\&\quad P_2\int_{0}^{+\infty}\frac{1}{\sqrt{2\pi}\sigma_2}\mathrm{e}^{-\frac{(u-u_2)^2}{2\sigma_2^2}}\mathrm{d}u\\&=P_1\int_{-\infty}^{-\frac{u_1}{\sigma_1}}\frac{1}{\sqrt{2\pi}}\mathrm{e}^{-\frac{z^2}{2}}\mathrm{d}z+\\&\quad P_2\int_{-\frac{u_2}{\sigma_2}}^{+\infty}\frac{1}{\sqrt{2\pi}}\mathrm{e}^{-\frac{z^2}{2}}\mathrm{d}z\\&=P_1G\left(-\frac{u_1}{\sigma_1}\right)+P_2G\left(\frac{u_2}{\sigma_2}\right)\end{aligned}\tag{2.3.23}$$

其中,$G(x)$由(2. 3. 15)所确定.

为了从(2. 3. 23)求 R 的最小值,根据极值的必要条件,需要求

$$\frac{\partial R}{\partial \boldsymbol{C}}\text{及 } \nabla R \triangleq \frac{\partial R}{\partial \boldsymbol{B}} \triangleq \left(\frac{\partial R}{\partial b_1}, \frac{\partial R}{\partial b_2}, \cdots, \frac{\partial R}{\partial b_n}\right)^{\mathrm{T}}$$

其中 $\boldsymbol{B}=(b_1, b_2, \cdots, b_n)^{\mathrm{T}}$. 从(2. 3. 23)容易得到

$$\frac{\partial R}{\partial \boldsymbol{C}} = \frac{1}{\sqrt{2\pi}}\left\{P_1\exp\left[-\frac{1}{2}\left(-\frac{u_1}{\sigma_1}\right)^2\right]\frac{\partial}{\partial \boldsymbol{C}}\left(-\frac{u_1}{\sigma_1}\right)+ P_2\exp\left[-\frac{1}{2}\left(-\frac{u_2}{\sigma_2}\right)^2\right]\frac{\partial}{\partial \boldsymbol{C}}\left(\frac{u_2}{\sigma_2}\right)\right\} \quad (2.3.24)$$

$$\frac{\partial R}{\partial \boldsymbol{B}} = \frac{1}{\sqrt{2\pi}}\left\{P_1\exp\left[-\frac{1}{2}\left(-\frac{u_1}{\sigma_1}\right)^2\right]\frac{\partial}{\partial \boldsymbol{B}}\left(-\frac{u_1}{\sigma_1}\right)+ P_2\exp\left[-\frac{1}{2}\left(-\frac{u_2}{\sigma_2}\right)^2\right]\frac{\partial}{\partial \boldsymbol{B}}\left(\frac{u_2}{\sigma_2}\right)\right\} \quad (2.3.25)$$

由(2. 3. 21)得到

$$\frac{\partial}{\partial c}\left(-\frac{u_1}{\sigma_1}\right)=\frac{1}{\sigma_1}, \frac{\partial}{\partial c}\left(\frac{u_2}{\sigma_2}\right) = -\frac{1}{\sigma_2} \quad (2.3.26)$$

将(2. 3. 26)代入(2. 3. 24)后,令$\frac{\partial R}{\partial \boldsymbol{C}}=0$,就得到

$$\frac{P_1}{\sigma_1}\exp\left[-\frac{1}{2}\left(\frac{u_1}{\sigma_1}\right)^2\right]=\frac{P_2}{\sigma_2}\exp\left[-\frac{1}{2}\left(\frac{u_2}{\sigma_2}\right)^2\right] \quad (2.3.27)$$

此外,从(2. 3. 22)及(2. 3. 21)可以得到

$$\frac{\partial \sigma_i^2}{\partial \boldsymbol{B}} = \frac{\partial \boldsymbol{B}^{\mathrm{T}}\boldsymbol{\Sigma}_i\boldsymbol{B}}{\partial \boldsymbol{B}} = 2\boldsymbol{\Sigma}_i\boldsymbol{B} \quad (i=1,2) \quad (2.3.28)$$

$$\frac{\partial u_i}{\partial \boldsymbol{B}} = \frac{\partial(\boldsymbol{B}^{\mathrm{T}}\boldsymbol{\mu}^{(i)}-c)}{\partial \boldsymbol{B}} = \boldsymbol{\mu}^{(i)} \quad (i=1,2) \quad (2.3.29)$$

因而从(2. 3. 28)及(2. 3. 29)就可以得到

$$\frac{\partial}{\partial \boldsymbol{B}}\left(\frac{u_1}{\sigma_1}\right)=\frac{1}{\sigma_1^2}\left(\sigma_1\frac{\partial u_1}{\partial \boldsymbol{B}}-\frac{u_1}{2\sigma_1}\cdot\frac{\partial \sigma_1^2}{\partial \boldsymbol{B}}\right)$$

$$=\frac{1}{\sigma_1^2}\left(\sigma_1\boldsymbol{\mu}^{(1)}-\frac{u_1}{2\sigma_1}2\boldsymbol{\Sigma}_1\boldsymbol{B}\right)$$

$$=\frac{\boldsymbol{\mu}^{(1)}}{\sigma_1}-\frac{u_1}{\sigma_1^3}\boldsymbol{\Sigma}_1\boldsymbol{B} \tag{2.3.30}$$

同样有

$$\frac{\partial}{\partial \boldsymbol{B}}\left(\frac{u_2}{\sigma_2}\right)=\frac{\boldsymbol{\mu}^{(2)}}{\sigma_2}-\frac{u_2}{\sigma_2^3}\boldsymbol{\Sigma}_2\boldsymbol{B} \tag{2.3.31}$$

这样一来,将(2. 3. 30)(2. 3. 31)以及(2. 3. 27)代入(2. 3. 25)后,令$\frac{\partial R}{\partial B}=0$,就得到

$$\boldsymbol{\mu}^{(1)}-\frac{u_1}{\sigma_1^2}\boldsymbol{\Sigma}_1\boldsymbol{B}=\boldsymbol{\mu}^{(2)}-\frac{u_2}{\sigma_2^2}\boldsymbol{\Sigma}_2\boldsymbol{B}$$

即

$$\left(\frac{u_1}{\sigma_1^2}\boldsymbol{\Sigma}_1-\frac{u_2}{\sigma_2^2}\boldsymbol{\Sigma}_2\right)\boldsymbol{B}=\boldsymbol{\mu}^{(1)}-\boldsymbol{\mu}^{(2)} \tag{2.3.32}$$

或将(2. 3. 21)(2. 3. 22)代入上式后,得

$$\left(\frac{\boldsymbol{B}^{\mathrm{T}}\boldsymbol{\mu}^{(1)}-c}{\boldsymbol{B}^{\mathrm{T}}\boldsymbol{\Sigma}_1\boldsymbol{B}}\boldsymbol{\Sigma}_1-\frac{\boldsymbol{B}^{\mathrm{T}}\boldsymbol{\mu}^{(2)}-c}{\boldsymbol{B}^{\mathrm{T}}\boldsymbol{\Sigma}_2\boldsymbol{B}}-\boldsymbol{\Sigma}_2\right)\boldsymbol{B}=\boldsymbol{\mu}^{(1)}-\boldsymbol{\mu}^{(2)}$$

显然,由此方程及(2. 3. 27)来直接解出 $\boldsymbol{B}$ 及 c 是不容易的. 下面将给出这个方程的数值解.

设

$$\frac{u_1}{\sigma_1^2}=k\cos\theta,\frac{u_2}{\sigma_2^2}=-k\sin\theta \tag{2.3.33}$$

其中 $k=\sqrt{\left(\frac{u_1}{\sigma_1^2}\right)^2+\left(\frac{u_1}{\sigma_2^2}\right)^2}\geqslant 0,\theta=\tan^{-1}\left(-\frac{u_2}{\sigma_2^2}\Big/\frac{u_1}{\sigma_1^2}\right)\in$ $[-\pi,\pi)$,则(2. 3. 32)可以改写为

$$(\boldsymbol{\Sigma}_1 k\cos\theta+\boldsymbol{\Sigma}_2 k\sin\theta)\boldsymbol{B}=\boldsymbol{\mu}^{(1)}-\boldsymbol{\mu}^{(2)} \tag{2.3.34}$$

考虑 $k>0$ 的情况. 设

$$\boldsymbol{\Sigma}=\boldsymbol{\Sigma}_1\cos\theta+\boldsymbol{\Sigma}_2\sin\theta \tag{2.3.35}$$

若矩阵 $\boldsymbol{\Sigma}$ 可逆,则(2.3.34)可以写成

$$\boldsymbol{B}=\frac{1}{k}\boldsymbol{\Sigma}^{-1}(\boldsymbol{\mu}^{(1)}-\boldsymbol{\mu}^{(2)}) \tag{2.3.36}$$

因为 $k>0$,所以从(2.3.33)得到

$$\tan\theta=-\frac{u_2\sigma_1^2}{u_1\sigma_2^2} \tag{2.3.37}$$

再由(2.3.21)得到

$$u_2u_1=\boldsymbol{B}^{\mathrm{T}}\boldsymbol{\mu}^{(1)}u_2-cu_2,\ u_1u_2=\boldsymbol{B}^{\mathrm{T}}\boldsymbol{\mu}^{(2)}u_1-cu_1$$

将两式相减后,就得

$$c(u_1-u_2)=\boldsymbol{B}^{\mathrm{T}}\boldsymbol{\mu}^{(2)}u_1-\boldsymbol{B}^{\mathrm{T}}\boldsymbol{\mu}^{(1)}u_2$$

将(2.3.33)代入上式后,就得到

$$c=\frac{(\sigma_1^2\cos\theta\boldsymbol{\mu}^{(2)}+\sigma_2^2\sin\theta\boldsymbol{\mu}^{(1)})^{\mathrm{T}}}{\sigma_1^2\cos\theta+\sigma_2^2\sin\theta}\boldsymbol{B} \tag{2.3.38}$$

从表达式(2.3.38)及(2.3.22)(2.3.23)看出,当 $\boldsymbol{B}$ 扩大任意倍后,c 也是扩大同样的倍数. 而这时,从(2.3.18)及(2.3.19)看出,判决边界 $u(\boldsymbol{X})=0$ 是完全不变的. 因而,在公式(2.3.36)中我们就可以认为 $k=1$,即

$$\boldsymbol{B}=\boldsymbol{\Sigma}^{-1}(\boldsymbol{\mu}^{(1)}-\boldsymbol{\mu}^{(2)}) \tag{2.3.39}$$

其中,$\boldsymbol{\Sigma}$ 是由(2.3.35)所确定的矩阵.

从公式(2.3.35)(2.3.39)(2.3.22)及(2.3.38)可以看出,只要有了值 θ,就有矩阵 $\boldsymbol{\Sigma}$,因而就有 $\boldsymbol{B}$ 及 c. 根据上面的讨论,我们给出两个算法.

算法 1:

(1)任取 θ 的初值,如 $\theta=0$;

(2)由(2.3.35)求出 $\boldsymbol{\Sigma}$,再由(2.3.39)求出 $\boldsymbol{B}$;

(3)由(2.3.22)求出 σ_1^2 及 σ_2^2;

(4)由(2.3.38)求出 c;

(5)由(2.3.21)求出 u_1 与 u_2;

(6)由(2.3.37)求出 $\tan\theta$ 及 θ 的值;

(7)若这次由(6)求出的 θ 与上次 θ 之差小于某个给定的小数,则算法停止,否则再执行(1).

这个算法的问题在于:每一次迭代都求矩阵 $\boldsymbol{\Sigma}$ 的逆矩阵,它可能不存在,此时就需利用广义逆矩阵法求出(2.3.38)的解(其中令 $k=1$),或说用广义逆矩阵 $\boldsymbol{\Sigma}^{\#}$ 代替 $\boldsymbol{\Sigma}^{-1}$[14]. 这种迭代算法的收敛性问题还有待于研究.

算法2:

(1)令 $\theta=-\pi$;

(2)由(2.3.35)求出 $\boldsymbol{\Sigma}$,再由(2.3.39)求出 $\boldsymbol{B}$;

(3)同样由(2.3.22)求出 σ_1^2 与 σ_2^2;

(4)由(2.3.33)直接求出 u_1 及 u_2;

(5)由(2.3.23)可以计算出值 R;

(6)对于 θ 及值 R,可以在平面上画出一点 (θ,R);

(7)若 $\theta\geqslant\pi$,则此算法停止执行,否则,执行(8);

(8)将 θ 加一个小增量,即 $\theta=\theta+\Delta\theta$,再执行(1).

由这样所画出的全部点 (θ,R) 的集合就构成一条离散曲线. 然后求此曲线的最小值以及对应的 θ. 有了此 θ 后,从(2.3.35)及(2.3.39)可以求出 $\boldsymbol{B}$,再由(2.3.22)及(2.3.38)就可以求出 c 了. 这样求出的 $\boldsymbol{B}$ 及 c 就可作为达到 R 的最小值的参数,由此就得到判别函数 $u(\boldsymbol{X})=\boldsymbol{B}^{\mathrm{T}}\boldsymbol{X}-c$.

这里也会遇到这样的问题,即矩阵 $\boldsymbol{\Sigma}=\boldsymbol{\Sigma}_1\cos\theta+\boldsymbol{\Sigma}_2\sin\theta$ 在计算过程中有没有逆矩阵?在没有逆矩阵之处,曲线 $R=R(\theta)$ 就可能会有跳跃.此外,在第 8 步上,小增量 $\Delta\theta$ 究竟应该取得多大才合适?若取得过分大,则会漏掉真正的能达到最小值的点;若取得过分小,则会增加计算量.关于这一点,可以讨论如下:

设 $\boldsymbol{\Sigma}$ 可逆,则由(2.3.23)(2.3.21)及(2.3.22)可以得到

$$(2\pi)^{\frac{1}{2}}\frac{\partial R}{\partial\theta}=(\boldsymbol{\mu}^{(1)}-\boldsymbol{\mu}^{(2)})^{\mathrm{T}}\boldsymbol{\Sigma}^{-1}\boldsymbol{\Sigma}_1\boldsymbol{\Sigma}^{-1}\boldsymbol{\Sigma}_2\cdot \boldsymbol{\Sigma}^{-1}(\boldsymbol{\mu}^{(1)}-\boldsymbol{\mu}^{(2)})\cdot \left\{\frac{1}{\sigma_1}\exp\left[-\frac{1}{2}(\sigma_1\cos\theta)^2\right]-\frac{1}{\sigma_2}\exp\left[-\frac{1}{2}(\sigma_2\cos\theta)^2\right]\right\} \tag{2.3.40}$$

这里已经假设先验概率 $P_1=P_2=\frac{1}{2}$. 显然 $\boldsymbol{\Sigma}$ 是 θ 的连线函数,因此若能估计出(2.3.40)右边的上界,则可知道 R 随 θ 变化的速度的上界.这样就可以适当地选取 θ 的增量,使得能够控制达到最小值的精度.但是,这个上界也不是很好求的.

若 $\boldsymbol{\Sigma}$ 不可逆,则从代数学中知道,可以找到向量 $\boldsymbol{d}\neq 0$,使 $\boldsymbol{\Sigma d}=0$,即

$$(\boldsymbol{\Sigma}_2^{-1}\boldsymbol{\Sigma}_1+\boldsymbol{I}_n\tan\theta)\boldsymbol{d}=0$$

因此 $-\tan\theta$ 就是矩阵 $\boldsymbol{\Sigma}_2^{-1}\boldsymbol{\Sigma}_1$ 的特征值.有了特征值,就可以求出对应的值 θ.设其中的一个为 θ_L,则由方程

$$(\boldsymbol{\Sigma}_1\cos\theta_L+\boldsymbol{\Sigma}_2\sin\theta_L)\boldsymbol{B}=\boldsymbol{\mu}^{(1)}-\boldsymbol{\mu}^{(2)}$$

就可以求出 $\boldsymbol{B}$. 但是,有时向量 $\boldsymbol{\mu}^{(1)}-\boldsymbol{\mu}^{(2)}$ 不一定在

$\boldsymbol{\Sigma}_1 \cos \theta_L + \boldsymbol{\Sigma}_2 \sin \theta_L$ 所张的空间上，因此没有解. 当然这也可以用广义逆矩阵来求解，但此时，函数 $R = R(\theta)$ 在 $\theta = \theta_L$ 处就不连续了. 凡是图上出现少数不连续的点时，就不必考虑它.

注意，在实际计算中，$\boldsymbol{\mu}^{(1)}$，$\boldsymbol{\mu}^{(2)}$ 及 $\boldsymbol{\Sigma}_1$，$\boldsymbol{\Sigma}_2$ 预先都可能不知道，但这可以由每一类的样本 $X_j^{(i)} \in \Omega_i (i = 1, 2; j = 1, 2, \cdots, N_i)$ 来估计，如

$$\boldsymbol{\mu}^{(i)} \sim \frac{1}{N_i} \sum_{j=1}^{N_i} \boldsymbol{X}_j^{(i)}, \boldsymbol{\Sigma}_i \sim (\boldsymbol{\omega}_{lk}^{(i)})$$

$$(l = 1, 2, \cdots, n; k = 1, 2, \cdots, n) \quad (2.3.41)$$

其中，$(\boldsymbol{\omega}_{lk}^{(i)})$ 为 Ω_i 中样本的协方差矩阵，即

$$\boldsymbol{\omega}_{lk}^{(i)} = \frac{1}{N_i - 1} \sum_{j=1}^{N_i} (\boldsymbol{X}_{jl}^{(i)} - \boldsymbol{\mu}_l^{(i)})(\boldsymbol{X}_{jk}^{(i)} - \boldsymbol{\mu}_k^{(i)}) \quad (2.3.42)$$

其中，$\boldsymbol{X}_j^{(i)} = (x_{j1}^{(i)}, x_{j2}^{(i)}, \cdots, x_{jn}^{(i)})^{\mathrm{T}}$，$\boldsymbol{\mu}^{(i)} = (\boldsymbol{\mu}_1^{(i)}, \boldsymbol{\mu}_2^{(i)}, \cdots, \boldsymbol{\mu}_n^{(i)})^{\mathrm{T}}$. 这一点在本节的后面还要提到.

现在考察 $k = 0$ 的情况. 此时，由(2.3.33)知：$u_1 = u_2 = 0$，由此再从(2.3.32)知：$\boldsymbol{\mu}^{(1)} = \boldsymbol{\mu}^{(2)}$，即两类图像的数学期望值完全相同. 对这样的两类图像进行识别是没有多大意义的.

由以上的讨论可看出：如果两个正态分布的数学期望向量不相等时，上述的方法是比较适用的.

2.3.2　多类问题在正态分布情况下的研究[11]

这一小节讨论多类情况下的图像识别问题，这是两类问题的推广. 设 m 类图像 $\Omega_i (1 \leqslant i \leqslant m)$ 分别遵从数学期望为 $\boldsymbol{\mu}^{(i)}$、协方差矩阵 $\boldsymbol{\Sigma}_i$ 的正态分布(见(2.3.1)). 应用在两类问题中找到线性判别函数的方法，在这里可以两个两个地处理. 总体来说，这就会得到逐块线性

判别函数. 事实上,设每一类图像 Ω_i 对应一个函数

$$g_i(\boldsymbol{X})=\boldsymbol{B}_i^{\mathrm{T}}\boldsymbol{X}-c_i \quad (i=1,2,\cdots,m) \tag{2.3.43}$$

其中,$\boldsymbol{B}_i$ 为 n 维向量($1\leqslant i\leqslant m$). 针对第 i 类及第 j 类图像,令

$$g_{ij}(\boldsymbol{X})=g_i(\boldsymbol{X})-g_j(\boldsymbol{X})=\boldsymbol{B}_{ij}^{\mathrm{T}}\boldsymbol{X}-c_{ij} \quad (i,j=1,2,\cdots,m) \tag{2.3.44}$$

其中,$\boldsymbol{B}_{ij}^{\mathrm{T}}$也是 n 维向量,c_{ij}为纯量,则其判决准则可规定如下

$$\text{若 } g_{ij}(\boldsymbol{X})\geqslant 0,\text{则判决 } \boldsymbol{X}\notin\Omega_j$$

$$\text{若 } g_{ij}(\boldsymbol{X})<0,\text{则判决 } \boldsymbol{X}\notin\Omega_i$$

考虑所有的 $g_{ij}(\boldsymbol{X})$,若 $\boldsymbol{X}$ 不属于所有的 Ω_{ki}($i=1,2,\cdots,j-1,j+1,\cdots,m$),则认为 $\boldsymbol{X}\in\Omega_{kj}$.

如同上面一样,对两类 Ω_i 及 Ω_j,考虑误分类概率 e_{ij}

$$\begin{aligned} e_{ij}&=\frac{1}{2}\{P_r(\boldsymbol{B}_{ij}^{\mathrm{T}}\boldsymbol{X}<c_{ij}\mid\Omega_i)+P_r(\boldsymbol{B}_{ij}^{\mathrm{T}}\boldsymbol{X}\geqslant c_{ij}\mid\Omega_j)\} \\ &=\frac{1}{2}[1-G(d_i)+1-G(d_j)] \end{aligned} \tag{2.3.45}$$

其中

$$d_i=\frac{\boldsymbol{B}_{ij}^{\mathrm{T}}\boldsymbol{\mu}^{(i)}-c_{ij}}{(\boldsymbol{B}_{ij}^{\mathrm{T}}\boldsymbol{\Sigma}_i\boldsymbol{B}_{ij})^{\frac{1}{2}}},d_j=\frac{c_{ij}-\boldsymbol{B}_{ij}^{\mathrm{T}}\boldsymbol{\mu}^{(j)}}{(\boldsymbol{B}_{ij}^{\mathrm{T}}\boldsymbol{\Sigma}_j\boldsymbol{B}_{ij})^{\frac{1}{2}}} \tag{2.3.46}$$

现在考虑全部一对对的误分类概率的平均值

$$e=\frac{2}{m(m-1)}\sum_{i=1}^{m-1}\sum_{j=i+1}^{m}e_{ij} \tag{2.3.47}$$

研究 e 的最小值即相当于研究每一个 e_{ij}的最小值. 因此多类问题的处理与两类问题的处理是类似的,只是在计算上更为复杂而已.

特别地,当 $\boldsymbol{\Sigma}_i=\boldsymbol{\Sigma}_j=\boldsymbol{\Sigma}$ 时,像前面一样,也可以引入发散度的概念:

$$J_{ij} = (\boldsymbol{\mu}^{(i)} - \boldsymbol{\mu}^{(j)})^{\mathrm{T}}\boldsymbol{\Sigma}^{-1}(\boldsymbol{\mu}^{(i)} - \boldsymbol{\mu}^{(j)}) \tag{2.3.48}$$

为了简单起见，如果在求(2. 3. 47)的极值时，认为$d_i = d_j$，则可以证明，达到极值的d_{ij}^*为

$$d_{ij}^* \triangleq d_i^* = d_j^* = \frac{1}{2}\sqrt{J_{ij}} \tag{2.3.49}$$

事实上，当 $d_i = d_j$ 时，有

$$\frac{\boldsymbol{B}_{ij}^{\mathrm{T}}\boldsymbol{\mu}^{(i)} - c_{ij}}{(\boldsymbol{B}_{ij}^{\mathrm{T}}\boldsymbol{\Sigma}_i\boldsymbol{B}_{ij})^{\frac{1}{2}}} = \frac{c_{ij} - \boldsymbol{B}_{ij}^{\mathrm{T}}\boldsymbol{\mu}^{(j)}}{(\boldsymbol{B}_{ij}^{\mathrm{T}}\boldsymbol{\Sigma}_j\boldsymbol{B}_{ij})^{\frac{1}{2}}}$$

因而有

$$c_{ij} = \frac{\boldsymbol{B}_{ij}^{\mathrm{T}}\boldsymbol{\mu}^{(i)}(\boldsymbol{B}_{ij}^{\mathrm{T}}\boldsymbol{\Sigma}_j\boldsymbol{B}_{ij}) + \boldsymbol{B}_{ij}^{\mathrm{T}}\boldsymbol{\mu}^{(j)}(\boldsymbol{B}_{ij}^{\mathrm{T}}\boldsymbol{\Sigma}_i\boldsymbol{B}_{ij})}{(\boldsymbol{B}_{ij}^{\mathrm{T}}\boldsymbol{\Sigma}_i\boldsymbol{B}_{ij})^{\frac{1}{2}} + (\boldsymbol{B}_{ij}^{\mathrm{T}}\boldsymbol{\Sigma}_i\boldsymbol{B}_{ij})^{\frac{1}{2}}}$$

这样一来，可以得到

$$\begin{aligned}
d_i &= d_j \\
&= \frac{\dfrac{\boldsymbol{B}_{ij}^{\mathrm{T}}\boldsymbol{\mu}^{(i)}(\boldsymbol{B}_{ij}^{\mathrm{T}}\boldsymbol{\Sigma}_j\boldsymbol{B}_{ij})^{\frac{1}{2}} + \boldsymbol{B}_{ij}^{\mathrm{T}}\boldsymbol{\mu}^{(j)}(\boldsymbol{B}_{ij}^{\mathrm{T}}\boldsymbol{\Sigma}_i\boldsymbol{B}_{ij})^{\frac{1}{2}}}{(\boldsymbol{B}_{ij}^{\mathrm{T}}\boldsymbol{\Sigma}_i\boldsymbol{B}_{ij})^{\frac{1}{2}} + (\boldsymbol{B}_{ij}^{\mathrm{T}}\boldsymbol{\Sigma}_j\boldsymbol{B}_{ij})^{\frac{1}{2}}} - \boldsymbol{B}_{ij}^{\mathrm{T}}\boldsymbol{\mu}^{(j)}}{(\boldsymbol{B}_{ij}^{\mathrm{T}}\boldsymbol{\Sigma}_j\boldsymbol{B}_{ij})^{\frac{1}{2}}} \\
&= \frac{\boldsymbol{B}_{ij}^{\mathrm{T}}(\boldsymbol{\mu}^{(1)} - \boldsymbol{\mu}^{(2)})}{(\boldsymbol{B}_{ij}^{\mathrm{T}}\boldsymbol{\Sigma}_i\boldsymbol{B}_{ij})^{\frac{1}{2}} + (\boldsymbol{B}_{ij}^{\mathrm{T}}\boldsymbol{\Sigma}_j\boldsymbol{B}_{ij})^{\frac{1}{2}}}
\end{aligned} \tag{2.3.50}$$

由于 $\boldsymbol{\Sigma}_i = \boldsymbol{\Sigma}_j = \boldsymbol{\Sigma}$，因此

$$d_{ij} \triangleq d_i = d_j = \frac{\boldsymbol{B}_{ij}^{\mathrm{T}}(\boldsymbol{\mu}^{(1)} - \boldsymbol{\mu}^{(2)})}{2(\boldsymbol{B}_{ij}^{\mathrm{T}}\boldsymbol{\Sigma}\boldsymbol{B}_{ij})^{\frac{1}{2}}} \tag{2.3.51}$$

为了使(2. 3. 43)达到最小值，只要求 d_{ij} 的最大值即可. 为此求

$$\nabla d_{ij}^2 = \left(\frac{\partial d_{ij}^2}{\partial b_{ij1}}, \frac{\partial d_{ij}^2}{\partial b_{ij2}}, \cdots, \frac{\partial d_{ij}^2}{\partial b_{ijn}}\right)^{\mathrm{T}}$$

其中，$\boldsymbol{B}_{ij} = (b_{ij1}, b_{ij2}, \cdots, b_{ijn})^{\mathrm{T}}$. 由(2. 3. 51)得到

$$\nabla d_{ij}^2 = \frac{1}{4}\frac{\left\{\begin{matrix}[\boldsymbol{B}_{ij}^{\mathrm{T}}(\boldsymbol{\mu}^{(i)}-\boldsymbol{\mu}^{(j)})](\boldsymbol{\mu}^{(i)}-\boldsymbol{\mu}^{(j)})(\boldsymbol{B}_{ij}^{\mathrm{T}}\boldsymbol{\Sigma}\boldsymbol{B}_{ij})- \\ [\boldsymbol{B}_{ij}^{\mathrm{T}}(\boldsymbol{\mu}^{(i)}-\boldsymbol{\mu}^{(j)})]^2\boldsymbol{\Sigma}\boldsymbol{B}_{ij}\end{matrix}\right\}}{(\boldsymbol{B}_{ij}^{\mathrm{T}}\boldsymbol{\Sigma}\boldsymbol{B}_{ij})^2}$$

令 $\nabla d_{ij}^2=0$,就容易得到 $\boldsymbol{B}_{ij}^{\mathrm{T}}=\boldsymbol{\Sigma}^{-1}(\boldsymbol{\mu}^{(1)}-\boldsymbol{\mu}^{(2)})$,将它代入(2.3.51)后,就得到

$$\begin{aligned}d_{ij}^* &= d_i^* = d_j^* \\ &= \frac{(\boldsymbol{\mu}^{(i)}-\boldsymbol{\mu}^{(j)})^{\mathrm{T}}\boldsymbol{\Sigma}^{-1}(\boldsymbol{\mu}^{(i)}-\boldsymbol{\mu}^{(j)})}{2[\boldsymbol{\Sigma}^{-1}(\boldsymbol{\mu}^{(i)}-\boldsymbol{\mu}^{(j)})]^{\mathrm{T}}\boldsymbol{\Sigma}[\boldsymbol{\Sigma}^{-1}(\boldsymbol{\mu}^{(i)}-\boldsymbol{\mu}^{(j)})]^{\frac{1}{2}}} \\ &= \frac{1}{2}[(\boldsymbol{\mu}^{(i)}-\boldsymbol{\mu}^{(j)})^{\mathrm{T}}\boldsymbol{\Sigma}^{-1}(\boldsymbol{\mu}^{(i)}-\boldsymbol{\mu}^{(j)})]^{\frac{1}{2}} \\ &= \frac{1}{2}\sqrt{J_{ij}}\end{aligned}$$

当 $\boldsymbol{\Sigma}_i \neq \boldsymbol{\Sigma}_j$ 时,一般也可以用 d_{ij} 来刻画两类图像相接近的程度,这件事可以从 e_{ij} 的表示式(2.3.45)看出来.

最后,我们指出,d_{ij} 也可以用来作为图像特征选择的标准,因为从(2.3.48)可以看出:若 d_{ij} 大,则 e_{ij} 小;反之,若 d_{ij} 小,则 e_{ij} 大. 因此,对 n 个特性中的一部分特性也对应地会有 d_{ij},然后比较各种 d_{ij} 的大小,从而看出用哪些特性比较更为合适.

2.3.3　统计参数的估计[6-10]

前面,我们都假定每一类图像是遵从正态分布的,其中数学期望及协方差矩阵都是已知的. 但是,在大量的实际问题中,这些参数是未知的,或者是只知道一部分. 显然,如果能够比较精确地对这些参数做出估计,那么在这些基础上所做出的判决也就越精确. 在这一小节中,我们就介绍如何根据已有的大量样本,对参数做出估计. 当样本一个个出现时,如果能够逐渐对参数

做出精确的估计,那么这个系统就能逐渐保证做出准确的判决,这种系统就称为“学习”. 根据对已知样本所了解的情况,“学习”又分为两种:一种是有老师的学习或称有监督的学习,这表示事前知道所取的样本是属于哪一类图像. 因此,可以分别从每一类图像样本来估计每一类分布的参数. 在正态分布情况下,就可以估计其数学期望与协方差矩阵. 此时,已知样本就称为“学习样本”. 另一种称为没有老师的学习或称为无监督的学习,这表示事先不知道所得到的样本是属于哪一类图像,而只知道它们是从全部图像类中随机地得来的. 用这些样本也可以估计参数. 在正态分布的假设下,就是同时估计所有图像类的数学期望及协方差矩阵. 如果将这些参数看作随机变量,则这种估计称为点估计. 当然,还可以研究所得到的估计与真正参数值之间的关系,这就是以某个概率包含真正参数值的置信区间,称为区间估计.

1. 参数估计——自学习(有老师的学习)

根据上面的介绍,只要分别对每一类图像中的概率密度函数的参数做出估计就行了. 设所有的参数都用一个 $\boldsymbol{Q}$ 表示,它可以是纯量、向量或矩阵. 我们将概率密度函数记作 $p(\boldsymbol{X}\mid\boldsymbol{Q})$, $\boldsymbol{X}=(x_1,x_2,\cdots,x_n)^{\mathrm{T}}$. 又设参数 $\boldsymbol{Q}$ 的分布函数 $p_1(\boldsymbol{Q})$ 也是已知的,即把参数也看作随机量.

已知这个分布的 N 个样本 $\boldsymbol{X}_j(1\leqslant j\leqslant N)$,我们的目的是要求出参数 $\boldsymbol{Q}$ 的后验概率密度函数 $p(\boldsymbol{Q}\mid\boldsymbol{X}_1,\boldsymbol{X}_2,\cdots,\boldsymbol{X}_N)$. 这里利用 Bayes 公式,就可以逐次地求出这个后验概率密度函数,其方法如下:

根据 Bayes 公式

$$p(\boldsymbol{Q}|\boldsymbol{X}_1)=\frac{p(\boldsymbol{X}_1|\boldsymbol{Q})p_1(\boldsymbol{Q})}{p(\boldsymbol{X}_1)} \quad (2.3.52)$$

其中,$p(\boldsymbol{X}_1|\boldsymbol{Q})$,$p_1(\boldsymbol{Q})$及$p(\boldsymbol{X}_1)$都是已知的,由此从(2.3.52)可以算出$p(\boldsymbol{Q}|\boldsymbol{X}_1)$. 在具体进行计算时,因为分母$p(\boldsymbol{X}_1)$不依赖于$\boldsymbol{Q}$,因此往往不必具体地写出来. 同样有

$$p(\boldsymbol{Q}|\boldsymbol{X}_1,X_2)=\frac{p(\boldsymbol{X}_2|\boldsymbol{Q},\boldsymbol{X}_1)\cdot p(\boldsymbol{Q}|\boldsymbol{X}_1)}{p(\boldsymbol{X}_2|\boldsymbol{X}_1)}$$
$$=\frac{p(\boldsymbol{X}_2|\boldsymbol{Q})\cdot p(\boldsymbol{Q}|\boldsymbol{X}_1)}{p(\boldsymbol{X}_2|\boldsymbol{X}_1)} \quad (2.3.53)$$

其中最后一个等式是由于假设所有观察到的样本都是条件独立之后得到的,即$p(\boldsymbol{X}_2|\boldsymbol{Q},\boldsymbol{X}_1)=p(\boldsymbol{X}_2|\boldsymbol{Q})$,而

$$p(\boldsymbol{X}_2|\boldsymbol{X}_1)=\int p(\boldsymbol{X}_2|\boldsymbol{Q},\boldsymbol{X}_1)p(\boldsymbol{Q}|\boldsymbol{X}_1)\mathrm{d}\theta$$
$$=\int p(\boldsymbol{X}_2|\boldsymbol{Q})p(\boldsymbol{Q}|\boldsymbol{X}_1)\mathrm{d}\boldsymbol{Q} \quad (2.3.54)$$

因此它也可以从前面已经求出的$p(\boldsymbol{Q}|\boldsymbol{X}_1)$及$p(\boldsymbol{X}_2|\boldsymbol{Q})$算出来. 一般地,有

$$p(\boldsymbol{Q}|\boldsymbol{X}_1,\boldsymbol{X}_2,\cdots,\boldsymbol{X}_n)$$
$$=\frac{p(\boldsymbol{X}_N|\boldsymbol{Q},\boldsymbol{X}_1,\boldsymbol{X}_2,\cdots,\boldsymbol{X}_{N-1})p(\boldsymbol{Q}|\boldsymbol{X}_1,\boldsymbol{X}_2,\cdots,\boldsymbol{X}_{N-1})}{p(\boldsymbol{X}_N|\boldsymbol{X}_1,\boldsymbol{X}_2,\cdots,\boldsymbol{X}_{N-1})}$$
$$=\frac{p(\boldsymbol{X}_N|\boldsymbol{Q})p(\boldsymbol{Q}|\boldsymbol{X}_1,\boldsymbol{X}_2,\cdots,\boldsymbol{X}_{N-1})}{p(\boldsymbol{X}_N|\boldsymbol{X}_1,\boldsymbol{X}_2,\cdots,\boldsymbol{X}_{N-1})} \quad (2.3.55)$$

这里后一个等式也是利用样本都是条件独立的而得到的,即$p(\boldsymbol{X}_N|\boldsymbol{Q},\boldsymbol{X}_1,\boldsymbol{X}_2,\cdots,\boldsymbol{X}_{N-1})=p(\boldsymbol{X}_N|\boldsymbol{Q})$,且

$$p(\boldsymbol{X}_N|\boldsymbol{X}_1,\boldsymbol{X}_2,\cdots,\boldsymbol{X}_{N-1})$$
$$=\int p(\boldsymbol{X}_N|\boldsymbol{Q},\boldsymbol{X}_1,\boldsymbol{X}_2,\cdots,\boldsymbol{X}_{N-1})\times$$
$$p(\boldsymbol{Q}|\boldsymbol{X}_1,\boldsymbol{X}_2,\cdots,\boldsymbol{X}_{N-1})\mathrm{d}\boldsymbol{Q}$$

$$=\int p(\boldsymbol{X}_N|\boldsymbol{Q})p(\boldsymbol{Q}|\boldsymbol{X}_1,\boldsymbol{X}_2,\cdots,\boldsymbol{X}_{N-1})\,\mathrm{d}\boldsymbol{Q} \qquad (2.3.56)$$

而 $p(\boldsymbol{X}_N|Q)$ 是早就已知的，$p(\boldsymbol{Q}|\boldsymbol{X}_1,\boldsymbol{X}_2,\cdots,\boldsymbol{X}_{N-1})$ 是由上一次应用 Bayes 公式后得到的后验概率密度函数. 由此看出，用这种方法可以将条件概率密度函数 $p(\boldsymbol{Q}|\boldsymbol{X}_1,\boldsymbol{X}_2,\cdots,\boldsymbol{X}_N)$ 一步一步地求出来. 这样一来，计算 $p(\boldsymbol{Q}|\boldsymbol{X}_1,\boldsymbol{X}_2,\cdots,\boldsymbol{X}_N)$ 的数学期望就可以作为 $\boldsymbol{Q}$ 的估计，此外，再利用 $p(\boldsymbol{Q}|\boldsymbol{X}_1,\boldsymbol{X}_2,\cdots,\boldsymbol{X}_N)$ 的分布又可以得到其置信区间了. 因而，这个问题在原则上是完全解决了.

下面我们对多元正态分布情况来估计其参数——数学期望及协方差矩阵.

(1) 设已知多元正态分布

$$p(\boldsymbol{X}|\boldsymbol{Q}) = p(\boldsymbol{X}|\boldsymbol{\mu}) = \frac{1}{(2\pi)^{\frac{n}{2}}|\boldsymbol{\Sigma}|^{\frac{1}{2}}}\cdot \exp\left[-\frac{1}{2}(\boldsymbol{X}-\boldsymbol{\mu})^{\mathrm{T}}\boldsymbol{\Sigma}^{-1}(\boldsymbol{X}-\boldsymbol{\mu})\right] \qquad (2.3.57)$$

中的协方差矩阵 $\boldsymbol{\Sigma}$. 我们从观察到的 N 个样本 $\boldsymbol{X}_j(1\leqslant j\leqslant N)$ 来估计其数学期望，此时参数 $\boldsymbol{Q}=\boldsymbol{\mu}$. 此外，设参数 $\boldsymbol{\mu}$ 也遵从多元正态分布 $N(\boldsymbol{\mu}_0,\boldsymbol{\Phi}_0)$

$$p_1(\boldsymbol{Q}) = p_1(\boldsymbol{\mu}) = \frac{1}{(2\pi)^{\frac{n}{2}}|\boldsymbol{\Phi}_0|^{\frac{1}{2}}}\cdot \exp\left[-\frac{1}{2}(\boldsymbol{\mu}-\boldsymbol{\mu}_0)^{\mathrm{T}}\boldsymbol{\Phi}_0^{-1}(\boldsymbol{\mu}-\boldsymbol{\mu}_0)\right] \qquad (2.3.58)$$

其中，这里 $\boldsymbol{\mu}_0$ 可以看作 $\boldsymbol{\mu}$ 的初值，$\boldsymbol{\Phi}_0$ 是刻画了 $\boldsymbol{\mu}$ 在 $\boldsymbol{\mu}_0$ 附近集中的程度.

由(2.3.52)得到

$$
\begin{aligned}
p(\boldsymbol{\mu}|\boldsymbol{X}_1) &= \frac{p(\boldsymbol{X}_1|\boldsymbol{\mu})p_1(\boldsymbol{\mu})}{p(\boldsymbol{X}_1)} \\
&= \frac{C}{p(\boldsymbol{X}_1)}\exp\Big[-\frac{1}{2}(\boldsymbol{X}_1-\boldsymbol{\mu})^{\mathrm{T}}\boldsymbol{\Sigma}^{-1}(\boldsymbol{X}_1-\boldsymbol{\mu}) - \\
&\quad \frac{1}{2}(\boldsymbol{\mu}-\boldsymbol{\mu}_0)^{\mathrm{T}}\boldsymbol{\Phi}_0^{-1}(\boldsymbol{\mu}-\boldsymbol{\mu}_0)\Big] \\
&= \frac{C}{p(\boldsymbol{X}_1)}\exp\Big\{-\frac{1}{2}\big[(\boldsymbol{\mu}-\boldsymbol{\mu}_0+\boldsymbol{\mu}_0-\boldsymbol{X}_1)^{\mathrm{T}}\boldsymbol{\Sigma}^{-1}\times \\
&\quad (\boldsymbol{\mu}-\boldsymbol{\mu}_0+\boldsymbol{\mu}_0-\boldsymbol{X}_1)+(\boldsymbol{\mu}-\boldsymbol{\mu}_0)^{\mathrm{T}}\boldsymbol{\Phi}_0^{-1}(\boldsymbol{\mu}-\boldsymbol{\mu}_0)\big]\Big\}
\end{aligned}
$$

其中

$$
\begin{aligned}
C &= \frac{1}{(2\pi)^n|\boldsymbol{\Sigma}|^{\frac{1}{2}}|\boldsymbol{\Phi}_0|^{\frac{1}{2}}} \\
&= f(\boldsymbol{X}_1)\exp\Big\{-\frac{1}{2}\big[(\boldsymbol{\mu}-\boldsymbol{\mu}_0)^{\mathrm{T}}\boldsymbol{\Sigma}^{-1}(\boldsymbol{\mu}-\boldsymbol{\mu}_0)+ \\
&\quad 2(\boldsymbol{\mu}-\boldsymbol{\mu}_0)^{\mathrm{T}}\boldsymbol{\Sigma}^{-1}(\boldsymbol{\mu}_0-\boldsymbol{X}_1)+ \\
&\quad (\boldsymbol{\mu}-\boldsymbol{\mu}_0)^{\mathrm{T}}\boldsymbol{\Phi}_0^{-1}(\boldsymbol{\mu}-\boldsymbol{\mu}_0)\big]\Big\} \\
&= f(\boldsymbol{X}_1)\exp\Big\{-\frac{1}{2}\big[(\boldsymbol{\mu}-\boldsymbol{\mu}_0)^{\mathrm{T}}\boldsymbol{\Phi}_1^{-1}(\boldsymbol{\mu}-\boldsymbol{\mu}_0)+ \\
&\quad 2(\boldsymbol{\mu}-\boldsymbol{\mu}_0)^{\mathrm{T}}\boldsymbol{\Sigma}^{-1}(\boldsymbol{\mu}_0-\boldsymbol{X}_1)\big]\Big\} \qquad (2.3.59)
\end{aligned}
$$

这里，$f(\boldsymbol{X}_1)$是 $\boldsymbol{X}_1$ 的函数，今后我们不关心它的形式，都用$f(\boldsymbol{X}_1)$表示，它也可以是其他一些已知量 $\boldsymbol{X}_1,\boldsymbol{X}_2,\cdots,\boldsymbol{X}_N$ 的函数，而

$$\boldsymbol{\Phi}_1^{-1} = \boldsymbol{\Sigma}^{-1} + \boldsymbol{\Phi}_0^{-1} \qquad (2.3.60)$$

因而有

$$\boldsymbol{\Phi}_1 = (\boldsymbol{\Sigma}^{-1} + \boldsymbol{\Phi}_0^{-1})^{-1}$$

$$
\begin{aligned}
&= [(\boldsymbol{I} + \boldsymbol{\Phi}_0^{-1}\boldsymbol{\Sigma})\boldsymbol{\Sigma}^{-1}]^{-1} \\
&= \boldsymbol{\Sigma}(\boldsymbol{I} + \boldsymbol{\Phi}_0^{-1}\boldsymbol{\Sigma})^{-1} \\
&= \boldsymbol{\Sigma}[\boldsymbol{\Phi}_0^{-1}(\boldsymbol{\Phi}_0 + \boldsymbol{\Sigma})]^{-1} \\
&= \boldsymbol{\Sigma}(\boldsymbol{\Phi}_0 + \boldsymbol{\Sigma})^{-1}\boldsymbol{\Phi}_0
\end{aligned} \tag{2.3.61}
$$

现在将(2.3.58)中的指数函数中的方括弧内的式子进行配方,为此选 $\boldsymbol{s}$,使得满足

$$
\begin{aligned}
&(\boldsymbol{\mu} - \boldsymbol{\mu}_0)^{\mathrm{T}}\boldsymbol{\Phi}_1^{-1}(\boldsymbol{\mu} - \boldsymbol{\mu}_0) + 2(\boldsymbol{\mu} - \boldsymbol{\mu}_0)^{\mathrm{T}}\boldsymbol{\Sigma}^{-1}(\boldsymbol{\mu} - \boldsymbol{X}_1) \\
&= (\boldsymbol{\mu} - \boldsymbol{\mu}_0 - \boldsymbol{s})^{\mathrm{T}}\boldsymbol{\Phi}_1^{-1}(\boldsymbol{\mu} - \boldsymbol{\mu}_0 - \boldsymbol{s}) + g(\boldsymbol{s}) \\
&= (\boldsymbol{\mu} - \boldsymbol{\mu}_0)^{\mathrm{T}}\boldsymbol{\Phi}_1^{-1}(\boldsymbol{\mu} - \boldsymbol{\mu}_0) - 2\boldsymbol{s}^{\mathrm{T}}\boldsymbol{\Phi}_1^{-1}(\boldsymbol{\mu} - \boldsymbol{\mu}_0) + \\
&\quad \boldsymbol{s}^{\mathrm{T}}\boldsymbol{\Phi}_1^{-1}\boldsymbol{s} + g(\boldsymbol{s})
\end{aligned} \tag{2.3.62}
$$

其中,$g(\boldsymbol{s})$是待定向量 $\boldsymbol{s}$ 的某个函数. 比较等式(2.3.62)的两边,得到 $\boldsymbol{\Phi}_1^{-1}\boldsymbol{s} = -\boldsymbol{\Sigma}^{-1}(\boldsymbol{\mu}_0 - \boldsymbol{X}_1)$,即

$$
\begin{aligned}
\boldsymbol{s} &= -\boldsymbol{\Phi}_1\boldsymbol{\Sigma}^{-1}(\boldsymbol{\mu}_0 - \boldsymbol{X}_1) \\
&= -\boldsymbol{\Sigma}(\boldsymbol{\Phi}_0 + \boldsymbol{\Sigma})^{-1}\boldsymbol{\Phi}_0\boldsymbol{\Sigma}^{-1}(\boldsymbol{\mu}_0 - \boldsymbol{X}_1) \\
&= -\boldsymbol{\Sigma}(\boldsymbol{\Phi}_0 + \boldsymbol{\Sigma})^{-1}\boldsymbol{\Phi}_0\boldsymbol{\Sigma}_{\boldsymbol{\mu}_0}^{-1} + \\
&\quad \boldsymbol{\Sigma}(\boldsymbol{\Phi}_0 + \boldsymbol{\Sigma})^{-1}\boldsymbol{\Phi}_0\boldsymbol{\Sigma}^{-1}\boldsymbol{X}_1
\end{aligned} \tag{2.3.63}
$$

显然有

$$
\begin{aligned}
&\boldsymbol{\Sigma}(\boldsymbol{\Phi}_0 + \boldsymbol{\Sigma})^{-1}\boldsymbol{\Phi}_0\boldsymbol{\Sigma}^{-1} \\
&= \boldsymbol{\Sigma}[\boldsymbol{\Phi}_0(\boldsymbol{I} + \boldsymbol{\Phi}_0^{-1}\boldsymbol{\Sigma})]^{-1}\boldsymbol{\Phi}_0\boldsymbol{\Sigma}^{-1} \\
&= \boldsymbol{\Sigma}(\boldsymbol{I} + \boldsymbol{\Phi}_0^{-1}\boldsymbol{\Sigma})^{-1}\boldsymbol{\Sigma}^{-1} \\
&= [\boldsymbol{\Sigma}(\boldsymbol{I} + \boldsymbol{\Phi}_0^{-1}\boldsymbol{\Sigma})\boldsymbol{\Sigma}^{-1}]^{-1} \\
&= [\boldsymbol{I} + \boldsymbol{\Sigma}\boldsymbol{\Phi}_0^{-1}]^{-1} \\
&= [(\boldsymbol{\Phi}_0 + \boldsymbol{\Sigma})\boldsymbol{\Phi}_0^{-1}]^{-1} \\
&= \boldsymbol{\Phi}_0(\boldsymbol{\Phi}_0 + \boldsymbol{\Sigma})^{-1}
\end{aligned} \tag{2.3.64}
$$

将(2.3.64)代入(2.3.63)后,得到

$$
\begin{aligned}
\boldsymbol{s} &= -\boldsymbol{\Phi}_0(\boldsymbol{\Phi}_0 + \boldsymbol{\Sigma})^{-1}\boldsymbol{\mu}_0 + \\
&\quad \boldsymbol{\Phi}_0(\boldsymbol{\Phi}_0 + \boldsymbol{\Sigma})^{-1}\boldsymbol{X}_1
\end{aligned} \tag{2.3.65}
$$

比较(2.3.59)(2.3.62)及(2.3.65),就得到

$$P(\boldsymbol{\mu}|\boldsymbol{X}_1)=f(\boldsymbol{X}_1)\cdot \exp\left[-\frac{1}{2}(\boldsymbol{\mu}-\boldsymbol{\mu}_0-\boldsymbol{s})^{\mathrm{T}}\boldsymbol{\Phi}_1^{-1}(\boldsymbol{\mu}-\boldsymbol{\mu}_0-\boldsymbol{s})\right]$$
$$=f(\boldsymbol{X}_1)\cdot \exp\left[-\frac{1}{2}(\boldsymbol{\mu}-\boldsymbol{\mu}_1)^{\mathrm{T}}\boldsymbol{\Phi}_1^{-1}(\boldsymbol{\mu}-\boldsymbol{\mu}_1)\right] \tag{2.3.66}$$

其中应用(2.3.65),得

$$\begin{aligned}\boldsymbol{\mu}_1&=\boldsymbol{\mu}_0+\boldsymbol{s}\\&=[\boldsymbol{I}-\boldsymbol{\Phi}_0(\boldsymbol{\Phi}_0+\boldsymbol{\Sigma})^{-1}]\boldsymbol{\mu}_0+\\&\quad\boldsymbol{\Phi}_0(\boldsymbol{\Phi}_0+\boldsymbol{\Sigma})^{-1}\boldsymbol{X}_1\\&=\boldsymbol{\Sigma}(\boldsymbol{\Phi}_0+\boldsymbol{\Sigma})^{-1}\boldsymbol{\mu}_0+\boldsymbol{\Phi}_0(\boldsymbol{\Phi}_0+\boldsymbol{\Sigma})^{-1}\boldsymbol{X}_1\end{aligned} \tag{2.3.67}$$

由此看出,在出现了样本 $\boldsymbol{X}_1$ 以后,$\boldsymbol{\mu}$ 的后验概率密度函数 $p(\boldsymbol{\mu}|\boldsymbol{X}_1)$ 也具有形式(2.3.58),只是用 $\boldsymbol{\mu}_1$ 代替原来的数学期望 $\boldsymbol{\mu}_0$,用 $\boldsymbol{\Phi}_1$ 代替原来的协方差矩阵 $\boldsymbol{\Phi}_0$ 而已,其中 $\boldsymbol{\Phi}_1$ 由(2.3.61)确定,而 $\boldsymbol{\mu}_1$ 是由公式(2.3.67)所确定.由于 $\boldsymbol{\Sigma}(\boldsymbol{\Phi}_0+\boldsymbol{\Sigma})^{-1}+\boldsymbol{\Phi}_0(\boldsymbol{\Phi}_0+\boldsymbol{\Sigma})^{-1}=\boldsymbol{I}_n$,因此 $\boldsymbol{\mu}_1$ 可以看作 $\boldsymbol{\mu}_0$ 与 $\boldsymbol{X}_1$ 的加权和.

我们再利用 Bayes 公式(2.3.53),可以发现:(2.3.53)与(2.3.52)二者右边分子的第一项在形式上是相同的,只是将 $\boldsymbol{X}_1$ 换为 $\boldsymbol{X}_2$ 而已;此外,(2.3.53)与(2.3.52)二者右边分子的第二项在形式上也是相同的,只是将 $p_1(\boldsymbol{Q})$ 换为 $p(\boldsymbol{Q}|\boldsymbol{X}_1)$ 而已,因此也就将原来的参数 $\boldsymbol{\mu}_0$ 及 $\boldsymbol{\Phi}_0$ 换为 $\boldsymbol{\mu}_1$ 及 $\boldsymbol{\Phi}_1$ 就行了.(2.3.53)与(2.3.52)右边的分母都是不依赖于 $\boldsymbol{\mu}$ 的量,只是前者依赖于两个样本 $\boldsymbol{X}_1$ 与 $\boldsymbol{X}_2$,而后者只依赖于一个样

本 $\boldsymbol{X}_1$，因此这个量可以作为常数因子放在指数函数的左边. 这样一来，根据上面的讨论，就可以得到

$$p(\boldsymbol{\mu} \mid \boldsymbol{X}_1,\boldsymbol{X}_2) = f(\boldsymbol{X}_1,\boldsymbol{X}_2)\exp\left[-\frac{1}{2}(\boldsymbol{\mu}-\boldsymbol{\mu}_2)^{\mathrm{T}}\boldsymbol{\Phi}_2^{-1}(\boldsymbol{\mu}-\boldsymbol{\mu}_2)\right]$$

其中

$$\boldsymbol{\mu}_2 = \boldsymbol{\Sigma}(\boldsymbol{\Phi}_1+\boldsymbol{\Sigma})^{-1}\boldsymbol{\mu}_1 + \boldsymbol{\Phi}_1(\boldsymbol{\Phi}_1+\boldsymbol{\Sigma})^{-1}\boldsymbol{X}_2$$

$$\boldsymbol{\Phi}_2 = \boldsymbol{\Sigma}(\boldsymbol{\Phi}_1+\boldsymbol{\Sigma})^{-1}\boldsymbol{\Phi}_1$$

最后两个表示式可以对照(2.3.67)及(2.3.61)得到.

一般地，应用(2.3.55)，根据上面的讨论，可以得到

$$\begin{aligned} & p(\boldsymbol{\mu} \mid \boldsymbol{X}_1,\boldsymbol{X}_2,\cdots,\boldsymbol{X}_k) \cdot \\ = & f(\boldsymbol{X}_1,\boldsymbol{X}_2,\cdots,\boldsymbol{X}_k) \cdot \\ & \exp[-(\boldsymbol{\mu}-\boldsymbol{\mu}_k)^{\mathrm{T}}\boldsymbol{\Phi}_k^{-1}(\boldsymbol{\mu}-\boldsymbol{\mu}_k)] \end{aligned} \tag{2.3.68}$$

其中

$$\begin{aligned} \boldsymbol{\mu}_k = & \boldsymbol{\Sigma}(\boldsymbol{\Phi}_{k-1}+\boldsymbol{\Sigma})^{-1}\boldsymbol{\mu}_{k-1} + \\ & \boldsymbol{\Phi}_{k-1}(\boldsymbol{\Phi}_{k-1}+\boldsymbol{\Sigma})^{-1}\boldsymbol{X}_k \end{aligned} \tag{2.3.69}$$

$$\begin{aligned} \boldsymbol{\Phi}_k = & \boldsymbol{\Sigma}(\boldsymbol{\Phi}_{k-1}+\boldsymbol{\Sigma})^{-1}\boldsymbol{\Phi}_{k-1} \\ & (k = 1,2,\cdots,N) \end{aligned} \tag{2.3.70}$$

现在证明

$$\boldsymbol{\Phi}_N = \frac{\boldsymbol{\Sigma}}{N}\left(\boldsymbol{\Phi}_0+\frac{\boldsymbol{\Sigma}}{N}\right)^{-1}\boldsymbol{\Phi}_0 \tag{2.3.71}$$

及

$$\begin{aligned} \boldsymbol{\mu}_n = & \frac{\sum}{N}\left(\boldsymbol{\Phi}_0+\frac{\boldsymbol{\Sigma}}{N}\right)^{-1} + \\ & \boldsymbol{\Phi}_0\left(\Phi_0+\frac{\boldsymbol{\Sigma}}{N}\right)^{-1}\langle \boldsymbol{X}\rangle \end{aligned} \tag{2.3.72}$$

其中

$$\langle \boldsymbol{X}\rangle = \frac{1}{N}\sum_{j=1}^{N}\boldsymbol{X}_j \tag{2.3.73}$$

这里,(2.3.71)的形式与(2.3.61)的形式是一样的,只是将那里的 $\boldsymbol{\Sigma}$ 换成 $\frac{\boldsymbol{\Sigma}}{N}$ 而已;而(2.3.72)的形式与(2.3.67)的形式也是一样的,也只是将那里的 $\boldsymbol{\Sigma}$ 换成 $\frac{\boldsymbol{\Sigma}}{N}$,将 $\boldsymbol{X}_1$ 换成全体样本值的平均值 $\langle \boldsymbol{X} \rangle$(见公式(2.3.73)).此外,由于

$$\frac{\boldsymbol{\Sigma}}{N}\left(\boldsymbol{\Phi}_0+\frac{\boldsymbol{\Sigma}}{N}\right)^{-1}+\boldsymbol{\Phi}_0\left(\boldsymbol{\Phi}_0+\frac{\boldsymbol{\Sigma}}{N}\right)^{-1}=\boldsymbol{I}_n$$

即是单位矩阵,因此由(2.3.72)所确定的 $\boldsymbol{\mu}_n$ 可看作 $\boldsymbol{\mu}_0$ 与 $\langle \boldsymbol{X} \rangle$ 的某种平均值.

首先证(2.3.71):事实上,由(2.3.70),有

$$\begin{aligned}\boldsymbol{\Phi}_k^{-1}&=\boldsymbol{\Phi}_{k-1}^{-1}(\boldsymbol{\Phi}_{k-1}+\boldsymbol{\Sigma})\boldsymbol{\Sigma}^{-1}\\&=\boldsymbol{\Sigma}^{-1}+\boldsymbol{\Phi}_{k-1}^{-1}(k=1,2,\cdots,N)\end{aligned}\tag{2.3.74}$$

因此,反复应用(2.3.74),就有

$$\begin{aligned}\boldsymbol{\Phi}_N^{-1}&=\boldsymbol{\Sigma}^{-1}+\boldsymbol{\Phi}_{N-1}^{-1}=2\boldsymbol{\Sigma}^{-1}+\boldsymbol{\Phi}_{N-2}^{-1}\\&=\cdots=N\boldsymbol{\Sigma}^{-1}+\boldsymbol{\Phi}_0^{-1}\\&=\boldsymbol{\Phi}_0^{-1}+\left(\frac{\boldsymbol{\Sigma}}{N}\right)^{-1}\\&=\boldsymbol{\Phi}_0^{-1}\left(\frac{\boldsymbol{\Sigma}}{N}+\boldsymbol{\Phi}_0\right)\left(\frac{\boldsymbol{\Sigma}}{N}\right)^{-1}\end{aligned}\tag{2.3.75}$$

这样一来,得

$$\begin{aligned}\boldsymbol{\Phi}_N&=\left[\boldsymbol{\Phi}_0^{-1}\left(\frac{\boldsymbol{\Sigma}}{N}+\boldsymbol{\Phi}_0\right)\left(\frac{\boldsymbol{\Sigma}}{N}\right)^{-1}\right]^{-1}\\&=\frac{\boldsymbol{\Sigma}}{N}\left(\frac{\boldsymbol{\Sigma}}{N}+\boldsymbol{\Phi}_0\right)^{-1}\boldsymbol{\Phi}_0\end{aligned}$$

此即是(2.3.71).

现在证明(2.3.72)也成立.为此,首先可以看到,

从(2.3.74)的最后一个等式得到

$$\boldsymbol{\Sigma}(\boldsymbol{\Phi}_{k-1}+\boldsymbol{\Sigma})^{-1}\boldsymbol{\Phi}_{k-1}=(\boldsymbol{\Sigma}^{-1}+\boldsymbol{\Phi}_{k-1}^{-1})^{-1}$$
$$=(\boldsymbol{\Phi}_{k-1}^{-1}+\boldsymbol{\Sigma}^{-1})^{-1}$$
$$=\boldsymbol{\Phi}_{k-1}(\boldsymbol{\Phi}_{k-1}+\boldsymbol{\Sigma})^{-1}\boldsymbol{\Sigma} \tag{2.3.76}$$

这样一来,从(2.3.69)及(2.3.76)及(2.3.70)得到

$$\boldsymbol{\mu}_k=\boldsymbol{\Sigma}(\boldsymbol{\Phi}_{k-1}+\boldsymbol{\Sigma})^{-1}\boldsymbol{\Phi}_{k-1}\boldsymbol{\Phi}\boldsymbol{\mu}_{k-1}+$$
$$\boldsymbol{\Phi}_{k-1}(\boldsymbol{\Phi}_{k-1}+\boldsymbol{\Sigma})^{-1}\boldsymbol{\Sigma}\boldsymbol{\Sigma}^{-1}\boldsymbol{X}_k$$
$$=\boldsymbol{\Sigma}(\boldsymbol{\Phi}_{k-1}+\boldsymbol{\Sigma})^{-1}\boldsymbol{\Phi}_{k-1}(\boldsymbol{\Phi}_{k-1}^{-1}\boldsymbol{\mu}_{k-1}+\boldsymbol{\Sigma}^{-1}\boldsymbol{X}_k)$$
$$=\boldsymbol{\Phi}_k(\boldsymbol{\Phi}_{k-1}^{-1}\boldsymbol{\mu}_{k-1}+\boldsymbol{\Sigma}^{-1}\boldsymbol{X}_k)$$

即

$$\boldsymbol{\Phi}_k^{-1}\boldsymbol{\mu}_k=\boldsymbol{\Phi}_{k-1}^{-1}\boldsymbol{\mu}_{k-1}+\boldsymbol{\Sigma}^{-1}\boldsymbol{X}_k$$
$$(k=1,2,\cdots,N) \tag{2.3.77}$$

反复应用(2.3.76)得到

$$\boldsymbol{\Phi}_N^{-1}\boldsymbol{\mu}_N=\boldsymbol{\Phi}_{N-1}^{-1}\boldsymbol{\mu}_{N-1}+\boldsymbol{\Sigma}^{-1}\boldsymbol{X}_N$$
$$=\boldsymbol{\Phi}_{N-2}^{-1}\boldsymbol{\mu}_{N-2}+\boldsymbol{\Sigma}^{-1}\boldsymbol{X}_N+\boldsymbol{\Sigma}^{-1}\boldsymbol{X}_{N-1}$$
$$=\cdots\cdots=\boldsymbol{\Phi}_0^{-1}\boldsymbol{\mu}_0+\boldsymbol{\Sigma}^{-1}\left(\sum_{k=1}^{N}\boldsymbol{X}_k\right)$$
$$=\boldsymbol{\Phi}_0^{-1}\boldsymbol{\mu}_0+\left(\frac{\boldsymbol{\Sigma}}{N}\right)^{-1}\langle\boldsymbol{X}\rangle$$

由此得到

$$\boldsymbol{\mu}_n=\boldsymbol{\Phi}_N\boldsymbol{\Phi}_0^{-1}\boldsymbol{\mu}_0+\boldsymbol{\Phi}_N\left(\frac{\boldsymbol{\Sigma}}{N}\right)^{-1}\langle\boldsymbol{X}\rangle \tag{2.3.78}$$

如果注意到(2.3.75),还可以得到

$$\boldsymbol{\Phi}_N^{-1}=\boldsymbol{\Phi}_0^{-1}+\left(\frac{\boldsymbol{\Sigma}}{N}\right)^{-1}$$

$$= \left(\frac{\boldsymbol{\Sigma}}{N}\right)^{-1}\left(\frac{\boldsymbol{\Sigma}}{N} + \boldsymbol{\Phi}_0\right)\boldsymbol{\Phi}_0^{-1}$$

因此有

$$\boldsymbol{\Phi}_N = \boldsymbol{\Phi}_0\left(\frac{\boldsymbol{\Sigma}}{N} + \boldsymbol{\Phi}_0\right)\frac{\boldsymbol{\Sigma}}{N} \qquad (2.3.79)$$

利用(2.3.71)(2.3.79)及(2.3.78),得到

$$\boldsymbol{\mu}_n = \frac{\boldsymbol{\Sigma}}{N}\left(\frac{\boldsymbol{\Sigma}}{N} + \boldsymbol{\Phi}_0\right)^{-1}\boldsymbol{\Phi}_0\boldsymbol{\Phi}_0^{-1}\boldsymbol{\mu}_0 +$$

$$\boldsymbol{\Phi}_0\left(\frac{\boldsymbol{\Sigma}}{N} + \boldsymbol{\Phi}_0\right)\frac{\boldsymbol{\Sigma}}{N}\left(\frac{\boldsymbol{\Sigma}}{N}\right)^{-1}\langle \boldsymbol{X}\rangle$$

此即(2.3.72).

从(2.3.72)还可以看出,当 $n \to +\infty$ 时,$\boldsymbol{\mu}_n \to E(\boldsymbol{X})$,这正是我们所希望的.

特别地,当 $\boldsymbol{\Phi}_0 = \boldsymbol{\alpha}^{-1}\boldsymbol{\Sigma}(\boldsymbol{\alpha} > 0)$ 时

$$\boldsymbol{\mu}_N = \frac{\boldsymbol{\alpha}}{N + \boldsymbol{\alpha}}\boldsymbol{\mu}_0 + \frac{N}{N + \boldsymbol{\alpha}}\langle \boldsymbol{X}\rangle$$

$$\boldsymbol{\Phi}_N = \frac{1}{N + \boldsymbol{\alpha}}\boldsymbol{\Sigma}$$

这就更清楚地看出了 $\boldsymbol{\mu}_n$ 是 $\boldsymbol{\mu}_0$ 及 $\langle \boldsymbol{X}\rangle$ 的加权和,且协方差矩阵 $\boldsymbol{\Phi}_N \to 0$.

(2)现在我们从多元正态分布的数学期望值为零(或从任何已知向量)及观察到的 N 个样本 $\boldsymbol{X}_j(1 \leqslant j \leqslant N)$ 来估计其协方差矩阵 $\boldsymbol{\Sigma}$. 此时,参数 $\boldsymbol{Q} = \boldsymbol{\Sigma}$ 就是一个矩阵了.

设 $\boldsymbol{Q}' = \boldsymbol{\Sigma}^{-1}$,$p(\boldsymbol{X}|\boldsymbol{Q}) \sim N(0, \boldsymbol{\Sigma})$,且认为 $\boldsymbol{Q}'$ 遵从具有参数为 $(\boldsymbol{\Sigma}_0, v_0)$ 的 Wishart 概率密度分布[23]

$$P_1(\boldsymbol{Q}')=\begin{cases}C_{n,v_0}\left|\frac{v_0}{2}\boldsymbol{\Sigma}_0\right|^{\frac{1}{2}(v_0-1)}|\boldsymbol{Q}'|^{\frac{1}{2}(v_0-n-2)}\exp\left[\frac{1}{2}\tau_r v_0\boldsymbol{\Sigma}_0\boldsymbol{Q}'\right],\boldsymbol{Q}'\in\Omega_{\boldsymbol{Q}}\\0,\boldsymbol{Q}'\notin\Omega_{\boldsymbol{Q}'}\end{cases}$$

(2.3.80)

其中,$\Omega_{\boldsymbol{Q}'}$是使$\boldsymbol{Q}'$为对称正定矩阵的$\frac{1}{2}n(n+1)$维空间上的集合,C_{n,v_0}为正规化参数

$$C_{n,v_0}=\frac{1}{\pi^{\frac{1}{4}n(n-1)}\prod_{\alpha=1}^{n}\Gamma\left(\frac{v_0-\alpha}{2}\right)}$$

$\boldsymbol{\Sigma}_0$ 是某个正定矩阵,它可以看作 $\boldsymbol{\Sigma}$ 的初值,v_0 是纯量,它反映了对初值估计 $\boldsymbol{\Sigma}_0$ 的依赖程度.

应用上面(2.3.52)~(2.3.56)的 Bayes 公式,可以证明(参看文献[23])$\boldsymbol{Q}'$的后验概率密度函数 $p(\boldsymbol{Q}'|\boldsymbol{X}_1,\boldsymbol{X}_2,\cdots,\boldsymbol{X}_N)$仍然是 Wishart 概率密度函数,但将原来的参数($\boldsymbol{\Sigma}_0,\boldsymbol{v}_0$)换为参数($\boldsymbol{\Sigma}_N,\boldsymbol{v}_N$),其中

$$\boldsymbol{\Sigma}_N=\frac{v_0\boldsymbol{\Sigma}_0+N\langle\boldsymbol{X}\boldsymbol{X}^{\mathrm{T}}\rangle}{v_0+N}\qquad(2.3.81)$$

$$v_N=v_0+N\qquad(2.3.82)$$

而

$$\langle\boldsymbol{X}\boldsymbol{X}^{\mathrm{T}}\rangle=\frac{1}{N}\sum_{j=1}^{N}\boldsymbol{X}_j\boldsymbol{X}_j^{\mathrm{T}}\qquad(2.3.83)$$

是样本协方差矩阵,它与 2.3.1 节中的公式(2.3.41)及(2.3.42)是类似的,只是将那里的分母 $N-1$ 换成了 N 而已. 由等式(2.3.81)所得到的矩阵 $\boldsymbol{\Sigma}_N$ 也可以看作是初值 $\boldsymbol{\Sigma}_0$ 及样本协方差矩阵$\langle\boldsymbol{X}\boldsymbol{X}^{\mathrm{T}}\rangle$的加权和,其

中权为$\frac{v_0}{v_0+N}$及$\frac{N}{v_0+N}$，显然，它可以看作是有了样本$\boldsymbol{X}_j(1\leqslant j\leqslant N)$后，对$\boldsymbol{Q}'$的估计. 当$n\to+\infty$时，$\boldsymbol{\Sigma}_N\to E(\boldsymbol{X},\boldsymbol{X}^{\mathrm{T}})$.

(3)最后我们从样本$\boldsymbol{X}_j(1\leqslant j\leqslant N)$来估计多元正态分布中的数学期望值$\boldsymbol{\mu}$及协方差矩阵$\boldsymbol{\Sigma}$. 此时，参数$\boldsymbol{Q}$为$\boldsymbol{\mu}$及$\boldsymbol{\Sigma}$.

令$\boldsymbol{Q}'=\boldsymbol{\Sigma}^{-1}$，且未知参数$\boldsymbol{\mu}$及$\boldsymbol{Q}'$遵从 Gauss-Wishart 概率密度函数的分布，即$\boldsymbol{\mu}$遵从 Gauss 正态分布，其数学期望为$\boldsymbol{\mu}_0$；协方差矩阵为$\boldsymbol{\Phi}_0=\boldsymbol{u}_0^{-1}\boldsymbol{\Sigma}_0$，而$\boldsymbol{Q}'$服从参数为$(\boldsymbol{\Sigma}_0,\boldsymbol{v}_0)$的 Wishart 概率分布，$\boldsymbol{u}_0$为参数.

同样，应用 Bayes 公式(2. 3. 52) ~ (2. 3. 56)，可以证明(参看[23])参数$\boldsymbol{Q}$，即$\boldsymbol{\mu}$与$\boldsymbol{Q}'$后验概率密度函数$p(\boldsymbol{\mu},\boldsymbol{Q}'|\boldsymbol{X}_1,\boldsymbol{X}_2,\cdots,\boldsymbol{X}_N)$仍遵从 Gauss-Wishart 概率分布，但将原来的参数$\boldsymbol{u}_0,\boldsymbol{\Sigma}_0,\boldsymbol{\mu}_0$及$\boldsymbol{v}_0$换为$\boldsymbol{u}_N,\boldsymbol{\Sigma}_N,\boldsymbol{\mu}_N$及$\boldsymbol{v}_N$，其中

$$\begin{cases}\boldsymbol{v}_N=\boldsymbol{v}_0+N,\\ \boldsymbol{u}_N=\boldsymbol{u}_0+N,\\ \boldsymbol{\mu}_N=\dfrac{\boldsymbol{u}_0\boldsymbol{\mu}_0+N\langle\boldsymbol{X}\rangle}{\boldsymbol{\mu}_0+N}\\ \boldsymbol{\Sigma}_N=\dfrac{1}{\boldsymbol{v}_0+N}\{(\boldsymbol{v}_0\boldsymbol{\Sigma}_0+\boldsymbol{u}_0\boldsymbol{\mu}_0\boldsymbol{\mu}_0^{\mathrm{T}})+\\ \qquad[(N-1)\boldsymbol{W}+N\langle\boldsymbol{X}\rangle\langle\boldsymbol{X}\rangle^{\mathrm{T}}]-\boldsymbol{u}_0\boldsymbol{\mu}_N\boldsymbol{\mu}_N^{\mathrm{T}}\}\end{cases}$$

且$\langle\boldsymbol{X}\rangle$是由(2. 3. 73)所确定的，矩阵$\boldsymbol{W}$为

$$\boldsymbol{W}=\frac{1}{N-1}\sum_{j=1}^{N}(\boldsymbol{X}_j-\langle\boldsymbol{X}\rangle)(\boldsymbol{X}_j-\langle\boldsymbol{X}\rangle)^{\mathrm{T}}$$

它是协方差矩阵 $\boldsymbol{\Sigma}$ 的无偏估计量. 由此看出,$\boldsymbol{\mu}_n$ 也是初值 $\boldsymbol{\mu}_0$ 及样本平均值 $\langle \boldsymbol{X} \rangle$ 的加权和,其中权为 $\frac{\boldsymbol{u}_0}{\boldsymbol{u}_0+N}$, $\frac{N}{\boldsymbol{u}_0+N}$,而 $\boldsymbol{\Sigma}_N$ 可以解释如下:$\boldsymbol{\Sigma}_N$ 表示式的右边的第一项是预先知道的知识,第二项是从样本 $\boldsymbol{X}_j(1\leqslant j\leqslant N)$ 带来的信息,第三项是由 $\boldsymbol{X}$ 的数学期望带来的估计.

如果为了计算简单起见,对于多元正态分布,我们可以用样本平均值 $\langle \boldsymbol{X} \rangle = \frac{1}{N}\sum_{j=1}^{N} \boldsymbol{X}_j$ 作为数学期望的估计;用

$$(\boldsymbol{\sigma}_{lk})_{\substack{l=1,2,\cdots,n\\k=1,2,\cdots,n}} = \frac{1}{N}\sum_{j=1}^{N} (\boldsymbol{X}_j - \langle \boldsymbol{X} \rangle)(\boldsymbol{X}_j - \langle \boldsymbol{X} \rangle)^{\mathrm{T}} \tag{2.3.84}$$

作为协方差矩阵的估计,当然,有时可以适当地加一些权,这里

$$\boldsymbol{\sigma}_{lk} = \frac{1}{N}\sum_{j=1}^{N} (x_{jl} - \langle \boldsymbol{X} \rangle_j)(x_{jk} - \langle \boldsymbol{X} \rangle_j) \tag{2.3.85}$$

而 $\boldsymbol{X}_j = (x_{j1}, x_{j2}, \cdots, x_{jn})^{\mathrm{T}}$, $\langle \boldsymbol{X} \rangle = (\langle \boldsymbol{X} \rangle_1, \langle \boldsymbol{X} \rangle_2, \cdots, \langle \boldsymbol{X} \rangle_n)^{\mathrm{T}}$. 公式(2.3.85)及(2.3.84)与上面所用的(2.3.42)及(2.3.45)是类似的,不过在这里我们奠定了严格的理论基础.

注 对于多元正态分布,可以利用逐次出现的样本 $\boldsymbol{X}_j(1\leqslant j\leqslant N)$ 来迭代地计算出样本平均值及协方差矩阵[2]. 事实上,设在出现了 k 个样本 $\boldsymbol{X}_j(1\leqslant j\leqslant p)$ 后,得到了前 p 个样本的平均值 $\langle \boldsymbol{X} \rangle(p)$ 及协方差矩阵 $\{\boldsymbol{\sigma}_{lk}(p)\}(l,k=1,2,\cdots,n)$. 随着在学习的过程中,又

出现了一个图像样本 $\boldsymbol{X}_{p+1}$，则自然也可设想利用这个样本所带来的信息进一步对原来的样本平均值 $\langle\boldsymbol{X}\rangle(p)$ 及协方差矩阵 $\{\boldsymbol{\sigma}_{lk}(p)\}$ 进行修正，这样可能会更精确一些. 这种方法称自适应方法. 下面求 $\langle\boldsymbol{X}\rangle(p+1)$，$\{\boldsymbol{\sigma}_{l,k}(p+1)\}$ 与 $\langle\boldsymbol{X}\rangle(p)$ 及 $\{\boldsymbol{\sigma}_{lk}(p)\}$ 之间的关系：

由(2.3.73)可以得到

$$\langle\boldsymbol{X}\rangle(p+1)=\frac{1}{p+1}(p\langle\boldsymbol{X}\rangle(p)+\boldsymbol{X}_{p+1}) \quad (2.3.86)$$

由(2.3.85)可以得到

$$\begin{aligned}\boldsymbol{\sigma}_{lk}(p)&=\frac{1}{p}\sum_{j=1}^{p}x_{jl}x_{jk}-\langle\boldsymbol{X}\rangle_l(p)\langle\boldsymbol{X}\rangle_k(p)\\&=s_{lk}(p)-\langle\boldsymbol{X}\rangle_l(p)\langle\boldsymbol{X}\rangle_k(p)\end{aligned}$$

其中

$$s_{lk}(p)=\frac{1}{p}\sum_{j=1}^{p}x_{jl}x_{jk}$$

因而

$$s_{lk}(p+1)=\frac{1}{p+1}(ps_{lk}(p)+x_{p+1,l}x_{p+1,k}) \quad (2.3.87)$$

同样，由(2.3.85)得到

$$\boldsymbol{\sigma}_{lk}(p+1)=s_{lk}(p+1)-\langle\boldsymbol{X}\rangle_l(p+1)\langle\boldsymbol{X}\rangle_k(p+1) \quad (2.3.88)$$

由(2.3.88)及(2.3.87)可得到 $\boldsymbol{\sigma}_{lk}(p+1)$ 与 $\boldsymbol{\sigma}_{lk}(p)$ 的递推关系式. 这样一来，从递推关系式(2.3.86)及(2.3.88)来进行计算是很方便的.

2. 参数估计——没有老师的学习[18,19,6]

这里，我们简单地介绍一下没有老师的学习问题. 已知 N 个样本 $X_1,X_2,\cdots,X_N$ 来自两类图像 Ω_1 及 Ω_2 之一，但是不知道每一个样本究竟属于哪一类图像. 为了简单起见,设 Ω_1 及 Ω_2 都是一维正态分布,且方差相同,都为 σ^2,而数学期望分别为 $\mu^{(1)}$ 及 $\mu^{(2)}$. 同时还认为两类图像的先验概率相等:$P_1=P_2=\frac{1}{2}$. 现在的问题是要通过这 N 个样本来估计这些参数,即估计 $\mu^{(1)}$,$\mu^{(2)}$ 及 σ^2.

这两类图像的联合概率密度函数为

$$p(x)=\frac{1}{2}\left[\frac{1}{\sqrt{2\pi}\sigma}e^{-\frac{1}{2\sigma^2}(x-\mu^{(1)})^2}+\frac{1}{\sqrt{2\pi}\sigma}e^{-\frac{1}{2\sigma^2}(x-\mu^{(2)})^2}\right]$$

设 $\mu=\mu^{(1)}-\alpha=\mu^{(2)}+\alpha$(即令 $\mu^{(1)}-\mu^{(2)}=2\alpha$),则上式可以改写为

$$p(x)=\frac{1}{\sqrt{2\pi}\sigma}e^{-\frac{1}{2\sigma^2}\alpha^2}e^{-\frac{1}{2\sigma^2}(x-\mu)^2}\cdot\cosh\left[\frac{\alpha}{\sigma^2}(x-\mu)\right]$$

对于出现的样本 $x_j(1\leqslant j\leqslant N)$,我们用对数的最大似然估计,即求

$$\begin{aligned}\psi&=\sum_{j=1}^{N}\ln P(x_j)\\&=-N\ln\sigma\sqrt{2\pi}-N\alpha^2/2\sigma^2-\frac{1}{2\sigma^2}\sum_{j=1}^{N}(x_j-\mu)^2+\sum_{j=1}^{N}\ln\cosh\left[\frac{\alpha}{\sigma^2}(x_j-\mu)\right]\end{aligned}$$

的最大值. 为此求$\frac{\partial\psi}{\partial\mu}$,$\frac{\partial\psi}{\partial\alpha}$,$\frac{\partial\psi}{\partial\sigma^2}$,且令它们为零. 经过计

算，容易得到

$$\begin{cases}\mu=\dfrac{1}{N}\sum\limits_{j=1}^{N}x_j-\dfrac{\alpha}{N}\sum\limits_{j=1}^{N}\tanh\left[\dfrac{\alpha}{\sigma^2}(x_j-\mu)\right]\\ \alpha=\dfrac{1}{N}\sum\limits_{j=1}^{N}(x_j-\mu)\tanh\left[\dfrac{\alpha}{\sigma^2}(x_j-\mu)\right]\\ \sigma^2=\dfrac{1}{N}\sum\limits_{j=1}^{N}(x_j-\mu)^2+\alpha^2-\\ \qquad\dfrac{2\alpha}{N}\sum\limits_{j=1}^{N}(x_j-\mu)\tan\mathrm{h}\left[\dfrac{\alpha}{\sigma^2}(x_j-\mu)\right]\\ \quad=\dfrac{1}{N}\sum\limits_{j=1}^{N}(x_j-\mu)^2-\alpha^2\end{cases}\tag{2.3.89}$$

由上面三个方程可以求出 μ,α,σ^2，就得到了最大似然估计，由此再从 $\mu=\mu^{(1)}-\alpha=\mu^{(2)}+\alpha$ 就得到了 $\mu^{(1)}$，$\mu^{(2)},\sigma^2$ 的估计式. 但是由(2.3.39)直接来解方程比较困难. 如果注意到 $\mu=\dfrac{\mu^{(1)}+\mu^{(2)}}{2}$，且这两类图像的先验概率相等，因此可以近似地认为 N 个样本 $\{X_j\}(1\leqslant j\leqslant N)$ 对称地分布在 μ 周围. 这样，利用函数 $\tanh(x)$ 是奇函数，就可近似地认为

$$\frac{1}{N}\sum_{j=1}^{N}\tanh\left[\frac{\alpha}{\sigma^2}(x_j-\mu)\right]\doteq 0$$

这样，从(2.3.89)第一式就可得到近似估计式

$$\hat{\mu}=\frac{1}{N}\sum_{j=1}^{N}x_j\tag{2.3.90}$$

如果近似地认为 X_j 是对称地分布在 $\mu^{(1)}$ 及 $\mu^{(2)}$ 周围且利用 $|\alpha|=|\mu^{(1)}-\mu|=|\mu^{(2)}-\mu|$，则由(2.3.89)第二式得

$$|\hat{a}| = \frac{1}{N-1}\sum_{j=1}^{N}|x_j - \hat{\mu}| \qquad (2.3.91)$$

这样,从(2.3.89)的第三式就得到

$$\hat{\sigma}^2 = \frac{1}{N}\sum_{j=1}^{N}(x_j - \hat{\mu})^2 - \hat{\alpha}^2$$

对于多维情况,可以做类似考虑,但是计算量更大. 这里就不讨论了.

2.3.4 农作物分类的例子

多元正态分布的模型用在农作物分类的问题上是非常成功的. 在这一小节中,介绍有关文献[10,11]中的一些结果.

设想在某一高度上,将一定范围的地面分割成一些小区域,并用 0.3 ~ 1.4 μm 之间的波长进行多光谱扫描. 这里一共取 12 个不同的波长,可以认为有 12 个特性,见表 2 – 1.

表 2 – 1　12 个不同的波长对应 12 个特性

特性	谱带/μm	特性	谱带/μm
1	0.40 ~ 0.44	7	0.55 ~ 0.58
2	0.44 ~ 0.46	8	0.58 ~ 0.62
3	0.46 ~ 0.48	9	0.62 ~ 0.66
4	0.48 ~ 0.50	10	0.66 ~ 0.72
5	0.50 ~ 0.52	11	0.72 ~ 0.80
6	0.52 ~ 0.55	12	0.80 ~ 1.00

前面 10 个是视觉范围内的波长,后面两个是属于红外范围内的波长. 每一块小区域上所得的结果记录在 12 个通道的磁带上,再用模数转换器得到 12 个数字. 这样,对应于每一小块区域就得到了一个 12 维向量.

现在考虑 9 类问题：燕麦、谷子、大豆、黑麦、三叶草、紫花苜蓿、空地、两种小麦（以后也可以作为一种处理）. 此外，也有些样本不是属于这里的任何一类，例如，桥、公路等，因此也可以再加上一类. 但是，这一类没有很好的代表. 我们对每一类"图像"，设法找出一个函数 $g_i(\boldsymbol{X})$，判决的准则是

若 $g_i(\boldsymbol{X})<g_j(\boldsymbol{X})\ (j\neq i)$，则判决 $\boldsymbol{X}\in\Omega_i$

$$(2.3.92)$$

我们还可以加一个要求，例如用一个阀值，即门限 T_i，使得除了满足(2.3.92)外，还要求满足

$$g_i(\boldsymbol{X})<T_i \qquad (2.3.93)$$

才认为 $\boldsymbol{X}\in\Omega_i$，否则，可以拒绝判决.

如果对于这几类图像都用多元正态分布的模型，其中每一类图像的数学期望及协方差矩阵都可以用本节所介绍的方法计算出来. 根据(2.3.92)的判决准则，利用本节所介绍的方法，显然可以取每一类分布的负对数作为函数 $g_i(\boldsymbol{X})$

$$g_i(\boldsymbol{X})=\ln|\boldsymbol{\Sigma}_i|+(\boldsymbol{X}-\boldsymbol{\mu}^{(i)})^{\mathrm{T}}\boldsymbol{\Sigma}_i^{-1}(\boldsymbol{X}-\boldsymbol{\mu}^{(i)}) \qquad (2.3.94)$$

由于 $(\boldsymbol{X}-\boldsymbol{\mu}^{(i)})^{\mathrm{T}}\boldsymbol{\Sigma}_i^{-1}(\boldsymbol{X}-\boldsymbol{\mu}^{(i)})$ 是 χ^2 分布，其自由度为12[20]，因此，如果我们希望有95%的样本不被拒绝，则由(2.3.94)可以选择 T_i 满足：

$T_i\geqslant\ln|\boldsymbol{\Sigma}_i|+\{$使 χ^2 分布概率为95%所对应的值$\}$

即 $$T_i\geqslant\ln|\boldsymbol{\Sigma}_i|+9.49$$ [20]

就行.

对于学习样本（即用这些样本来构造多元正态分布函数的数学期望 $\boldsymbol{\mu}^{(i)}$ 与协方差矩阵 $\boldsymbol{\Sigma}_i$）及用来进行检验的样本有下面的实际效果

对于学习样本(表2-2):

表2-2　学习样本

类别	样本数	正确率	小麦	大豆	谷子	燕麦	三叶草	紫花苜蓿	黑麦	空地	门限外
小麦	702	99.4	698	0	0	1	0	0	3	0	0
大豆	426	99.8	0	421	4	0	0	0	0	1	0
谷子	423	97.9	0	8	412	3	0	0	0	0	0
燕麦	423	99.5	0	0	1	421	1	0	0	0	0
三叶草	423	98.5	0	0	0	1	418	4	0	0	0
紫花苜蓿	259	98.0	0	0	0	1	2	256	0	0	0
黑麦	330	98.5	4	0	0	1	0	0	325	0	0
空地	190	100.0	0	0	0	0	0	0	0	190	0
总计	3176		702	429	417	428	421	260	328	191	

对于检验样本(表2－3)：

表2－3

类别	样本数	正确率	小麦	大豆	谷子	燕麦	三叶草	紫花苜蓿	黑麦	空地	门限外
小麦	2667	99.2	2645	0	0	12	0	0	6	0	4
大豆	7171	95.7	0	6860	126	35	1	7	10	1	131
谷子	2775	91.4	0	126	2535	24	73	5	0	0	12
燕麦	1595	91.7	18	12	7	1463	69	20	3	0	3
三叶草	2333	91.0	3	21	26	93	2123	55	0	0	12
紫花苜蓿	912	87.9	0	0	6	47	47	802	0	0	10
黑麦	621	97.4	14	0	0	2	0	0	605	0	0
空地	332	98.8	0	4	0	0	0	0	0	328	0
总计	18406	0	2680	7023	2700	1676	2313	889	624	329	172

从这两个表可以看出,结果是非常理想的.

如果我们研究分类问题,用 12 个特性或者从 12 个特性中选择 3 个特征(我们将在第四章中介绍选择特征的原则),这里就选择特性 1,10 及 11,分别得到下列两个表格.

对于检验样本,用全部 12 个特性(表 2 - 4):

表 2 - 4

类别	样本数	正确率	大豆	谷子	燕麦	小麦	黑麦	门限外
大豆	2 827	72.7	2 055	758	11	0	3	0
谷子	2 807	85.1	167	2 388	144	0	108	0
燕麦	2 823	92.7	1	59	2 618	0	145	0
小麦	2 803	80.4	8	15	527	2 253	0	0
黑麦	2 811	86.2	9	95	283	0	2 424	0
总计	14 071		2 240	3 315	3 583	2 253	2 680	

对于检验样本,用特性 1、10 及 11(表 2 - 5):

表 2 - 5

类别	样本数	正确率	大豆	谷子	燕麦	小麦	黑麦	门限外
大豆	2 827	88.8	2 510	304	12	1	0	0
谷子	2 807	84.5	170	2 372	88	0	177	0
燕麦	2 823	89.8	5	44	2 536	0	238	0
小麦	2 803	91.8	7	3	218	2 572	3	0
黑麦	2 811	86.6	4	220	152	0	2 443	0
总计	14 071		2 696	2 943	3 006	2 572	2 859	

从这两个表看出,用全部 12 个特性与只用 3 个特性(特性 1、10 与 11)相比较,正确率差别不大,甚至更精确些,但计算量可以大大地减小. 这就说明了特征选择的重要性.

2.3.5　正规指数密度分布的研究[21]

前面,我们只是考虑了多元正态分布的模型. 由于在多元正态分布的概率密度函数的指数部分出现了项

$$Q_2=(\boldsymbol{X}-\boldsymbol{\mu})^{\mathrm{T}}\boldsymbol{\Sigma}^{-1}(\boldsymbol{X}-\boldsymbol{\mu}) \qquad (2.3.95)$$

其中,$\boldsymbol{\mu}$ 为数学期望,$\boldsymbol{\Sigma}$ 为协方差矩阵,因此在多类问题的识别中,根据 Bayes 判决规则,其判决边界可以出现二次超曲面(见公式(2.3.17)),而误分类的概率当协方差矩阵不同时,计算非常复杂,甚至要用近似计算. 总的来说,由于(2.3.95)是一个二次函数,因此当大量样本需要进行识别时,计算量是很大的. 因此在 2.3.1小节中,对于不同类有不同协方差矩阵时,我们仍然用线性函数来进行识别. 这样一来,计算量可以减少,但误分类概率就会增加. 关于这一点,读者从上面的讨论也可以看出来. 现在提出这样一个问题:能否略微增加一点判决函数的复杂性,例如用逐块线性判决函数,但却仍能使误分类概率较小. 这种想法是合理的. 例如,在两类问题中,在多元正态协方差矩阵不相等的情况下,就可以用逐块线性判决函数来进行最优选择. 但是可以想象,在寻找最优逐块线性判决函数时,到底要取几块呢? 这个是预先不知道的,因此是存在些人为因素的. 此外,用这种方法,计算量也是很大的. 由此,我们想到,是否可以从另外一个角度来考虑问题,即除了认为图像的概率密度函数是多元正态分布的模型外,还可以考虑其他分布模型,使得它仍有正

态分布的某些特性，且又在 Bayes 判决规则下，能自然地得到逐块线性判决函数. 这一节要介绍的正规指数密度分布函数就是这样的一类密度函数，它包含多元正态分布作为它的一个特殊情况. 在介绍这类分布前，我们首先对(2. 3. 11)再做一些分析.

协方差矩阵是一个正定对称矩阵，即对任何向量 $\boldsymbol{X}\neq 0$, $\boldsymbol{X}^{\mathrm{T}}\boldsymbol{\Sigma}\boldsymbol{X}>0$ 来说，$\boldsymbol{\Sigma}^{-1}$ 也是一个正定对称矩阵[22]，它可分解为

$$\boldsymbol{\Sigma}^{-1}=\boldsymbol{C}^{\mathrm{T}}\boldsymbol{C} \tag{2.3.96}$$

其中，$\boldsymbol{C}$ 是一个唯一的三角矩阵. 设 $\boldsymbol{Y}=\boldsymbol{C}(\boldsymbol{X}-\boldsymbol{\mu})=(y_1,y_2,\cdots,y_n)^{\mathrm{T}}$，其中 $\boldsymbol{\mu}$ 是数学期望. 容易证明

$$\begin{aligned}\boldsymbol{Q}_2&=(\boldsymbol{X}-\boldsymbol{\mu})^{\mathrm{T}}\boldsymbol{\Sigma}^{-1}(\boldsymbol{X}-\boldsymbol{\mu})\\&=\boldsymbol{Y}^{\mathrm{T}}\boldsymbol{Y}\\&=\sum_{j=1}^{n}|y_j|^2\end{aligned} \tag{2.3.97}$$

显然有

$$E[\boldsymbol{Y}]=0$$

并由(2. 3. 96)得到

$$\begin{aligned}E[\boldsymbol{Y}\boldsymbol{Y}^{\mathrm{T}}]&=E[\boldsymbol{C}(\boldsymbol{X}-\boldsymbol{\mu})(\boldsymbol{X}-\boldsymbol{\mu})^{\mathrm{T}}\boldsymbol{C}^{\mathrm{T}}]\\&=\boldsymbol{C}E[(\boldsymbol{X}-\boldsymbol{\mu})(\boldsymbol{X}-\boldsymbol{\mu})^{\mathrm{T}}]\boldsymbol{C}^{\mathrm{T}}\\&=\boldsymbol{C}\boldsymbol{\Sigma}\boldsymbol{C}^{\mathrm{T}}=\boldsymbol{I}_n\end{aligned} \tag{2.3.98}$$

量 $\boldsymbol{Q}_2$ 可以看作是一种距离，它在空间 Y 上可以看作为欧几里得距离. 这启发我们还可以引进其他距离

$$\|\boldsymbol{Y}\|_r=\left[\sum_{j=1}^{m}|y_j|^r\right]^{\frac{1}{r}}\quad(0<r<+\infty) \tag{2.3.99}$$

以及

$$\|\boldsymbol{Y}\|_{\infty}=\max_{1\leqslant j\leqslant n}|y_j| \tag{2.3.100}$$

(2. 3. 99) 所定义的距离称为空间 l_r 中的距离；

(2.3.100)所定义的距离称为空间 l_∞ 中的距离. 由此看出:空间 l_2 上的距离就是 Q_2,它是(2.3.99)的一种特殊情况. 现在我们可以用(2.3.99)及(2.3.100)来定义正规指数密度函数.

(1)正规指数密度函数。

定义 2.4　对于 $0<r<+\infty$,令

$$f_r(\boldsymbol{Y})=k_r\mathrm{e}^{-c\|\boldsymbol{Y}\|_r}\quad(c>0)\qquad(2.3.101)$$

它称为随机向量 $\boldsymbol{Y}=(y_1,y_2,\cdots,y_n)^{\mathrm{T}}$ 的 r 级正规指数密度函数,其中 $\|\boldsymbol{Y}\|_r$ 由公式(2.3.99)所确定,c 及 k_r 是参数,它们满足

$$k_r=\left[2\int_0^{+\infty}\mathrm{e}^{-ct^r}\mathrm{d}t\right]^{-n}\qquad(2.3.102)$$

通过简单计算,可以证明这样定义的函数满足正规化条件

$$E(\boldsymbol{Y})=0,E[\boldsymbol{Y}\boldsymbol{Y}^{\mathrm{T}}]=\boldsymbol{I}_n$$

且
$$\int_{-\infty}^{+\infty}\cdots\int_{-\infty}^{+\infty}f_r(\boldsymbol{Y})\mathrm{d}y_1,\cdots,\mathrm{d}y_n=1$$

当 $r=2$ 时,得到

$$f_2(\boldsymbol{Y})=k_2\mathrm{e}^{-c\sum_{j=1}^{n}|y_j|^2}\quad(c>0)\qquad(2.3.103)$$

若取 $c=\dfrac{1}{2}$,则由(2.3.102)容易得到

$$k_2=\left[2\int_0^{+\infty}\mathrm{e}^{-\frac{t^2}{2}}\mathrm{d}t\right]^{-n}=(2\pi)^{-\frac{n}{2}}\qquad(2.3.104)$$

因此(2.3.102)就是数学期望为0,协方差矩阵是单位矩阵 $\boldsymbol{I}_n$ 的多元正态分布.

当 $r=1$ 时,取 $c=\sqrt{2}$,由(2.3.102)容易得到 $k_1=\left(\dfrac{1}{2}\right)^{\frac{n}{2}}$,因此有

$$f_1(Y) = \left(\frac{1}{2}\right)^{\frac{n}{2}} \exp\left[-\sqrt{2}\sum_{j=1}^{n} |y_j|\right] \quad (2.3.105)$$

这是经常用到的一种模型.

定义 2.5　对于 $r = +\infty$,令

$$f_\infty(\boldsymbol{Y}) = k_\infty \exp[-c \|\boldsymbol{Y}\|_\infty] \quad (c>0) \quad (2.3.106)$$

它称为随机向量 $\boldsymbol{Y} = (y_1, y_2, \cdots, y_n)^{\mathrm{T}}$ 的最大正规指数密度函数,其中取

$$c = \left[\frac{2^n(n+2)!}{3}\right]^{\frac{1}{n+2}}$$

$$k_\infty = \frac{1}{n!}\left[\frac{(n+2)!}{12}\right]^{\frac{n}{n+2}} \quad (2.3.107)$$

通过计算,可以证明

$$E[\boldsymbol{Y}] = 0, E[\boldsymbol{Y}\boldsymbol{Y}^{\mathrm{T}}] = \boldsymbol{I}_n$$

(2)现在考虑 m 类图像 $\Omega_i(1 \leqslant i \leqslant m)$ 的识别问题,其条件概率密度函数为 $p(\boldsymbol{X}|\Omega_i)$ 或记作 $p(\boldsymbol{X}|i)$,其中 $\boldsymbol{X} = (x_1, x_2, \cdots, x_n)^{\mathrm{T}}$ 是随机向量. 设图像 Ω_i 的概率密度函数 $p(\boldsymbol{X}|i)$ 有数学期望为 $\boldsymbol{\mu}^{(i)}$,协方差矩阵为 $\boldsymbol{\Sigma}$. 根据上面的讨论,考虑 $\boldsymbol{\Sigma}_i^{-1}$ 的三角分解,有

$$\boldsymbol{\Sigma}_i^{-1} = \boldsymbol{C}_i^{\mathrm{T}}\boldsymbol{C}_i, \boldsymbol{C}_i \text{ 是上三角矩形} (1 \leqslant i \leqslant m) \quad (2.3.108)$$

作变换

$$\boldsymbol{Y} = \boldsymbol{C}_i(\boldsymbol{X} - \boldsymbol{\mu}^{(i)}), \boldsymbol{X} = \boldsymbol{C}_i^{-1}\boldsymbol{Y} + \boldsymbol{\mu}^{(i)} \quad (2.3.109)$$

根据上面的定义 2.4 及定义 2.5,我们可以在变量 $\boldsymbol{X}$ 所张成的空间上,规定每一类图像 Ω_i 的条件概率密度函数就是正规指数密度函数.

定义 2.6　对于 $0 < r < +\infty$,设

$$p_r(\boldsymbol{X} \mid i) = k_r \mid \boldsymbol{C}_i \mid \exp\left[-c \sum_{j=1}^{n} \mid \boldsymbol{c}_{ij}^{\mathrm{T}}(\boldsymbol{X} - \boldsymbol{\mu}^{(i)}) \mid^r \right]$$

$$(c > 0, 1 \leqslant i \leqslant m) \qquad (2.3.110)$$

它被称为随机向量 $\boldsymbol{X} = (x_1, x_2, \cdots, x_n)^{\mathrm{T}}$ 的 r 级正规指数密度函数，其中 c 与 k_r 是参数，它们满足关系式(2.3.102)，而矩阵 $\boldsymbol{C}_i$ 满足关系式(2.3.108)，$\boldsymbol{\Sigma}_i$ 是第 i 类协方差矩阵，$\boldsymbol{\mu}^{(i)}$ 是第 i 类的数学期望，而 $\boldsymbol{c}_{ij}$ 是矩阵 $\boldsymbol{C}_i$ 的第 j 行元素所构成的向量

$$\boldsymbol{C}_i = \begin{pmatrix} \boldsymbol{c}_{i1}^{\mathrm{T}} \\ \boldsymbol{c}_{i2}^{\mathrm{T}} \\ \vdots \\ \boldsymbol{c}_{in}^{\mathrm{T}} \end{pmatrix} \quad (i = 1, 2, \cdots, m) \quad (2.3.111)$$

利用变换前后的数学期望与协方差矩阵之间的关系式(见(2.3.109)及(2.3.107))，容易证明

$$E[\boldsymbol{X}] = E[\boldsymbol{C}_i^{-1}\boldsymbol{Y} + \boldsymbol{\mu}^{(i)}] = \boldsymbol{C}_i^{-1}E[\boldsymbol{Y}] + \boldsymbol{\mu}^{(i)} = \boldsymbol{\mu}^{(i)}$$

及
$$\begin{aligned} E[(\boldsymbol{X} - \boldsymbol{\mu}^{(i)})(\boldsymbol{X} - \boldsymbol{\mu}^{(i)})^{\mathrm{T}}] &= E[\boldsymbol{C}_i^{-1}\boldsymbol{Y}\boldsymbol{Y}^{\mathrm{T}}(\boldsymbol{C}^{-1})^{\mathrm{T}}] \\ &= \boldsymbol{C}_i^{-1}E[\boldsymbol{Y}\boldsymbol{Y}^{\mathrm{T}}](\boldsymbol{C}_i^{-1})^{\mathrm{T}} \\ &= \boldsymbol{C}_i^{-1}\boldsymbol{I}_n[\boldsymbol{C}_i^{-1}]^{\mathrm{T}} \\ &= \boldsymbol{\Sigma}_i \end{aligned}$$

此外，利用变换也容易得到

$$\int_{\mathbf{R}_n} p_r(\boldsymbol{X} \mid i)\,\mathrm{d}X = 1$$

特别地，当 $r = 2$ 时，就得到

$$\begin{aligned} p_2(\boldsymbol{X} \mid i) &= \frac{\mid \boldsymbol{C}_i \mid}{(2\pi)^{\frac{n}{2}}} \exp\left[-\frac{1}{2} \sum_{j=1}^{n} \mid \boldsymbol{c}_{ij}^{\mathrm{T}}(\boldsymbol{X} - \boldsymbol{\mu}^{(i)}) \mid^2 \right] \\ &= \frac{1}{(2\pi)^{\frac{n}{2}} \mid \boldsymbol{\Sigma}_i \mid^{\frac{1}{2}}} \cdot \end{aligned}$$

$$\exp\left[-\frac{1}{2}(X-\boldsymbol{\mu}^{(i)})^{\mathrm{T}}\boldsymbol{\Sigma}_i^{-1}(X-\boldsymbol{\mu}^{(i)})\right]$$

$$(1\leqslant i\leqslant m) \qquad (2.3.112)$$

其中最后一个等式是由于(2. 3. 108)以及$|\boldsymbol{C}_i| = |\boldsymbol{\Sigma}_i|^{-\frac{1}{2}}$而得到的.

当 $r=1$ 时,有

$$p_1(\boldsymbol{X}|i) = \frac{|\boldsymbol{C}_i|}{(2\pi)^{\frac{n}{2}}}\exp\left[-\sqrt{2}\sum_{j=1}^{n}|\boldsymbol{c}_{ij}^{\mathrm{T}}(\boldsymbol{X}-\boldsymbol{\mu}^{(i)})|\right]$$

$$(1\leqslant i\leqslant m) \qquad (2.3.113)$$

定义 2.7 对于 $r=+\infty$,设

$$p_\infty(\boldsymbol{X}|i) = \frac{1}{n!}\left[\frac{(n+2)!}{12}\right]^{\frac{n}{n+2}}|\boldsymbol{C}_i|\cdot$$

$$\exp\left[-c\max_{1\leqslant j\leqslant n}|\boldsymbol{c}_{ij}^{\mathrm{T}}(\boldsymbol{X}-\boldsymbol{\mu}^{(i)})|\right]$$

$$(1\leqslant i\leqslant m) \qquad (2.3.114)$$

容易证明

$$\int_{\mathbf{R}_n} p_\infty(\boldsymbol{X}|i)\,\mathrm{d}\boldsymbol{X} = 1$$

以及

$$E[\boldsymbol{X}] = \boldsymbol{\mu}^{(i)},\ E[(\boldsymbol{X}-\boldsymbol{\mu}^{(i)})(\boldsymbol{X}-\boldsymbol{\mu}^{(i)})^{\mathrm{T}}] = \boldsymbol{\Sigma}_i$$

(3) Bayes 判决函数及误分类概率.

为了简单起见,在此我们认为损失是 $\boldsymbol{C}_{ii}=0, \boldsymbol{C}_{ij}=1(i\neq j;i,j=1,2,\cdots,m)$(见 §2. 1). 设每一类图像 Ω_i 的先验概率为 $P_i(1\leqslant i\leqslant m)$. 下面只考虑 $r=1$ 及 $r=+\infty$ 时的正规指数密度函数.

设 $r=1$, 根据 §2. 2 中的 Bayes 判决规则, 由(2. 3. 113)可以得到其分类区域 $\omega_i(1\leqslant i\leqslant m)$为

$$\omega_i = \left\{X\,\middle|\,\sum_{j=1}^{n}|\boldsymbol{c}_{ij}^{\mathrm{T}}(\boldsymbol{X}-\boldsymbol{\mu}^{(i)})| - \sum_{j=1}^{m}|\boldsymbol{c}_{lj}^{\mathrm{T}}(\boldsymbol{X}-\boldsymbol{\mu}^{(l)}| \leqslant \frac{1}{\sqrt{2}}\ln\frac{\boldsymbol{P}_i|\boldsymbol{C}_i|}{\boldsymbol{P}_l|\boldsymbol{C}_l|}, l=1,2,\cdots,m;l\neq i\right\}$$

$$(i=1,2,\cdots,m) \tag{2.3.115}$$

即

$$\text{若 } \boldsymbol{X}\in\omega_i\text{，则判决 } \boldsymbol{X}\in\Omega_i \quad (i=1,2,\cdots,m) \tag{2.3.116}$$

且当等号成立时，就认为 $\boldsymbol{X}$ 是属于下标较小的一类.

显然，这些区域的边界是逐块线性函数.

此外，每一类的误分类概率也容易计算. 我们将第 i 类图像误分为第 j 类的概率记作 e_{ij}，显然有

$$e_{ij}=\int_{\omega_j}p_1(\boldsymbol{X}|i)\,\mathrm{d}\boldsymbol{X} \quad (j=1,2,\cdots,m;j\neq i)$$

由(2.3.113)知，这里的被积函数是逐块线性函数，而区域 ω_j 的边界也是逐块线性函数，因此就能比较容易地把积分直接求出来. 这样一来，其误分类概率就是

$$e=\sum_{i=1}^{m}\boldsymbol{P}_i\left(1-\int_{\omega_i}p_1(\boldsymbol{X}|i)\,\mathrm{d}\boldsymbol{X}\right)$$

设 $r=+\infty$，同样根据§2.2 中的 Bayes 判决规则，由(2.3.114)可以得到其分类区域 $\omega_i(1\leqslant i\leqslant m)$ 为

$$\omega_i=\{X|\max_{1\leqslant j\leqslant m}|\boldsymbol{c}_{ij}^{\mathrm{T}}(\boldsymbol{X}-\boldsymbol{\mu}^{(i)})|-\max_{1\leqslant j\leqslant m}|\boldsymbol{c}_{lj}^{\mathrm{T}}(\boldsymbol{X}-\boldsymbol{\mu}^{(l)})|$$

$$\leqslant\left[\frac{3}{2^n(n+2)!}\right]^{\frac{1}{n+2}}\cdot\ln\frac{\boldsymbol{P}_i|\boldsymbol{C}_i|}{\boldsymbol{P}_l|\boldsymbol{C}_l|}$$

$$(l=1,2,\cdots,m;l\neq i)(i=1,2,\cdots,m) \tag{2.3.117}$$

即

$$\text{若 } \boldsymbol{X}\in\omega_j\text{，则判决 } \boldsymbol{X}\in\Omega_j \quad (j=1,2,\cdots,m) \tag{2.3.118}$$

且当等号成立时，就认为 $\boldsymbol{X}$ 属于足标较小的一类.

显然，这些区域的边界也是逐块线性函数.

同样，我们也可以计算出误分类概率.

注　应用 Bayes 判决规则，必须要知道每一类 Ω_i

的数学期望$\boldsymbol{\mu}^{(i)}$及协方差矩阵$\boldsymbol{\Sigma}_i$，而这可以用 2. 3. 3 小节中的参数方法来估计.

(4)这里给出一个数字的例子来与多元正态分布的模型相比较. 考虑两类问题，第一类$\Omega_i(i=1,2)$的数学期望$\boldsymbol{\mu}^{(i)}(i=1,2)$及协方差矩阵$\boldsymbol{\Sigma}_i(i=1,2)$分别为

$$\boldsymbol{\mu}^{(1)}=(2,1)^{\mathrm{T}},\boldsymbol{\mu}^{(2)}=(-1,-2)^{\mathrm{T}}$$

及

$$\boldsymbol{\Sigma}_1=\begin{pmatrix}\frac{13}{4} & -\frac{9}{2}\\ -\frac{9}{2} & 8\end{pmatrix},\boldsymbol{\Sigma}_2=\begin{pmatrix}\frac{100}{9} & \frac{32}{3}\\ \frac{32}{3} & 16\end{pmatrix}$$

且先验概率为$P_1=\frac{3}{11},P_2=\frac{8}{11}$.

从(2. 3. 108)可以得到$\boldsymbol{\Sigma}_i$所对应的上三角矩形$\boldsymbol{C}_i(i=1,2)$为

$$\boldsymbol{C}_1=\begin{pmatrix}1 & \frac{1}{2}\\ 0 & \frac{1}{3}\end{pmatrix},\boldsymbol{C}_2=\begin{pmatrix}\frac{1}{2} & -\frac{1}{3}\\ 0 & \frac{1}{4}\end{pmatrix}$$

$$\boldsymbol{C}_1(\boldsymbol{X}-\boldsymbol{\mu}^{(1)})=\left(\frac{2x_1+x_2-5}{2},\frac{x_2-1}{3}\right)^{\mathrm{T}}$$

$$\boldsymbol{C}_2(\boldsymbol{X}-\boldsymbol{\mu}^{(2)})=\left(\frac{3x_1-2x_2-1}{6},\frac{x_2+1}{4}\right)^{\mathrm{T}}$$

对于$r=1$的情况，由(2. 3. 113)得到

$$p_1(\boldsymbol{X}|1)$$
$$=\frac{1}{6\pi}\cdot\exp\left[-\frac{1}{3\sqrt{2}}(3|2x_1+x_2-5|+2|x_2-1|)\right]$$

$$p_2(\boldsymbol{X}|2)$$
$$=\frac{1}{16\pi}\cdot\exp\left[-\frac{1}{6\sqrt{2}}(2|3x_1-2x_2-1|+3|x_2+1|)\right]$$

由此根据(2.3.115)得到 Bayes 判决的区域为

$$\omega_1 = \{X | 2|3x_1 - 2x_2 - 1| + 3|x_2 + 2| \geqslant 6|2x_1 + x_2 - 5| + 4|x_2 - 1|\} \quad (2.3.119)$$

而 ω_2 是 ω_1 的余集. 从(2.3.119)可以看出:ω_1 可以由四个区域所构成:$\omega_1 = \bigcup_1^4 A_k$,其中

$$A_1 = \{X | 6x_1 + 11x_2 - 38 \leqslant 0, 3x_1 - 2x_2 - 1 \geqslant 0, 18x_1 + x_2 - 22 \geqslant 0, x_2 \geqslant 1\}$$

$$A_2 = \{X | 6x_1 + x_2 - 14 \leqslant 0, 3x_1 - 2x_2 - 1 \leqslant 0, 2x_1 + 3x_2 - 6 \geqslant 0, x_2 \geqslant 1\}$$

$$A_3 = \{X | 2x_1 + x_2 - 10 \leqslant 0, 3x_1 - 2x_2 - 1 \geqslant 0, 6x_1 + 3x_2 - 10 \geqslant 0, -2 \leqslant x_2 \leqslant 1\}$$

$$A_4 = \{X | 2x_1 + 3x_2 - 6 \leqslant 0, 3x_1 - 2x_2 - 1 \geqslant 0, 6x_1 + x_2 - 14 \geqslant 0, x_2 \leqslant -2\}$$

每一个区域的边界都是逐段线性边界,且其误分类概率也可以算出来.

对于 $r=2$ 的情况,由(2.3.112)可以得到

$$p_2(X|1) = \frac{1}{6\pi}\exp\left[-\frac{1}{8}(2x_1 + x_2 - 5)^2 - \frac{1}{18}(x_2 - 1)^2\right]$$

$$p_2(X|2) = \frac{1}{16\pi}\exp\left[-\frac{1}{72}(3x_1 - 2x_2 - 1)^2 - \frac{1}{32}(x_2 + 2)^2\right]$$

因此根据(2.2.11),得到 Bayes 判决的区域为

$$\omega_1 = \{X | 36(2x_1 + x_2 - 5)^2 + 16(x_2 - 1)^2 - 4(3x_1 - 2x_2 - 1)^2 - 9(x_2 + 2)^2 \leqslant 0\} \quad (2.3.120)$$

而 ω_2 是 ω_1 的余集,由(2.3.120)容易得到

$$\omega_1 = \{X | 108x_1^2 + 27x_2^2 + 192x_1x_2 - 696x_1 - 444x_2 + 8\,764 \leqslant 0\}$$

它的图形是由双曲线所围的区域. 误分类概率的计算就比较复杂了.

对于 $r=+\infty$ 情况，由(2.3.114)可以得到

$$p_{\infty}(\boldsymbol{X}|1)=\frac{1}{3\sqrt{2}}\cdot \exp[2^{\frac{1}{4}}/3\cdot \max(3|2x_1+x_2-5),2|x_2-1|]$$

$$p_{\infty}(\boldsymbol{X}|2)=\frac{1}{8\sqrt{2}}\cdot \exp[2^{\frac{1}{4}}/6\cdot \max(2|3x_1-2x_2-1),3|x_2+2|]$$

因此根据(2.3.117)，得到 Bayes 判决的区域为

$$\begin{aligned}\omega_1 &= \{\boldsymbol{X}|\max(2|3x_1-2x_2-1|,3|x_2+2|)\\ &\geqslant \max(6|2x_1+x_2-5|,4|x_2-1|)\end{aligned} \qquad (2.3.121)$$

而 ω_2 是 ω_1 的余集. 从(2.3.121)可以看出，ω_1 可以由四个区域所构成：$\omega_1=\bigcup\limits_{1}^{4}B_i$，其中

$$\begin{aligned}B_1 = \{\boldsymbol{X}|&2|3x_1-2x_2-1|\geqslant 6|2x_1+x_2-5|,\\ &2|3x_1-2x_2-1|\geqslant 3|x_2+2|,\\ &6|2x_1+x_2-5|\geqslant 4|x_2-1|\}\end{aligned}$$

$$\begin{aligned}B_2 = \{\boldsymbol{X}|&2|3x_1-2x_2-1|\geqslant 4|x_2-1|,\\ &2|3x_1-2x_2-1|\geqslant 3|x_2+2|,\\ &6|2x_1+x_2-5|\leqslant 4|x_2-1|\}\end{aligned}$$

$$\begin{aligned}B_3 = \{\boldsymbol{X}|&3|x_2+2|\geqslant 6|2x_1+x_2-5|,\\ &2|3x_1-2x_2-1|\leqslant 3|x_2+2|,\\ &6|2x_1+x_2-5|\geqslant 4|x_2-1|\}\end{aligned}$$

$$\begin{aligned}B_4 = \{\boldsymbol{X}|&3|x_2+2|\geqslant 4|x_2-1|\},\\ &2|3x_1-2x_2-1|\leqslant 3|x_2+2|,\\ &6|2x_1+x_2-5|\leqslant 4|x_2-1|\end{aligned}$$

显然，这里每一个区域也都是以逐段线性函数为其边界的，误分类概率也就不难计算出来了.

这三种情况的判决边界都可以从图 2-3 看出，其

间的差别不是很大的. 从计算量来看,由于在 $r=2$ 时,经常需要计算值

$$Q_2=(\boldsymbol{X}-\boldsymbol{\mu}^{(i)})^{\mathrm{T}}\boldsymbol{\Sigma}_i^{-1}(\boldsymbol{X}-\boldsymbol{\mu}^{(i)})$$

这是一个二次函数,因此计算量是比较大的. 但是当 $r=1$ 及 $r=\infty$ 时,只是计算上三角矩阵 $\boldsymbol{C}_i$ 与 $(\boldsymbol{X}-\boldsymbol{\mu}^{(i)})$ 相乘,显然计算量就比较小了.

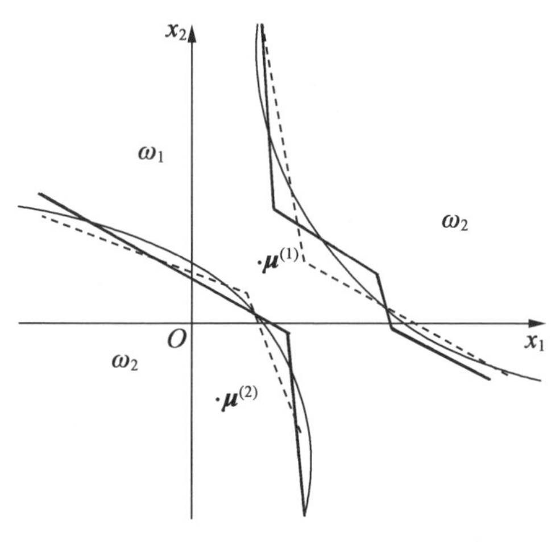

二类Bayes判决区域 ω_1 及 ω_2,其中
(1) ———— 为 $r=1$ 的情况
(2) ———— 为 $r=2$ 的情况
(3) - - - - - - 为 $r=\infty$ 的情况

图 2-3

§2.4　Neyman-Pearson 判决准则[1]

(1)我们在 2.2.2 小节中讨论了两类问题,其中损失为 $C_{11}=C_{22}=0$, $C_{12}=C_{21}=1$,并且得到了两种类

型的误差,即第一类图像被误分为第二类图像的误分类概率(第一类误差)为

$$\omega_1 = \int_{\omega_2} p(\boldsymbol{X}|1)\,\mathrm{d}\boldsymbol{X} \tag{2.4.1}$$

第二类图像被误分为第一类图像的误分类概率(第二类误差)为

$$\omega_2 = \int_{\omega_1} p(\boldsymbol{X}|2)\,\mathrm{d}\boldsymbol{X} \tag{2.4.2}$$

这里所讲的 Neyman-Pearson 判决就是固定第二类误差 $\varepsilon_2 = \varepsilon_0$,寻找分类方法,使得第一类误差很小. 我们用拉格朗日乘子法来解此问题,即求

$$R = \varepsilon_1 + \lambda(\varepsilon_2 - \varepsilon_0) \tag{2.4.3}$$

的最小值,其中 λ 称为拉格朗日乘子,而最小值是对所有的区域 ω_1 及 ω_2 取的,即对所有的判决函数取的.

将(2.4.1)及(2.4.2)代入(2.4.3)后,得到

$$\begin{aligned} R &= \int_{\omega_2} p(\boldsymbol{X}|1)\,\mathrm{d}\boldsymbol{X} + \lambda\left(\int_{\omega_1} p(\boldsymbol{X}|2)\,\mathrm{d}\boldsymbol{X} - \varepsilon_0\right) \\ &= (1 - \lambda\varepsilon_0) + \int_{\omega_1} [\lambda p(\boldsymbol{X}|2) - p(\boldsymbol{X}|1)]\,\mathrm{d}\boldsymbol{X} \end{aligned} \tag{2.4.4}$$

为了选择 ω_1 使(2.4.4)最小,显然只要选择

ω_1 为 $\lambda p(\boldsymbol{X}|2) - p(\boldsymbol{X}|1) \leqslant 0$

ω_2 为 $\lambda p(\boldsymbol{X}|2) - p(\boldsymbol{X}|1) > 0$

即可,即

$$若\frac{p(\boldsymbol{X}|1)}{p(\boldsymbol{X}|2)} \geqslant \lambda,则判决\ \boldsymbol{X} \in \Omega_1$$

而

$$若\frac{p(\boldsymbol{X}|1)}{p(\boldsymbol{X}|2)} < \lambda,则判决\ \boldsymbol{X} \in \Omega_2 \tag{2.4.5}$$

这完全类似于 Bayes 判决的形式，但拉格朗日乘子 λ 是由关系式

$$\varepsilon_2 = \int_{\omega_1} p(\boldsymbol{X}|2)\,\mathrm{d}\boldsymbol{X} = \varepsilon_0$$

所确定的. 如果用函数 $l(\boldsymbol{X}) = \dfrac{p(\boldsymbol{X}|1)}{p(\boldsymbol{X}|2)}$ 作为判决函数，则由于 $l \geqslant 0$，故拉格朗日乘子 λ 可由公式

$$\varepsilon_2 = \int_{\lambda}^{+\infty} p(l|2)\,\mathrm{d}l = \varepsilon_0 \qquad (2.4.6)$$

来确定. 由于公式(2.4.6)中积分是 λ 的单调下降函数，故当 ε_0 固定时，就可以由(2.4.6)来求出 λ，这样就得到判决规则(2.4.5). 但从(2.4.6)无法得到 λ 依赖于 ε_0 的清晰的表示式，因此这只能用近似方法来求 λ. 例如，可以给出一串 λ 值，对应地就得到一串值 ε_2，我们找出一个最接近于 ε_0 的值 ε_2 以后，就可以找出相应的 λ 的近似值.

(2)这里我们对两类多元正态分布的模型(在其协方差矩阵不相等的情况下)用 Neyman-Pearson 判决准则来寻找最优线性判决函数[12].

在一些实际问题中，有时需要固定某一类误分类概率，或使某一类误分类概率控制在某一个数值以下，而使另一类误分类的概率最小，这种判决方法就是上面第一部分中讲过的 Neyman-Pearson 判决. 例如我们对肿瘤细胞进行识别，可以要求使癌细胞误判为正常细胞的概率不超过 2%，而在此条件下，要选择判决函数，使得将正常细胞误判为癌细胞的误分类概率最小. 但是为了简单起见，我们也可以在所有的线性函数类

$$u(\boldsymbol{X}) = \boldsymbol{B}^{\mathrm{T}}\boldsymbol{X} - c \qquad (2.3.18)$$

中来寻找满足上述要求的最优线性判决函数，其中

$\boldsymbol{B}=(b_1,b_2,\cdots,b_n)^{\mathrm{T}}$ 是 n 维向量,c 是纯量,它们都是需要确定的.

设先验概率为 $P_1=P_2=\frac{1}{2}$,对于其他情况可做类似的研究. 由(2.3.21)及(2.3.22),令

$$y_1 \triangleq \frac{u_1}{\sigma_1}=\frac{\boldsymbol{B}^{\mathrm{T}}\boldsymbol{\mu}^{(1)}-c}{(\boldsymbol{B}^{\mathrm{T}}\boldsymbol{\Sigma}_1\boldsymbol{B}^{\mathrm{T}})^{\frac{1}{2}}}$$

$$y_2 \triangleq \frac{-u_2}{\sigma_2}=\frac{c-\boldsymbol{B}^{\mathrm{T}}\boldsymbol{\mu}^{(2)}}{(\boldsymbol{B}^{\mathrm{T}}\boldsymbol{\Sigma}_2\boldsymbol{B})^{\frac{1}{2}}} \tag{2.4.7}$$

其中,$\boldsymbol{\mu}^{(1)}$ 及 $\boldsymbol{\mu}^{(2)}$ 分别是两类图像的数学期望,而 $\boldsymbol{\Sigma}_1$ 及 $\boldsymbol{\Sigma}_2$ 分别是两类图像的协方差矩阵.

由(2.4.7)消去 c 后,得到

$$y_2=\frac{c-\boldsymbol{B}^{\mathrm{T}}\boldsymbol{\mu}^{(2)}}{(\boldsymbol{B}^{\mathrm{T}}\boldsymbol{\Sigma}_2\boldsymbol{B})^{\frac{1}{2}}}=\frac{\boldsymbol{B}^{\mathrm{T}}\delta-y_1(\boldsymbol{B}^{\mathrm{T}}\boldsymbol{\Sigma}_1\boldsymbol{B})^{\frac{1}{2}}}{(\boldsymbol{B}^{T}\boldsymbol{\Sigma}_2\boldsymbol{B})^{\frac{1}{2}}}$$

其中

$$\boldsymbol{\delta}=\boldsymbol{\mu}^{(1)}-\boldsymbol{\mu}^{(2)}$$

此外,由(2.3.23)得到误分类概率为

$$\begin{aligned}R&=\frac{1}{2}G(-y_1)+\frac{1}{2}G(-y_2)\\&=\frac{1}{2}[1-G(y_1)+1-G(y_2)]\end{aligned} \tag{2.4.9}$$

其中,$G(x)$ 由公式(2.3.15)所确定. 显然,$G(-y_1)=1-G(y_1)$ 是第一类图像误分为第二类图像的概率,而 $G(-y_2)=1-G(y_2)$ 是第二类图像误分为第一类图像的概率. 由(2.3.15)容易看出,当 $y_i\uparrow+\infty$ 时,$1-G(y_i)\downarrow 0$,因此当 $y_i\geqslant G^{-1}(1-\varepsilon)$ 时,就有 $1-G(y_i)\leqslant\varepsilon$,其中 $G^{-1}(y)$ 是 $G(x)$ 的反函数. 现在首先证明下面几个引理:

引理 2.1　当$\max\limits_{B} y_2$看作 y_1 的函数时，是 y_1 的单调下降函数.

证　设 $y_1^* > y_1$，而对应的 $\boldsymbol{B}^*$ 使 y_2 在 $y_1 = y_1^*$ 达到最大值. 于是有

$$\begin{aligned}\max_{B} y_2 &= \max_{B} \frac{\boldsymbol{B}^{\mathrm{T}}\boldsymbol{\delta} - y_1(\boldsymbol{B}^{\mathrm{T}}\boldsymbol{\Sigma}_1\boldsymbol{B})^{\frac{1}{2}}}{(\boldsymbol{B}^{\mathrm{T}}\boldsymbol{\Sigma}_2\boldsymbol{B})^{\frac{1}{2}}} \\ &\geqslant \frac{\boldsymbol{B}^{*\mathrm{T}}\delta - y_1(\boldsymbol{B}^{*\mathrm{T}}\boldsymbol{\Sigma}_1\boldsymbol{B}^*)^{\frac{1}{2}}}{(\boldsymbol{B}^{*T}\boldsymbol{\Sigma}_2\boldsymbol{B}^*)^{\frac{1}{2}}} \\ &> \frac{\boldsymbol{B}^{*\mathrm{T}}\delta - y_1^*(\boldsymbol{B}^{*\mathrm{T}}\boldsymbol{\Sigma}_1\boldsymbol{B}^*)^{\frac{1}{2}}}{(\boldsymbol{B}^{*\mathrm{T}}\boldsymbol{\Sigma}_2\boldsymbol{B}^*)^{\frac{1}{2}}} \\ &= \max_{B} y_2^*\end{aligned}$$

这里用 y_2^* 表示在(2.4.8)中当 $y_1 = y_1^*$ 时 y_2 的值. 引理 2.1 证毕.

由引理 2.1 知，y_1 越大，则$\max\limits_{B} y_2$ 越小，故 $1 - G(y_2)$就越大；反之，若 y_1 越小，则$\max\limits_{B} y_2$ 越大，故 $1 - G(y_2)$就越小. 今后为了简单起见，对于给定的小正数 $\varepsilon > 0$，我们就选择 $y_1 = G^{-1}(1 - \varepsilon)$，即 $1 - G(y_1) = \varepsilon$. 在这种假设下，我们研究判决函数 $u(\boldsymbol{X}) = \boldsymbol{B}^{\mathrm{T}}\boldsymbol{X} - c$ 的具体表达式，即求 $\boldsymbol{B}$ 及 c. 为此引入概念：

定义 2.8　设有一个判决函数，若对于任何其他的判决函数，使得它所对应的两个误分类概率都不可能比原来的判决函数所对应的两个误分类概率都来得小，则称原来的判决函数给出了一个可允许的判决过程.

显然，根据(2.4.7)，每一个判决函数对应着 y_1 及 y_2，而 $1 - G(y_1)$ 及 $1 - G(y_2)$ 分别是二类误分类概率，

且当 y_1 越大时,误分类概率 $1-G(y_i)$ 越小. 因此,若有值 y_1^* 及 y_2^* 对应着一个判决函数,使得其他任何判决函数所对应的 y_1 及 y_2,不等式 $y_1 \geqslant y^*$ 及 $y_2 \geqslant y_2^*$ 不可能同时成立,则 y_1^* 与 y_2^* 所对应的判决函数就给出了一个可允许的判决过程.

引理 2.2 对任何给定的值 y_1^*,用使 y_2 达到最大值 $\max\limits_{\boldsymbol{B}} y_2 = y_2^*$ 所对应的 $\boldsymbol{B}$ 以及 c(见(2.4.7))构造出来的判决函数 $u(\boldsymbol{X}) = \boldsymbol{B}^{\mathrm{T}}\boldsymbol{X} - c$ 必实现可允许的判决过程.

证 用反证法:如果存在 y_1 及 y_2,使得 $y_1 \geqslant y_1^*$ 及 $y_2 \geqslant y_2^*$ 同时成立,则可能发生以下两种情况:

(1)若 $y_1 = y_1^*$ 及 $y_2 > y_2^*$ 同时成立,则违反了 y_2^* 是最大值的假设;

(2)若 $y_1 > y_1^*$,则根据引理 2.1,有

$$y_2 \leqslant \max_{\substack{\boldsymbol{B} \\ y_1 \text{固定}}} y_2 < \max_{\substack{\boldsymbol{B} \\ y_1 = y_1^* \text{固定}}} y_2 = y_2^*$$

这违反了 $y_2 \geqslant y_2^*$ 的假设. 从而本引理得证.

引理 2.3 对于任意的 y_1^*,对应地求出 $y_2^* = \max\limits_{\substack{\boldsymbol{B} \\ y_1 = y_1^* \text{固定}}} y_2$,所有这些点$(y_1^*, y_2^*)$构成 y_1 与 y_2 平面上的点集 Y_1,则这个集合以外的点不可能再对应着可允许的判决过程.

证 用反证法:若有一点(y_1, y_2)对应着可允许过程,且不属于这个集合 Y_1. 令 $y_1^* = y_1$,则根据最大值的性质有 $y_2^* \geqslant y_2$. 因为由假设$(y_1, y_2) \notin Y_1$,因此 $y_2^* > y_2$. 这就违反了(y_1, y_2)是对应着可允许过程的假设. 于是本引理得证.

这个引理说明了点集 $Y_1 = \{(y_1^*, y_2^*) \mid y_1^*$ 任意,

$y_2^* = \max\limits_{\substack{\boldsymbol{B} \\ y_1 = y_1^* \text{固定}}} y_2\}$ 的完全性.

同样,若 y_2^* 是任意固定的数,也可以研究集合 $Y_2 = \{(y_1^*, y_2^*) \mid y_2^*$ 任意, $y_1^* = \max\limits_{\substack{\boldsymbol{B} \\ y_2 = y_2^* \text{固定}}} y_1\}$ 的完全性问题. 显然,有

$$Y_1 = Y_2 \triangleq Y$$

定理 2.2　若存在 $y_1 = \eta_1 > 0$ 及 $y_2 = \eta_2 > 0$,它们对应着可允许的判决过程,则可以找到数 $t_1 > 0$ 及 $t_2 > 0$,使得由此可允许判决过程所对应的 $\boldsymbol{B} = \boldsymbol{\beta}$, $c = \gamma$ 具有表示式

$$\boldsymbol{\beta} = (t_1\boldsymbol{\Sigma}_1 + t_2\boldsymbol{\Sigma}_2)^{-1}\delta, \delta = \boldsymbol{\mu}^{(1)} - \boldsymbol{\mu}^{(2)} \tag{2.4.10}$$

$$\gamma = \boldsymbol{\beta}^{\mathrm{T}}\boldsymbol{\mu}^{(1)} - t_1\boldsymbol{\beta}^{\mathrm{T}}\boldsymbol{\Sigma}_1\boldsymbol{\beta} = \boldsymbol{\beta}^{\mathrm{T}}\boldsymbol{\mu}^{(2)} + t_2\boldsymbol{\beta}^{\mathrm{T}}\boldsymbol{\Sigma}_2\boldsymbol{\beta} \tag{2.4.11}$$

证　考虑直线的参数方程

$$y_1 = \frac{\boldsymbol{\beta}^{\mathrm{T}}\boldsymbol{\mu}^{(1)} - s}{(\boldsymbol{\beta}^{\mathrm{T}}\boldsymbol{\Sigma}_1\boldsymbol{\beta})^{\frac{1}{2}}}$$

$$y_2 = \frac{-(\boldsymbol{\beta}^{\mathrm{T}}\boldsymbol{\mu}^{(2)} - s)}{(\boldsymbol{\beta}^{\mathrm{T}}\boldsymbol{\Sigma}_2\boldsymbol{\beta})^{\frac{1}{2}}} \tag{2.4.12}$$

其中, s 为参数. 此直线经过可允许的判决过程在第一象限中所对应的点 (η_1, η_2)(图 2－4),有

$$\eta_1 = \frac{\boldsymbol{\beta}^{\mathrm{T}}\boldsymbol{\mu}^{(1)} - \gamma}{(\boldsymbol{\beta}^{\mathrm{T}}\boldsymbol{\Sigma}_1\boldsymbol{\beta})^{\frac{1}{2}}}$$

$$\eta_2 = -\frac{\boldsymbol{\beta}^{\mathrm{T}}\boldsymbol{\mu}^{(2)} - \gamma}{(\boldsymbol{\beta}^{\mathrm{T}}\boldsymbol{\Sigma}_2\boldsymbol{\beta})^{\frac{1}{2}}} \tag{2.4.13}$$

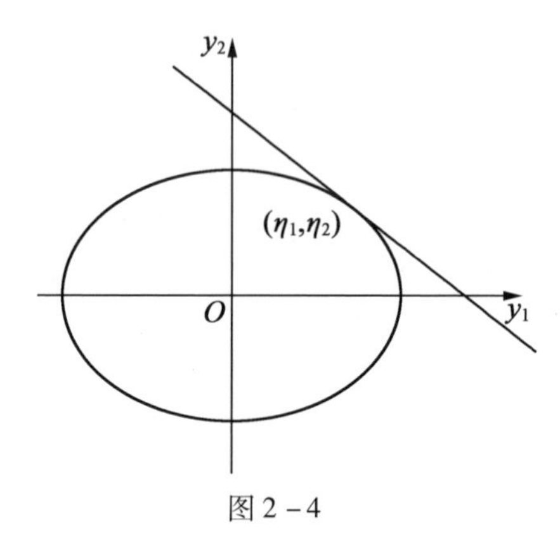

图 2－4

显然,此直线的斜率为负. 我们可以找到一个椭圆

$$\frac{y_1^2}{t_1}+\frac{y_2^2}{t_2}=K \tag{2.4.14}$$

它与直线(2.4.12)在(η_1,η_2)处相切,其中$t_1>0,t_2>0,K>0$. 椭圆(2.4.14)在点(η_1,η_2)处的斜率为$-\frac{\eta_1 t_2}{\eta_2 t_1}$,所以,从(2.4.12)得到

$$\frac{\eta_1 t_2}{\eta_2 t_1}=\frac{(\boldsymbol{\beta}^{\mathrm{T}}\boldsymbol{\Sigma}_1\boldsymbol{\beta})^{\frac{1}{2}}}{(\boldsymbol{\beta}^{\mathrm{T}}\boldsymbol{\Sigma}_2\boldsymbol{\beta})^{\frac{1}{2}}} \tag{2.4.15}$$

将(2.4.13)代入(2.4.15)后,得

$$-\frac{(\boldsymbol{\beta}^{\mathrm{T}}\boldsymbol{\mu}^{(1)}-\gamma)t_2}{(\boldsymbol{\beta}^{\mathrm{T}}\boldsymbol{\mu}^{(2)}-\gamma)t_1}=\frac{(\boldsymbol{\beta}^{\mathrm{T}}\boldsymbol{\Sigma}_1\boldsymbol{\beta})}{(\boldsymbol{\beta}^{\mathrm{T}}\boldsymbol{\Sigma}_2\boldsymbol{\beta})}$$

由此得到

$$\gamma=\frac{t_1\boldsymbol{\beta}^{\mathrm{T}}\boldsymbol{\Sigma}_1\boldsymbol{\beta}\boldsymbol{\beta}^{\mathrm{T}}\boldsymbol{\mu}^{(2)}+t_2\boldsymbol{\beta}^{\mathrm{T}}\boldsymbol{\Sigma}_2\boldsymbol{\beta}\boldsymbol{\beta}^{\mathrm{T}}\boldsymbol{\mu}^{(1)}}{t_1\boldsymbol{\beta}^{\mathrm{T}}\boldsymbol{\Sigma}_1\boldsymbol{\beta}+t_2\boldsymbol{\beta}^{\mathrm{T}}\boldsymbol{\Sigma}_2\boldsymbol{\beta}} \tag{2.4.16}$$

再由(2.4.13)及(2.4.16)得到

$$-\eta_1=\frac{\boldsymbol{\beta}^{\mathrm{T}}\boldsymbol{\mu}^{(1)}-\gamma}{(\boldsymbol{\beta}^{\mathrm{T}}\boldsymbol{\Sigma}_1\boldsymbol{\beta})^{\frac{1}{2}}}$$

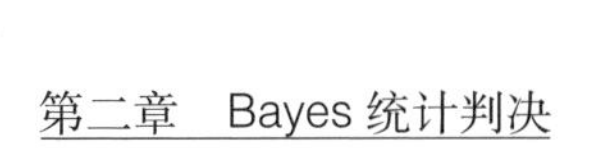

$$=\frac{\boldsymbol{\beta}^{\mathrm{T}}\boldsymbol{\mu}^{(1)}-\dfrac{t_1\boldsymbol{\beta}^{\mathrm{T}}\boldsymbol{\Sigma}_1\boldsymbol{\beta}\boldsymbol{\beta}^{\mathrm{T}}\boldsymbol{\mu}^{(2)}+t_2\boldsymbol{\beta}^{\mathrm{T}}\boldsymbol{\Sigma}_2\boldsymbol{\beta}\boldsymbol{\beta}^{\mathrm{T}}\boldsymbol{\mu}^{(1)}}{t_1\boldsymbol{\beta}^{\mathrm{T}}\boldsymbol{\Sigma}_1\boldsymbol{\beta}+t_2\boldsymbol{\beta}^{\mathrm{T}}\boldsymbol{\Sigma}_2\boldsymbol{\beta}}}{(\boldsymbol{\beta}^{\mathrm{T}}\boldsymbol{\Sigma}_1\boldsymbol{\beta})^{\frac{1}{2}}}$$

$$=\frac{t_1(\boldsymbol{\beta}^{\mathrm{T}}\boldsymbol{\Sigma}_1\boldsymbol{\beta})^{\frac{1}{2}}\boldsymbol{\beta}^{\mathrm{T}}\boldsymbol{\delta}}{t_1\boldsymbol{\beta}^{\mathrm{T}}\boldsymbol{\Sigma}_1\boldsymbol{\beta}+t_2\boldsymbol{\beta}^{\mathrm{T}}\boldsymbol{\Sigma}_2\boldsymbol{\beta}} \tag{2.4.17}$$

及

$$\eta_2=\frac{\gamma-\boldsymbol{\beta}^{\mathrm{T}}\boldsymbol{\mu}^{(2)}}{(\boldsymbol{\beta}^{\mathrm{T}}\boldsymbol{\Sigma}_2\boldsymbol{\beta})^{\frac{1}{2}}}$$

$$=\frac{t_2(\boldsymbol{\beta}^{\mathrm{T}}\boldsymbol{\Sigma}_2\boldsymbol{\beta})^{\frac{1}{2}}\boldsymbol{\beta}^{\mathrm{T}}\boldsymbol{\delta}}{t_1\boldsymbol{\beta}^{\mathrm{T}}\boldsymbol{\Sigma}_1\boldsymbol{\beta}+t_2\boldsymbol{\beta}^{\mathrm{T}}\boldsymbol{\Sigma}_2\boldsymbol{\beta}} \tag{2.4.18}$$

因为点(η_1,η_2)在椭圆(2. 4. 14)上,因此由(2. 4. 14)及(2. 4. 17)(2. 4. 18),通过计算,可以得到

$$K=\frac{(\boldsymbol{\beta}^{\mathrm{T}}\boldsymbol{\delta})^2}{\boldsymbol{\beta}^{\mathrm{T}}(t_1\boldsymbol{\Sigma}_1+t_2\boldsymbol{\Sigma}_2)\boldsymbol{\beta}} \tag{2.4.19}$$

这样一来,如果固定 $y_1=\eta_1$,求 y_2 的最大值,此时,在 y_2 的表示式(2. 4. 8)中变化的向量是 $\boldsymbol{B}$,而这样求出的最大值就是 η_2,这一点可从引理 2. 3 看出. 此外,在求 y_2 最大值时,也可以作椭圆(2. 4. 14),它经过点(η_1,y_2),其中 t_1 与 t_2 可以看作固定的数,则对应的 K 的表示式也具有形式(2. 4. 19),只是将其中的向量 $\boldsymbol{\beta}$ 换为 $\boldsymbol{B}$ 而已. 当固定 $y_1=\eta_1$ 时,求 y_2 的最大值,也就是求

$$K=\frac{(\boldsymbol{B}^{\mathrm{T}}\delta)^2}{\boldsymbol{B}^{\mathrm{T}}(t_1\boldsymbol{\Sigma}_1+t_2\boldsymbol{\Sigma}_2)\boldsymbol{B}} \tag{2.4.20}$$

的最大值,其中向量 $\boldsymbol{B}$ 在变化. 令

$$\frac{\partial K}{\partial \boldsymbol{B}}$$

$$=\frac{2(\boldsymbol{B}^{\mathrm{T}}\delta)\delta[\boldsymbol{B}^{\mathrm{T}}(t_1\boldsymbol{\Sigma}_1+t_2\boldsymbol{\Sigma}_2)\boldsymbol{B}]-2(\boldsymbol{B}^{\mathrm{T}}\boldsymbol{\delta})^2(t_1\boldsymbol{\Sigma}_1+t_2\boldsymbol{\Sigma}_2)\boldsymbol{B}}{(\boldsymbol{B}^{\mathrm{T}}(t_1\boldsymbol{\Sigma}_1+t_2\boldsymbol{\Sigma}_2)\boldsymbol{B})^2}$$

$= 0$

得

$$(\boldsymbol{B}^{\mathrm{T}}\delta)[\boldsymbol{B}^{\mathrm{T}}(t_1\boldsymbol{\Sigma}_1 + t_2\boldsymbol{\Sigma}_2)\boldsymbol{B}]\delta - (\boldsymbol{B}^{\mathrm{T}}\delta)^2(t_1\boldsymbol{\Sigma}_1 + t_2\boldsymbol{\Sigma}_2)\boldsymbol{B} = 0$$

若

$$\boldsymbol{B}^{\mathrm{T}}\delta \neq 0 \tag{2.4.21}$$

则

$$[\boldsymbol{B}^{\mathrm{T}}(t_1\boldsymbol{\Sigma}_1 + t_2\boldsymbol{\Sigma}_2)\boldsymbol{B}]\delta = \boldsymbol{B}^{\mathrm{T}}\delta(t_1\boldsymbol{\Sigma}_1 + t_2\boldsymbol{\Sigma}_2)\boldsymbol{B} \tag{2.4.22}$$

由此得

$$(t_1\boldsymbol{\Sigma}_1 + t_2\boldsymbol{\Sigma}_2)\boldsymbol{B} = \boldsymbol{\delta} \tag{2.4.23}$$

事实上,若$(t_1\boldsymbol{\Sigma}_1 + t_2\boldsymbol{\Sigma}_2)\boldsymbol{B} = \boldsymbol{X} \neq \boldsymbol{\delta}$,则(2.4.22)右边是向量 $\boldsymbol{X}$ 的方向,而其左边却是向量 $\boldsymbol{\delta}$ 的方向,因此会得到矛盾. 因而(2.4.23)成立. 显然,公式(2.4.21)应该成立,否则,若 $\boldsymbol{B}^{\mathrm{T}}\boldsymbol{\delta} = 0$,则由(2.4.20)可以推出 $K = 0$,显然它不可能是最大值.

这样一来,从(2.4.23)得到:当 $y_1 = \eta_1$ 固定时,使 y_2 达到最大值 η_2 的解为

$$\boldsymbol{B} = \boldsymbol{\beta} = (t_1\boldsymbol{\Sigma}_1 + t_2\boldsymbol{\Sigma}_2)^{-1}\boldsymbol{\delta}$$

于是(2.4.10)得证.

为了要证明(2.4.11),将(2.4.10)代入(2.4.16)后得到

$$\gamma = \frac{\boldsymbol{\beta}^{\mathrm{T}}(t_1\boldsymbol{\Sigma}_1 + t_2\boldsymbol{\Sigma}_2)\boldsymbol{\beta}\boldsymbol{\beta}^{\mathrm{T}}\boldsymbol{\mu}^{(2)} - t_2\boldsymbol{\beta}^{\mathrm{T}}\boldsymbol{\Sigma}_2\boldsymbol{\beta}\boldsymbol{\beta}^{\mathrm{T}}\boldsymbol{\mu}^{(2)} + t_2\boldsymbol{\beta}^{\mathrm{T}}\boldsymbol{\Sigma}_2\boldsymbol{\beta}^{\mathrm{T}}\boldsymbol{\beta}\boldsymbol{\mu}^{(1)}}{\boldsymbol{\beta}^{\mathrm{T}}\delta}$$

$$= \frac{\boldsymbol{\beta}^{\mathrm{T}}\boldsymbol{\delta}\boldsymbol{\beta}^{\mathrm{T}}\boldsymbol{\mu}^{(2)} + t_2\boldsymbol{\beta}^{T}\boldsymbol{\Sigma}_2\boldsymbol{\beta}\boldsymbol{\beta}^{\mathrm{T}}\boldsymbol{\delta}}{\boldsymbol{\beta}^{\mathrm{T}}\boldsymbol{\delta}}$$

$$= \boldsymbol{\beta}^{\mathrm{T}}\boldsymbol{\mu}^{(2)} + t_2\boldsymbol{\beta}^{\mathrm{T}}\boldsymbol{\Sigma}_2\boldsymbol{\beta}$$

此即(2.4.11)的第二个等式. (2.4.11)中的第一个等式也可类似地加以证明. 于是定理 2.2 得证.

也可以从 η_1 及 η_2 的表示式(2.4.17)(2.4.18)及(2.4.23)得到

$$\begin{aligned}\eta_1 &= \frac{t_1(\boldsymbol{B}^{\mathrm{T}}\boldsymbol{\Sigma}_1\boldsymbol{\beta})^{\frac{1}{2}}\boldsymbol{\beta}^{\mathrm{T}}\boldsymbol{\delta}}{t_1\boldsymbol{\beta}^{\mathrm{T}}\boldsymbol{\Sigma}_1\boldsymbol{\beta}+t_2\boldsymbol{\beta}^{\mathrm{T}}\boldsymbol{\Sigma}_2\boldsymbol{\beta}} \\ &= \frac{t_1(\boldsymbol{\beta}^{\mathrm{T}}\boldsymbol{\Sigma}_1\boldsymbol{\beta})^{\frac{1}{2}}\boldsymbol{\beta}^{\mathrm{T}}\boldsymbol{\delta}}{\boldsymbol{\beta}^{\mathrm{T}}\boldsymbol{\delta}} \\ &= t_1(\boldsymbol{\beta}^{\mathrm{T}}\boldsymbol{\Sigma}_1\boldsymbol{\beta})^{\frac{1}{2}} \end{aligned} \tag{2.4.24}$$

$$\begin{aligned}\eta_2 &= \frac{t_2(\boldsymbol{\beta}^{\mathrm{T}}\boldsymbol{\Sigma}_2\boldsymbol{\beta})^{\frac{1}{2}}\boldsymbol{\beta}^{\mathrm{T}}\boldsymbol{\delta}}{t_1\boldsymbol{\beta}^{\mathrm{T}}\boldsymbol{\Sigma}_1\boldsymbol{\beta}+t_2\boldsymbol{\beta}^{\mathrm{T}}\boldsymbol{\Sigma}_2\boldsymbol{\beta}} \\ &= \frac{t_2(\boldsymbol{\beta}^{\mathrm{T}}\boldsymbol{\Sigma}_2\boldsymbol{\beta})^{\frac{1}{2}}\boldsymbol{\beta}^{\mathrm{T}}\boldsymbol{\delta}}{\boldsymbol{\beta}^{\mathrm{T}}\boldsymbol{\delta}} \\ &= t_2(\boldsymbol{\beta}^{\mathrm{T}}\boldsymbol{\Sigma}_2\boldsymbol{\beta})^{\frac{1}{2}} \end{aligned} \tag{2.4.25}$$

再由(2.4.13)(2.4.24)(2.4.25)就可以证得(2.4.11).

注 从 K 的表示式(2.4.19)可以看出,它是 $\boldsymbol{B}$ 的零次齐次函数,即 $\boldsymbol{B}$ 放大某一个倍数 α 后,K 值不变;而从 γ 的表示式(2.4.11)也要以看出,此时,γ 也放大 α 倍. 这样一来,应用(2.3.18)及(2.3.19)进行判决时,就不受影响了. 此外,由(2.4.24)(2.4.25)及(2.4.10)看出 η_1 及 η_2 是 t_1 及 t_2 的零次齐次函数,因此,可以预先将 t_1 及 t_2 正规化,即令

$$t_1+t_2=1 \tag{2.4.26}$$

引理 2.4 当 $0\leqslant t_1\leqslant 1$ 时,η_1 是 t_1 的单调上升函数,η_2 是 t_1 的单调下降函数.

证 由(2.4.24)及(2.4.25)看出 η_1 及 η_2 都是正函数,因此只要考虑 η_1^2 及 η_2^2 就行了.

从代数中,我们知道:存在非奇异矩阵 $\boldsymbol{N}$,使

$$\boldsymbol{\Sigma}_2 = \boldsymbol{N}^{\mathrm{T}}\boldsymbol{N},\boldsymbol{\Sigma}_1 = \boldsymbol{N}^{\mathrm{T}}\boldsymbol{\Lambda}\boldsymbol{N}$$

$$= \boldsymbol{N}^{\mathrm{T}}\begin{pmatrix} \lambda_1 & & & \\ & \lambda_2 & & \\ & & \ddots & \\ & & & \lambda_N \end{pmatrix}\boldsymbol{N} \tag{2.4.27}$$

其中,$\lambda_1 \geqslant \lambda_2 \geqslant \cdots \geqslant \lambda_N > 0$(参看文献[1]中第 2 章).此外,设

$$g = (\boldsymbol{N}^{\mathrm{T}})^{-1}\delta = (\boldsymbol{N}^{\mathrm{T}})^{-1}(\boldsymbol{\mu}^{(1)} - \boldsymbol{\mu}^{(2)})$$

则有

$$\boldsymbol{\delta} = \boldsymbol{N}^{\mathrm{T}}\boldsymbol{g} \tag{2.4.28}$$

由此,比较(2.4.24)(2.4.25)及(2.4.10)就有

$$\begin{aligned}\eta_1^2 &= t_1^2[(t_1\boldsymbol{N}^{\mathrm{T}}\boldsymbol{\Lambda}\boldsymbol{N} + t_2\boldsymbol{N}^{\mathrm{T}}\boldsymbol{N})^{-1}\boldsymbol{N}^{\mathrm{T}}\boldsymbol{g}\boldsymbol{N}^{\mathrm{T}} \cdot \\ &\quad \boldsymbol{\Lambda}\boldsymbol{N}(t_1\boldsymbol{N}^{\mathrm{T}}\boldsymbol{\Lambda}\boldsymbol{N} + t_2\boldsymbol{N}^{\mathrm{T}}\boldsymbol{N})^{-1}\boldsymbol{N}^{\mathrm{T}}\boldsymbol{g}] \\ &= t_1^2[\boldsymbol{g}^{\mathrm{T}}\boldsymbol{N}\boldsymbol{N}^{-1}(t_1\boldsymbol{\Lambda} + t_2)^{-1}(\boldsymbol{N}^{\mathrm{T}})^{-1}\boldsymbol{N}^{\mathrm{T}}\boldsymbol{\Lambda}\boldsymbol{N}\boldsymbol{N}^{-1} \cdot \\ &\quad (t_1\boldsymbol{\Lambda} + t_2)^{-1}(\boldsymbol{N}^{\mathrm{T}})^{-1}\boldsymbol{N}^{\mathrm{T}}\boldsymbol{g} \\ &= t_1^2[\boldsymbol{g}^{\mathrm{T}}(t_1\boldsymbol{\Lambda} + t_2)^{-1}\boldsymbol{\Lambda}(t_1\boldsymbol{\Lambda} + t_2)^{-1}\mathrm{g}] \\ &= t_1^2\left(\sum_{j=1}^{n}\frac{g_j^2\lambda_j}{(t_1\lambda_j + t_2)^2}\right)\end{aligned} \tag{2.4.29}$$

其中 $\boldsymbol{g} = (g_1, g_2, \cdots, g_n)^{\mathrm{T}}$. 同样可得

$$\eta_2^2 = t_2^2\left(\sum_{j=1}^{n}\frac{g_j^2}{(t_1\lambda_j + t_2)^2}\right) \tag{2.4.30}$$

因而,由(2.4.29)可以得到(注意 $t_2 = 1 - t_1$)

$$\frac{d\eta_1^2}{dt_1} = 2t_1\sum_{j=1}^{n}\frac{g_j^2\lambda_j}{(t_1\lambda_j + t_2)^3} > 0$$

因此 η_1^2 是 t_1 的单调上升函数. 利用 $t_2 = 1 - t_1$,因此由(2.4.30)容易看出 η_2^2 是 t_1 的单调下降函数. 引理 2.4 证毕.

一般说来,在公式(2.4.24)(2.4.25)及(2.4.10)(2.4.11)中的 t_1 与 t_2 可以取任何的正值或负值,此时我们就规定其正规化条件为

$$\begin{aligned}&\text{若 } t_1>0, t_2>0, \text{则 } t_1+t_2=1\\&\text{若 } t_1>0, t_2<0, \text{则 } t_1-t_2=1\\&\text{若 } t_1<0, t_2>0, \text{则 } t_2-t_1=1\end{aligned}\tag{2.4.31}$$

最后一种情况 $t_1<0, t_2<0$ 是不必考虑的,因为此时在(2.4.10)及(2.4.11)的两边都乘一个负号代入(2.3.18)及(2.3.19)时,不受影响,因此,这相当于化为 $t_1>0$ 及 $t_2>0$ 的情况.

定理 2.3　若 t_1 及 t_2 满足上面正规化条件(2.4.31),且矩阵 $t_1\boldsymbol{\Sigma}_1+t_2\boldsymbol{\Sigma}_2$ 是正定矩阵时,则由(2.4.10)及(2.4.11)所确定的向量 $\boldsymbol{B}=\boldsymbol{\beta}, c=\gamma$ 代入(2.3.18)时,它必定是可允许的判决过程.

证　显然,在条件(2.4.10)及(2.4.11)下,仍有

$$\begin{aligned}\eta_1&=\frac{\boldsymbol{\beta}\boldsymbol{\mu}^{(1)}-\gamma}{(\boldsymbol{\beta}^{\mathrm{T}}\boldsymbol{\Sigma}_1\boldsymbol{\beta})^{\frac{1}{2}}}=\frac{\boldsymbol{\beta}^{\mathrm{T}}\boldsymbol{\mu}^{(1)}-\boldsymbol{\beta}^{\mathrm{T}}\boldsymbol{\mu}^{(1)}+t_1\boldsymbol{\beta}^{\mathrm{T}}\boldsymbol{\Sigma}_1\boldsymbol{\beta}}{(\boldsymbol{\beta}^{\mathrm{T}}\boldsymbol{\Sigma}_1\boldsymbol{\beta})^{\frac{1}{2}}}\\&=t_1(\boldsymbol{\beta}^{\mathrm{T}}\boldsymbol{\Sigma}_1\boldsymbol{\beta})^{\frac{1}{2}}\end{aligned}\tag{2.4.32}$$

$$\begin{aligned}\eta_2&=\frac{\gamma-\boldsymbol{\beta}^{\mathrm{T}}\boldsymbol{\mu}^{(2)}}{(\boldsymbol{\beta}^{\mathrm{T}}\boldsymbol{\Sigma}_2\boldsymbol{\beta})^{\frac{1}{2}}}=\frac{\boldsymbol{\beta}^{\mathrm{T}}\boldsymbol{\mu}^{(2)}+t_2\boldsymbol{\beta}^{\mathrm{T}}\boldsymbol{\Sigma}_2\boldsymbol{\beta}-\boldsymbol{\beta}^{\mathrm{T}}\boldsymbol{\mu}^{(2)}}{(\boldsymbol{\beta}^{\mathrm{T}}\boldsymbol{\Sigma}_2\boldsymbol{\beta})^{\frac{1}{2}}}\\&=t_2(\boldsymbol{\beta}^{\mathrm{T}}\boldsymbol{\Sigma}_2\boldsymbol{\beta})^{\frac{1}{2}}\end{aligned}\tag{2.4.33}$$

(1)若 $t_1>0, t_2>0$,则 $\eta_1>0, \eta_2>0$. 用反证法:若它不是可允许的判决过程,则必存在另一个判决,它所对应的 y_1 及 y_2(参看公式(2.4.7))就必须同时满足 $y_1\geqslant\eta_1>0, y_2\geqslant\eta_2>0$. 根据定理 2.2,这个可允许过程对应着两个数 $t_1>0$ 及 $t_2>0$,使得这个过程所对应的向量 $\boldsymbol{B}$ 及数 c, y_1, y_2 有下列表示式

$$\boldsymbol{B}=(\tau_1\boldsymbol{\Sigma}_1+\tau_2\boldsymbol{\Sigma}_2)^{-1}\boldsymbol{\delta},\boldsymbol{\delta}=\boldsymbol{\mu}^{(1)}-\boldsymbol{\mu}^{(2)}$$
$$c=\boldsymbol{B}^{\mathrm{T}}\boldsymbol{\mu}^{(1)}-\tau_1\boldsymbol{B}^{\mathrm{T}}\boldsymbol{\Sigma}_1\boldsymbol{B}=\boldsymbol{B}^{\mathrm{T}}\boldsymbol{\mu}^{(2)}+\tau_2\boldsymbol{B}^{\mathrm{T}}\boldsymbol{\Sigma}_2\boldsymbol{B}$$
$$y_1=\tau_1(\boldsymbol{B}^{\mathrm{T}}\boldsymbol{\Sigma}_1\boldsymbol{B})^{\frac{1}{2}},y_2=\tau_2(\boldsymbol{B}^{\mathrm{T}}\boldsymbol{\Sigma}_2\boldsymbol{B}),\tau_1+\tau_2=1$$

此外,再根据引理 2.4,由 $y_1\geqslant\eta_1$ 可推出 $\tau_1\geqslant t_1$;再由 $y_2\geqslant\eta_2$,可以推出 $\tau_1\leqslant t_1$,因而得到 $\tau_1=t_1$. 显然,也有 $\tau_2=t_2$. 这就导致矛盾.

(2)若 $t_1=0$,则 $t_2=1$. 由(2.4.32)(2.4.33)及(2.4.10)就可以得到 $\eta_1=0,\boldsymbol{\beta}=\boldsymbol{\Sigma}_2^{-1}\boldsymbol{\delta}$ 及 $\eta_2=(\boldsymbol{\beta}^{\mathrm{T}}\boldsymbol{\Sigma}_2\boldsymbol{\beta})^{\frac{1}{2}}=(\boldsymbol{\delta}^{\mathrm{T}}\boldsymbol{\Sigma}_2^{-1}\boldsymbol{\Sigma}_2\boldsymbol{\Sigma}_2^{-1}\boldsymbol{\delta})^{\frac{1}{2}}=(\boldsymbol{\delta}^{\mathrm{T}}\boldsymbol{\Sigma}_2^{-1}\boldsymbol{\delta})^{\frac{1}{2}}$.

若还有一个可允许过程,它对应的 $y_1>0,y_2\geqslant\eta_2$,则同情况(1)一样,导致矛盾.

若还有一个可允许过程,它对应的 $y_1=0$,根据(2.4.8),它所对应的 y_2 是向量 $\boldsymbol{B}$ 的函数:$y_2=\dfrac{\boldsymbol{B}^{\mathrm{T}}\boldsymbol{\delta}}{(\boldsymbol{B}^{\mathrm{T}}\boldsymbol{\Sigma}_2\boldsymbol{B})^{\frac{1}{2}}}$. 求 y_2 的最大值就得到这个可允许的判决过程. 显然,令 $\dfrac{\mathrm{d}y_2}{\mathrm{d}\boldsymbol{B}}=0$,即

$$\begin{aligned}\nabla y_2&\triangleq\frac{\mathrm{d}y_2}{\mathrm{d}\boldsymbol{B}}\\&=\frac{\boldsymbol{\delta}(\boldsymbol{B}^{\mathrm{T}}\boldsymbol{\Sigma}_2\boldsymbol{B})^{\frac{1}{2}}-\boldsymbol{B}^{\mathrm{T}}\boldsymbol{\delta}(\boldsymbol{B}^{\mathrm{T}}\boldsymbol{\Sigma}_2\boldsymbol{B})^{-\frac{1}{2}}\boldsymbol{\Sigma}_2\boldsymbol{B}}{\boldsymbol{B}^{\mathrm{T}}\boldsymbol{\Sigma}_2\boldsymbol{B}}=0\end{aligned}$$

得
$$\boldsymbol{\delta}(\boldsymbol{B}^{\mathrm{T}}\boldsymbol{\Sigma}_2\boldsymbol{B})-\boldsymbol{B}^{\mathrm{T}}\boldsymbol{\delta}\boldsymbol{\Sigma}_2\boldsymbol{B}=0$$

像在证明(2.4.23)时一样,可以得到

$$\boldsymbol{\Sigma}_2\boldsymbol{B}=\boldsymbol{\delta}\text{ 即 }\boldsymbol{B}=\boldsymbol{\Sigma}_2^{-1}\boldsymbol{\delta}$$

由此看出:这里的 η_2 就是达到最大值的 y_2,即$(0,\eta_2)$也是可允许的判决过程. 这就导致矛盾.

(3)若 $t_2=0$,完全像(2)一样可以证明.

(4)若 $t_1>0, t_2<0, t_1-t_2=1$,此时 $\eta_1>0, \eta_2<0$. 现在的情况,双曲线

$$\frac{y_1^2}{t_1}+\frac{y_2^2}{t_2}=K \tag{2.4.34}$$

与 y_1 轴相交于 $\pm(t_1K)^{\frac{1}{2}}$. 我们要考虑的是右面一个分支. 将(2.4.7)代入(2.4.34)后,得

$$K=\frac{(c-\boldsymbol{B}^{\mathrm{T}}\boldsymbol{\mu}^{(1)})^2}{t_1\boldsymbol{B}^{\mathrm{T}}\boldsymbol{\Sigma}_1\boldsymbol{B}}+\frac{(\boldsymbol{B}^{T}\boldsymbol{\mu}^{(2)}-c)^2}{t_2\boldsymbol{B}^{\mathrm{T}}\boldsymbol{\Sigma}_2\boldsymbol{B}} \tag{2.4.35}$$

在(2.4.35)中给定了 $\boldsymbol{B}$,显然当

$$c=\frac{t_1\boldsymbol{B}^{\mathrm{T}}\boldsymbol{\Sigma}_1\boldsymbol{B}\boldsymbol{B}^{\mathrm{T}}\boldsymbol{\mu}^{(2)}+t_2\boldsymbol{B}^{\mathrm{T}}\boldsymbol{\Sigma}_2\boldsymbol{B}\boldsymbol{B}^{\mathrm{T}}\boldsymbol{\mu}^{(2)}}{t_1\boldsymbol{B}^{\mathrm{T}}\boldsymbol{\Sigma}_1\boldsymbol{B}+t_2\boldsymbol{B}^{\mathrm{T}}\boldsymbol{\Sigma}_2\boldsymbol{B}}$$

时,使 K 达到最大值

$$K=\frac{(\boldsymbol{B}'\boldsymbol{\delta})^2}{\boldsymbol{B}^{\mathrm{T}}(t_1\boldsymbol{\Sigma}_1+t_2\boldsymbol{\Sigma}_2)\boldsymbol{B}} \tag{2.4.36}$$

对(2.4.36)再求 $\boldsymbol{B}$,使达到最大值,此时 $\boldsymbol{B}=(t_1\boldsymbol{\Sigma}_1+t_2\boldsymbol{\Sigma}_2)^{-1}\boldsymbol{\delta}$.

这些都已经在上面讨论过. 这种求极值的方法与 y_2 固定求 y_1 的最大值的方法——即求可允许的判决过程的方法是一样的. 这里所求出的向量 $\boldsymbol{B}$ 与数量 c 同本定理的条件中给出的表示式是一样的,因此,本定理的条件中所对应的 $\boldsymbol{\beta}$ 及 $\boldsymbol{\gamma}$ 正是对应着可允许的判决过程.

(5)若 $t_2>0, t_1<0, t_2-t_1=1$,则与(4)完全类似,也可以得到同样的结论.

本定理证毕.

从上面的讨论也可以看出,与点(η_1,η_2)对应所产生的可允许的判决过程只有一个,当然它们的差可以相差一个常数倍.

以上讨论都是比较原则性的,尽管我们已经研究了对于可允许的判决过程的表示式，但是这些表示式依赖于值 t_1 及 t_2. 这些值究竟如何确定？下面提供两种方法.

方法一：某一类误分类的概率固定，另一类误分类的概率最小.

从表示式(2.4.9)知道，这实际上表示固定一个值，例如 y_2，求 y_1 的最大值.

(1)设 $y_2>0$，此时犯第二类错误的概率小于$\frac{1}{2}$，这可从犯第二类错误的概率为 $1-G(y_2)$ 看出来，而 $G(x)$ 由(2.3.15)确定. 这里还可以分两种情况：

ⅰ. $y_2 \leqslant \boldsymbol{\delta}\boldsymbol{\Sigma}_2^{-1}\boldsymbol{\delta}$：我们希望找到 $t_1>0$ 及 $t_2>0$，$t_1+t_2=1$，使 $y_2=t_2(\boldsymbol{B}^{\mathrm{T}}\boldsymbol{\Sigma}_2\boldsymbol{B})$，而 $\boldsymbol{B}=(t_1\boldsymbol{\Sigma}_1+t_2\boldsymbol{\Sigma}_2)^{-1}\boldsymbol{\delta}$.

根据引理 2.4，在这种情况下，y_2 是 t_2 的单调上升函数. 当 $t_2=0$ 时，$y_2=0$；而当 $t_2=1$ 时，$y_2=\boldsymbol{B}^{\mathrm{T}}\boldsymbol{\Sigma}_2\boldsymbol{B}=\boldsymbol{B}^{\mathrm{T}}\boldsymbol{\delta}=\boldsymbol{\delta}^{\mathrm{T}}\boldsymbol{\Sigma}_2^{-1}\boldsymbol{\delta}$. 因此对于给定的 $y_2\leqslant\boldsymbol{\delta}^{\mathrm{T}}\boldsymbol{\Sigma}_2^{-1}\boldsymbol{\delta}$，必然可以找到 $t_2\geqslant 0$，使得满足 $y_2=t_2(\boldsymbol{B}^{\mathrm{T}}\boldsymbol{\Sigma}_2^{-1}\boldsymbol{B})$. 当然在具体寻找时，可以用测试法，或用二分法，一直到找到比较接近给定的 y_2 为止. 有了 t_2 后，就有了 $t_1=1-t_2$. 根据前面所讨论的结果，对应于达到最大值的 $y_1=t_1(\boldsymbol{B}^{\mathrm{T}}\boldsymbol{\Sigma}_1\boldsymbol{B})$.

ⅱ. $y_2>\boldsymbol{\delta}^{\mathrm{T}}\boldsymbol{\Sigma}_2^{\mathrm{T}}\boldsymbol{\delta}$：此时从上面的讨论可以看出，达到最大值的 y_1 应该小于零. 因此，仍然可以认为 $t_2>0$，与此对应地找 $t_1<0$，此时正规化的条件为 $t_2-t_1=1$. 同样，要求找 t_2，使满足 $y_2=t_2(\boldsymbol{B}^{\mathrm{T}}\boldsymbol{\Sigma}_2\boldsymbol{B})$，$\boldsymbol{B}=(t_2\boldsymbol{\Sigma}_1+t_2\boldsymbol{\Sigma}_2)^{-1}\boldsymbol{\delta}=((t_2-1)\boldsymbol{\Sigma}_1+t_2\boldsymbol{\Sigma}_2)^{-1}\boldsymbol{\delta}$. 这样，根据前面的定理，就必须找 t_2，使矩阵$(t_2-1)\boldsymbol{\Sigma}_1+t_2\boldsymbol{\Sigma}_2$ 是正定矩阵，这就需要 t_2 足够大. 若限制 t_2 于 $0<t_2<1$，则就不一

定能满足了.

(2)设 $y_2<0$,此时犯第二类错误的概率大于$\frac{1}{2}$,这是最常见的一种. 现在对应着 $t_2<0,t_1<0$,可以化为 $t_1>0$ 及 $t_2>0$ 再找 t_2,这类似于(1)中的 i;在 $t_1>0$ 下,y_2 是 t_2 的单调下降函数,正规化条件为 $t_1-t_2=1$,这类似于(1)中的 ii.

方法二:两类犯错误的概率相同,即 $y_1=y_2$. 此时,在(2.4.9)中令 $y_1=y_2$,像在证明(2.3.50)时一样,可以得到

$$y_1=y_2=\frac{\boldsymbol{B}^{\mathrm{T}}\boldsymbol{\delta}}{(\boldsymbol{B}^{\mathrm{T}}\boldsymbol{\Sigma}_1\boldsymbol{B})^{\frac{1}{2}}+(\boldsymbol{B}^{\mathrm{T}}\boldsymbol{\Sigma}_2\boldsymbol{B})^{\frac{1}{2}}} \quad (2.4.37)$$

其中令 $\boldsymbol{B}=(t_1\boldsymbol{\Sigma}_1+t_2\boldsymbol{\Sigma}_2)^{-1}\boldsymbol{\delta}=(t_1\boldsymbol{\Sigma}_1+(1-t_1)\boldsymbol{\Sigma}_2)^{-1}\boldsymbol{\delta},0<t_1<1$. 求(2.4.37)的最大值,就可求出 t_1. 由 $\boldsymbol{B}$ 的表示式,根据定理 2.3 知:它是可允许的判决过程. 这里考虑 $t_1>0,t_2>0$ 的原因是,要使误分类概率最小,当然希望两类误分类概率都小于$\frac{1}{2}$,即 $y_1>0,y_2>0$.

此外,还可以用其他办法来求 t_1. 因为 $t_2=1-t_1$,$t_1>0$,由引理 2.4 知:y_1^2 是 t_1 的单调上升函数;y_2^2 是 t_1 的单调下降函数,因此必然可以找到 t_1,使 $y_1^2=y_2^2$. 从而有

$$\begin{aligned}0&=y_1^2-y_2^2=t_1^2\boldsymbol{B}^{\mathrm{T}}\boldsymbol{\Sigma}_1\boldsymbol{B}-(1-t_1)\boldsymbol{B}^{\mathrm{T}}\boldsymbol{\Sigma}_2\boldsymbol{B}\\&=\boldsymbol{B}^{\mathrm{T}}(t_1^2\boldsymbol{\Sigma}_1-(1-t_1)^2\boldsymbol{\Sigma}_2)\boldsymbol{B} \qquad (2.4.38)\end{aligned}$$

其中 $\boldsymbol{B}=(t_1\boldsymbol{\Sigma}_1+(1-t_1)\boldsymbol{\Sigma}_2)^{-1}\delta$. 对方程(2.4.38),可用测试法或二分法求解.

§2.5 损失函数的其他取法[2]

从§2.1中平均损失的定义(2.1.10)可以看出：平均损失是依赖于先验概率 P_i 及条件概率密度函数 $p(\boldsymbol{X}|i)(1\leqslant i\leqslant m)$. 后一个函数是不容易求的. 因此，可以设想，如果已经知道每一类图像中的一些样本 $\boldsymbol{X}_j^{(i)}(i=1,2,\cdots,m;j=1,2,\cdots,N_j)$，就可以用在这些样本上的平均值来代替公式(2.1.10)中对 $\boldsymbol{X}$ 求数学期望. 至于先验概率 P_i，可以用$\frac{N_i}{N}$来代替，其中 $N=\sum_{j=1}^{m}N_j$. 这样一来，损失函数 $L[C(\boldsymbol{X}),j]$ 的平均损失 R 就可用下列近似值$\hat{R}$来代替

$$\begin{aligned}R\sim\hat{R}&=\sum_{j=1}^{m}\frac{N_j}{N}\sum_{i=1}^{m}\frac{1}{N_j}\sum_{l=1}^{N_j}L[C(\boldsymbol{X}_l^{(i)}),j]\\&=\frac{1}{N}\sum_{j=1}^{m}\sum_{i=1}^{m}\sum_{l=1}^{N_j}L[C(\boldsymbol{X}_l^{(i)}),j]\end{aligned}\qquad(2.5.1)$$

关于损失函数 $L[C(\boldsymbol{X}),j]$，在本章§2.2中曾认为它逐块取常数值，即若 $\boldsymbol{X}\in\omega_i$，令 $L[C(\boldsymbol{X}),j]=C_{ij}$. 在这一节中，仍然认为 $L[C(\boldsymbol{X}),j]$ 是 $\boldsymbol{X}$ 的函数，但是在原来的情况中，区域 ω_i 太一般化，这里我们把区域 ω_i 限制为超半空间，即 ω_i 的边界由超平面构成，并且只考虑两类问题.

大家知道：n 维空间中的超平面方程为

$$\alpha_1x_1+\alpha_2x_2+\cdots+\alpha_nx_n+\alpha_{n+1}=0\qquad(2.5.2)$$

其中 $\boldsymbol{X}=(x_1,x_2,\cdots,x_n)^{\mathrm{T}}$ 为变量；$\alpha_i(1\leqslant i\leqslant n+1)$ 为

常量. 如果考虑扩充平面上的向量,即令 $\boldsymbol{Y}=(x_1, x_2,\cdots,x_n,1)^{\mathrm{T}}$,而 $\boldsymbol{\alpha}=(\alpha_1,\alpha_2,\cdots,\alpha_n,\alpha_{n+1})^{\mathrm{T}}$,则(2.5.2)可以改写为:

$$\boldsymbol{\alpha}^{\mathrm{T}}\boldsymbol{Y}=0 \tag{2.5.3}$$

因此,对于两类问题,需要找向量 $\boldsymbol{\alpha}$,使得对于任何一个扩充平面上的图像 $\boldsymbol{Y}=(x_1,x_2,\cdots,x_n,1)^{\mathrm{T}}$,

$$\begin{aligned}&\text{当 } \boldsymbol{\alpha}^{\mathrm{T}}\boldsymbol{Y}\geqslant 0 \text{ 时,判决 } \boldsymbol{X}\in\Omega_1\\&\text{当 } \boldsymbol{\alpha}^{\mathrm{T}}\boldsymbol{Y}<0 \text{ 时,判决 } \boldsymbol{X}\in\Omega_2\end{aligned} \tag{2.5.4}$$

且使得由(2.5.1)所确定的样本集上的平均损失 $\hat{R}$ 最小. 这种判决边界 $\boldsymbol{\alpha}^{\mathrm{T}}\boldsymbol{Y}=0$ 就是线性判决边界.

对于平均损失函数,还可以取得更一般些,它可以不是逐块取常数值

$$L[C(\boldsymbol{X}),1]=\begin{cases}0 & (\boldsymbol{\alpha}^{\mathrm{T}}\boldsymbol{Y}\geqslant d)\\ \dfrac{d-\boldsymbol{\alpha}^{\mathrm{T}}\boldsymbol{Y}}{\|\boldsymbol{\alpha}'\|} & (\boldsymbol{\alpha}^{\mathrm{T}}\boldsymbol{Y}<d)\end{cases} \tag{2.5.5}$$

其中,$\boldsymbol{\alpha}'=(\alpha_1,\alpha_2,\cdots,\alpha_n)^{\mathrm{T}}$ 是 n 维向量,$\|\boldsymbol{\alpha}'\|=\sqrt{\alpha_1^2+\alpha_2^2+\cdots+\alpha_n^2}$,$d$ 是某个正数. 现在解释一下这种取法的几何意义:首先分析 $d=0$ 的情况,公式(2.5.5)的第一式表示:对第一类中的图像,若 $\boldsymbol{\alpha}^{\mathrm{T}}\boldsymbol{Y}\geqslant 0$,则从(2.5.4)知道,判决为第一类,因此损失为 0;公式(2.5.5)的第二式表示:对于第一类中的图像,若 $\boldsymbol{\alpha}^{\mathrm{T}}\boldsymbol{Y}<0$,则从(2.5.4)知道:判决为第二类,因此就有损失,其损失是向量 $\boldsymbol{X}=(x_1,x_2,\cdots,x_n)^{\mathrm{T}}$ 到判决边界 $\boldsymbol{\alpha}^{\mathrm{T}}\boldsymbol{Y}=0$ 之间的距离. 这里,若 $d>0$,则表示每一个图像在计算时可能会有误差,因此为了进一步保证其误差可以有一个允许范围,在具体构造损失函数时,要求在边界附近也有一点损失(图 2-5). 类似地,可以取

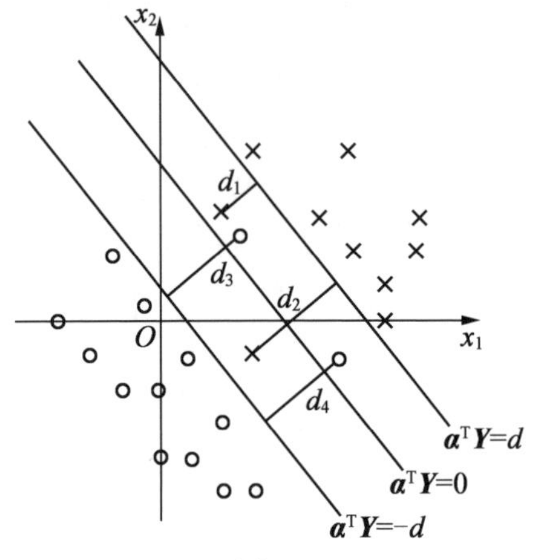

图 2－5

$$L[C(\boldsymbol{X}),2]=\begin{cases}0 & (\boldsymbol{\alpha}^{\mathrm{T}}\boldsymbol{Y}\leqslant -d)\\ \dfrac{\boldsymbol{\alpha}^{\mathrm{T}}\boldsymbol{Y}+d}{\|\alpha'\|} & (\boldsymbol{\alpha}^{\mathrm{T}}\boldsymbol{Y}>-d)\end{cases}\tag{2.5.6}$$

这个损失函数的几何解释与上面相同.

现在有了两类图像样本 $\boldsymbol{X}_j^{(i)}=(x_{j1}^{(i)},x_{j2}^{(i)},\cdots,x_{jn}^{(i)})^{\mathrm{T}}(i=1,2,j=1,2,\cdots,N_i)$，故可以构造扩充了的图像样本向量如下

$$\boldsymbol{Y}_j=\begin{cases}(x_{j1}^{(1)},x_{j2}^{(1)},\cdots,x_{jn}^{(1)},1)^{\mathrm{T}} & (1\leqslant j\leqslant N_1)\\ (-x_{j-N_1,1}^{(2)},-x_{j-N_1,2}^{(2)},\cdots,-x_{j-N_1,n}^{(2)},-1)^{\mathrm{T}} & \\ \qquad (N_1+1\leqslant j\leqslant N_1+N_2=N) & \end{cases}\tag{2.5.7}$$

将(2.5.5)(2.5.6)(2.5.7)代入(2.5.1)后就得到

$$\hat{R}=\frac{1}{N}\sum_{j=1}^{N}f_1\left(\frac{d-\boldsymbol{\alpha}^{\mathrm{T}}\boldsymbol{Y}}{\|\boldsymbol{\alpha}'\|}\right)\tag{2.5.8}$$

其中

$$f_1(z)=\begin{cases}0 & (z\leqslant 0)\\ z & (z>0)\end{cases}\tag{2.5.9}$$

(2.5.8)的几何意义是:$\hat{R}$ 等于所有错分类图像样本到边界 $\boldsymbol{\alpha}^{\mathrm{T}}\boldsymbol{Y}=d$(对第一类图像)或到边界 $\boldsymbol{\alpha}^{\mathrm{T}}\boldsymbol{Y}=-d$(对第二类图像)的距离的平均值.

当然,也可以构造出 $\hat{R}$,使它等于所有误分类样本的个数之和,例如考虑

$$\hat{R}_1=\sum_{j=1}^{N}\frac{|\boldsymbol{\alpha}^{\mathrm{T}}\boldsymbol{Y}_j|-(\boldsymbol{\alpha}^{\mathrm{T}}\boldsymbol{Y}_j)}{2|\boldsymbol{\alpha}^{\mathrm{T}}\boldsymbol{Y}_j|}\tag{2.5.10}$$

或

$$\hat{R}_1=\sum_{j=1}^{N_1}\frac{|\boldsymbol{\alpha}^{\mathrm{T}}\boldsymbol{Y}_j-d|-(\boldsymbol{\alpha}^{\mathrm{T}}\boldsymbol{Y}_j-d)}{2|\boldsymbol{\alpha}^{\mathrm{T}}\boldsymbol{Y}_j-d|}+\sum_{j=N_1+1}^{N_1+N_2}\frac{|\boldsymbol{\alpha}^{\mathrm{T}}\boldsymbol{Y}_j+d|+(\boldsymbol{\alpha}^{\mathrm{T}}\boldsymbol{Y}_j+d)}{2|\boldsymbol{\alpha}^{\mathrm{T}}\boldsymbol{Y}_j+d|}\tag{2.5.11}$$

但是,这样所定义的函数 $\hat{R}_1$ 不仅没有微商,而且还有一些其他的缺点:例如它不一定是凸函数,没有唯一的最小值,甚至可能有无穷多个最小值;$\hat{R}_1$ 不一定连续,且在达到 $\hat{R}_1$ 的最小值以前,$\hat{R}_1$ 可能一会儿增加,一会儿减少,等等.当然,如果不管这些缺点,仍然用误分类样本的个数之和来作为样本集进行分类时的损失,这也是可以的.公式(2.5.10)实际上与平均损失(2.5.8)成正比,只要取

$$L[C(\boldsymbol{X}),1]=\begin{cases}0 & (\boldsymbol{\alpha}^{\mathrm{T}}\boldsymbol{Y}\geqslant 0)\\ 1 & (\boldsymbol{\alpha}^{\mathrm{T}}\boldsymbol{Y}<0)\end{cases}$$

及

$$L[C(\boldsymbol{X}),2]=\begin{cases}0 & (\boldsymbol{\alpha}^{\mathrm{T}}\boldsymbol{Y}<0)\\ 1 & (\boldsymbol{\alpha}^{\mathrm{T}}\boldsymbol{Y}\geqslant 0)\end{cases}$$

就可以看出来.

现在再回到(2.5.8)的情况:宽度为$\dfrac{2d}{\|\boldsymbol{\alpha}'\|}$且由

两个平面 $\boldsymbol{\alpha}^{\mathrm{T}}\boldsymbol{Y}=\pm d$ 所围成的带形区域可以用来控制允许误差范围及分开的程度. 类似地,代替(2.5.8)中的函数 $f_1(z)$,还可以用其他光滑函数,例如可取

$$f_2(z)=\begin{cases}0 & (z\leqslant 0)\\ z^2 & (z>0)\end{cases}$$

及 $$f_3(z)=\begin{cases}0 & (z\leqslant 0)\\ z^2 & (0<z\leqslant a)\\ 2az-a^2 & (z>a)\end{cases}\quad ,a\text{ 是任意正数}$$

还可以考虑

$$\hat{R}=\frac{1}{N}\sum_{j=1}^{N}f_i(d-\boldsymbol{\alpha}^{\mathrm{T}}\boldsymbol{Y}_j)\quad (i=1,2,3)$$

作为损失的标准.

下面简单地介绍一下如何用最优化中的梯度法来求(2.5.8)中的最小值.

(1)梯度法的特点是首先给未知向量 $\boldsymbol{\alpha}$ 一个初值 $\boldsymbol{\alpha}_0$,这可以根据经验来选取,或者任意取一个值,如取 $\boldsymbol{\alpha}^{(0)}=(0,0,\cdots,0)^{\mathrm{T}}$ 即可. 然后不断地在上次迭代取值的负梯度方向进行修改,得到新的迭代值,这样一直修改下去,直到最后二次迭代值比较接近为止. 设在第 i 次迭代时,知道 $\boldsymbol{\alpha}$ 的值为 $\boldsymbol{\alpha}^{(i)}$,则求 $\boldsymbol{\alpha}^{(i+1)}$ 的公式为

$$\begin{aligned}\boldsymbol{\alpha}^{(i+1)}&=\boldsymbol{\alpha}^{(i)}-\varepsilon_i\nabla\hat{R}(\boldsymbol{\alpha}^{(i)})\\&=\boldsymbol{\alpha}^{(i)}+\frac{\varepsilon_i}{N}\sum_{j\in J(\boldsymbol{\alpha}^{(i)})}D(\boldsymbol{\alpha}^{(i)},\boldsymbol{Y}_j)\quad (\alpha=0,1,2,\cdots)\end{aligned}$$

其中梯度算子为

$$\nabla\hat{R}(\boldsymbol{\alpha}^{(i)})=\left(\frac{\partial\hat{R}}{\partial\alpha_1},\frac{\partial\hat{R}}{\partial\alpha_2},\cdots,\frac{\partial\hat{R}}{\partial\alpha_{n+1}}\right)^{\mathrm{T}}$$

而 $$J(\boldsymbol{\alpha}^{(i)})=\{l\,|\,\boldsymbol{\alpha}^{(i)\mathrm{T}}\boldsymbol{Y}_l<d,l=1,2,\cdots,N\}$$

$$D(\boldsymbol{\alpha},\boldsymbol{Y}_j) = \nabla\left(\frac{\boldsymbol{\alpha}^{\mathrm{T}}\boldsymbol{Y}_j - d}{\|\boldsymbol{\alpha}'\|}\right) = \frac{\boldsymbol{Y}_j}{\|\boldsymbol{\alpha}'\|} - \frac{(\boldsymbol{\alpha}^{\mathrm{T}}\boldsymbol{Y}_j - d)\boldsymbol{\alpha}'}{\|\boldsymbol{\alpha}'\|^3}$$

对其他函数 f_2 及 f_3 也可做同样的研究.

此外,这里每迭代一次,对于所有的足标 $j \in J(\boldsymbol{\alpha}^{(i)})$ 都需要求和,因此计算量较大. 还有一个方法,一次只算一项来进行修改.

(2)一次只算一项法:

$$\boldsymbol{\alpha}^{(i+1)} = \begin{cases} \boldsymbol{\alpha}^{(i)} + \dfrac{\varepsilon_i}{N} D(\boldsymbol{\alpha}^{(i)},\boldsymbol{Y}_i) & (\boldsymbol{\alpha}^{(i)}\boldsymbol{Y}_i < d) \\ \boldsymbol{\alpha}^{(i)} & (\boldsymbol{\alpha}^{(i)}\boldsymbol{Y}_i > d) \end{cases}$$

对于 $\boldsymbol{Y}_j$ 依次取 $j=1,2,\cdots,N$,等到全部取完后,还可以重复取,直到相邻两次迭代 $\boldsymbol{\alpha}^{(i)}$ 及 $\boldsymbol{\alpha}^{(i+1)}$ 比较接近时为止.

对于多类问题,也可以做类似讨论,但是算法更为复杂了,这里就不再介绍了.

附录Ⅰ　正态分布的数学期望及协方差矩阵

定理 2.4　多元正态分布 $N(\mu,\boldsymbol{\Sigma})$ 的数学期望为 μ,协方差矩阵为 $\boldsymbol{\Sigma}$(见公式(2.3.1)(2.3.2)及(2.3.3)).

证　因为 $\boldsymbol{\Sigma}$ 是正定对称矩阵,因此存在正交矩阵 $\boldsymbol{D}$:

$\boldsymbol{D}^{\mathrm{T}}=\boldsymbol{D}^{-1}$,使 $\boldsymbol{D}^{\mathrm{T}}\boldsymbol{\Sigma}^{-1}\boldsymbol{D} = \boldsymbol{\Lambda} \triangleq \begin{pmatrix} \lambda_1 & & & \\ & \lambda_2 & & \\ & & \ddots & \\ & & & \lambda_n \end{pmatrix}$,其中

$\lambda_1 \geqslant \lambda_2 \geqslant \cdots \geqslant \lambda_n > 0$. 令

$$\frac{1}{\sqrt{\boldsymbol{\Lambda}}}=\begin{pmatrix}\frac{1}{\sqrt{\lambda_1}} & & & \\ & \frac{1}{\sqrt{\lambda_2}} & & \\ & & \ddots & \\ & & & \frac{1}{\sqrt{\lambda_n}}\end{pmatrix},\boldsymbol{C}=\frac{\boldsymbol{D}}{\sqrt{\boldsymbol{\Lambda}}}$$

则 $\boldsymbol{C}^{\mathrm{T}}\boldsymbol{\Sigma}^{-1}\boldsymbol{C}=\boldsymbol{I}_n$，$\boldsymbol{I}_n$ 为 $n\times n$ 单位矩阵. 容易证明$\boldsymbol{\Sigma}=\boldsymbol{C}\boldsymbol{I}_n\boldsymbol{C}^{\mathrm{T}}$ 及$|\boldsymbol{\Sigma}|=|\boldsymbol{C}|^2$.

作变换 $\boldsymbol{Y}=\boldsymbol{C}^{-1}(\boldsymbol{X}-\boldsymbol{\mu})$或 $\boldsymbol{X}-\boldsymbol{\mu}=\boldsymbol{C}\boldsymbol{Y}$，它将 n 维空间 $\mathbf{R}_n$ 变到自身. 此变换的 Jacobi 行列式为$|\boldsymbol{C}|$，且

$$\begin{aligned}(\boldsymbol{X}-\boldsymbol{\mu})^{\mathrm{T}}\boldsymbol{\Sigma}^{-1}(\boldsymbol{X}-\boldsymbol{\mu}) &= (\boldsymbol{C}\boldsymbol{Y})^{\mathrm{T}}\boldsymbol{\Sigma}^{-1}\boldsymbol{C}\boldsymbol{Y}\\ &= \boldsymbol{Y}^{\mathrm{T}}\boldsymbol{C}^{\mathrm{T}}\boldsymbol{\Sigma}\boldsymbol{C}\boldsymbol{Y}\\ &= \boldsymbol{Y}^{\mathrm{T}}\boldsymbol{I}_n\boldsymbol{Y}\\ &= \boldsymbol{Y}^{\mathrm{T}}\boldsymbol{Y}\\ &= \sum_{j=1}^{n} y_j^2\end{aligned}$$

其中 $\boldsymbol{Y}=(y_1,y_2,\cdots,y_n)^T$. 由此可以得到

$$\begin{aligned}&\frac{1}{(2\pi)^{\frac{n}{2}}|\boldsymbol{\Sigma}|^{\frac{1}{2}}}\int_{\mathbf{R}_n}\exp\left[-\frac{1}{2}(\boldsymbol{X}-\boldsymbol{\mu})^{\mathrm{T}}\boldsymbol{\Sigma}^{-1}(\boldsymbol{X}-\boldsymbol{\mu})\right]\mathrm{d}\boldsymbol{X}\\ &=\frac{1}{(2\pi)^{\frac{n}{2}}|\boldsymbol{\Sigma}|^{\frac{1}{2}}}\int_{\mathbf{R}_n}\left[\exp\left[-\frac{1}{2}\sum_{j=1}^{n}y_j^2\right]\right]|\boldsymbol{C}|\mathrm{d}\boldsymbol{Y}\\ &=\frac{1}{(2\pi)^{\frac{n}{2}}}\prod_{j=1}^{n}\int_{-\infty}^{+\infty}\mathrm{e}^{-\frac{1}{2}y_j^2}\mathrm{d}y_j=1\end{aligned}$$

由此看出

$$P(\boldsymbol{Y})=\frac{1}{(2\pi)^{\frac{n}{2}}}\exp[-\boldsymbol{Y}^{\mathrm{T}}\boldsymbol{Y}]=\frac{1}{(2\pi)^{\frac{n}{2}}}\exp\left[-\sum_{j=1}^{n}y_j^2\right]$$

是概率密度函数. 此外，容易证明

$$E[\boldsymbol{Y}]=\frac{1}{(2\pi)^{\frac{n}{2}}}\int_{\mathbf{R}_n}\boldsymbol{Y}\exp[-\boldsymbol{Y}^{\mathrm{T}}\boldsymbol{Y}]\mathrm{d}\boldsymbol{Y}=0$$

$$E[y_l y_k]=\frac{1}{(2\pi)^{\frac{n}{2}}}\int_{-\infty}^{+\infty}\cdots\int y_1 y_k \exp\left[-\sum_{j=1}^{n}y_j^2\right]\mathrm{d}y_1\cdots\mathrm{d}y_n$$

$$=\begin{cases}0 & (l\neq k)\\ 1 & (l=k)\end{cases}$$

这可以利用奇函数的积分性质以及积分号下求微商的方法来证得. 由此得到

$$E[(\boldsymbol{Y}-0)(\boldsymbol{Y}-0)^{\mathrm{T}}]=\boldsymbol{I}_n$$

这表示随机变量 $\boldsymbol{Y}$ 的数学期望为零,而协方差矩阵为单位矩阵 $\boldsymbol{I}_n$.

由变换 $\boldsymbol{X}=\boldsymbol{C}\boldsymbol{Y}+\boldsymbol{\mu}$,容易得到

$$E[\boldsymbol{X}]=E[\boldsymbol{C}\boldsymbol{Y}+\boldsymbol{\mu}]=\boldsymbol{C}E[\boldsymbol{Y}]+\boldsymbol{\mu}=\boldsymbol{\mu}$$

及

$$\begin{aligned}E[(\boldsymbol{X}-\boldsymbol{\mu})(\boldsymbol{X}-\boldsymbol{\mu})^{\mathrm{T}}]&=E[\boldsymbol{C}\boldsymbol{Y}(\boldsymbol{C}\boldsymbol{Y})^{\mathrm{T}}]\\&=E[\boldsymbol{C}\boldsymbol{Y}\boldsymbol{Y}^{\mathrm{T}}\boldsymbol{C}^{\mathrm{T}}]\\&=\boldsymbol{C}E[\boldsymbol{Y}\boldsymbol{Y}^{\mathrm{T}}]\boldsymbol{C}^{\mathrm{T}}\\&=\boldsymbol{C}\boldsymbol{I}_n\boldsymbol{C}^{\mathrm{T}}=\boldsymbol{\Sigma}\end{aligned}$$

定理 2.4 证毕.

附录Ⅱ　正态分布的线性函数

这里,我们首先引进随机向量 $\boldsymbol{X}=(x_1,x_2,\cdots,x_n)^{\mathrm{T}}$ 的特征函数的概念.

定义 2.9　设 $f(X)=f(x_1,x_2,\cdots,x_n)$ 为随机向量 $\boldsymbol{X}=(x_1,x_2,\cdots,x_n)^{\mathrm{T}}$ 的概率密度函数,则对于任意的 n 维向量 $\boldsymbol{U}=(u_1,u_2,\cdots,u_n)^{\mathrm{T}}$

$$E[e^{iU^TX}] = \int_{\mathbf{R}_n} f(X)\exp[iU^TX]dX$$

称为随机向量 X 的特征函数.

从定义可以看出:这实际上是概率密度函数在 n 维空间中的 Fourier 变换.

定理 2. 5 设随机向量遵守多元正态分布 $N(\boldsymbol{\mu},\boldsymbol{\Sigma})$,即其概率密度函数为

$$f(X) = \frac{1}{(2\pi)^{\frac{n}{2}}|\boldsymbol{\Sigma}|^{\frac{1}{2}}}\exp\left[-\frac{1}{2}(X-\boldsymbol{\mu})^T\boldsymbol{\Sigma}^{-1}(X-\boldsymbol{\mu})\right]$$

则其特征函数为

$$E[e^{+iU^TX}] = \exp\left[iU^T\boldsymbol{\mu} - \frac{1}{2}U^T\boldsymbol{\Sigma}U\right]$$

反之也对.

证 首先对数学期望为 0、方差为 1 的一维正态分布来做出证明,即要证

$$E[e^{iux}] = \exp\left[-\frac{1}{2}u^2\right]$$

事实上,由于 $\frac{1}{\sqrt{2\pi}}\int_{-\infty}^{+\infty} e^{-\frac{1}{2}x^2}dx = 1$

因此
$$\begin{aligned}E[e^{iux}] &= \frac{1}{\sqrt{2\pi}}\int_{-\infty}^{+\infty} e^{iux}e^{-\frac{1}{2}x^2}dx \\ &= \frac{1}{\sqrt{2\pi}}\int_{-\infty}^{+\infty} e^{-\frac{1}{2}(x-iu)^2}e^{-\frac{1}{2}u^2}dx \\ &= \frac{1}{\sqrt{2\pi}}\int_{-\infty}^{+\infty} e^{-\frac{1}{2}x^2}e^{-\frac{1}{2}u^2}dx \\ &= e^{-\frac{1}{2}u^2}\text{①}\end{aligned}$$

对于一般情况,因为 $\boldsymbol{\Sigma}$ 为正定对称矩阵,因此存

① 这里第一个等号可用复变函数论中的留数定理证明.

在附录 I 中提到的矩阵 $\boldsymbol{C}$，使 $\boldsymbol{C}^{\mathrm{T}}\boldsymbol{\Sigma}^{-1}\boldsymbol{C}=\boldsymbol{I}_n$. 同样作变换 $\boldsymbol{Y}=\boldsymbol{C}^{-1}(\boldsymbol{X}-\boldsymbol{\mu})$ 或 $\boldsymbol{X}-\boldsymbol{\mu}=\boldsymbol{C}\boldsymbol{Y}$，根据定理 2.4 中的结果，$\boldsymbol{Y}$ 是数学期望为零、协方差矩阵为 $\boldsymbol{I}_n$ 的多元正态分布. 根据上面考虑的特殊情况，容易得到 $\boldsymbol{Y}$ 的特征函数为

$$
\begin{aligned}
\phi(\boldsymbol{U})=E[\mathrm{e}^{\mathrm{i}\boldsymbol{U}^{\mathrm{T}}\boldsymbol{Y}}]&=\frac{1}{(2\pi)^{\frac{n}{2}}}\int_{-\infty}^{+\infty}\cdots\int \mathrm{e}^{i(\sum_{j=1}^{n}u_jy_j)}\mathrm{e}^{-\frac{1}{2}\sum_{j=1}^{n}y_j^2}\mathrm{d}y_1\cdots\mathrm{d}y_n\\
&=\prod_{j=1}^{m}E[\mathrm{e}^{iu_jy_i}]\\
&=\exp\left[-\frac{1}{2}(u_1^2+u_2^2+\cdots+u_n^2)\right]\\
&=\exp\left[-\frac{1}{2}\boldsymbol{U}^{\mathrm{T}}\boldsymbol{U}\right]
\end{aligned}
$$

这样一来，随机变量 $\boldsymbol{X}=\boldsymbol{C}\boldsymbol{Y}+\boldsymbol{\mu}$ 的特征函数为

$$
\begin{aligned}
E[\mathrm{e}^{\mathrm{i}\boldsymbol{U}^{\mathrm{T}}\boldsymbol{X}}]&=E[\mathrm{e}^{\mathrm{i}\boldsymbol{U}^{\mathrm{T}}\boldsymbol{c}\boldsymbol{Y}}\mathrm{e}^{\mathrm{i}\boldsymbol{U}^{\mathrm{T}}\boldsymbol{\mu}}]\\
&=\mathrm{e}^{\mathrm{i}\boldsymbol{U}^{\mathrm{T}}\boldsymbol{\mu}}E[\mathrm{e}^{\mathrm{i}(\boldsymbol{U}^{\mathrm{T}}\boldsymbol{C})\boldsymbol{Y}}]\\
&=\mathrm{e}^{\mathrm{i}\boldsymbol{U}^{\mathrm{T}}\boldsymbol{\mu}}\mathrm{e}^{-\frac{1}{2}(\boldsymbol{U}^{\mathrm{T}}\boldsymbol{C})(\boldsymbol{U}^{\mathrm{T}}\boldsymbol{C})^{\mathrm{T}}}\\
&=\mathrm{e}^{\mathrm{i}\boldsymbol{U}^{\mathrm{T}}\boldsymbol{\mu}}\mathrm{e}^{-\frac{1}{2}\boldsymbol{U}^{\mathrm{T}}\boldsymbol{C}\boldsymbol{C}^{\mathrm{T}}\boldsymbol{U}}\\
&=\exp\left[\mathrm{i}\boldsymbol{U}\boldsymbol{\mu}-\frac{1}{2}\boldsymbol{U}^{\mathrm{T}}\boldsymbol{\Sigma}\boldsymbol{U}\right]
\end{aligned}
$$

其中最后一式是利用 $\boldsymbol{\Sigma}=\boldsymbol{C}\boldsymbol{I}_n\boldsymbol{C}^{\mathrm{T}}=\boldsymbol{C}\boldsymbol{C}^{\mathrm{T}}$ 后得到的.

反过来是显然的，因为只要利用 Fourier 变换的逆变换性质即得[25].

定理 2.6　设随机变量 $\boldsymbol{X}$ 遵守多元正态分布 $N(\boldsymbol{\mu},\boldsymbol{\Sigma})$，则对任意的向量 $\boldsymbol{B}=(b_1,b_2,\cdots,b_n)^{\mathrm{T}}$ 及常数 b，一维随机变量 $z=\boldsymbol{B}^{\mathrm{T}}\boldsymbol{X}+b=\sum_{j=1}^{n}b_jx_j+b$ 也遵从一元正态分布，且其数学期望为 $\boldsymbol{B}^{\mathrm{T}}\boldsymbol{\mu}+b$，其方差为 $\boldsymbol{B}^{\mathrm{T}}\boldsymbol{\Sigma}\boldsymbol{B}$.

证　首先容易证明，随机变量 z 的数学期望为

$$E[z]=E[\boldsymbol{B}^{\mathrm{T}}\boldsymbol{X}+b]=\boldsymbol{B}^{\mathrm{T}}E[\boldsymbol{X}]+b=\boldsymbol{B}^{\mathrm{T}}\boldsymbol{\mu}+b$$

方差为
$$\begin{aligned}\sigma^2&=E[(z-(\boldsymbol{B}^{\mathrm{T}}\boldsymbol{\mu}+b))(z-(\boldsymbol{B}^{\mathrm{T}}\boldsymbol{\mu}+b))]\\&=E[(\boldsymbol{B}^{\mathrm{T}}\boldsymbol{X}-\boldsymbol{B}^{\mathrm{T}}\boldsymbol{\mu})(\boldsymbol{B}^{\mathrm{T}}\boldsymbol{X}-\boldsymbol{B}^{\mathrm{T}}\boldsymbol{\mu})^{\mathrm{T}}]\\&=E[\boldsymbol{B}^{\mathrm{T}}(\boldsymbol{X}-\boldsymbol{\mu})(\boldsymbol{X}-\boldsymbol{\mu})^{\mathrm{T}}\boldsymbol{B}]\\&=\boldsymbol{B}^{\mathrm{T}}E[(\boldsymbol{X}-\boldsymbol{\mu})(\boldsymbol{X}-\boldsymbol{\mu})^{\mathrm{T}}]\boldsymbol{B}\\&=\boldsymbol{B}^{\mathrm{T}}\boldsymbol{\Sigma}\boldsymbol{B}\end{aligned}$$

此外,根据定理 2.5,有

$$\begin{aligned}E[\mathrm{e}^{\mathrm{i}uz}]&=E[\mathrm{e}^{\mathrm{i}u(\boldsymbol{B}^{\mathrm{T}}\boldsymbol{X}+b)}]=\mathrm{e}^{\mathrm{i}ub}E[\mathrm{e}^{\mathrm{i}(u\boldsymbol{B}^{\mathrm{T}})\boldsymbol{X}}]\\&=\mathrm{e}^{\mathrm{i}ub}\exp\left[\mathrm{i}(u\boldsymbol{B}^{\mathrm{T}})\boldsymbol{\mu}-\frac{1}{2}(\boldsymbol{\mu}\boldsymbol{B}^{\mathrm{T}})\boldsymbol{\Sigma}(u\boldsymbol{B}^{\mathrm{T}})^{\mathrm{T}}\right]\\&=\exp\left[\mathrm{i}u(\boldsymbol{B}^{\mathrm{T}}\boldsymbol{\mu}+b)-\frac{1}{2}u^2\boldsymbol{B}^{\mathrm{T}}\boldsymbol{\Sigma}\boldsymbol{B}\right]\\&=\exp\left[\mathrm{i}uE[z]-\frac{1}{2}u^2\sigma^2\right]\end{aligned}$$

由此,再根据定理 2.5 的后一部分,具有形如上面的特征函数的随机变量 z 必是一元正态分布,其数学期望为 $E[z]=\boldsymbol{B}^{\mathrm{T}}\boldsymbol{\mu}+b$,方差为 $\sigma^2=\boldsymbol{B}^{\mathrm{T}}\boldsymbol{\Sigma}\boldsymbol{B}$. 定理 2.6 证毕.

参考文献

[1] FUKUNAGE K. Introduction to Statistical Pattern Recognition[M]. New York and London: Acad. Press, 1972. (福永圭之介. 统计图形识别导论[M]. 陶笃纯,译. 北京:科学出版社,1978.)

[2] MEISEL W S. Computer-Oriented Approaches to Pattern Recognition [M]. New York and London: Acad. Press, 1972.

[3] LISSACK T, FU K S. Parametric Feature Extraction Through Error Minimization Applied to Medical Diagnosis [J]. IEEE Trans, 1976, Vol. SMC-6: 605-621.

[4] FUKUNAGA K, Kessel D L. Estimation of Classifications Errors [J].

IEEE Trans, Computer 1971(20):1521-1527.

[5] LECHENBRUCH P A. An Almost Unbiased Method of Obtaining Confidence Intervals for the Probability of Misclassification in Discriminant Analysis[J]. Biometrics, 1967(23):639-647.

[6] NAGY G. State of the Art in Pattern Recognition[J]. Proceed of IEEE, 1968(56):836-862.

[7] DUDA R O, HART P E. Pattern Classification and Scene Analysis[M]. New York, London, Sydney: Toronto, 1973.

[8] FU K S. Sequential Methods in Pattern Recognition[M]. New York and London: Acad. Press, 1968.

[9] MENDEL J M, FU K S. Adaptive, Learning and Pattern Recognition Systems, Theory and Applications[M]. New York and London: Acad. Press, 1970.

[10] FU K S, LANDGREBE D A, PHILLIPS T L. Information Processing of Remotely Sensed Agricultural Data[J]. Proceed of IEEE, 1969(57): 639-653.

[11] FU K S, PYUNG JUNE MIN, TIMOTHY J L. Feature Selection. Pattern Recognition[J]. IEEE Trans, 1970(SSC-6):33-39.

[12] ANDERSON T W, BAHADUR R B. Classification into two Multivariate Normed Distributions with Different Covariance Matrics, Ann [J]. Math. Stat. 1962(33):422-432.

[13] PATLERSON D W, MATTSON R L. A Method for Finding Linear Discriminant Functions for a Class of Performance cr teria[J]. IEEE Trans, 1966(IT-12):380-387.

[14] ADI BEN-ISRAEL, THOMAS N E. Greville, Generalized Inverses: Theory and Applications[M]. New York, London, Sydney, Toronto: John Wiley & Sons, 1974.

[15] ANDERSON T W. An Introduction to Multivariate Statistical Analysis [M]. New York: Wiley, 1958.

[16] ABRAMSON N. BRAVERMAN D. Learning to Recognize Pattern in a Random Environment[J]. IRE Trans, 1962(IT-8):55-63.

[17] KEEHM D G. A Note on learning for Gaussian Properties[J]. IEEE Trans, 1965(IT-11):126-132.

[18] COOPER D B, COOPER P W. Nonsupervised Adaptive Signal Detection and Pattern Recognition[J]. Inf. and Cont, 1964(7):416-444.

[19] CHEN CHI-HAN. Statistical Pattern Recognition, 1973.

[20] 林少宫. 基础概率与数理统计[M]. 北京:人民教育出版社, 1964.

[21] CHKIKARA R S, ODELL P L. Discriminant Analysis Using Certain Normed Exponential Densities with Emphasis on Remote Sensing Application[J]. Pattern Recognition, 1973(5):259-272.

[22] 北京大学, 南京大学, 吉林大学. 计算方法[M]. 北京:人民教育出版社, 1962.

[23] GRAMER. Mathematical Methods of Statistics, Princeton Uni[M]. New Jersey: Press Princeton, 1961.

[24] FUKUNAGA K, KRILE T F. Calculation of Bayes Recognition Error for two Multivariate Gaussian Distributions[J]. IEEE Trans Computer, 1969(18):220-229.

[25] BOCHNER S. Lectures on Fourier Integrals[M]. New York: Press Princeton, 1959.

第三章 统计图像识别的其他方法

在第二章,我们从平均损失出发,着重介绍了 Bayes 统计判决及其一些应用. 在应用中,又着重介绍了统计图像识别的参数方法,即假设各类图像的条件概率密度函数的形式是已知的,其统计参数——数学期望及协方差矩阵可以通过样本来进行估计. 在这一章中,还将介绍图像识别的一些其他方法,不过,在这里,每类图像的条件概率密度函数的形式可以预先不知道,甚至还可以不用条件概率密度函数而直接研究分类问题.

§3.1 Fisher 判决准则

这里只讨论两类问题. 多类问题也是可以讨论,不过更为复杂而已. 设两类图像为 Ω_1 及 Ω_2,损失为 $C_{11}=C_{22}=0$, $C_{12}=C_{21}=1$,先验概率为 P_1 及 P_2. 设随机向量 $\boldsymbol{X}=(x_1,x_2,\cdots,x_n)^{\mathrm{T}}$ 仍是 n 维向量. 所谓要寻找 Fisher 意义下的准则函

数,就是要求一个函数 $u=u(\boldsymbol{X})$,它可以看作一个变换,使得在此变换后,在每一类图像中所对应的数学期望 $E[u(\boldsymbol{X})|i]=u_i(i=1,2)$ 尽可能分得开一些,且在此变换后,每一类的方差

$$\begin{aligned}\sigma_i^2&=E\{[u(\boldsymbol{X})-u_i]^2\}\\&=\int_{\mathbf{R}_n}[u(\boldsymbol{X})-u_i]^2p(\boldsymbol{X}|i)\mathrm{d}\boldsymbol{X}\quad(i=1,2)\end{aligned}\tag{3.1.1}$$

尽可能小一些,其中 $p(\boldsymbol{X}|i)$ 是第 i 类图像的条件概率密度函数. 这样一来,这两类图像在作变换 $u=u(\boldsymbol{X})$ 后,就显得比较容易分开了. 精确地说,就是要求泛函

$$L=\frac{(P_1u_1-P_2u_2)^2}{P_1\sigma_1^2+P_2\sigma_2^2}\tag{3.1.2}$$

的最大值. 设达到最大值的函数为 $u=u^*(\boldsymbol{X})$,则其判决规则如下:

$$\begin{aligned}&\text{若 } u^*(\boldsymbol{X})-(P_1u_1^*+P_2u_2^*)\geqslant0,\text{就判决 } \boldsymbol{X}\in\Omega_1\\&\text{若 } u^*(\boldsymbol{X})-(P_1u_1^*+P_2u_2^*)<0,\text{就判决 } \boldsymbol{X}\in\Omega_2\end{aligned}\tag{3.1.3}$$

其中

$$\begin{aligned}u_i^*&=E[u^*(\boldsymbol{X})|i]\\&=\int_{\mathbf{R}_n}u^*(\boldsymbol{X})p(\boldsymbol{X}|i)\mathrm{d}\boldsymbol{X}\quad(i=1,2)\end{aligned}\tag{3.1.4}$$

求 L 的最大值,可以用变分学上的原理. 设函数 $u(\boldsymbol{X})$ 可表示为 $u(\boldsymbol{X})=u^*(\boldsymbol{X})+tr(\boldsymbol{X})$,其中 $u^*(\boldsymbol{X})$ 就是达到最大值的函数,t 是任意实数,$r(\boldsymbol{X})$ 是任意函数. 将这个表示式代入(3.1.2)后,由于函数 $u=u^*(\boldsymbol{X})$ 使(3.1.2)确定的 L 达到最大值,因此必有 $\left.\frac{\mathrm{d}L}{\mathrm{d}t}\right|_{t=0}=0$. 求 $\frac{\mathrm{d}L}{\mathrm{d}t}$,令 $t=0$ 后,得

$$2(P_1u_1^* - P_2u_2^*)\int_{\mathbf{R}_n} r(\boldsymbol{X})[P_1p(\boldsymbol{X}|1) - P_2p(\boldsymbol{X}|2)] \times$$
$$(P_1\sigma_1^2 + P_2\sigma_2^2)\mathrm{d}\boldsymbol{X} - 2(P_1u_1^* - P_2u_2^*) \times$$
$$\left\{\int_{\mathbf{R}_n}(u^*(\boldsymbol{X}) - u_1^*)\left[r(\boldsymbol{X}) - \int_{\mathbf{R}_n} r(\boldsymbol{X})p(\boldsymbol{X}|1)\mathrm{d}\boldsymbol{X}\right]\times\right.$$
$$P_1p(\boldsymbol{X}|1)\mathrm{d}\boldsymbol{X} + \int_{\mathbf{R}_n}(u^*(\boldsymbol{X}) - u_2^*) \times$$
$$\left.\left[r(\boldsymbol{X}) - \int_{\mathbf{R}_n} r(\boldsymbol{X})p(\boldsymbol{X}|2)\mathrm{d}\boldsymbol{X}\right]P_2p(\boldsymbol{X}|2)\mathrm{d}\boldsymbol{X}\right\} =$$
$$0 \tag{3.1.5}$$

设
$$P_1u_1^* - P_2u_2^* \neq 0$$

（例如当 $P_1 = P_2 = \frac{1}{2}$ 时，一般说来，由于 $u_1^* \neq u_2^*$，因此上式总是满足的），由于

$$\int_{\mathbf{R}_n} p(\boldsymbol{X}|1)\mathrm{d}\boldsymbol{X} = \int_{\mathbf{R}_n} p(\boldsymbol{X}|2)\mathrm{d}\boldsymbol{X} = 1$$

由(3.1.5)容易得到

$$\int_{\mathbf{R}_n}(P_1\sigma_1^2 + P_2\sigma_2^2)[P_1p(\boldsymbol{X}|1) - P_2p(\boldsymbol{X}|2)] \times$$
$$r(X)\mathrm{d}\boldsymbol{X} - (P_1u_1^* - P_2u_2^*) \times$$
$$\left\{\int_{\mathbf{R}_n} u^*(\boldsymbol{X})[P_1p(\boldsymbol{X}|1) + P_2p(\boldsymbol{X}|2)]r(\boldsymbol{X})\mathrm{d}\boldsymbol{X} -\right.$$
$$\int_{\mathbf{R}_n}(u_1^*P_1p(\boldsymbol{X}|1) + u_2^*P_2p(\boldsymbol{X}|2)r(\boldsymbol{X})\mathrm{d}\boldsymbol{X} -$$
$$\int_{\mathbf{R}_n} u^*(\boldsymbol{X})P_1p(\boldsymbol{X}|1)\mathrm{d}\boldsymbol{X}\int_{\mathbf{R}_n} r(\boldsymbol{X})p(\boldsymbol{X}|1)\mathrm{d}\boldsymbol{X} -$$
$$\int_{\mathbf{R}_n} u^*(\boldsymbol{X})P_2p(\boldsymbol{X}|2)\mathrm{d}\boldsymbol{X}\int_{\mathbf{R}_n} r(\boldsymbol{X})p(\boldsymbol{X}|2)\mathrm{d}\boldsymbol{X} +$$
$$u_1^*\int_{\mathbf{R}_n} r(\boldsymbol{X})p(\boldsymbol{X}|1)\mathrm{d}\boldsymbol{X}\int_{\mathbf{R}_n} P_1p(\boldsymbol{X}|1)\mathrm{d}\boldsymbol{X} +$$
$$\left.u_2^*\int_{\mathbf{R}_n} r(\boldsymbol{X})p(\boldsymbol{X}|2)\mathrm{d}\boldsymbol{X}\int_{\mathbf{R}_n} P_2p(\boldsymbol{X}|2)\mathrm{d}\boldsymbol{X}\right\} = 0$$

利用花括弧内的最后四项之和为零，得

$$\int_{\mathbf{R}_n}\{(P_1\sigma_1^2+P_2\sigma_2^2)[P_1p(\boldsymbol{X}|1)-P_2p(\boldsymbol{X}|2)]-(P_1u_1^*-P_2u_2^*)(u^*(\boldsymbol{X})P_1p(\boldsymbol{X}|1))+u^*(\boldsymbol{X})P_2p(\boldsymbol{X}|2)-u_1^*P_1p(\boldsymbol{X}|1)\mathrm{d}\boldsymbol{X}-u_2^*P_2p(\boldsymbol{X}|2)\}r(\boldsymbol{X})\mathrm{d}\boldsymbol{X}=0$$

由于 $r(\boldsymbol{X})$ 是任意一个函数，因此上式花括弧中被积函数应该为零，即

$$\begin{aligned}&u^*(\boldsymbol{X})(P_1u_1^*-P_2u_2^*)[P_1p(\boldsymbol{X}|1)+P_2p(\boldsymbol{X}|2)]\\=&(P_1\sigma_1^2+P_2\sigma_2^2)[P_1p(\boldsymbol{X}|1)-P_2p(\boldsymbol{X}|2)]+\\&(P_1u_1^*-P_2u_2^*)[u_1^*P_1p(\boldsymbol{X}|1)+\\&u_2^*P_2p(\boldsymbol{X}|2)]\end{aligned}$$

由此得到

$$u^*(\boldsymbol{X})=\left\{\frac{P_1\sigma_1^2+P_2\sigma_2^2}{P_1u_1^*-P_2u_2^*}[P_1p(\boldsymbol{X}|1)-P_2p(\boldsymbol{X}|2)]+[u_1^*P_1p(\boldsymbol{X}|1)+u_2^*P_2p(\boldsymbol{X}|2)]\right\}\times\frac{1}{P_1p(\boldsymbol{X}|1)+P_2p(\boldsymbol{X}|2)}\tag{3. 1. 6}$$

注 公式(3. 1. 6)中的很多量 u_1^*, u_2^*, σ_1^2 及 σ_2^2 都依赖于达到最大值的函数 $u^*(\boldsymbol{X})$. 因此实际上，到目前为止，还是未知的. 所以，通过等式(3. 1. 6)直接解出 $u^*(\boldsymbol{X})$ 是很不容易的. 但是另一方面，由函数 $u^*(\boldsymbol{X})$ 所做出的判决(3. 1. 3)来看，显然 $u^*(\boldsymbol{X})$ 的任何一个线性函数 $\boldsymbol{\alpha}u^*(\boldsymbol{X})+\boldsymbol{\beta}$ 都可以做出同样的判决，即判决关系式(3. 1. 3)不变. 因而，令

$$\alpha=\frac{1}{\dfrac{2(P_1\sigma_1^2+P_2\sigma_2^2)}{P_1u_1^*-P_2u_2^*}+(u_1^*-u_2^*)}$$

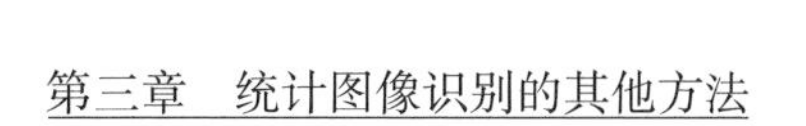

$$\beta=\frac{-(u_1^*+u_2^*)}{\dfrac{2(P_1\sigma_1^2+P_2\sigma_2^2)}{P_1u_1^*-P_1u_2^*}+(u_1^*-u_2^*)}$$

就可以得到判决函数为

$$\begin{aligned}&\alpha u^*(\boldsymbol{X})+\beta=\\&\left\{2\left[\frac{P_1\sigma_1^2+P_2\sigma_2^2}{P_1u_1^*-P_2u_2^*}(P_1p(\boldsymbol{X}|1)-P_2p(\boldsymbol{X}|2))+\right.\right.\\&\left.u_1^*P_1p(\boldsymbol{X}|1)+u_2^*p(\boldsymbol{X}|2)\right]+\\&\left.(P_1p(\boldsymbol{X}|1)+P_2p(\boldsymbol{X}|2))(u_1^*+u_2^*)\right\}\times\\&\frac{1}{[P_1p(X|1)+P_2p(X|2)]\left[\dfrac{2(P_1\sigma_1^2+P_2\sigma_2^2)}{P_1u_1^*-P_2u_2^*}+(u_1^*-u_2^*)\right]}=\\&\frac{P_1p(\boldsymbol{X}|1)-P_2p(\boldsymbol{X}|2)}{P_1p(\boldsymbol{X}|1)+P_2p(\boldsymbol{X}|2)}\end{aligned}\tag{3.1.7}$$

这就是 Fisher 意义下的最优判决函数. 比较(3.1.7)与(3.1.3)就得到判决如下：

$$\left.\begin{aligned}&\text{若}\frac{P_1p(\boldsymbol{X}|1)-P_2p(\boldsymbol{X}|2)}{P_1p(\boldsymbol{X}|1)+P_2p(\boldsymbol{X}|2)}\geqslant P_1-P_2,\text{则判决 }\boldsymbol{X}\in\Omega_1\\&\text{若}\frac{P_1p(\boldsymbol{X}|1)-P_2p(\boldsymbol{X}|2)}{P_1p(\boldsymbol{X}|1)+P_2p(\boldsymbol{X}|2)}<P_1-P_2,\text{则判决 }\boldsymbol{X}\in\Omega_2\end{aligned}\right\}\tag{3.1.8}$$

特别地，当 $P_1=P_2=\dfrac{1}{2}$ 时，从判决(3.1.8)就得到了 Bayes 判决.

对于多类问题，或者对于将 n 维空间变到低维空间的变换 $u=u(\boldsymbol{X})$，在低维空间能使不同类图像更好地分类等问题的研究，在这里就不介绍了，有兴趣的读者可以参看参考文献[1].

§3.2 Wald 序贯判决准则

序贯判决是图像识别中的一个很有用的方法,它对图像的特性不是一次全部使用完,而是逐步地一个一个地使用,每使用一些特性时,就判断某一个图像是属于哪一类,如果能够做出判决它属于哪一类,就停止. 如果在此阶段用这些特性做不出判断,即判断不出它属于哪一类,则必须再增加一个特性后再进行判断,这样不断地重复下去,一直到能做出判决为止. 用这种方法,就能尽量减少使用特性的个数,这样就可以减少计算量而增加速度. 此外,在一些实际问题中(如医疗诊断等),提取特性有时比较困难,或有时价格比较昂贵,用这种方法就可以大大节省人力或物力,从而降低成本.

将序贯判决的思想用到图像识别中首先是由 Fu. K. S提出来的.

1. 对两类问题用序贯概率比判决

在研究序贯判决时,最重要的概念是序贯概率比的概念(SPRT). 设有两类图像 Ω_1 及 Ω_2,对每一类图像任取 n 个特性. 设已知其条件概率密度函数分别为 $p(x_1,x_2,\cdots,x_n|1)$ 及 $p(x_1,x_2,\cdots,x_n|2)$(这里 n 是任意正整数). 我们称

$$\lambda_n=\frac{p(x_1,x_2,\cdots,x_n|1)}{p(x_1,x_2,\cdots,x_n|2)} \qquad (3.2.1)$$

为序贯概率比.

设要求第一类图像 Ω_1 的误判为第二类图像 Ω_2 的错误概率为 e_{21}；第二类图像 Ω_2 的误判为第一类图像 Ω_1 的错误概率为 e_{12}，这两个数都是已知的. 我们称

$$A=\frac{1-e_{21}}{e_{12}}=\frac{e_{11}}{e_{12}},B=\frac{e_{21}}{1-e_{12}}=\frac{e_{21}}{e_{22}} \tag{3.2.2}$$

为停止边界，即

$$\left.\begin{array}{l}\text{若 } \lambda_n \geqslant A\text{，则判决特性 } x_1,x_2,\cdots,x_n \text{ 对应的 } \boldsymbol{X}\in\Omega_1 \\ \text{若 } \lambda_n \leqslant B\text{，则判决特性 } x_1,x_2,\cdots,x_n \text{ 对应的 } \boldsymbol{X}\in\Omega_2\end{array}\right\} \tag{3.2.3}$$

若 $B<\lambda_n<A$，则认为用这 n 个特性对图像 $\boldsymbol{X}$ 做不出判决，这个区域就称为可疑区域. 接下来，再增加一个特性 x_{n+1}，构成新的序贯概率比 λ_{n+1}（类似于公式(3.2.1)），对 λ_{n+1} 再继续用上面的判决准则，这样不断地重复下去，一直到能做出判决为止. 在理论上可以证明[2,3]，用这样的方法进行判决，对固定的 e_{12} 及 e_{21} 而言，使得能够达到做出判决所需要使用的特性数目的数学期望最小. 不过，从上面的讨论可以看出，为了判决而需要使用的特性数目依赖于特性的排列；如果那些主要特性排在前面，就可以加速判决，否则，就会增加计算量. 因此如何排列特性的问题也是一个需要讨论的重要问题.

下面考虑其特殊情况：设所有的特性 $x_1,x_2,\cdots,x_n$ 对任意的 n 都是独立的随机变量，且其条件概率密度函数 $p(x_i|1)$ 及 $p(x_i|2)$ $(i=1,2,\cdots,n)$ 都是正态分布的，其数学期望分别为 m_1 及 m_2，且方差都相等，为 σ^2. 在计算 λ_n 时，可以计算 $\ln\lambda_n$. 由(3.2.1)，令 $n=1$，得到

$$\ln \lambda_1 = \ln \frac{p(x_1|1)}{p(x_1|2)} = \ln \frac{\frac{1}{\sqrt{2\pi}\sigma}\exp\left[-\frac{(x_1-m_1)^2}{2\sigma}\right]}{\frac{1}{\sqrt{2\pi}\sigma}\exp\left[-\frac{(x_1-m_2)^2}{2\sigma^2}\right]}$$

$$= \frac{m_1-m_2}{\sigma^2}\left[x_1 - \frac{1}{2}(m_1+m_2)\right]$$

比较 $\ln \lambda_1$ 与 $\ln A$ 及 $\ln B$，由(3.2.3)得

若 $x_1 \geqslant \frac{\sigma^2}{m_1-m_2}\ln A + \frac{1}{2}(m_1+m_2)$，则判决 $\boldsymbol{X} \in \Omega_1$

若 $x_1 \leqslant \frac{\sigma^2}{m_1-m_2}\ln B + \frac{1}{2}(m_1+m_2)$，则判决 $\boldsymbol{X} \in \Omega_2$

若

$$\frac{\sigma^2}{m_1-m_2}\ln B + \frac{1}{2}(m_1+m_2) < x_1 <$$

$$\frac{\sigma^2}{m_1-m_2}\ln A + \frac{1}{2}(m_1+m_2)$$

则做不出判决，需要再增加一个特性 x_2，并且计算 λ_2.由(3.2.1)，容易得到

$$\ln \lambda_2 = \ln \frac{p(x_1|1)}{p(x_1|2)} + \ln \frac{p(x_2|1)}{p(x_2|2)}$$

$$= \frac{m_1-m_2}{\sigma}[x_1 + x_2 - (m_1-m_2)]$$

由判决推则(3.2.3)，得

若 $x_1 + x_2 \geqslant \frac{\sigma^2}{m_1-m_2}\ln A + (m_1+m_2)$，则判决 $\boldsymbol{X} \in \Omega_1$

若 $x_1 + x_2 \leqslant \frac{\sigma^2}{m_1-m_2}\ln B + (m_1+m_2)$，则判决 $\boldsymbol{X} \in \Omega_2$

且若 $\frac{\sigma^2}{m_1-m_2}\ln B + (m_1+m_2) < x_1 + x_2 <$

$$\frac{\sigma^2}{m_1 - m_2}\ln A + (m_1 + m_2)$$

则做不出判决，需要再增加一个特性 x_3，并且考虑 $\ln \lambda_3$. 以后的处理完全类似于上面的处理. 一般说来，若用了 $n-1$ 个特性 $x_1, x_2, \cdots, x_{n-1}$ 还做不出判决，则就需要考虑使用 n 个特性 $x_1, x_2, \cdots, x_n$，而考虑 $\ln \lambda_n$

$$\ln \lambda_n = \sum_{i=1}^{n} \ln \frac{p(x_i|1)}{p(x_i|2)} = \frac{m_1 - m_2}{\sigma_2} \sum_{i=1}^{n} \left(x_i - \frac{m_1 + m_2}{2} \right)$$

由此根据判决(3.2.3)，其判决规则如下：

若 $\sum_{i=1}^{n} x_i \geqslant \frac{\sigma^2}{m_1 - m_2}\ln A + \frac{n}{2}(m_1 + m_2)$，则判决 $\boldsymbol{X} \in \Omega_1$；

若 $\sum_{i=1}^{n} x_i \leqslant \frac{\sigma^2}{m_1 - m_2}\ln B + \frac{n}{2}(m_1 + m_2)$，则判决 $\boldsymbol{X} \in \Omega_2$.

且若

$$\frac{\sigma^2}{m_1 - m_2}\ln B + \frac{n}{2}(m_1 + m_2) < \sum_{i=1}^{n} x_i < \frac{\sigma^2}{m_1 - m_2}\ln A + \frac{n}{2}(m_1 + m_2)$$

时，则做不出判决，需要再增加一个特性 x_{n+1}，像上面一样再做类似的处理.

这里可疑区域的两个边界之间的距离为 $\frac{\sigma^2}{m_1 - m_2} \cdot \ln \frac{A}{B}$，它依赖于 σ^2, m_1, m_2，以及误分类的概率 e_{12} 与 e_{21}.

2. 多类问题的序贯判决[4]

考虑 m 类问题，即认为共有 m 类图像 $\Omega_i(1 \leqslant i \leqslant$

m). 我们也要用序贯判决方法来进行判决. 为此引进广义序贯概率比的概念(GSPRT). 现在假设对第 i 图像 Ω_i 用了 n 个特性,令

$$U(x_1,x_2,\cdots,x_n|i)=\frac{p(x_1,x_2,\cdots,x_n\mid i)}{\left[\prod_{q=1}^{m}p(x_1,x_2,\cdots,x_n\mid q)\right]^{\frac{1}{m}}}\quad (i=1,2,\cdots,m)\tag{3.2.4}$$

又设 e_{iq} 是 q 类图像误判为第 i 类的概率($i,q=1,2,\cdots,m$),令

$$A(\Omega_i)=\frac{1-e_{ii}}{\left[\sum_{q=1}^{m}(1-e_{iq})\right]^{\frac{1}{m}}}\tag{3.2.5}$$

它称为第 i 类图像 Ω_i 的停止边界,即若

$$U(x_1,x_2,\cdots,x_n|i)<A(\Omega_i)\tag{3.2.6}$$

则拒绝判决由 $x_1,x_2,\cdots,x_n$ 所对应的图像 $\boldsymbol{X}\in\Omega_i$. 将此类去掉,对余下的类,仍然考虑类似于(3.2.4)的序贯概率比,再与停止边界作比较,一直到有一个不小于相应的 $A(\Omega_i)$ 为止. 若全部的类都比 $A(\Omega_i)$ 小,则再增加一个特性,继续讨论. 在实际进行研究时,可以从 $i=1$ 开始,逐次与(3.2.6)所确定的停止边界作比较.

3. **改进序贯判决**

上面所介绍的方法有一个缺点,就是对每一个图像进行判决时,预先不知道究竟要使用几个特性. 特别是在针对一些具体问题进行判决时,往往至多只能用有限个特性,如 n 个特性,这里 n 是固定的数. 这样一来,若用上面的方法进行判决,当 n 个特性全部用完后,还有可能做不出判决. 为了克服这个缺点,就用下面介绍的改进序贯判决规则. 它的基本思想是:将原来常数停止边界 A 与 B 取作为依赖于所用特性个数 l 的

函数,特别地,当 n 个特性全部用上以后,就一定可以做出判决.

我们可以取本节中的 $\ln A$ 及 $\ln B$ 为

$$\ln A=\left(\ln\frac{e_{11}}{e_{12}}\right)\left(1-\frac{l}{n}\right)^{r_1}$$

$$\ln B=\left(\ln\frac{e_{21}}{e_{22}}\right)\left(1-\frac{l}{n}\right)^{r_2}\tag{3.2.7}$$

其中,r_1 与 r_2 为任意两个正数($0<r_1<1,0<r_2<1$),n 为全部特性的数目. 此时,若每一个特性 x_i 是独立的随机变量,像上面一样

$$\left.\begin{array}{l}\text{若}\ \sum\limits_{i=1}^{l}x_i\geqslant\dfrac{\sigma^2}{m_1-m_2}\left(\ln\dfrac{e_{11}}{e_{12}}\right)\left(1-\dfrac{l}{n}\right)^{r_1}+\dfrac{l}{2}(m_1+m_2),\\ \text{则判决}\ \boldsymbol{X}\in\Omega_1\\ \text{若}\ \sum\limits_{i=1}^{l}x_i<\dfrac{\sigma^2}{m_1-m_2}\left(\ln\dfrac{e_{21}}{e_{22}}\right)\left(1-\dfrac{l}{n}\right)^{r_2}+\dfrac{l}{2}(m_1+m_2),\\ \text{则判决}\ \boldsymbol{X}\in\Omega_2\end{array}\right\}\tag{3.2.8}$$

而当

$$\frac{\sigma^2}{m_1-m_2}\left(\ln\frac{e_{21}}{e_{22}}\right)\left(1-\frac{l}{n}\right)^{r_2}+\frac{l}{2}(m_1+m_2)$$

$$\leqslant\sum_{j=1}^{l}x_i<\frac{\sigma^2}{m_1-m_2}\left(\ln\frac{e_{11}}{e_{12}}\right)\left(1-\frac{l}{n}\right)^{r_2}+\frac{1}{2}(m_1+m_2)$$

时,则不做出判决,此时需要增加一个特性 x_{l+1},以后完全像上面一样考虑.

显然,当 $l=n$ 时,(3.2.8)中的两个不等式的右边相等,都是$\frac{n}{2}(m_1+m_2)$,因此必然会做出判决.

这里,若用 l 个特性,其可疑区域的两个边界之差

为

$$\frac{\sigma^2}{m_1-m_2}\left[\left(\ln\frac{e_{11}}{e_{12}}\right)\left(1-\frac{l}{n}\right)^{r_1}-\left(\ln\frac{e_{21}}{e_{22}}\right)\left(1-\frac{l}{n}\right)^{r_2}\right]$$

它们都依赖于 $\sigma^2, m_1, m_2, r_1, r_2$ 以及 $e_{11}, e_{12}, e_{21}, e_{22}$，而当 $l=n$ 时，它等于零.

§3.3 概率密度函数的估计

我们仍然认为在 n 维空间 $\boldsymbol{X}=(x_1,x_2,\cdots,x_n)^{\mathrm{T}}\in\mathbf{R}_n$ 中有 m 类图像 $\Omega_i(1\leqslant i\leqslant m)$，其先验概率为 P_i，条件概率密度函数为 $p(\boldsymbol{X}|i)(1\leqslant i\leqslant m)$. 设损失为 $\boldsymbol{C}_{ii}=0(1\leqslant i\leqslant m)$ 及 $\boldsymbol{C}_{ij}=h_j>0(j\neq i;i,j=1,2,\cdots,m)$，则由第二章公式(2.2.3)可以推出其判决规则为：若

$$h_iP_ip(\boldsymbol{X}|i)\geqslant h_jP_jp(\boldsymbol{X}|j)\ (j\neq i;j=1,2,\cdots,m) \tag{3.3.1}$$

则判决 $\boldsymbol{X}\in\Omega_i$.

且当等号成立时，总是认为属于指标较小的一类. 在这里，很重要的是需要预先知道条件概率密度函数 $p(\boldsymbol{X}|i)(1\leqslant i\leqslant m)$. 这从 §3.1 及 §3.2 中也可以看到，为了应用 Fisher 判决准则或 Wald 序贯判决准则，也需要预先知道条件概率密度函数. 在第二章的 §2.3 中，对于一些特殊的图像类，我们认为其条件概率密度函数的形状是已知的（例如正态分布或正规指数分布），通过大量样本可以估计出这些分布函数所固有的一些参数（例如数学期望及协方差矩阵），从而利用(3.3.1)来实现判决.

这里很自然地会提出一个问题：正态分布或正规

指数分布的模型是否对一切图像类都合适？这个问题的答案显然是否定的.因此,这里可以进一步提出问题:能否用其他方法,即预先不假设条件概率密度函数的参数形式,而根据大量样本求出或估计出所对应的条件概率密度函数呢？这就是这一节要解决的问题.这个问题已经属于统计图像识别的非参数法的范围了,当然它本身还有独立的意义.这类问题在自动控制等方面有重要的应用,并且有不少基本理论问题有待于进一步解决.

3.3.1　直接估计概率密度函数

设有一类图像,其中每一个图像可看作一个一维随机变量 X.已知这个随机变量的 N 个样本值 x_1, $x_2,\cdots,x_N$,我们设法直接构造出随机变量的概率密度函数的估计式,并研究其性质.这里要介绍的是 E. Parzen的直接估计式[5-7].

1. 从样本直接构造概率密度函数的估计式,渐近无偏估计

设随机变量 X 的分布函数为 $F(x)$,即对于每一个值 x,有 $F(x)=P_r(X\leqslant x)$,这表示函数 $F(x)$ 等于事件"$X\leqslant x$"所发生的概率.现在假设已经有了随机变量 X 的 N 个独立观察值 $x_1,x_2,\cdots,x_N$,它们都称为样本.利用概率与频数的关系,我们很自然地会用

$$F_N(x)=\frac{\text{样本中使 } x_i\leqslant x(i=1,2,\cdots,N)\text{ 满足的样本 } x_i \text{ 的个数}}{N}$$

$$=\frac{\sum\limits_{x_i\leqslant 1} 1}{N} \tag{3.3.2}$$

来作为分布函数 $F(x)$ 的估计式.

显然,当 x 固定时,由于样本 x_i 出现的随机性,所

以 $F_n(x)$ 也是一个随机变量，它的取值为 $0, \frac{1}{N}, \frac{2}{N}, \cdots, \frac{N-1}{N}, 1$. 此外，因为每一个 $x_i \leqslant x$ 成立的概率为 $F(x)$，又因为 x_i 相互独立，因此 N 个值 $x_i(1 \leqslant i \leqslant N)$ 中正好有 $K(0 \leqslant K \leqslant N)$ 个值小于等于 x 的概率就是

$$Q_K = \binom{N}{K}[F(x)]^K[1-F(x)]^{N-K} \tag{3.3.3}$$

由此，从(3.3.2)看出：随机变量 $F_N(x)$ 取值为$\frac{K}{N}$的概率就是(3.3.3)所确定的量 Q_K. 因此 $F_N(x)$ 是一个二项式分布. 从二项式分布的性质容易证明：$F_N(x)$ 的数学期望及方差分别为

$$E[F_N(x)] = F(x) \tag{3.3.4}$$

$$Var[F_N(x)] = \frac{F(x)(1-F(x))}{N} \tag{3.3.5}$$

从(3.3.5)可以看出，当 $N \to +\infty$ 时，$Var[F_N(x)] \to 0$. 因此，从(3.3.4)及(3.3.5)也可以看出用 $F_N(x)$ 作为分布函数 $F(x)$ 的估计式的合理性. 事实上，这一点还可以从著名的 Чебышёв 看出来[8]

$$P_r(|F_N(x) - E[F_N(x)]| \geqslant \varepsilon) \leqslant \frac{Var[F_N(x)]}{\varepsilon^2}, \varepsilon > 0$$

即

$$P_r(|F_N(x) - F(x)| \geqslant \varepsilon) \leqslant \frac{F(x)(1-F(x))}{N\varepsilon^2} \tag{3.3.6}$$

当 $N \to +\infty$ 时，公式(3.3.6)的右边趋向于零.

现在引进无偏估计及渐近无偏估计的概念. 为此，设 $\boldsymbol{\Theta}$ 是某一个参数向量(对于某一个分布而言)，而 $\hat{\boldsymbol{\Theta}}$

是 $\boldsymbol{\Theta}$ 的一个估计，它依赖于所观察到的样本向量 $\boldsymbol{X}_1$，$\boldsymbol{X}_2,\cdots,\boldsymbol{X}_N$，即

$$\hat{\boldsymbol{\Theta}}=G(\boldsymbol{X}_1,\boldsymbol{X}_2,\cdots,\boldsymbol{X}_N) \tag{3.3.7}$$

由于 $\boldsymbol{X}_1,\boldsymbol{X}_2,\cdots,\boldsymbol{X}_N$ 都是遵从某个分布的随机向量的，因此 $\hat{\boldsymbol{\Theta}}$ 也是随机向量.

定义 3.1　若满足

$$E[\hat{\boldsymbol{\Theta}}]=\iint\cdots\int G(\boldsymbol{X}_1,\boldsymbol{X}_2,\cdots,\boldsymbol{X}_N)\times p(\boldsymbol{X}_1,\boldsymbol{X}_2,\cdots,\boldsymbol{X}_N)\mathrm{d}\boldsymbol{X}_1\mathrm{d}\boldsymbol{X}_2\cdots\mathrm{d}\boldsymbol{X}_N=\boldsymbol{\Theta} \tag{3.3.8}$$

其中，$p(\boldsymbol{X}_1,\boldsymbol{X}_2,\cdots,\boldsymbol{X}_N)$ 是样本 $\boldsymbol{X}_1,\boldsymbol{X}_2,\cdots,\boldsymbol{X}_N$ 的联合概率密度函数，则称 $\hat{\boldsymbol{\Theta}}$ 是 $\boldsymbol{\Theta}$ 的无偏估计，否则，就称为有偏估计.

若将 $\hat{\boldsymbol{\Theta}}$ 看作是依赖于 N 的量 $\hat{\boldsymbol{\Theta}}_N$，且满足

$$\lim_{N\to+\infty}E[\hat{\boldsymbol{\Theta}}_N]=\boldsymbol{\Theta} \tag{3.3.9}$$

则称 $\hat{\boldsymbol{\Theta}}_N$ 是 $\boldsymbol{\Theta}$ 的渐近无偏估计.

显然，无偏估计必是渐近无偏估计，反之不一定对.

由(3.3.4)知道，$F_N(x)$ 是分布函数 $F(x)$ 的无偏估计. 但是我们还不知道 $F_N(x)$ 依赖于样本 $x_1,x_2,\cdots,x_N$ 的清楚的表示式. 现在我们用直接研究分布函数 $F(x)$ 的概率密度函数 $f(x)$，并且直接构造出 $f(x)$ 的一个估计式 $f_N(x)$ 来代替研究分布函数 $F(x)$ 及其无偏估计 $F_N(x)$. 下面可看到：函数 $f_N(x)$ 就有依赖于样本 $x_1,x_2,\cdots,x_N$ 的清楚的表示式. 这样一来，使用函数 $f_N(x)$ 时，就会感到很方便. 在图像识别中我们正是需要概率密度函数 $f(x)$ 的估计式 $f_N(x)$.

设随机变量 x 的概率密度函数为 $f(x)$，则按定

义,就有

$$f(x)=\lim_{h\to0}\frac{F(x+h)-F(x)}{h}$$

$$=\lim_{h\to0}\frac{F(x+h)-F(x-h)}{2h}\qquad(3.3.10)$$

其中,$F(x)$为随机变量 $\boldsymbol{X}$ 的分布函数.

为了从样本 $x_1,x_2,\cdots,x_N$ 来构造 $f(x)$ 的估计式 $f_N(x)$,自然地定义

$$f_N(x)=\frac{F_N(x+h)-F_N(x-h)}{2h}\qquad(3.3.11)$$

其中,h 是某个正数,今后可将 h 看作 N 的函数 $h=h(N)$,$F_N(x)$是由(3.3.2)所定义的样本分布函数.

由(3.3.11)及(3.3.2)得到

$$f_N(x)=\frac{\left\{\begin{matrix}\text{在区间}(x-h,x+h)\text{上满足关系式}\\ x_i\leqslant x(1\leqslant i\leqslant N)\text{的样本点个数}\end{matrix}\right\}}{2hN}$$

$$=\frac{\text{满足 }x-h\leqslant x_i\leqslant x+h\text{ 的 }x_i(1\leqslant i\leqslant N)\text{的个数}}{2hN}$$

$$(3.3.12)$$

设

$$K(x)=\begin{cases}\dfrac{1}{2} & (|x|\leqslant1)\\ 0 & (|x|>1)\end{cases}\qquad(3.3.13)$$

则由(3.3.12)得到

$$f_N(x)=\frac{1}{N}\sum_{i=1}^{N}\frac{1}{h}K\left(\frac{x-x_i}{h}\right)\qquad(3.3.14)$$

$$=\int_{-\infty}^{+\infty}\frac{1}{h}K\left(\frac{x-y}{h}\right)\mathrm{d}F_N(y)\qquad(3.3.15)$$

其中,$F_N(y)$是由(3.3.2)所确定的样本分布函数. 这

就是直接构造出来的概率密度函数的估计式，它已是一个依赖于样本 $x_i(1 \leqslant i \leqslant N)$ 的清楚的表示式了，它还可以用样本分布函数通过函数 $K(x)$ 的积分来表示.从表示式(3.3.14)可以看出函数 $f_N(x)$ 的几何意义：对应一个样本 x_i，就构造一个以 x_j 为中心、宽度为 $2h$、高度为$\frac{1}{2h}$的脉冲函数，这些脉冲函数全体的平均值就取作为概率密度函数 $f(x)$ 的估计式.

今后，我们认为 h 是依赖于 N 的函数，记为 $h = h(N)$，且

$$\lim_{N \to +\infty} h(N) = 0 \tag{3.3.16}$$

这样一来，每一个上面指出的脉冲函数，随着 N 的增加，就逐渐地变为一个尖脉冲了. 在这样的意义下，显然，在(3.3.14)中没有必要取 $K(x)$ 为形如(3.3.13)的函数. 我们可以取 $K(x)$ 为其他的形式，如

$$K(x) = \frac{1}{\sqrt{2\pi}\sigma}\exp\left(-\frac{x^2}{2\sigma^2}\right), \sigma \text{ 为正参数} \tag{3.3.17}$$

$$K(x) = \frac{1}{\pi(1+x^2)} \tag{3.3.18}$$

$$K(x) = \begin{cases} 1 - |x| & (|x| \leqslant 1) \\ 0 & (|x| > 1) \end{cases} \tag{3.3.19}$$

由(3.3.14)所确定的估计式 $f_N(x)$ 就称为 Parzen 估计式，其中 $K(x)$ 可以取上面任何一种形式的函数. 函数 $K(x-y)$ 称为位势函数，这是因为从(3.3.17) ~ (3.3.19)看出，函数 $K(x-y)$ 当 $x=y$ 时取最大值；当 x 与 y 相离较远时，函数值越来越小. 下面我们还要回过来再谈位势函数.

概率密度函数估计式 $f_N(x)$ 具有一系列重要的性

质,下面首先证明它是一个渐近无偏估计.

定理 3.1[5] 设 $h=h(N)$ 具有性质(3.3.16).若函数 $K(x)$ 具有下列三个性质:

(1) $$\sup_{-\infty<x<+\infty}|K(x)|<+\infty \tag{3.3.20}$$

(2) $$\int_{-\infty}^{+\infty}|K(x)|\mathrm{d}x<+\infty \tag{3.3.21}$$

(3) $$\lim_{|x|\to+\infty}|xK(x)|=0 \tag{3.3.22}$$

且概率密度函数 $f(x)$ 满足

$$\int_{-\infty}^{+\infty}|f(x)|\mathrm{d}x<+\infty \tag{3.3.23}$$

设 $x_1,x_2,\cdots,x_N$ 是独立观察到的值,则由公式(3.3.14)所确定的函数 $f_N(x)$,在条件 $\int_{-\infty}^{+\infty}K(x)\mathrm{d}x=1$ 时,是函数 $f(x)$ 的渐近无偏估计,精确地说,在函数 $f(x)$ 的连续点处,有

$$\begin{aligned}\lim_{N\to+\infty}E[f_N(x)] &= \lim_{N\to+\infty}E\left[\frac{1}{N}\sum_{i=1}^{N}\frac{1}{h(N)}K\left(\frac{x-x_i}{h(N)}\right)\right]\\ &=f(x)\int_{-\infty}^{+\infty}K(x)\mathrm{d}x\end{aligned} \tag{3.3.24}$$

证 由公式(3.3.14)看出,对于任意的 x,有

$$\begin{aligned}E[f_N(x)] &= \frac{1}{N}E\left[\frac{1}{h(N)}\sum_{i=1}^{N}K\left(\frac{x-x_i}{h(N)}\right)\right]\\ &=\int_{-\infty}^{+\infty}\frac{1}{h(N)}K\left(\frac{x-y}{h(N)}\right)f(y)\mathrm{d}y\\ &=\int_{-\infty}^{+\infty}\frac{1}{h(N)}K\left(\frac{u}{h(N)}\right)f(x-u)\mathrm{d}u\\ &=\int_{0}^{+\infty}+\int_{\infty}^{0}\\ &=I_1+I_2\end{aligned} \tag{3.3.25}$$

现在设 x 是函数 $f(x)$ 的连续点,则任给 $\varepsilon>0$,可以找

到 $\delta>0$,使得当 $|u|<\delta$ 时,就有

$$|f(x-u)-f(x)|<\varepsilon \tag{3.3.26}$$

现在令

$$I_1=\frac{1}{h(N)}\int_0^{\delta}+\frac{1}{h(N)}\int_{\delta}^{+\infty}=J_1+J_2 \tag{3.3.27}$$

由于

$$\begin{aligned}
&J_1-f(x)\int_0^{+\infty}K(u)\,\mathrm{d}u\\
&=\frac{1}{h(N)}\int_0^{\delta}f(x-u)K\left(\frac{u}{h(N)}\right)\mathrm{d}u-\\
&\quad\frac{1}{h(N)}\int_0^{+\infty}f(x)K\left(\frac{u}{h(N)}\right)\mathrm{d}u\\
&=\frac{1}{h(N)}\int_0^{\delta}[f(x-u)-f(x)]K\left(\frac{u}{h(N)}\right)\mathrm{d}u-\\
&\quad\frac{1}{h(N)}\int_{\delta}^{+\infty}f(x)K\left(\frac{u}{h(N)}\right)\mathrm{d}u
\end{aligned}$$

利用(3.3.26)得到

$$\begin{aligned}
&\left|J_1-f(x)\int_0^{+\infty}K(u)\,\mathrm{d}u\right|\\
&\leqslant\frac{1}{h(N)}\int_0^{\delta}|f(x-u)-f(x)|\times\\
&\quad\left|K\left(\frac{u}{h(N)}\right)\right|\mathrm{d}u+\frac{f(x)}{h(N)}\int_{\delta}^{+\infty}\left|K\left(\frac{u}{h(N)}\right)\right|\mathrm{d}u\\
&\leqslant\frac{\varepsilon}{h(N)}\int_0^{\delta}\left|K\left(\frac{u}{h(N)}\right)\right|\mathrm{d}u+\frac{f(x)}{h(N)}\int_{\delta}^{+\infty}\left|K\left(\frac{u}{h(N)}\right)\right|\mathrm{d}u\\
&\leqslant\varepsilon\int_0^{+\infty}|K(\xi)|\,\mathrm{d}\xi+f(x)\int_{\frac{\delta}{h(N)}}^{+\infty}|K(\xi)|\,\mathrm{d}\xi
\end{aligned}$$

这样一来,利用(3.3.21)及(3.3.26),就得到

$$\overline{\lim_{N\to+\infty}}\left|J_1-f(x)\int_0^{+\infty}K(u)\,\mathrm{d}u\right|\leqslant\varepsilon\int_0^{+\infty}|K(\xi)|\,\mathrm{d}\xi$$

利用 ε 的任意性,就可以得到

$$\lim_{N\to+\infty} J_1 = f(x)\int_0^{+\infty} K(u)\,\mathrm{d}u \qquad (3.3.28)$$

此外,有

$$\begin{aligned}|J_2| &\leqslant \frac{1}{h(N)}\int_\delta^{+\infty} |f(x-u)|\left|K\left(\frac{u}{h(N)}\right)\right|\mathrm{d}u \\ &\leqslant \frac{1}{h(N)}\int_\delta^{+\infty} |f(x-u)|\,o\left(\frac{h(N)}{u}\right)\mathrm{d}u \\ &= 0\left(\int_\delta^{+\infty} \frac{|f(x-u)|}{u}\mathrm{d}u\right) = 0(1)\end{aligned}$$

其中最后一个不等式是利用(3.3.22)及(3.3.20)后得到的,而最后一个等式是利用(3.3.23)后得到的.由此,得到

$$\lim_{N\to+\infty} J_2 = 0 \qquad (3.3.29)$$

由此,从(3.3.27)、(3.3.28)及(3.3.29)就得到

$$\lim_{N\to+\infty} I_1 = f(x)\int_0^{+\infty} K(u)\,\mathrm{d}u \qquad (3.3.30)$$

同样可以证明

$$\lim_{N\to+\infty} I_2 = f(x)\int_{-\infty}^{0} K(u)\,\mathrm{d}u \qquad (3.3.31)$$

这样一来,比较公式(3.3.25)、(3.3.30)及(3.3.31)就立刻得到(3.3.24).定理3.1证毕.

注1 在定理3.1中,若假设$|f(x)| \leqslant M$(有界),则只要假设$K(x)$满足一个条件(3.3.21)就够了.事实上,在(3.3.25)中作变换$\frac{x-y}{h(N)} = u$,利用控制收敛性质,就可以将极限符号移到积分符号里面,由此再利用连续性即得.

注2 若$\int_{-\infty}^{+\infty} K(x)\,\mathrm{d}x = 1$,则由函数$f(x)$的连续性,就有

$$\lim_{N\to+\infty} E[f_N(x)] = f(x) \tag{3.3.32}$$

而对于由(3.3.13)、(3.3.17)、(3.3.18)及(3.3.19)所确定的$K(x)$,显然在定理中所有的条件都是满足的,因此(3.3.32)成立,即$f_N(x)$是函数$f(x)$的渐近无偏估计.

注 3　所有的结果可以推广到多个变量的情况,只要做相应的改变就行了.

2. 方差估计及渐近正态分布

根据已知的定义,函数$f_N(x)$的方差为

$$\mathrm{Var}[f_N(x)] = \int_{-\infty}^{+\infty}\cdots\int (f_N(x) - E[f_N(x)])^2 \times f(x_1)f(x_2)\cdots f(x_n)\,\mathrm{d}x_1\mathrm{d}x_2\cdots\mathrm{d}x_n \tag{3.3.33}$$

现在证明下列定理.

定理 3.2　在定理 3.1 的条件下,在函数$f(x)$的连续处有

$$\lim_{N\to+\infty} Nh(N)\mathrm{Var}[f_N(x)] = f(x)\int_{-\infty}^{+\infty} K^2(x)\,\mathrm{d}x \tag{3.3.34}$$

证　由公式(3.3.2)及样本$x_1,x_2,\cdots,x_N$是独立取的假设,可以得到

$$\begin{aligned}\mathrm{Var}[f_N(x)] &= \mathrm{Var}\left[\frac{1}{Nh(N)}\sum_{i=1}^{N}K\left(\frac{x-x_i}{h(N)}\right)\right]\\ &= \frac{1}{Nh^2(N)}\mathrm{Var}\left[K\left(\frac{x-y}{h(N)}\right)\right]\end{aligned}$$

从(3.3.14)得

$$E[f_N(x)] = \frac{1}{N}\cdot\frac{1}{h(N)}\cdot NE\left[K\left(\frac{x-y}{h(N)}\right)\right]$$

$$= \frac{1}{h(N)} E\left[K\left(\frac{x-y}{h(N)}\right)\right]$$

即
$$E\left[K\left(\frac{x-y}{h(N)}\right)\right] = h(N) E[f_N(x)]$$

因而

$$\begin{aligned}
&\mathrm{Var}[f_N(x)] \\
&= \frac{1}{Nh^2(N)} \int_{-\infty}^{+\infty} \left\{K\left(\frac{x-y}{h(N)}\right) - h_N E[f_N(x)]\right\}^2 f(y)\,\mathrm{d}y \\
&= \frac{1}{Nh^2(N)} \int_{-\infty}^{+\infty} K^2\left(\frac{x-y}{h(N)}\right) f(y)\,\mathrm{d}y - \frac{\{E[f_N(x)]\}^2}{N}
\end{aligned} \tag{3.3.35}$$

由于函数 $K(x)$ 满足定理 3.1 的条件,因此函数 $K^2(x)$ 也满足定理 3.1 的条件. 应用定理 3.1,由(3.3.35)立刻可得到(3.3.34).

注 若

$$\lim_{N\to+\infty} Nh(N) = +\infty \tag{3.3.36}$$

就有

$$\lim_{N\to+\infty} \mathrm{Var}[f_N(x)] = 0 \tag{3.3.37}$$

归纳定理 3.1 及定理 3.2,就进一步说明了用函数 $f_N(x)$ 作为函数 $f(x)$ 的估计的合理性.

进一步,在定理 3.1 的条件下,如果还满足(3.3.36),则还有

$$\begin{aligned}
&\lim_{N\to+\infty} E[f_N(x) - f(x)^2] \\
&= \lim_{N\to+\infty} E[(f_N(x) - E[f_N(x)] + E[f_N(x)] - \\
&\quad f(x))^2] \\
&= \lim_{N\to+\infty} \mathrm{Var}\, E[f_N(x)] + \lim_{N\to+\infty} 2E[f_N(x) - E[f_N(x)]] \times \\
&\quad (E[f_N(x)] - f(x)) + \lim_{N\to+\infty} (E[f_N(x)] - f(x))^2
\end{aligned}$$

$=0$

这说明$f_N(x)$还平均逼近函数$f(x)$.

表3－1给出各种函数$K(x)$的例子以及值$\int_{-\infty}^{+\infty} K^2(x)\mathrm{d}x$.

表3－1　各种函数$K(x)$的例子以及值$\int_{-\infty}^{+\infty} K^2(x)\mathrm{d}x$

$K(x)$	$k(u)=\int_{-\infty}^{+\infty} \mathrm{e}^{-\mathrm{i}ux} \cdot K(x)\mathrm{d}x$	$\int_{-\infty}^{+\infty} K^2(x)\mathrm{d}x = \frac{1}{2\pi}\int_{-\infty}^{+\infty} k^2(u)\mathrm{d}u$
$\frac{1}{2}$,当$\lvert x\rvert \leqslant 1$时 0,当$\lvert x\rvert > 1$时	$\frac{\sin u}{u}$	$\frac{1}{2}$
$1-\lvert x\rvert$,当$\lvert x\rvert \leqslant 1$时 0,当$\lvert x\rvert > 1$时	$\left(\frac{\sin\frac{u}{2}}{\frac{u}{2}}\right)^2$	$\frac{2}{3}$
$\frac{4}{3}-8x^2+8\lvert x\rvert^3$,当$\lvert x\rvert < \frac{1}{2}$ $\frac{8}{3}(1-\lvert x\rvert)^3$,当$\frac{1}{2}\leqslant\lvert x\rvert\leqslant 1$ 0,当$\lvert x\rvert > 1$	$\left(\frac{\sin\frac{u}{4}}{\frac{u}{4}}\right)^4$	0.96
$\frac{1}{\sqrt{2\pi}}\mathrm{e}^{-\frac{1}{2}x^2}$	$\mathrm{e}^{-\frac{1}{2}u^2}$	$\frac{1}{2\sqrt{\pi}}$
$\frac{1}{2}\mathrm{e}^{-\lvert x\rvert}$	$\frac{1}{1+u^2}$	$\frac{1}{2}$

续表 3－1

$K(x)$	$k(u)=\int_{-\infty}^{+\infty}\mathrm{e}^{-\mathrm{i}ux}\cdot K(x)\,\mathrm{d}x$	$\int_{-\infty}^{+\infty}K^2(x)\,\mathrm{d}x=\frac{1}{2\pi}\int_{-\infty}^{+\infty}k^2(u)\,\mathrm{d}u$
$\frac{1}{2\pi}\left(\frac{\sin\frac{x}{2}}{\frac{x}{2}}\right)^2$	$1-\lvert u\rvert$，当$\lvert u\rvert\leqslant 1$ 0，当$\lvert x\rvert>1$	$\frac{1}{3\pi}$

下面讨论$f_N(x)$的渐近正态分布性质：

定义 3.2　设依赖于 n 的随机变量 η_n 的数学期望为 $E(\eta_n)=a_n$，又设其方差为 $\mathrm{Var}\,\eta_n=\sigma_n^2$. 如果对于任意的实数 α 及 β，$\alpha<\beta$，有

$$\lim_{n\to+\infty}P_r\left(\alpha<\frac{\eta_n-\alpha_n}{\sigma_n}<\beta\right)=\frac{1}{\sqrt{2\pi}}\int_{\alpha}^{\beta}\mathrm{e}^{-\frac{1}{2}x^2}\mathrm{d}x$$

则称随机变量 η_n 具有渐近正态分布.

关于渐近正态分布，有下列定理：

定理 3.3　若(3.3.36)成立，即

$$\lim_{N\to+\infty}Nh(N)=+\infty$$

则对函数$f(x)$的任意一个连续点 x 上，由(3.3.14)所确定的函数

$$f_N(x)=\frac{1}{N}\sum_{i=1}^{N}\frac{1}{h(N)}K\left(\frac{x-x_i}{h(N)}\right)$$

是渐近正态分布.

此定理的证明不准备给出了.

我们还要指出：当概率密度函数$f(x)$有进一步的光滑性质，且当$K(x)$也有一些比较好的性质时，还可

以研究 $E[f_N(x)]$ 趋向于 $f(x)$ 的速度估计以及均方差 $E[(f_N(x)-f(x))^2]$ 的估计式. 这些都不准备在这里讨论了,有兴趣的读者可以参看 Parzen 的文章[5].

3. **位势函数**

把上面讨论中谈到的所有函数 $K(x)$ 作变换 $x\to x-y$ 后所得到的二元函数 $K(x-y)$ 都称为位势函数,它们都有一些公共的性质. 一般说来,两个 n 维向量 $\boldsymbol{X}$ 与 $\boldsymbol{Y}$ 的函数 $K(\boldsymbol{X},\boldsymbol{Y})$ 如果满足下列三个条件,则称为位势函数:

(1) $K(\boldsymbol{X},\boldsymbol{Y})=K(\boldsymbol{Y},\boldsymbol{X})$,并且当且仅当 $\boldsymbol{X}=\boldsymbol{Y}$ 时达到最大值;

(2) 当向量 $\boldsymbol{X}$ 与 $\boldsymbol{Y}$ 的距离趋向于无穷时,函数 $K(\boldsymbol{X},\boldsymbol{Y})$ 趋向于零;

(3) $K(\boldsymbol{X},\boldsymbol{Y})$ 是光滑函数(有时可假设为逐块光滑函数),且 $K(\boldsymbol{X},\boldsymbol{Y})$ 是 $\boldsymbol{X}$ 与 $\boldsymbol{Y}$ 之间距离的单调下降函数.

由此看出,若 $K(\boldsymbol{X},\boldsymbol{Y})=K(x-y)$,其中 $K(x)$ 是上面考虑过的函数,则它显然满足上述三个条件,因此它是位势函数. 我们称它们为第一类位势函数. 它们也容易推广到高维空间.

有时为了方便起见,令 $K(\boldsymbol{X},\boldsymbol{Y})=g[d(\boldsymbol{X},\boldsymbol{Y})]$,其中取

$$d(\boldsymbol{X},\boldsymbol{Y})=\left\{\sum_{i=1}^{n}|x_i-y_i|^2\right\}^{\frac{1}{2}}$$

或

$$d(\boldsymbol{X},\boldsymbol{Y})=\sum_{i=1}^{n}|x_i-y_i|$$

这里 $\boldsymbol{X}=(x_1,x_2,\cdots,x_n)^{\mathrm{T}}$,$\boldsymbol{Y}=(y_1,y_2,\cdots,y_n)^{\mathrm{T}}$,而 $g(t)$

是任意折线，它定义在 $t \geqslant 0$，且单调下降地趋向于零（图 3－1）.

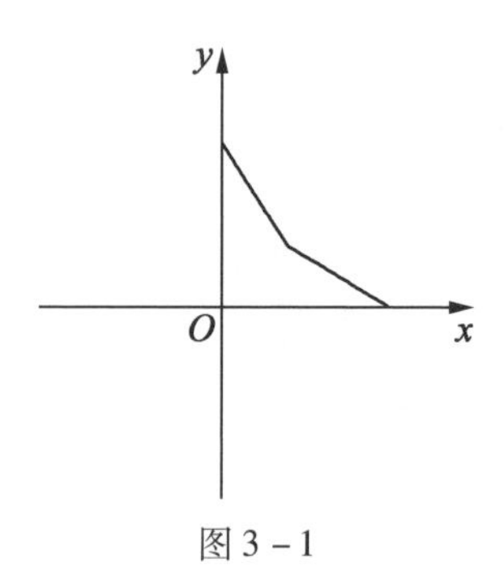

图 3－1

如果我们选择 $K(x,y)$ 使得

$$\int_{-\infty}^{+\infty} K(x,y)\,\mathrm{d}x = 1$$

则构造概率密度函数 $f(x)$ 的估计式

$$f_N(x) = \frac{1}{N}\sum_{i=1}^{N} K(x,x_i) \qquad (3.3.38)$$

其中，$x_1, x_2, \cdots x_N$ 是任取的独立样本值，则它有性质

$$\int_{-\infty}^{+\infty} f_N(x)\,\mathrm{d}x = \frac{1}{N}\sum_{i=1}^{N}\int_{-\infty}^{+\infty} K(x,x_i)\,\mathrm{d}x = 1 \qquad (3.3.39)$$

因而，由公式(3.3.38)所确定的函数 $f_N(x)$ 比由公式(3.3.14)所确定的函数更为一般，更为灵活.

下面介绍第二类位势函数[9]，它具有形式

$$K(x,y) = \sum_{i=1}^{R} \lambda_i^2 \varphi_i(x)\varphi_i(y) \qquad (3.3.40)$$

其中，λ_i 为常数序列，$\{\varphi_i(x)\}$ 是实轴 $(-\infty, +\infty)$ 上的正交函数系，R 是某个正整数. 有时为了简单起见，就令 $\lambda_i = 1$（或将 λ_i 吸收到函数 $\varphi_i(x)$ 中）. 由于

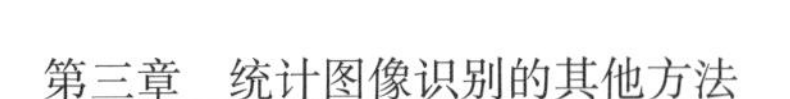

$$\sum_{i=1}^{N} \varphi_i(x)\varphi_i(y) = \delta(x-y) \qquad (3.3.41)$$

其中,$\delta(x)$是 Dirac 广义函数,即对任何的可积函数$\alpha(x)$,就有

$$\int_{-\infty}^{+\infty} \alpha(x)\delta(x-y)\,\mathrm{d}x = \alpha(y)$$

因此,用(3.3.40)来定义函数$K(x,y)$是合理的,因为$K(x,y)$是对称函数,由积分方程的理论可知,在一定条件可按正交函数系$\{\varphi_i(x)\}$展开,将无穷多项截取有限项以后得到逼近值.

在这样的情况下,由(3.3.38)所确定的概率密度函数$f(x)$的估计式为

$$\begin{aligned} f_N(x) &= \frac{1}{N}\sum_{i=1}^{N} K(x,x_i) = \frac{1}{N}\sum_{i=1}^{N}\sum_{k=1}^{R}\varphi_k(x)\varphi_k(y) \\ &= \sum_{k=1}^{R}\varphi_k(x)\left[\frac{1}{N}\sum_{i=1}^{N}\varphi_k(x_i)\right] \\ &= \sum_{k=1}^{R} C_k\varphi_k(x) \qquad (3.3.42) \end{aligned}$$

其中

$$C_k = \frac{1}{N}\sum_{i=1}^{N}\varphi_k(x_i) \qquad (3.3.43)$$

这表示概率密度函数$f(x)$的估计式$f_N(x)$可以用一些正交系用的函数的线性组合来表示,而其系数则与所取的独立的样本值密切相关.

最后,还需指出,利用位势函数可以对样本点进行分类,但是判决边界的形状可能很复杂.考虑两类图像Ω_1及Ω_2,设在Ω_1中有N_1个样本点$\boldsymbol{X}_i^{(1)}(1\leqslant i\leqslant N_1)$,它们都是$n$维向量,在$\Omega_2$中有$N_2$个样本点$\boldsymbol{X}_j^{(2)}(1\leqslant j\leqslant N_2)$,它们也都是$n$维向量.

定理 3.4[10]　设 $\boldsymbol{X}_i^{(1)} \neq \boldsymbol{X}_j^{(2)}$ $(i=1,2,\cdots,N_1; j=1,2,\cdots,N_2)$，则存在一个连续可微的位势函数 $K(\boldsymbol{X},\boldsymbol{Y})$，使得由它根据公式(3.3.42)所求出的两类图像的条件概率密度函数的估计式 $f_{N_1}(\boldsymbol{X}|1)$ 及 $f_{N_2}(\boldsymbol{X}|2)$，用比较大小进行判决时（即用 Bayes 判决规则，其中损失 $C_{11}=C_{22}=0, C_{12}=C_{21}=1$，先验概率 $P_1=P_2=\frac{1}{2}$），能对样本点 $\boldsymbol{X}_i^{(1)}$ 及 $\boldsymbol{X}_j^{(2)}$ $(i=1,2,\cdots,N_1; j=1,2,\cdots,N_2)$ 正确分类.

证　设

$$d=\min_{1\leqslant j\leqslant N_2}\min_{1\leqslant i\leqslant N_1}\| \boldsymbol{X}_i^{(1)}-\boldsymbol{X}_j^{(2)} \| \tag{3.3.44}$$

其中，$\|\cdot\|$ 是通常所用的欧几里得空间中的范数，即 $\| \boldsymbol{X}_i^{(1)}-\boldsymbol{X}_j^{(2)} \|$ 表示向量 $\boldsymbol{X}_i^{(1)}$ 及 $\boldsymbol{X}_j^{(2)}$ 之间的距离. 现在取

$$K(\boldsymbol{X},\boldsymbol{Y})=\exp\left(-\frac{1}{\alpha}\| \boldsymbol{X}-\boldsymbol{Y} \|^2\right) \tag{3.3.45}$$

其中

$$\alpha<\frac{d^2}{\ln[\max(N_1,N_2)]} \tag{3.3.46}$$

可以看出，由(3.3.45)所确定的位势函数就能满足定理的要求.

事实上，对于任意的 $\boldsymbol{X}_j^{(2)}$ $(1\leqslant j\leqslant N_2)$，由于(3.3.38)，有

$$\begin{aligned}
f_{N_1}(\boldsymbol{X}_j^{(2)} | \Omega_1) &= \frac{1}{N_1}\sum_{i=1}^{N}\exp\left(-\frac{1}{\alpha}\| \boldsymbol{X}_i^{(1)}-\boldsymbol{X}_j^{(2)} \|^2\right)\\
&\leqslant \max_{1\leqslant i\leqslant N_1}\exp\left(-\frac{1}{\alpha}\| \boldsymbol{X}_i^{(1)}-\boldsymbol{X}_j^{(2)} \|^2\right)\\
&\leqslant \max_{1\leqslant i\leqslant N_1}\exp\left(-\frac{1}{\alpha}\min_{1\leqslant j\leqslant N_2}\| \boldsymbol{X}_i^{(1)}-\boldsymbol{X}_j^{(2)} \|^2\right)
\end{aligned}$$

$$
\begin{aligned}
&\leqslant \exp\left(-\frac{d^2}{\alpha}\right) < \exp(-\ln N_2) \\
&= \frac{1}{N_2}\exp\left(-\frac{1}{\alpha}\| \boldsymbol{X}_i^{(2)} - \boldsymbol{X}_j^{(2)} \|^2\right) \\
&\leqslant \frac{1}{N_2}\sum_{i=1}^{N_2} \exp\left(-\frac{1}{\alpha}\| \boldsymbol{X}_i^{(2)} - \boldsymbol{X}_j^{(2)} \|^2\right) \\
&= f_{N_2}(\boldsymbol{X}_j^{(2)} \mid \Omega_2)
\end{aligned}
$$

因此对样本 $\boldsymbol{X}_j^{(2)}(1\leqslant j\leqslant N_2)$ 而言,确实是正确地分类.用同样方法可以证明对样本 $\boldsymbol{X}_i^{(1)}(1\leqslant i\leqslant N_1)$ 也能正确地分类.

这个定理属于非参数图像识别的范畴. 但是由于这里的条件概率密度函数的估计式 $f_{N_1}(\boldsymbol{X}|1)$, $f_{N_2}(\boldsymbol{X}|2)$ 的形式还不够简单,且在计算时计算量也较大,因此有必要在后面再介绍其他的方法.

位势函数是一个重要的概念,在后面我们还会再遇到,特别是在下面讲随机逼近时,要用到这个概念.

3.3.2　直接逼近概率密度函数

在上一小节中,我们直接构造了概率密度函数的估计式,它的特点是公式清楚,只要有位势函数,有 N 个独立样本值以后,就可以直接代入进行计算. 至于其缺点,上面已经介绍过了. 此外,由于 N 较大,因此需要存储 $x_1, x_2, \cdots, x_N$ 的内存也较大. 最后,用(3.3.38)来近似表达条件概率密度函数,其精确度可能不很高.对于内存问题,如果将公式(3.3.38)改写为

$$
f_N(\boldsymbol{X}) = \frac{N-1}{N} f_{N-1}(\boldsymbol{X}) + \frac{K(\boldsymbol{X}, \boldsymbol{X}_N)}{N} \tag{3.3.47}
$$

则在已知 $N-1$ 个样本时,求出了条件概率密度函数 $f(\boldsymbol{X})$ 的估计式 $f_{N-1}(\boldsymbol{X})$ 以后,当再增加一个样本,即第

N 个样本后,就可以由 $f_{N-1}(\boldsymbol{X})$ 经过适当调整后得到第 N 次迭代值 $f_N(\boldsymbol{X})$. 这种方法称为自适应方法,它可以减少存储量. 这是从函数逼近论中的研究得到的启发,如果被逼近的函数 $f(x)$ 有很好的性质,如光滑性等,则用多项式或其他正交函数系来逼近时,逼近的阶也就越高. 这就是所谓直接逼近概率密度函数.

1. 积分平方逼近[1,9]

设 $\{\varphi_i(\boldsymbol{X})\}$ 是 n 维欧氏空间 $\mathbf{R}_n$ 中的某个函数系,一般来说,它是一个完备系,即对任何函数 $f(\boldsymbol{X}) \in L_2[\mathbf{R}_n]$,有

$$\lim_{R\to+\infty} \min_{C_j} \int_{\mathbf{R}_n} \left[f(\boldsymbol{X}) - \sum_{j=1}^{R} C_j\varphi_j(\boldsymbol{X})\right]^2 \mathrm{d}\boldsymbol{X} = 0 \tag{3.3.48}$$

现在对于任意的概率密度函数 $f(\boldsymbol{X}) \in L_2[\mathbf{R}_n]$,考虑量

$$J(C_1, C_2, \cdots, C_R) = \int_{\mathbf{R}_n} \left[f(\boldsymbol{X}) - \sum_{j=1}^{R} C_j\varphi_j(\boldsymbol{X})\right]^2 \mathrm{d}\boldsymbol{X} \tag{3.3.49}$$

并寻找能使 J 达到最小值 $J^* = \min\limits_{C_j} J(C_1, C_2, \cdots, C_R)$ 的 C_j^* $(1 \leqslant j \leqslant R)$.

定理 3.5[9,12] 若存在 C_j^* $(1 \leqslant j \leqslant R)$,使公式(3.3.48)所确定的值 J 达到最小值,则它必满足线性方程组

$$\sum_{j=1}^{R} C_j^* \int_{\mathbf{R}_n} \varphi_j(\boldsymbol{X})\varphi_k(\boldsymbol{X}) \mathrm{d}\boldsymbol{X} = \int_{\mathbf{R}_n} \varphi_k(\boldsymbol{X}) f(\boldsymbol{X}) \mathrm{d}\boldsymbol{X} \quad (k = 1, 2, \cdots, R) \tag{3.3.50}$$

且反之亦然.

证 显然,由(3.3.49)所确定的 J 是 C_j $(1 \leqslant j \leqslant$

R)的二次函数,因此,要使 J 达到最小值的 C_j^* 必须且只需满足条件

$$\left.\frac{\partial J}{\partial C_k}\right|_{C_j=C_j^*}=0 \quad (j,k=1,2,\cdots,R)$$

即

$$2\int_{\mathbf{R}_n}\left[f(\boldsymbol{X})-\sum_{j=1}^{R}C_j^*\varphi_j(\boldsymbol{X})\right]^2(-\varphi_k(\boldsymbol{X}))\mathrm{d}\boldsymbol{X}=0$$
$$(k=1,2,\cdots,R)$$

由此经过计算,就容易得到(3.3.50)。

注1　如果已知随机向量 $\boldsymbol{X}$ 的 N 个独立样本值 $\boldsymbol{X}_j(1\leqslant j\leqslant N)$,则可以认为 $C_j^*(1\leqslant j\leqslant R)$ 近似地满足线性方程组

$$\sum_{j=1}^{R}C_j^*\int_{\mathbf{R}_n}\varphi_j(\boldsymbol{X})\varphi_k(\boldsymbol{X})\mathrm{d}\boldsymbol{X}=\frac{1}{N}\sum_{i=1}^{N}\varphi_k(\boldsymbol{X}_i)$$
$$(k=1,2,\cdots,R) \tag{3.3.51}$$

事实上,这只要将公式(3.3.50)右端的积分——函数 $\varphi_k(\boldsymbol{X})$ 的数学期望值用函数 $\varphi_k(\boldsymbol{X})$ 在样本上的平均值 $\frac{1}{N}\sum_{i=1}^{N}\varphi_k(\boldsymbol{X}_i)$ 来代替即得.

注2　若 $\{\varphi_i(\boldsymbol{X})\}$ 是一个规格化正交,即

$$\int_{\mathbf{R}_n}\varphi_j(\boldsymbol{X})\varphi_k(\boldsymbol{X})\mathrm{d}\boldsymbol{X}=\begin{cases}1 & (j=k)\\0 & (j\neq k)\end{cases} \tag{3.3.52}$$

则由(3.3.51)可以直接求出 $C_j^*(1\leqslant j\leqslant R)$ 为

$$C_j^*=\frac{1}{N}\sum_{i=1}^{N}\varphi_j(X_i) \quad (j=1,2,\cdots,R) \tag{3.3.53}$$

如果 $\{\varphi_i(\boldsymbol{X})\}$ 不是规格化正交系,那么可以用已知的 Gram-Schmidt 的正交化方法,使得用 $\{\varphi_i(\boldsymbol{X})\}$ 的线性组合构造出一个规格化正交系 $\{g_i(\boldsymbol{X})\}$ 来,且有

$$g_i(\boldsymbol{X}) = a_{ii}\varphi_i(\boldsymbol{X}) + a_{ii-1}\varphi_{i-1}(\boldsymbol{X}) + \cdots + a_{i1}\varphi_1(\boldsymbol{X}), a_{ii} \neq 0$$

而 $a_{ij}(1 \leqslant j \leqslant i)$ 为适当选择的数量[13]. 这样一来,代替考虑用 $\sum_{i=1}^{R} C_i\varphi_i(\boldsymbol{X})$ 来逼近 $f(\boldsymbol{X})$,可以考虑用 $\sum_{i=1}^{R} b_i g_i(\boldsymbol{X})$ 来逼近 $f(\boldsymbol{X})$.

同样,我们也可以使样本一个一个地进入机器,从而节省存储,这只要将计算方案略为改变即可. 我们将由公式(3.3.53)所确定的系数 C_i^* 看作样本个数 N 的函数,记作 $C_i^* = C_i^*(N)$,则得递推公式

$$C_i^*(N) = \frac{1}{N}[(N-1)C_i^*(N-1) + \varphi_i(\boldsymbol{X}_N)]$$

$$(i = 1, 2, \cdots, R)$$

$$C_i(0) = 0 \tag{3.3.54}$$

也就是说,可以迭代地求出系数. 若令第 K 次迭代所得到的逼近函数为 $\psi_K(\boldsymbol{X})$,则有

$$\psi_K(\boldsymbol{X}) = \sum_{j=1}^{R} C_j^*(K)\varphi_j(\boldsymbol{X})$$

从公式(3.3.54)还可以得到

$$\psi_N(\boldsymbol{X}) = \frac{N-1}{N}\psi_{N-1}(\boldsymbol{X}) + \frac{1}{N}\sum_{j=1}^{N} \varphi_j(\boldsymbol{X}_N)\varphi_j(\boldsymbol{X})$$

$$\psi_0(\boldsymbol{X}) = 0 \tag{3.3.55}$$

公式(3.3.54)还可以改写为

$$C_i^*(N) = C_i^*(N-1) + \frac{1}{N}(\varphi_i(\boldsymbol{X}_N) - C_i^*(N-1))$$

$$C_i^*(0) = 0 \quad (i = 1, 2, \cdots, R) \tag{3.3.56}$$

则有

$$\psi_K(\boldsymbol{X}) = \psi_{K-1}(\boldsymbol{X}) + \frac{1}{N}\left[\sum_{j=1}^{R} \varphi_j(\boldsymbol{X}_N)\varphi_j(\boldsymbol{X}) - \psi_{N-1}(\boldsymbol{X})\right],$$

$$\psi_0(\boldsymbol{X}) = 0 \tag{3.3.57}$$

这种形式的表示式在下面讨论随机逼近时还会再见到.

可以证明,若未知概率密度函数$f(\boldsymbol{X})$确实可以表示为

$$f(\boldsymbol{X}) = \sum_{j=1}^{R} C_j \varphi_j(\boldsymbol{X}) \qquad (3.3.58)$$

时,则当样本点的个数N无限增加时,$\psi_N(\boldsymbol{X})$在各种收敛准则意义下收敛到$f(\boldsymbol{X})$.

如果我们考虑两类问题,即一类图像为Ω_1,另一类图像为Ω_2. 设其条件概率密度函数分别为$p(\boldsymbol{X}|1)$及$p(\boldsymbol{X}|2)$,先验概率为P_1与P_2,损失为$C_{11}=C_{22}=0$,$C_{21}=h_1$,$C_{12}=h_2$,则从第二章§2.2中介绍的Bayes准则可以看出,若要进行判决,关键是要看函数

$$u(\boldsymbol{X}) = h_1 P_1 p(\boldsymbol{X}|1) - h_2 P_2 p(\boldsymbol{X}|2) \qquad (3.3.59)$$

的符号,即

$$\begin{aligned}&\text{若 } u(\boldsymbol{X}) \geqslant 0,\text{则判决 } \boldsymbol{X} \in \Omega_1\\&\text{若 } u(\boldsymbol{X}) < 0,\text{则判决 } \boldsymbol{X} \in \Omega_2\end{aligned} \qquad (3.3.60)$$

因此,可以直接逼近函数$u(\boldsymbol{X})$,即研究

$$J_1(C_1, C_2, \cdots, C_R) = \int_{\mathbf{R}_n} \left[u(\boldsymbol{X}) - \sum_{j=1}^{R} C_j \varphi_j(\boldsymbol{X}) \right]^2 \mathrm{d}\boldsymbol{X} \qquad (3.3.61)$$

的最小值问题,把达到最小值的点C_i^* $(1 \leqslant i \leqslant R)$组成的函数

$$u^*(\boldsymbol{X}) = \sum_{j=1}^{R} C_j^* \varphi_j(\boldsymbol{X}) \qquad (3.3.62)$$

作为(3.3.59)中所确定的函数$u(\boldsymbol{X})$的近似值,因而在(3.3.60)中,可以用$u^*(\boldsymbol{X})$代替$u(\boldsymbol{X})$来做出判决,即

$$
\begin{aligned}
&若\ u^*(\boldsymbol{X}) \geqslant 0,则判决\ \boldsymbol{X} \in \Omega_1 \\
&若\ u^*(\boldsymbol{X}) < 0,则判决\ \boldsymbol{X} \in \Omega_2
\end{aligned}
\tag{3.3.63}
$$

定理 3.6[9,11] 若对第一类图像 Ω_1，有 N_1 个样本 $\boldsymbol{X}_i^{(1)}(1 \leqslant i \leqslant N_1)$，对第二类图像 Ω_2，有 N_2 个样本 $\boldsymbol{X}_i^{(2)}(1 \leqslant i \leqslant N_2)$，则当 $\{\varphi_i(\boldsymbol{X})\}$ 是规格化正交系时，使(3.3.61)所确定的 J_1 达到最小值的点 $C_j^*(1 \leqslant j \leqslant R)$ 近似地有表示式

$$
C_j^* = \frac{h_1 P_1}{N_1} \sum_{i=1}^{N_1} \varphi_j(\boldsymbol{X}_i^{(1)}) - \frac{h_2 P_2}{N_2} \sum_{i=1}^{N_2} \varphi_j(\boldsymbol{X}_i^{(2)}) \quad (j = 1, 2, \cdots, R) \tag{3.3.64}
$$

证 如在证明定理 3.5 时一样，使 J_1 达到最小值的点 $C_j^*(1 \leqslant j \leqslant R)$ 必须且只需满足线性方程组

$$
\begin{aligned}
\sum_{j=1}^{R} C_j^* \int_{\mathbf{R}_n} \varphi_j(\boldsymbol{X}) \varphi_k(\boldsymbol{X}) \mathrm{d}\boldsymbol{X} &= \int_{\mathbf{R}_n} \varphi_k(\boldsymbol{X}) u(\boldsymbol{X}) \mathrm{d}\boldsymbol{X} \\
&= \int_{\mathbf{R}_n} \varphi_k(\boldsymbol{X}) h_1 P_1 p(\boldsymbol{X}|1) \mathrm{d}\boldsymbol{X} - \\
&\quad \int_{\mathbf{R}_n} \varphi_k(\boldsymbol{X}) h_2 P_2 p(\boldsymbol{X}|2) \mathrm{d}\boldsymbol{X}
\end{aligned}
$$

然后，对上式右边的两个积分，分别用每一类的样本平均值来代替，再利用 $\{\varphi_j(\boldsymbol{X})\}$ 是规格化正交系的假设，就立刻可以得到(3.3.64).

注 若取

$$
P_1 = \frac{N_1}{N_1 + N_2}, P_2 = \frac{N_2}{N_1 + N_2}, h_1 = h_2 = 1
$$

则公式(3.3.64)可以改写为

$$
C_j^* = \frac{1}{N_1 + N_2} \sum_{i=1}^{N_1 + N_2} u(\boldsymbol{X}_i) \varphi_j(\boldsymbol{X}_i) \quad (j = 1, 2, \cdots, R) \tag{3.3.65}
$$

其中

$$u(X)=\begin{cases}1 & (X_j\in\Omega_1)\\ -1 & (X_j\in\Omega_2)\end{cases}$$

这个结果与定理3.5中注2的结果是类似的,只是分别将每一类的系数计算出来后,再相减即得.

2. 最小均方逼近[9]

上面所研究的被逼近的函数都是概率密度函数,一般地,它们在某些区域中取值可以很小,也就是说,在一些区域中,样本点出现的可能性较小,而在另外一些区域上,样本点出现的可能性又较大.这样,用函数系$\{\varphi_i(X)\}$,例如多项式系来进行逼近时,就要求非常高的次数才行,也就是说,R必须取得相当大,才有可能在整个空间中有比较好的逼近的速度.这样就大大地增加了计算量.从另一方面看,这种在整个空间$\mathbf{R}_n$的所有的点上同等对待是不合理的.因为我们实现逼近的目的是为了判决,因此,关键在于比较稠密的可能出现的点集上进行逼近即可,也即对概率密度函数取值较大的区域上实现逼近就行,而对那些比较稀少的可能出现的点集上,即概率密度函数值接近于零的点集上可以忽略.事实上,对于后一类点集,即使逼近度不高,用实现逼近的函数来分类时,误分类的可能性也是不大的.为此,我们考虑加权的最小均方逼近问题.这里假设共有m类图像$\Omega_i(1\leqslant i\leqslant m)$,每一类的概率密度函数为$p(X|i)$,先验概率为$P_i(1\leqslant i\leqslant m)$,其混合概率密度函数为

$$p(X)=\sum_{i=1}^{m}P_ip(X|i)$$

考虑量

$$J_2^{(i)}(C_1,C_2,\cdots,C_R)=\int_{\mathbf{R}_n}\left[p(X|i)-\sum_{j=1}^{R}C_j^{(i)}\varphi_j(X)\right]^2\times$$

$$p(\boldsymbol{X})\mathrm{d}\boldsymbol{X} \quad (i=1,2,\cdots,m) \tag{3.3.66}$$

求 $J_2^{(i)}(1\leqslant i\leqslant m)$的最小值. 关于这方面有下列定理.

定理 3.7[9] 设对于图像类 $\Omega_i(1\leqslant i\leqslant m)$，已知其 N_i 个样本为 $\boldsymbol{X}_j^{(i)}(j=1,2,\cdots,N_i;i=1,2,\cdots,m)$，若取先验概率为

$$P_i=\frac{N_i}{\sum_{j=1}^{m}N_j} \quad (i=1,2,\cdots,m) \tag{3.3.67}$$

则使公式(3.3.66)所确定的 $J_2^{(i)}$ 达到最小值的 $C_j^{(i)}$ 近似地满足线性方程组

$$\sum_{j=1}^{R}C_j^{(i)}a_{jl}=b_l^{(i)} \quad (l=1,2,\cdots,R) \tag{3.3.68}$$

其中

$$\left.\begin{aligned} a_{jl} &= \sum_{t=1}^{N_1+N_2+\cdots+N_m}\varphi_j(\boldsymbol{X}_t)\varphi_l(\boldsymbol{X}_t) \\ b_l^{(i)} &= \sum_{t=1}^{N_1+N_2+\cdots+N_m}\varphi_l(\boldsymbol{X}_t)u_i(\boldsymbol{X}_t) \end{aligned}\right\} \tag{3.3.69}$$

$$(l,j=1,2,\cdots,R;i=1,2,\cdots,m)$$

而$\{\boldsymbol{X}_t\}$就是 m 类中全体样本 $\boldsymbol{X}_j^{(i)}(i=1,2,\cdots,m;j=1,2,\cdots,N_t)$的集合，且

$$u_i(\boldsymbol{X}_t)=\begin{cases}1 & (\boldsymbol{X}_t\in\Omega_i)\\ 0 & (\boldsymbol{X}_t\notin\Omega_i)\end{cases}(i=1,2,\cdots,m) \tag{3.3.70}$$

证 将 $p(\boldsymbol{X})$的表示式代入(3.3.66)后，就得到

$$J_2^{(i)}=\sum_{l=1}^{m}P_l\int_{\mathbf{R}_n}\Big[p(\boldsymbol{X}\mid i)-\sum_{j=1}^{R}C_j^{(i)}\varphi_j(\boldsymbol{X})\Big]^2p(\boldsymbol{X}\mid l)\mathrm{d}\boldsymbol{X} \tag{3.3.71}$$

在公式(3.3.71)中,积分是函数

$$\left[p(\boldsymbol{X}\mid i)-\sum_{j=1}^{R}C_j^{(i)}\varphi_j(\boldsymbol{X})\right]^2$$

关于第 l 类的条件数学期望值,因此就可以近似地用此函数在这一类样本中的平均值来表示,由此得到

$$\begin{aligned}J_2^{(i)}&\approx\sum_{l=1}^{m}\frac{P_l}{N_l}\sum_{n=1}^{N_l}\left[p(\boldsymbol{X}_n^{(l)}\mid i)-\sum_{j=1}^{R}C_j^{(i)}\varphi_j(\boldsymbol{X}_h^{(l)})\right]^2\\&=\frac{1}{\sum_{s=1}^{m}N_s}\sum_{l=1}^{m}\sum_{h=1}^{N_l}\left[p(\boldsymbol{X}_h^{(l)}\mid i)-\sum_{j=1}^{R}C_j^{(i)}\varphi_j(\boldsymbol{X}_h^{(l)})\right]^2\\&\approx\frac{1}{\sum_{s=1}^{m}N_s}\sum_{t=1}^{N_1+N_2+\cdots+N_m}\left[u_i(\boldsymbol{X}_t)-\sum_{j=1}^{R}C_j^{(i)}\varphi_j(\boldsymbol{X}_t)\right]^2\end{aligned}\tag{3.3.72}$$

式中第二行是根据(3.3.67)得到的;第三行是用函数 $u_i(\boldsymbol{X})$ 在全部样本点上的值来近似代替条件概率密度函数 $p(\boldsymbol{X}\mid i)$ 在样本点上的值, $u_i(t)$ 是由公式(3.3.70)所确定的. 这显然是又一次的近似. 但可以想象,若从第 i 类 Ω_i 抽出样本,则 $p(\boldsymbol{X}_h^{(i)}\mid i)(h=1,2,\cdots,N_i)$ 应该比较接近于1,由 $p(\boldsymbol{X}_h^{(j)}\mid i)(j\neq i;h=1,2,\cdots,N_j)$ 就应该比较近于0,因为这些样本在第 i 类中出现的概率比较小.

现在求(3.3.72)右边的最小值. 这是一个最小二乘法问题,同样求它对 $C_j^{(i)}$ 的全部偏微商,并令它们都等于零,就容易获得达到最小值的点满足的线性方程组(3.3.68),其中的 a_{jl} 与 $b_l^{(i)}$ 正是由(3.3.69)所确定的数.

有了每一类的条件概率密度函数 $p(\boldsymbol{X}\mid i)$ 的逼近

式

$$\sum_{j=1}^{R} C_j^{(i)} \varphi_j(\boldsymbol{X}) \quad (i=1,2,\cdots,m)$$

就可以应用第二章 §2. 2 或本章 §3. 1 与 §3. 2 中的判决规则,只是将原来的函数 $p(\boldsymbol{X}|i)$ 换上其逼近式 $\sum_{j=1}^{R} C_j^{(i)} \varphi_j(\boldsymbol{X})$ 即可. 这样就可以具体地来进行判别了.

这个方法的缺点是:当样本点在不接近判决边界时,这里根据公式(3. 3. 70)的规定,都认为是恒等于零的常数. 显然,这样要求是太严格了,这不能不对判决边界有一定的影响,因此有必要做进一步改进,这里可以提供两种方法:一种方法是自适应法,即利用(3. 3. 70)的近似结果去掉一些远离边界的样本点,或者在误分类的样本点上适当地调整函数 $u_i(\boldsymbol{X})$ 的值,然后再重复前面所讲的逼近;另一种方法就是用下面讲的随机逼近方法.

3. 随机逼近

随机逼近是通过大量观察到的样本及其所属的类别来寻找概率密度函数(或与概率密度函数密切有关的函数)的近似值的一种较好的方法. 它的优点是通过不断输入的已知其分类的样本,不断地修改概率密度函数(或其他被逼近的函数)的近似值,使得在某种概率意义下越来越接近真值. 由于样本是逐个输入的,因此,可以减少计算机的存储量. 它的缺点是收敛速度不很快. 在上一小节中,已经部分地提到随机逼近的一些简单思想,这里要略为具体地介绍一下这个方法. 但是由于定理的证明比较复杂,所以在此就不讲证明了,

而介绍一些文献,有兴趣的读者可以进一步查阅.

考虑两类问题,每一类图像 $\Omega_i(1\leqslant i\leqslant 2)$ 的条件概率密度函数为 $p(\boldsymbol{X}|i)(1\leqslant i\leqslant 2)$ 是未知的,其中随机向量 $\boldsymbol{X}=(x_1,x_2,\cdots,x_n)^{\mathrm{T}}$. 不妨认为其错误判决的损失为 $C_{11}=C_{22}=0,C_{12}=C_{21}=1$,且先验概率为 $P_1=P_2=\dfrac{1}{2}$(关于这些概念,可以在 §2.1 中见到). 这样,根据第二章 §2.2 中 Bayes 判决准则,若对任意的 $\boldsymbol{X}$

当 $p(\boldsymbol{X}|1)-p(\boldsymbol{X}|2)\geqslant 0$ 时,则判决 $\boldsymbol{X}\in\Omega_1$

当 $p(\boldsymbol{X}|1)-p(\boldsymbol{X}|2)<0$ 时,则判决 $\boldsymbol{X}\in\Omega_2$

我们用 $p(\boldsymbol{X}|-1)$ 表示 $p(\boldsymbol{X}|2)$;用 $P(-1|\boldsymbol{X})$ 表示后验概率 $P(2|\boldsymbol{X})$,设

$$\begin{aligned}g(\boldsymbol{X})&=P(1|\boldsymbol{X})-P(-1|\boldsymbol{X})\\&=\frac{1}{2p(\boldsymbol{X})}[p(\boldsymbol{X}|1)-p(\boldsymbol{X}|-1)]\end{aligned}\tag{3.3.73}$$

其中,$p(\boldsymbol{X})$ 为混合概率密度函数.

$$p(\boldsymbol{X})=\frac{1}{2}(p(\boldsymbol{X}|1)+p(\boldsymbol{X}|-1))$$

则从上面的判决可以看出,由函数 $g(\boldsymbol{X})$ 的符号就可以判决 $\boldsymbol{X}$ 属于哪一类,即

$$\begin{aligned}&\text{若 } \operatorname{sgn} g(\boldsymbol{X})=1,\text{则判断 } \boldsymbol{X}\in\Omega_1\\&\text{若 } \operatorname{sgn} g(\boldsymbol{X})=-1,\text{则判断 } \boldsymbol{X}\in\Omega_2\end{aligned}\tag{3.3.74}$$

现在的问题在于 $g(\boldsymbol{X})$ 是未知的,因此从逼近论的观点,自然地想到利用一些函数 $\varphi_i(\boldsymbol{X})(1\leqslant i\leqslant R)$ 的线性组合

$$g_R(\boldsymbol{X})=\sum_{i=1}^{R}\boldsymbol{C}_i\varphi_i(\boldsymbol{X})=\boldsymbol{C}^{\mathrm{T}}\varphi(\boldsymbol{X})\tag{3.3.75}$$

在各种意义下来逼近函数 $g(\boldsymbol{X})$,其中 R 是给定的自然数,C_i 是可选择的常数$(1\leqslant i\leqslant R)$,$\varphi_i(\boldsymbol{X})$ 是一些已

知函数,它经常可取作某一个正交多项式系中的函数,如在一维情况下,可以取 Hermite 多项式系等,而

$$\left.\begin{aligned}&\boldsymbol{C}=(C_1,C_2,\cdots,C_R)^{\mathrm{T}}\\&\varphi(\boldsymbol{X})=[\varphi_1(\boldsymbol{X}),\varphi_2(\boldsymbol{X}),\cdots,\varphi_R(\boldsymbol{X})]^{\mathrm{T}}\end{aligned}\right\}\tag{3.3.76}$$

有的时候取 $\varphi_R(\boldsymbol{X})\equiv 1$,$C_R$ 看作一个固定的正常数称为阈值. 当 $R=n+1$,$\varphi_i(\boldsymbol{X})=x_i$(向量 $\boldsymbol{X}$ 的第 i 个分量)$(1\leqslant i\leqslant n)$,$\varphi_{n+1}(\boldsymbol{X})=1$ 时,$g_R(\boldsymbol{X})$ 就是一个线性函数,这就是一个线性逼近问题.

线性逼近在统计学上的用处是很多的.

至于如何来刻画函数 $g_R(\boldsymbol{X})$ 与函数 $g(\boldsymbol{X})$ 的逼近程度呢? 这里可以有很多准则. 对于每一个由(3.3.76)所定义的向量 $\boldsymbol{C}$ 及每一个向量 $\boldsymbol{X}$,可以用一个函数 $V(\boldsymbol{X},\boldsymbol{C})$ 来刻画函数 $g_R(\boldsymbol{X})$ 与函数 $g(\boldsymbol{X})$ 的逼近程度,它也可称为损失函数. 由于 $\boldsymbol{X}$ 是一个随机向量,它代表一个图像,因此如在第二章中一样,对于每一个个别的图像 $\boldsymbol{X}$ 研究其损失是毫无意义的,故必须研究在整个图像空间中的平均损失,即求函数

$$J(\boldsymbol{C})=E[V(\boldsymbol{X},\boldsymbol{C})\mid c]\tag{3.3.77}$$

的最小值问题. 如果能求出当 $\boldsymbol{C}=\boldsymbol{C}^*$ 时,所确定的函数 $J(\boldsymbol{C})$ 达到最小值,则考虑函数$\hat{g}_R(\boldsymbol{X})=\boldsymbol{C}^{*\mathrm{T}}\varphi(\boldsymbol{X})$,而用它所取的符号就可以来判别 $\boldsymbol{X}$ 是属于哪一类,即

$$\left.\begin{aligned}&\text{若 }\operatorname{sgn}\hat{g}_R(\boldsymbol{X})=1,\text{则判决 }\boldsymbol{X}\in\Omega_1\\&\text{若 }\operatorname{sgn}\hat{g}_R(\boldsymbol{X})=-1,\text{则判决 }\boldsymbol{X}\in\Omega_2\end{aligned}\right\}\tag{3.3.78}$$

当然,这里所取的函数 $g(\boldsymbol{X})$ 也可以是其他任何函数,不一定是概率密度函数,因此这类问题是具有普

遍意义的,它在自动控制等方面有重要的应用.

在这里,我们可以取

$$V(\boldsymbol{X},\boldsymbol{C}) = V_1(\boldsymbol{X},\boldsymbol{C}) \triangleq \left[g(\boldsymbol{X}) - \sum_{i=1}^{R} c_i\varphi_i(\boldsymbol{X})\right]^2 = (g(\boldsymbol{X}) - \boldsymbol{C}^{\mathrm{T}}\varphi(\boldsymbol{X}))^2 \quad (3.3.79)$$

也可以取

$$V(\boldsymbol{X},\boldsymbol{C}) = V_2(\boldsymbol{X},\boldsymbol{C}) \triangleq \left[\operatorname{sgn}\sum_{i=1}^{R} c_i\varphi_i(\boldsymbol{X}) - \operatorname{sgn} g(\boldsymbol{X})\right] \times \sum_{i=1}^{R} c_i\varphi_i(\boldsymbol{X}) = [\operatorname{sgn} \boldsymbol{C}^{\mathrm{T}}\varphi(\boldsymbol{X}) - \operatorname{sgn} g(\boldsymbol{X})]\boldsymbol{C}^{\mathrm{T}}\varphi(\boldsymbol{X}) \quad (3.3.79')$$

或

$$V(\boldsymbol{X},\boldsymbol{C}) = V_3(\boldsymbol{X},\boldsymbol{C}) \triangleq \frac{1}{2}\left|\operatorname{sgn} g(\boldsymbol{X}) - \operatorname{sng}\sum_{i=1}^{R} c_i\varphi_i(\boldsymbol{X})\right| = \frac{1}{2}\left|\operatorname{sgn} g(\boldsymbol{X}) - \operatorname{sgn} \boldsymbol{C}^{\mathrm{T}}\varphi(\boldsymbol{X})\right| \quad (3.3.79'')$$

因此,相应地就需要求下列数学期望

$$\begin{cases} J_1(\boldsymbol{C}) = E[V_1(\boldsymbol{X},\boldsymbol{C}) \mid c] \\ J_2(\boldsymbol{C}) = E[V_2(\boldsymbol{X},\boldsymbol{C}) \mid c] \\ J_3(\boldsymbol{C}) = E[V_3(\boldsymbol{X},\boldsymbol{C}) \mid c] \end{cases} \quad (3.3.80)$$

的最小值问题.

这里取损失函数为(3.3.79)～(3.3.79″)中的 $V_i(\boldsymbol{X},\boldsymbol{C})(1 \leqslant i \leqslant 3)$ 的意义是很明显的. $V_1(\boldsymbol{X},\boldsymbol{C})$ 是常用的平方逼近度量,这种度量我们已经在上面见过了. 对于 $V_2(\boldsymbol{X},\boldsymbol{C})$ 可以解释如下:将方程 $\boldsymbol{C}^{\mathrm{T}}\varphi(\boldsymbol{X}) = 0$ 看作一个超平面(这里 $R = n+1, \varphi_i(\boldsymbol{X}) = x_i(1 \leqslant i \leqslant n)$,

$\varphi_{n+1}(\boldsymbol{X})=1$ 时最为明显). 根据判决规则(3.3.74)及(3.3.78),若 sgn $g_N(\boldsymbol{X})$ 与 sgn $g(\boldsymbol{X})$ 的值相同,即 sgn $g_N(\boldsymbol{X})$ - sgn $g(\boldsymbol{X})=0$ 时,不会发生错判;若它们的值不同,而 sgn $g_N(\boldsymbol{X})$ - sgn $g(\boldsymbol{X})=\pm 2$ 时,就会发生错判,因此 $V_2(\boldsymbol{X},\boldsymbol{C})$ 就表示为:对于发生错判的样本 $\boldsymbol{X}$ 而言,它与它到超平面 $\boldsymbol{C}^{\mathrm{T}}\varphi(\boldsymbol{X})=0$ 的投影成正比例. 对于 $V_3(\boldsymbol{X},\boldsymbol{C})$,容易看出,若对图像 $\boldsymbol{X}$ 正确分类,有 $V_3(\boldsymbol{X},\boldsymbol{C})=0$;若对 $\boldsymbol{X}$ 错误分类,则有 $V_3(\boldsymbol{X},\boldsymbol{C})=1$,因此 $J_3(\boldsymbol{C})$ 表示不正确分类的期望值. 当我们研究函数 $J(\boldsymbol{C})$ 的最小值问题时,自然会想到应用最优化的种种方法,特别是要计算函数 $J(\boldsymbol{C})$ 的梯度向量

$$\nabla J(\boldsymbol{C})=\left(\frac{\partial J}{\partial \boldsymbol{C}_1},\frac{\partial J}{\partial \boldsymbol{C}_2},\cdots,\frac{\partial J}{\partial \boldsymbol{C}_R}\right)^{\mathrm{T}}$$

令 $\nabla J(\boldsymbol{C})=0$ 寻找极值点 C. 因此,这就需要计算出向量

$$\nabla J(\boldsymbol{C})\triangleq r(\boldsymbol{C})\triangleq E[y(\boldsymbol{X},\boldsymbol{C})\mid c] \quad (3.3.81)$$

的值,其中

$$\begin{aligned} y(\boldsymbol{X},\boldsymbol{C}) &= \nabla_C V(\boldsymbol{X},\boldsymbol{C}) \\ &= \left(\frac{\partial V(\boldsymbol{X},\boldsymbol{C})}{\partial \boldsymbol{C}_1},\frac{\partial V(\boldsymbol{X},\boldsymbol{C})}{\partial \boldsymbol{C}_2},\cdots,\frac{\partial V(\boldsymbol{X},\boldsymbol{C})}{\partial \boldsymbol{C}_R}\right)^{\mathrm{T}} \end{aligned} \quad (3.3.82)$$

对于给定的 $V(\boldsymbol{X},\boldsymbol{C})$,由于 $\boldsymbol{X}$ 是随机向量,且在(3.3.80)中出现了数学期望,而对此随机向量,事先又不知道其概率密度函数,因此就发生了困难. 尽管如此,对于随机变量 $\boldsymbol{X}$,还是可以得到一些样本集 $\{\boldsymbol{X}_k\}$ $(k=1,2,\cdots)$,且知道它们所属的类别 $\{y_k\}$ $(k=1,2,\cdots)$,其中

$$\begin{aligned} &\text{若 } \boldsymbol{X}_k\in\Omega_1,\text{则 } y_k=1 \\ &\text{若 } \boldsymbol{X}_k\in\Omega_2,\text{则 } y_k=-1 \end{aligned} \quad (3.3.83)$$

反之亦然. 因此,y_k 也是一个随机变量. 利用无限多个样本集以及它们所属的类别 $\{(x_k, y_k)\}$,在一些条件下,就可以像在普通多元函数中求极值的最优化方法那样,设计出一些迭代算法,这些算法在各种意义下能收敛到极小值点. 如果假设极值点是唯一的一个点,这样就得到了最小值点. 这些就是这一小节所要讨论的问题.

在实际观测时,我们往往只能得到有限多个样本 $\boldsymbol{X}_k(1\leqslant k\leqslant N)$ 以及它们所属的类别 $y_k(1\leqslant k\leqslant N)$,那么只要把这些样本无限反复地使用,也仍然可以看作是有无限多个样本.

由于在求极值时,需要求由公式(3.3.81)所确定的函数的根,因此首先介绍两个求根的定理:

定理 3.8(Robbins-Monro)　设有一个依赖于 n 维随机向量 $\boldsymbol{X}$ 及 R 维向量 $\boldsymbol{C}=(C_1, C_2, \cdots, C_R)^{\mathrm{T}}$ 的向量函数 $y(\boldsymbol{X}, \boldsymbol{C})$,为了要求由公式(3.3.81)所确定的向量 $r(\boldsymbol{C})$ 的根,假设向量函数 $r(\boldsymbol{C})$ 满足下列三个条件:

(1)$r(\boldsymbol{C})$ 在某一个立方体中有唯一的根 $\boldsymbol{C}^{(0)}$:

$a_i < C_i^{(0)} < b_i(1\leqslant i\leqslant R)$,$\boldsymbol{C}^{(0)}=(C_1^{(0)}, C_2^{(0)}, \cdots, C_R^{(0)})^{\mathrm{T}}$,其中 $a_i, b_i(1\leqslant i\leqslant R)$ 是已知数;

(2) $\inf\limits_{\varepsilon<\|\boldsymbol{C}-\boldsymbol{C}^{(0)}\|<\frac{1}{\varepsilon}} (\boldsymbol{C}-\boldsymbol{C}^{(0)})^{\mathrm{T}} r(\boldsymbol{C})>0$,其中 ε 是任何正数,这表示 $r(\boldsymbol{C})$ 在 $\boldsymbol{C}=\boldsymbol{C}^{(0)}$ 的邻域中近似地为 $\boldsymbol{C}$ 的线性函数;

(3)$E\{\|y(\boldsymbol{X}, \boldsymbol{C})\|^2\}\leqslant h\{1+\|\boldsymbol{C}-\boldsymbol{C}^{(0)}\|^2\}$,$h>0$. 这表示随机变量 $y(\boldsymbol{X}, \boldsymbol{C})$ 的方差是有限的,且其界限为 $\boldsymbol{C}$ 的二次函数的倍数所限制.

在这几个条件下,任取满足条件(1)的初值 $C^{(1)}$,

构造迭代算法

$$C^{(k+1)}=C^{(k)}-\rho_k y(X_k,C^{(k)}) \qquad (3.3.84)$$

其中,$X_k(k=1,2,\cdots)$是随机向量 X 的一串样本值,而数列$\{\rho_k\}$满足

$$\rho_k\geqslant 0,\ \sum_{k=1}^{\infty}\rho_k=+\infty,\ \sum_{k=1}^{\infty}\rho_k^2<+\infty \qquad (3.3.85)$$

则由此算法所得到的 $C^{(k)}$ 在平均收敛以及在概率为 1 的意义下收敛到唯一的 $C^{(0)}$,它是 $r(C)$ 的零点,即 $r(C^{(0)})=0$,且

$$\lim_{k\to+\infty}E\{\|C^{(k)}-C^{(0)}\|^2\}=0 \qquad (3.3.86)$$

$$\text{Prob}\{\lim_{k\to+\infty}C^{(k)}=C^{(0)}\}=1 \qquad (3.3.87)$$

读者可以在 Gladyshev 的文章[14]中的定理 1 找到证明(或参看[15,16]).

注 在实际应用时,对于固定的 $C^{(k)}$,随机向量 $y(X,C^{(k)})$的第 k 次观察值 $y(C^{(k)})$会有误差,得 $\bar{y}(C^{(k)})$

$$\bar{y}(C^{(k)})=y(C^{(k)})+\eta_k$$

其中,η_k 是观察 $y(X,C^{(k)})$时应该得到 $y(C^{(k)})$的噪声,因此代替算法(3.3.84),有算法

$$C^{(k+1)}=C^{(k)}-\rho_k\bar{y}(C^{(k)}) \qquad (3.3.88)$$

为了要得到算法(3.3.88)在(3.3.86)及(3.3.87)意义下的收敛性,就必须对 η_k 加上限制,如 $E(\eta_k)=0$,$\{\eta_k\}$相互独立. 就能保证定理 3.8 仍成立. 有关这方面的内容请看 Venter 的文章[17].

如果在研究过程 $r(C)\triangleq E[y(X,C)\mid c]=0$ 的根时,$y(X,C)=\nabla_C V(X,C)$,其中 $V(X,C)$是另一个随

机函数,且不知道随机向量 $y(\boldsymbol{X},\boldsymbol{C})$ 的观察值,而只知道随机函数的一系列观察值,则也可以进行类似的研究,这称为 Kiefer-Wolfowitz[18],[12]. 下面的定理是原来 KW 方法的改进.

定理 3.9　设 $V(\boldsymbol{X},\boldsymbol{C})$ 是一个依赖于 n 维随机向量 $\boldsymbol{X}=(x_1,x_2,\cdots,x_n)^{\mathrm{T}}$ 及 R 维向量 $\boldsymbol{C}=(c_1,c_2,\cdots,c_R)^{\mathrm{T}}$ 的随机函数. 为了求方程

$$r(\boldsymbol{C})\triangleq E[y(\boldsymbol{X},\boldsymbol{C})\mid c]=0$$

的根,其中 $y(\boldsymbol{X},\boldsymbol{C})=\nabla_C V(\boldsymbol{X},\boldsymbol{C})$,设对任何自然数 k,由向量 $\boldsymbol{C}^{(k)}$ 可以得到随机函数 $V(\boldsymbol{X},\boldsymbol{C})$ 的 $2R$ 个观察值 $V(\boldsymbol{C}^{(k)}\pm b_k\boldsymbol{e}_l)(l=1,2,\cdots,R)$,其中 $\boldsymbol{e}_l$ 是 R 维单位向量

$$(\boldsymbol{e}_i,\boldsymbol{e}_l)=\delta_{il}=\begin{cases}1 & (i=l)\\ 0 & (i\neq l)\end{cases}$$

令

$$\hat{\nabla}_C V(\boldsymbol{X},\boldsymbol{C}^{(k)})=\sum_{l=1}^{R}\frac{\boldsymbol{e}_l}{2b_k}[V(\boldsymbol{C}^{(k)}+b_k\boldsymbol{e}_l)-V(\boldsymbol{C}^{(k)}-b_k\boldsymbol{e}_l)] \qquad (3.3.89)$$

其中,$b_k(k=1,2,\cdots)$ 是正数序列(这相当于用随机函数的差商向量 $\hat{\nabla}_C V(\boldsymbol{X},\boldsymbol{C}^{(k)})$ 代替偏微商向量 $\nabla_C V(\boldsymbol{X},\boldsymbol{C}^{(k)})$). 构造迭代算法

$$\boldsymbol{C}^{(k+1)}=\boldsymbol{C}^{(k)}-\rho_k\hat{\nabla}_C V(\boldsymbol{X},\boldsymbol{C}^{(k)}) \quad (3.3.90)$$

其中,$\hat{\nabla}_C V(\boldsymbol{X},\boldsymbol{C}^{(k)})$ 是由(3.3.89)所确定的,而序列 $\{\rho_k\}$ 及 $\{b_k\}$ 满足条件

$$\rho_k\geqslant 0,\ \sum_{k=1}^{\infty}\rho_k=+\infty,\ \sum_{k=1}^{\infty}\rho_k b_k<+\infty,\ \sum_{k=1}^{\infty}\left(\frac{\rho_k}{b_k}\right)^2<+\infty$$

$$(\rho_k<d_1b_k^2,0<d_1<+\infty,d_1\text{ 是常数}) \qquad (3.3.91)$$

(例如取$\rho_k=\dfrac{\rho_1}{K},b_k=\dfrac{b_1}{K^{\nu}},0<\nu<\dfrac{1}{2}$就行,$b_1$与$\rho_1$是正常数). 此外,再假设

(1)$J(\boldsymbol{C})$及其二阶偏微商在R维空间上有界;

(2)$J(\boldsymbol{C})$有一个局部极小值$\boldsymbol{C}^{(0)}$,即对某个$\varepsilon>0$,对所有满足$\{\boldsymbol{C}|0\leqslant\|\boldsymbol{C}-\boldsymbol{C}^{(0)}\|<\varepsilon\}$的集合$\boldsymbol{C}$,有$J(\boldsymbol{C}^{(0)})\leqslant J(\boldsymbol{C})$;

(3)对每一个$\boldsymbol{C}\neq\boldsymbol{C}^{(0)}$,$\nabla_C J(\boldsymbol{C})\neq 0$,即$\boldsymbol{C}^{(0)}$是$J(\boldsymbol{C})$的唯一稳定点;

(4)设$V(\boldsymbol{X},\boldsymbol{C})=J(\boldsymbol{C})+\eta(\boldsymbol{X},\boldsymbol{C})$,其中$E[\eta(\boldsymbol{X},\boldsymbol{C})]=0$,且对任何$\boldsymbol{C}\in R$维空间,有

$$E\{(\eta(\boldsymbol{X},\boldsymbol{C}))^2|\boldsymbol{C}\}<+\infty$$

在这些条件下,由(3.3.90)所确定的算法所得到的$\boldsymbol{C}^{(k)}$以概率为1收敛到$\boldsymbol{C}^{(0)}$或者收敛到$+\infty$或$-\infty$.

注 为了要排除$\boldsymbol{C}^{(k)}$收敛到∞的可能性,只要再加上条件

(5)$\lim\limits_{t\to+\infty}\operatorname*{Inf}\limits_{\|\boldsymbol{C}-\boldsymbol{C}^{(0)}\|>t}\{\|\boldsymbol{C}-\boldsymbol{C}^{(0)}\|\cdot\|\nabla_C J(\boldsymbol{C})\|\}>0$即可.

Venter 的文章[19]中有对这个定理的证明.

有了这两个定理后,就容易得到上述三个函数$V_i(\boldsymbol{X},\boldsymbol{C})(i=1,2,3)$所做出的函数$J_i(\boldsymbol{C})(i=1,2,3)$的最小值的迭代算法. 下面介绍其中的两个.

定理 3.10 设在研究由(3.3.77)所确定的函数$J(\boldsymbol{C})$的最小值时,其中$V(\boldsymbol{X},\boldsymbol{C})=V_1(\boldsymbol{X},\boldsymbol{C})$,而$g(\boldsymbol{X})$由公式(3.3.73)确定,已知样本序列$\{\boldsymbol{X}_k\}$及其分类$\{y_k\}$(见(3.3.83)). 我们从某个初值出发$\boldsymbol{C}=\boldsymbol{C}^{(0)}$构造算法

$$C^{(k+1)}=C^{(k)}+2\rho_i(y_k-C^{\mathrm{T}}\varphi(X_k))\varphi(X_k) \tag{3.3.92}$$

其中，ρ_k 满足条件(3.3.85)，则在定理 3.8 的相应条件下，这算法所确定的 $C^{(k)}$ 在定理 3.8 的意义下收敛到$J(C)$的最小值点.

事实上，这里只要注意到(3.3.73)，若用 y 表示随机变量，

$$当\ X\in\Omega_1\ 时,y=1;当\ X\in\Omega_2\ 时,y=-1$$

则有

$$E(y|X)=1\cdot P(1|X)+(-1)P(-1|X)=g(X)$$

因此

$$\begin{aligned}E[V_1(X,C)|c]&=E[(g(X)-C^{\mathrm{T}}\varphi(X))^2]\\&=E[(E(y|X)-C^{\mathrm{T}}\varphi(X))^2]\\&=E[(E(y|X)-y)^2+2(E(y|X)-y)\times\\&\quad(y-C^{\mathrm{T}}\varphi(X))+(y-C^{\mathrm{T}}\varphi(X)^2]\\&=E[(y-C^{\mathrm{T}}\varphi(X))^2]+\\&\quad E[(y-E(y|X))^2]\end{aligned} \tag{3.3.93}$$

其中用到了

$$\begin{aligned}&E[2(E(y|X-y)(y-C^{\mathrm{T}}\varphi(X)]\\&=2E[E(y|X)-y]E[y-C^{\mathrm{T}}\varphi(X)]=0\end{aligned}$$

这样一来，求 $E[V_1(X,C)|c]$的最小值问题可以化为求 $E[(y-C^{\mathrm{T}}\varphi(X)^2]$的最小值问题. 此外，由于

$$\nabla_C(y-C^{\mathrm{T}}\varphi(X))^2=-2(y-C^{\mathrm{T}}\varphi(X))\varphi(X)$$

且对于样本 X_k，随机变量 y 取值为 y_k，这样就由定理 3.8 中的算法(3.3.84)得到算法(3.3.92). 应用定理 3.8 就证明了这算法的收敛性.

注　这里也可以直接对定理 3.10 中所涉及的函数 $\varphi_i(X)$以及样本 X_k 的独立性等加上条件，从而研究

算法的收敛性的问题(可参看文献[15]中 Kashyap 的文章).

定理 3.11　设在研究由(3.3.77)所确定的函数 $J(\boldsymbol{C})$ 的最小值时,其中 $V(\boldsymbol{X},\boldsymbol{C}) = V_3(\boldsymbol{X},\boldsymbol{C})$(见公式(3.3.79″)),其中 $g(\boldsymbol{X})$ 可看作由(3.3.74)所确定的判决函数),已知对任意的自然数 k,随机向量 $\boldsymbol{X}$ 的 $2R$ 个观察值 $X_{2Rk+1}, X_{2Rk+2}, \cdots, X_{2Rk+2R}$. 对每一个 $\boldsymbol{C} = \boldsymbol{C}^{(k)}$,构造

$$\widetilde{\nabla}_C V_3(\boldsymbol{X},\boldsymbol{C}^{(k)}) = \sum_{l=1}^{R} \frac{\boldsymbol{e}_l}{2b_k}[V_3(\boldsymbol{X}_{2Rk+2l-1},\boldsymbol{C}^{(k)} + b_k\boldsymbol{e}_l) - V_3(\boldsymbol{X}_{2Rk+2l},\boldsymbol{C}^{(k)} - b_k\boldsymbol{e}_l)] \quad (3.3.94)$$

其中,$\boldsymbol{e}_l$ 是定理 3.9 中所考虑的单位向量,$\{b_k\}$ 是某个数列. 我们从某个初值 $\boldsymbol{C} = \boldsymbol{C}^{(0)}$ 出发,构造算法

$$\boldsymbol{C}^{(k+1)} = \boldsymbol{C}^{(k)} - \rho_k \widetilde{\nabla}_C V_3(\boldsymbol{X},\boldsymbol{C}^{(k)}) \quad (3.3.95)$$

其中,$\{\rho_k\}$ 及 $\{b_k\}$ 满足条件(3.3.91),则在定理 3.9 的相应条件下,这算法所确定的 $\boldsymbol{C}^{(k)}$ 在定理 3.9 的意义下收敛到 $J(\boldsymbol{C})$ 的最小值点.

总结以上算法,我们只是考虑用函数

$$g_R(\boldsymbol{X},\boldsymbol{C}) = \sum_{i=1}^{R} \boldsymbol{C}_i\varphi_i(\boldsymbol{X})$$

随机地逼近某个函数 $g(\boldsymbol{X})$(它可以是由(3.3.73)所确定的函数或其他函数). 在所有的情况下,R 都是固定的自然数,而迭代算法是对 $\boldsymbol{C}_1, \boldsymbol{C}_2, \cdots, \boldsymbol{C}_R$ 进行的. 因此,$g_R(\boldsymbol{X},\boldsymbol{C}^{(k)})$ 就不可能在这样或那样意义下收敛到 $g(\boldsymbol{X})$,除非 $g(\boldsymbol{X})$ 本身就是 $\varphi_i(\boldsymbol{X})(1 \leqslant i \leqslant R)$ 的某个线性组合. 这样,我们自然要提出一个问题:能否构造出一个迭代算法,它在某种意义下收敛到被逼近的函数 $g(\boldsymbol{X})$? 下面借助于位势函数以及应用随机逼近

的方法就可以解决这个问题.

设在两个 n 维的乘积空间 $\mathbf{R}_n \times \mathbf{R}_n$ 中有一个函数 $K(\boldsymbol{X},\boldsymbol{Y})$，$\boldsymbol{X}\in\mathbf{R}_n$，$\boldsymbol{Y}\in\mathbf{R}_n$，它满足本章§3.3 中 3.3.1 中 3 的三个条件，这种函数就称为位势函数. 例如它可以是：

(1) $K(\boldsymbol{X},\boldsymbol{Y}) = \exp[-d\|\boldsymbol{X}-\boldsymbol{Y}\|^2]$，$d>0$，而 $\|\boldsymbol{X}-\boldsymbol{Y}\|$ 是 n 维空间中的某个距离，或

(2) $K(\boldsymbol{X},\boldsymbol{Y}) = \dfrac{1}{1+\|\boldsymbol{X}-\boldsymbol{Y}\|^2}$，其中 $\|\boldsymbol{X}-\boldsymbol{Y}\|<1$，在其他处，它可以是更为简单的函数.

一般地，可以认为

$$K(\boldsymbol{X},\boldsymbol{Y})\geqslant 0,\ \forall \boldsymbol{X}\in\mathbf{R}_n,\boldsymbol{Y}\in\mathbf{R}_n$$

且

$$K(\boldsymbol{X},\boldsymbol{Y}) = \sum_{i=1}^{\infty}\varphi_i(\boldsymbol{X})\varphi_i(\boldsymbol{Y}) \qquad (3.3.96)$$

其中，$\{\varphi_i(\boldsymbol{X})\}$ 是某个关于测度为 $u(\boldsymbol{X})$ 的正交系

$$\int \varphi_i(\boldsymbol{X})\varphi_j(\boldsymbol{X})\,\mathrm{d}u(\boldsymbol{X}) = \begin{cases} 0 & (j\neq i) \\ >0 & (j=i) \end{cases}$$

对于未知函数 $g(\boldsymbol{X})$，若已知随机向量 $\boldsymbol{X}$ 的独立样本序列 $\{\boldsymbol{X}_k\}$ 以及对应的值 $\operatorname{sgn} g(\boldsymbol{X}_k)$（例如，若 $g(\boldsymbol{X})$ 是由公式(3.3.73)所确定的函数，尽管我们不知道它的形式，但若 $\boldsymbol{X}_k$ 所属的类别是已知的，如公式(3.3.83)所确定的 y_k，就有 $y_k = \operatorname{sng} g(\boldsymbol{X}_k)$，则可以取 $g(\boldsymbol{X})$ 的初值为 $g^{(0)}(\boldsymbol{X})$，以后就构造迭代算法

$$g^{(k+1)}(\boldsymbol{X}) = g^{(k)}(\boldsymbol{X}) + \rho_k(\operatorname{sng} g(\boldsymbol{X}_k) - \operatorname{sng} g^{(k)}(\boldsymbol{X}_k))K(\boldsymbol{X},\boldsymbol{X}_k) \qquad (3.3.97)$$

其中，ρ_k 满足条件(3.3.85)，则在一定条件下，可以证明

$$\lim_{K\to\infty} E[\,|\mathrm{sgn}\, g(\boldsymbol{X}) - \mathrm{sgn}\, g^{(k)}(\boldsymbol{X})|\,] = 0$$

(请参看文献[15]).

从(3.3.96)及(3.3.97)可以看出

$$g^{(k)}(\boldsymbol{X}) = \sum_{i=1}^{\infty} \boldsymbol{C}_i^{(k)} \varphi_i(\boldsymbol{X})$$

其中,$\boldsymbol{C}_i^{(k)}$ 为第 k 次迭代后得到的数列,因此算法(3.3.97)可以看作前面一些算法的推广.

下面考虑多类问题:设有 m 类图像,$m=2^{g_1}$. 类似于前面所述,设随机向量 $\boldsymbol{X}$ 的样本序列 $\boldsymbol{X}_k$ 所属的类别为已知,它对应着 g_1 维随机向量 $\boldsymbol{Y}_k$:根据 $\boldsymbol{X}_k$ 所属的类别,$\boldsymbol{Y}_k$ 以一定的概率取 g_1 个以 $+1$ 或 -1 为元素的不同的 $m=2^{g_1}$个向量:设 $m=4, g_1=2$,则

若 $\boldsymbol{X}\in\Omega_1$,则 $\boldsymbol{Y}_k=(1,1)$;

若 $\boldsymbol{X}\in\Omega_2$,则 $\boldsymbol{Y}_k=(1,-1)$;

若 $\boldsymbol{X}\in\Omega_3$,则 $\boldsymbol{Y}_k=(-1,1)$;

若 $\boldsymbol{X}\in\Omega_4$,则 $\boldsymbol{Y}_k=(-1,-1)$.

设在理论上存在 m 个判决函数 $f_1(\boldsymbol{X}), f_2(\boldsymbol{X}), \cdots, f_m(\boldsymbol{X})$,其判决规则如下:

$$\text{若} f_i(\boldsymbol{X})>0, \text{且} f_j(\boldsymbol{X})\leqslant 0, j\neq i, 1\leqslant j\leqslant m,\quad \text{则判决} \boldsymbol{X}\in\Omega_i \tag{3.3.98}$$

现在的问题在于这些函数都是未知的,需要通过随机向量 $\boldsymbol{X}$ 的样本序列$\{\boldsymbol{X}_k\}$以及它所属的类别 $\boldsymbol{Y}_k$ 来求得这 m 个函数的逼近函数$\hat{f}_i(\boldsymbol{X})(1\leqslant i\leqslant m)$. 这里像在上面一样,可以考虑种种损失函数以及损失函数的期望值的最小值问题. 设

$$F(\boldsymbol{X}) = (f_1(\boldsymbol{X}), f_2(\boldsymbol{X}), \cdots, f_m(\boldsymbol{X}))^{\mathrm{T}}$$

$$\hat{F}(\boldsymbol{X}) = (\hat{f}_1(\boldsymbol{X}), \hat{f}_2(\boldsymbol{X}), \cdots, \hat{f}_m(\boldsymbol{X}))^{\mathrm{T}}$$

$$= A\varphi(\boldsymbol{X})$$

其中，$\varphi(\boldsymbol{X}) = (\varphi_1(\boldsymbol{X}), \varphi_2(\boldsymbol{X}), \cdots, \varphi_R(\boldsymbol{X}))^{\mathrm{T}}$，$R$ 为某个自然数，$\boldsymbol{A}$ 是 $m \times R$ 矩阵，这个矩阵中的元素$\boldsymbol{C}_{ij}$($1 \leqslant i \leqslant m; 1 \leqslant j \leqslant R$)可以自由选择. 为了求 $F(\boldsymbol{X})$ 的逼近，可以研究

$$\overline{J}_1(\boldsymbol{A}) = E[\| \boldsymbol{A}\varphi(\boldsymbol{X}) - F(\boldsymbol{X}) \|^2 | \boldsymbol{A}] \tag{3.3.99}$$

或

$$\overline{J}_2(\boldsymbol{A}) = E[\operatorname{sgn} \boldsymbol{A}\varphi(\boldsymbol{X}) - \operatorname{sgn} F(\boldsymbol{X}))^{\mathrm{T}} \boldsymbol{A}\varphi(\boldsymbol{X}) | \boldsymbol{A}] \tag{3.3.100}$$

或

$$\overline{J}_3(\boldsymbol{A}) = E[\| \operatorname{sgn} \boldsymbol{A}\varphi(\boldsymbol{X}) - \operatorname{sgn} F(\boldsymbol{X}) \|^2 | \boldsymbol{A}] \tag{3.3.101}$$

的最小值问题. 我们以(3.3.99)为例写出算法. 设 $\boldsymbol{A}$ 的初始值为 $\boldsymbol{A}^{(0)}$，则第 $k+1$ 步迭代所得到的矩阵 $\boldsymbol{A}^{(k+1)}$ 可以用下列公式来计算.

$$\boldsymbol{A}^{(k+1)} = \boldsymbol{A}^{(k)} + \rho_k(\boldsymbol{Y}_k - \operatorname{sgn} \boldsymbol{A}^{(k)}\varphi(\boldsymbol{X}_k))(\varphi(\boldsymbol{X}_k))^{\mathrm{T}} \tag{3.3.102}$$

其中，ρ_k 满足条件(3.3.85).

这样一来，对应于判决规则(3.3.98)有：若$\hat{f}_i(\boldsymbol{X}) > 0$ 且$\hat{f}_j(\boldsymbol{X}) \leqslant 0$($j \neq i; j = 1, 2, \cdots, m$)，则判决 $\boldsymbol{X} \in \Omega_i$.

至于其他两种情况(3.3.98)及(3.3.100)，完全类似于定理3.10及定理3.11的情况可以得到迭代算法. 这里就不再做具体介绍了.

§3.4 图像识别的几个非参数法的介绍

设有一批图像样本,可以认为,每一个图像样本的类属图像是预先知道的. 现在的问题在于:若预先不知道每一类图像的概率密度函数,并且也不是像在§3.3中那样,根据样本先来寻找其概率密度函数的近似表达式,而是提出一种特定的指标,从而再设法找出一些判决函数,使得能将这些样本正确地分类. 由本章§3.3中知道,只要允许判决函数足够复杂,或者说允许判决边界的形状比较复杂,则利用位势函数是一定可以实现的. 但是,如果只限制用线性判决函数,或者用其他的特殊函数,就不一定能够实现了,即针对这些图像样本,可能发生误判. 在这种情况下,我们可以用某种最优化准则使得某个目标函数(这与误判是有密切关系的)取得最小值来寻找特殊的判决边界或判决函数. 等到这些特殊的判决函数形成后,对于任何一个输入的未知分类的图像,就可以根据构造出来的判决函数来进行判决. 这就是我们在这一节中要解决的问题,它们叫图像识别的非参数法. 这种从已知图像样本及其所属的类别来构造判决函数的过程称为有老师的学习,或称有监督的学习. 在下一节中,我们要研究从不知道其所属的类别的图像样本来寻找判决函数,这种寻找过程称为没有老师的学习或称无监督学习,也称聚类分析.

图像识别的非参数方法很多,有不少书上(例如[20],[1])都有详细的介绍. 这里将只介绍几个常用

的方法,有一些在其他书上已经有的方法,在这里就不再介绍了.

3.4.1　线性规划法

1. 线性判决函数

首先考虑两类图像 Ω_1 及 Ω_2,其中每一个图像 $\boldsymbol{X}=(x_1,x_2,\cdots,x_n)^{\mathrm{T}}$ 是一个 n 维向量. 设已知第一类图像 Ω_1 有 N_1 个样本图像 $\boldsymbol{X}_k^{(1)}=(x_{k1}^{(1)},x_{k2}^{(1)},\cdots,x_{kn}^{(1)})(k=1,2,\cdots,N_1)$,第二类图像 Ω_2 有 N_2 个样本图像 $X_k^{(2)}=(x_{k1}^{(2)},x_{k2}^{(2)},\cdots,x_{kn}^{(2)})^{\mathrm{T}}(k=1,2,\cdots,N_2;N=N_1+N_2)$. 正如在前面已经讲过的,从最理想的角度来说:最好能够在 n 维空间中找一个超平面

$$\boldsymbol{\alpha}'^{\mathrm{T}}\boldsymbol{X}+\alpha_{n+1}\triangleq\alpha_1x_1+\alpha_2x_2+\cdots+\alpha_nx_n+\alpha_{n+1}=0 \tag{3.4.1}$$

把这两类样本图像 $\boldsymbol{X}_k^{(1)}(1\leqslant k\leqslant N_1)$ 及 $\boldsymbol{X}_k^{(2)}(1\leqslant k\leqslant N_2)$分开,其中 $\boldsymbol{\alpha}'=(\alpha_1,\alpha_2,\cdots,\alpha_n)^{\mathrm{T}}$,即

$$\begin{aligned}&\boldsymbol{\alpha}'^{\mathrm{T}}\boldsymbol{X}_k^{(1)}+\alpha_{n+1}>0\quad(k=1,2,\cdots,N_1)\\&\boldsymbol{\alpha}'^{\mathrm{T}}\boldsymbol{X}_k^{(2)}+\alpha_{n+1}<0\quad(k=1,2,\cdots,N_2)\end{aligned} \tag{3.4.2}$$

如果用了第二章的扩充了的图像 $\boldsymbol{Y}=(x_1,x_2,\cdots,x_n,1)$后,令 $\boldsymbol{\alpha}=(\alpha_1,\alpha_2,\cdots,\alpha_n,\alpha_{n+1})^{\mathrm{T}}$,则公式(3.4.2)可以写为

$$\begin{aligned}&\text{对于第一类图像中的样本 }\boldsymbol{Y},\text{有 }\boldsymbol{\alpha}^{\mathrm{T}}\boldsymbol{Y}>0\\&\text{对于第二类图像中的样本 }\boldsymbol{Y},\text{有 }\boldsymbol{\alpha}^{\mathrm{T}}\boldsymbol{Y}<0\end{aligned} \tag{3.4.3}$$

这样,对于任何一个未知分类的图像 $\boldsymbol{X}$,就可以根据(2.5.4)来进行判决.

如果将两类样本图像 $\boldsymbol{X}_k^{(1)}(1\leqslant k\leqslant N_1)$及 $\boldsymbol{X}_k^{(2)}(1\leqslant k\leqslant N_2)$按公式(2.5.7)合并为图像 $Y_i(1\leqslant i\leqslant N=N_1+$

N_2),则(3.4.2)或(3.4.3)可以改写为:寻找 $n+1$ 维向量 $\boldsymbol{\alpha}$,使得

$$\boldsymbol{\alpha}^{\mathrm{T}}\boldsymbol{Y}_k>0 \quad (k=1,2,\cdots,N=N_1+N_2) \tag{3.4.4}$$

而向量 $\boldsymbol{\alpha}$ 就是线性判决函数 $y=\boldsymbol{\alpha}'^{\mathrm{T}}\boldsymbol{X}+\alpha_{n+1}=\boldsymbol{\alpha}^{\mathrm{T}}\boldsymbol{Y}$ 的系数,即对未知类别的图像 $\boldsymbol{X}$,构造 $\boldsymbol{Y}=(x_1,x_2,\cdots,x_n,1)$

$$\begin{aligned}&\text{若 } \boldsymbol{\alpha}^{\mathrm{T}}\boldsymbol{Y}>0,\text{则判决 } \boldsymbol{X}\in\Omega_1\\&\text{若 } \boldsymbol{\alpha}^{\mathrm{T}}\boldsymbol{Y}<0,\text{则判决 } \boldsymbol{X}\in\Omega_2\end{aligned} \tag{3.4.5}$$

寻找 $n+1$ 维向量,满足不等式(3.4.4)的问题是一个线性规划的问题. Agmon 曾用正交投影法来解决过这个问题[21]. 此外,也可以引进一个变量 δ,求

$$\max\ \delta \tag{3.4.6}$$

且满足约束

$$\boldsymbol{\alpha}^{\mathrm{T}}\boldsymbol{Y}_k\geqslant\delta \quad (k=1,2,\cdots,N) \tag{3.4.7}$$

这样就可以用线性规划中的单纯形法来解决这个问题(参看文献[26]). 如果 $\max\ \delta>0$,则问题(3.4.4)有解,否则,就没有解.

实际上,由于各类图像的分布是非常复杂的,因此,一般说来,不一定存在超平面将它们分开,也就是说,问题(3.4.4)不一定有解. 因此,经常是将这个问题换一种提法,其关键在于:在某个最优准则下,使得尽可能减少不满足不等式(3.4.4)的个数. 目前,已有很多最优化准则求线性判别函数,都可以用图像误差函数的概念来解释. 例如,求 $\boldsymbol{\alpha}$ 使得平均误差函数

$$E=\sum_{k=1}^{N}\pi_k h_k \tag{3.4.8}$$

最小,其中 $\pi_k(1\leqslant k\leqslant N)$ 是权,h_k 是每一个扩充图像向量 $\boldsymbol{Y}_k$(见(2.5.7))有关的一个图像误差,例如可取

为

$$h_k=\begin{cases}-(\boldsymbol{\alpha}^{\mathrm{T}}\boldsymbol{Y}_k-d) & (\boldsymbol{\alpha}^{\mathrm{T}}\boldsymbol{Y}_k-d<0)\\ 0 & (\boldsymbol{\alpha}^{\mathrm{T}}\boldsymbol{Y}_k-d>0)\end{cases}\quad (k=1,2,\cdots,N)\tag{3.4.9}$$

其中 $d>0$ 是固定常数. 这个方法实质上是希望

$$\boldsymbol{\alpha}^{\mathrm{T}}\boldsymbol{Y}_k>d>0\quad (k=1,2,\cdots,N)\tag{3.4.10}$$

我们在第二章的§2.5中已经讲过,出现量 d 的目的是为了克服在得到向量 $\boldsymbol{Y}_k$ 时有误差的情况下能够仍然保持 $\boldsymbol{\alpha}^{\mathrm{T}}\boldsymbol{Y}=0$ 是判决边界. 事实上我们希望(3.4.3)或(3.4.4)成立. 由于在观察 $\boldsymbol{X}_k^{(1)}$ $(1\leqslant k\leqslant N_1)$ 及 $\boldsymbol{X}_k^{(2)}$ $(1\leqslant k\leqslant N_2)$ 时分别有误差,亦即会有上下扰动(有噪声),因此实际上所得的观察值是 $\boldsymbol{X}_k^{(i)}+\boldsymbol{\delta}_k^{(i)}$ $(i=1,2;k=1,2,\cdots,N_i)$,因此(3.4.3)就化为要求

$$\begin{aligned}&\boldsymbol{\alpha}'^{\mathrm{T}}(\boldsymbol{X}_k^{(1)}+\boldsymbol{\delta}_k^{(1)})+\alpha_{n+1}>0\quad (k=1,2,\cdots,N_1)\\&\boldsymbol{\alpha}'^{\mathrm{T}}(\boldsymbol{X}_k^{(2)}+\boldsymbol{\delta}_k^{(2)})+\alpha_{n+1}>0\quad (k=1,2,\cdots,N_2)\end{aligned}\tag{3.4.11}$$

设所有扰动的每一个分量都不超过 δ,即

$$|\delta_{kp}^{(i)}|\leqslant\delta,\delta_k^{(i)}=(\delta_{k1}^{(i)},\delta_{k2}^{(i)},\cdots,\delta_{kn}^{(i)})^{\mathrm{T}}$$
$$(k=1,2,\cdots,N_i;i=1,2)$$

由此就得到 $|\boldsymbol{\alpha}'^{\mathrm{T}}\boldsymbol{\delta}_k^{(i)}|\leqslant\delta\sum\limits_{j=1}^{n}|\alpha_j|$. 从(3.4.11)知道,这只要满足下面两个不等式就够了

$$\sum_{i=1}^{n}\alpha_i\boldsymbol{X}_{ki}^{(1)}-\delta\sum_{i=1}^{n}|\boldsymbol{\alpha}_i|+\alpha_{n+1}>0\quad (k=1,2,\cdots,N_1)$$
$$\sum_{i=1}^{n}\alpha_i\boldsymbol{X}_{ki}^{(2)}+\delta\sum_{i=1}^{n}|\boldsymbol{\alpha}_i|+\alpha_{n+1}<0\quad (k=1,2,\cdots,N_2)$$

如果能找到 δ 使上式成立,那么我们设法使 δ 尽可能大,这样就能保证对样本图像的测量在有较大的扰动

时也不受影响，把这个最大的 δ 记作 γ，即

$$\gamma=\min_{j,k}\frac{\left|\sum_{i=1}^{n}\alpha_i x_{ki}^{(j)}+\alpha_{n+1}\right|}{\sum_{i=1}^{n}|\alpha_i|} \tag{3.4.12}$$

显然，当 $\min_{j,k}\left|\sum_{i=1}^{n}\alpha_i x_{ki}^{(j)}+\alpha_{n+1}\right|=0$ 时，就等于不允许有扰动，因此选择 $d>0$，使 $\min_{j,k}\left|\sum_{i=1}^{n}\alpha_i x_{ik}^{(j)}+\alpha_{n+1}\right|>d>0$，即(3.4.10)成立时才允许有扰动.

在具体计算时，经常取 $d=1$，由判决函数 $z=\boldsymbol{\alpha}^{\mathrm{T}}\boldsymbol{Y}$ 的判决规则(3.4.5)看出，这并不影响权向量 $\boldsymbol{\alpha}$ 的选择.

由(3.4.9)来决定选择 h_k 的方法称为固定增量自适应法.

现在介绍 Smith 方法[23]，他将求(3.4.8)的最小值问题化为线性规划问题来研究.

由(3.4.9)可以得到

$$\boldsymbol{\alpha}^{\mathrm{T}}\boldsymbol{Y}_K-d+h_k\geqslant 0\quad(k=1,2,\cdots,N)$$

即

$$\boldsymbol{A\alpha}+\boldsymbol{H}=\boldsymbol{D}+\boldsymbol{S} \tag{3.4.13}$$

其中

$$\boldsymbol{A}=\begin{pmatrix}\boldsymbol{Y}_1^{\mathrm{T}}\\ \boldsymbol{Y}_2^{\mathrm{T}}\\ \vdots\\ \boldsymbol{Y}_N^{\mathrm{T}}\end{pmatrix}=\begin{pmatrix}y_{11} & y_{12} & y_{13} & \cdots & y_{1n+1}\\ y_{21} & y_{22} & y_{23} & \cdots & y_{2n+1}\\ \vdots & \vdots & \vdots & & \vdots\\ y_{N1} & y_{N2} & y_{N3} & \cdots & y_{Nn+1}\end{pmatrix}\text{是 } N\times(n+1)$$

矩阵 (3.4.14)

$$\boldsymbol{\alpha}=(\alpha_1,\alpha_2,\cdots,\alpha_{n+1})^{\mathrm{T}},\quad \boldsymbol{H}=(h_1,h_2,\cdots,h_N)^{\mathrm{T}}$$
$$\boldsymbol{D}=\underbrace{(d,d,\cdots,d)^{\mathrm{T}}}_{N},\qquad \boldsymbol{S}=(s_1,s_2,\cdots,s_N)^{\mathrm{T}} \tag{3.4.15}$$

这里显然有

$$h_i\geqslant 0,S_i\geqslant 0\quad (i=1,2,\cdots,N) \tag{3.4.16}$$

$S_i(1\leqslant i\leqslant N)$称为松弛变量. 这样一来,公式(3.4.8)就化为求

$$E=\sum_{k=1}^{N}\pi_K h_K=\boldsymbol{\Pi}^{\mathrm{T}}\boldsymbol{H} \tag{3.4.17}$$

的最小值了,其中

$$\boldsymbol{\Pi}=(\pi_1,\pi_2,\cdots,\pi_N)^{\mathrm{T}} \tag{3.4.18}$$

且满足约束条件(3.4.13). 这是一个典型的线性规划问题.

为了用书[26]中的单纯形方法来解决此问题,设$\boldsymbol{\alpha}=\boldsymbol{\alpha}^+-\boldsymbol{\alpha}^-$,如果这个值是正值,向量$\boldsymbol{\alpha}^+$的每一个分量取向量$\boldsymbol{\alpha}$所对应的分量值,否则,就取此分量为零;如果这个值是负值,向量$\boldsymbol{\alpha}^-$的每一个分量取向量$\boldsymbol{\alpha}$所对应的分量值的负值,否则,就取此分量的值为零. 这样一来,向量$\boldsymbol{\alpha}^+$及$\boldsymbol{\alpha}^-$的所有分量都取非负值了. 由此从(3.4.8)及(3.4.13)就可以得到求

$$z=\boldsymbol{\Pi}^{\mathrm{T}}\boldsymbol{D}-\boldsymbol{\Pi}^{\mathrm{T}}\boldsymbol{H} \tag{3.4.19}$$

的最大值,其中正值向量$\boldsymbol{\alpha}^+,\boldsymbol{\alpha}^-,\boldsymbol{H},\boldsymbol{S}$满足约束条件

$$\boldsymbol{A}(\boldsymbol{\alpha}^+-\boldsymbol{\alpha}^-)+\boldsymbol{H}=\boldsymbol{D}+\boldsymbol{S} \tag{3.4.20}$$

由(3.4.20)可以看出:(3.4.19)可以化为求

$$z=\boldsymbol{\Pi}^{\mathrm{T}}\boldsymbol{A}(\boldsymbol{\alpha}^+-\boldsymbol{\alpha}^-)-\boldsymbol{\Pi}^{\mathrm{T}}\boldsymbol{S} \tag{3.4.21}$$

的最大值问题. 将(3.4.21)及(3.4.20)联合起来就得到

$$\max z \tag{3.4.22}$$

它满足约束条件

$$\begin{matrix} 1\{ \\ N\{ \end{matrix}\begin{pmatrix} -\overbrace{\boldsymbol{\Pi}^{\mathrm{T}}\boldsymbol{A}}^{n+1} & \overbrace{\boldsymbol{\Pi}^{\mathrm{T}}\boldsymbol{A}}^{n+1} & \overbrace{0}^{N} & \overbrace{\boldsymbol{\Pi}^{\mathrm{T}}}^{N} & \overbrace{1}^{1} \\ \boldsymbol{A} & -\boldsymbol{A} & \boldsymbol{I}_N & -\boldsymbol{I}_N & 0 \end{pmatrix}\begin{pmatrix} \boldsymbol{\alpha}^{+} \\ \boldsymbol{\alpha}^{-} \\ \cdots \\ \boldsymbol{H} \\ \boldsymbol{S} \\ z \end{pmatrix}\begin{matrix} \}n+1 \\ \}n+1 \\ \\ \}N \\ \}N \\ \}1 \end{matrix} = \begin{pmatrix} 0 \\ \cdots \\ D \end{pmatrix}\begin{matrix} \}1 \\ \\ \}N \end{matrix} \tag{3.4.23}$$

其中,$\boldsymbol{I}_N$ 为 $N \times N$ 阶单位矩阵. 事实上,用矩阵乘法,由左边矩阵的第一行与第二个矩阵中对应的元素相乘就得(3.4.21),而由左边矩阵的第二行与第二个矩阵的对应元素相乘就可以得到(3.4.20). 在(3.4.23)中一共有 $N+1$ 个等式,而变量的个数为 $2(n+1)+2N+1$ 个,即向量 $\boldsymbol{\alpha}^{+}$,$\boldsymbol{\alpha}^{-}$,$\boldsymbol{H}$,$\boldsymbol{S}$ 以及量 z.

这样一来,就可以用单纯形法来解决问题(3.4.22)及(3.4.23)(详细解法,可在书[22]中找到),其中可以设初值

$$\boldsymbol{\alpha}^{+} = \boldsymbol{\alpha}^{-} = \boldsymbol{0}, \boldsymbol{S} = \boldsymbol{D} = \boldsymbol{0}, z = 0, \boldsymbol{H} = \boldsymbol{D} \tag{3.4.24}$$

若两类样本集合在(3.4.10)的意义下是可分的,即(3.4.10)有解 $\boldsymbol{\alpha}$,此时从(3.4.9)的定义可以看出应该有 $\boldsymbol{H}=0$,由此从(3.4.19)可以得到 $\max z = \boldsymbol{\Pi}^{\mathrm{T}}\boldsymbol{D}$,此时就结束算法. 若两类样本集在(3.4.10)的意义下是不可分的,即(3.4.8)中的 $E>0$,而线性规则仍然可以进行,在这种情况下,由(3.4.19)可看出 $\max z < \boldsymbol{\Pi}^{\mathrm{T}}\boldsymbol{D}$. 因此仍然可以求出 $\boldsymbol{\alpha}$ 使 E 达到最小值.

此外,当样本图像数目 N 比较大时,如果设想用超平面把两类样本图像分开,关键是在于在此超平面

附近的两类样本图像,至于那些远离于此超平面的样本图像是不起什么作用的. 因此想到如何从大量样本图像中只考虑那些“比较重要”的子集,而对此子集中两类样本图像进行分类即可,这样就有可能加快计算速度.

2. 逐段线性判别函数

如果两类图像用线性判决函数不可分,那么有没有其他比较简单的函数类可用来进行区分呢? 有,逐段线性函数就是这样的一个简单函数类,它具有很大的灵活性,在理论上,可以用它来逼近任何一个连续函数,且计算量也不大.

现在回到 1. 中提出的问题,但略微改变一下处理的方法. 为了要研究两类图像的样本图像集合是否线性可分,我们考虑 n 个变量的线性函数

$$g(\boldsymbol{X}) = \sum_{i=1}^{n} \alpha_i \boldsymbol{X}_i \tag{3.4.25}$$

希望对第一类样本图像 $\boldsymbol{X}_k^{(1)}(1 \leqslant k \leqslant N_1)$ 满足

$$g(\boldsymbol{X}) > a, \boldsymbol{X} = \boldsymbol{X}_k^{(1)} \quad (k = 1, 2, \cdots, N_1) \tag{3.4.26}$$

而对第二类样本图像 $\boldsymbol{X}_k^{(2)}(1 \leqslant k \leqslant N_2)$ 满足

$$g(\boldsymbol{X}) < b, \boldsymbol{X} = \boldsymbol{X}_k^{(2)} \quad (k = 1, 2, \cdots, N_2) \tag{3.4.27}$$

如果向量 $\boldsymbol{\alpha} = (\alpha_1, \alpha_2, \cdots, \alpha_n)$ 及数 a 与 b 都可以找到,且满足(3.4.26)、(3.4.27),并且还有 $a \geqslant b$,则两类样本图像向量就线性可分. 在相反情况下,不管怎样选择 $\boldsymbol{\alpha}$,要使满足(3.4.26)及(3.4.27)中的 a 与 b 都满足 $b > a$,则两类样本图像向量就线性不可分. 因此在一般情况下,我们可以研究求向量 $\boldsymbol{\alpha}$ 及数 a 与 b,使

$$\min(b-a) \tag{3.4.28}$$

且满足约束条件(3.4.26)及(3.4.27). 这仍然是一个线性规划问题. 根据上面的讨论可以知道,若 $\min(b-a)\leqslant 0$,则两类样本图像线性可分;若 $\min(b-a)>0$,则两类样本图像线性不可分. 在后一情况,设 $a=a_1$, $b=b_1$ 是达到(3.4.28)的最小值,则线性函数为 $g_1(\boldsymbol{X})$,区域

$$a_1\leqslant g_1(\boldsymbol{X})\leqslant b_1 \tag{3.4.29}$$

称为混杂区域,这是因为在这个区域中,两类样本图像混杂在一起.

下面,我们也可以对混杂区域中的两类样本图像向量再用上述方法进行研究,再一次得到线性函数 $g_2(\boldsymbol{X})$ 与 a_2,b_2,如果它已经能够使混杂区域中的样本线性可分,则算法结束. 否则,又可以得到在区域(3.4.29)中的混杂区域

$$a_2\leqslant g_2(\boldsymbol{X})\leqslant b_2 \tag{3.4.30}$$

这样一直进行下去,由于样本个数是有限的,故在有限步(设为 S 步)以后,一定可以找到一个线性判决函数 $g_s(\boldsymbol{X})$ 及数 a_s,b_s,它将上一次余下来的在混杂区域

$$a_{s-1}<g_{s-1}(\boldsymbol{X})<b_{s-1}$$

中的两类样本图像分开来. 这样,对于任意的一个未知属于哪一类的图像 $\boldsymbol{X}$,首先观察第一次求线性规划后得到的量 a_1 与 b_1 以及线性函数 $g_1(\boldsymbol{X})$. 若 $a_1\geqslant b_1$,且 $g_1(X)\geqslant\frac{a_1+b_1}{2}$,就判决 $\boldsymbol{X}\in\Omega_1$;若 $g_1(\boldsymbol{X})<\frac{a_1+b_1}{2}$,就判决 $\boldsymbol{X}\in\Omega_2$. 如果 $a_1<b_1$,这表示对样本图像线性不可分,因此就有样本图像的混杂区域(3.4.29). 这时,若对此 X 有 $g_1(\boldsymbol{X})>b_1$,则判决 $\boldsymbol{X}\in\Omega_1$;若 $g_1(\boldsymbol{X})<a_1$,

则判决 $\boldsymbol{X} \in \Omega_2$(图 3－2). 如果 $\boldsymbol{X}$ 在混杂区域(3. 4. 29)中,则需要对混杂区域中的样本图像实行线性规划后得到的值 a_2, b_2 与函数 $g_2(\boldsymbol{X})$ 进行观察. 同样,若 $a_2 \geqslant b_2$,且 $g_2(\boldsymbol{X}) \geqslant \frac{a_2+b_2}{2}$,就判决 $\boldsymbol{X} \in \Omega_1$;若 $g(\boldsymbol{X}) < \frac{a_2+b_2}{2}$,就判决 $\boldsymbol{X} \in \Omega_2$. 如果 $a_2 < b_2$,这就表示样本图像向量又有混杂区域(3. 4. 30). 这时,若对此 $\boldsymbol{X}$ 有 $g_2(\boldsymbol{X}) > b_2$,则判决 $\boldsymbol{X} \in \Omega_1$;而若 $g_2(\boldsymbol{X}) < a_2$,则就判决 $\boldsymbol{X} \in \Omega_2$. 如果 $\boldsymbol{X}$ 仍在混杂区域(3. 4. 30)中,则又需要从下一次线性规划得到的 a_3, b_3 及 $g_3(\boldsymbol{X})$ 来进行研究与比较. 这样一直继续下去,至多到 S 步以后,一定会出现 $a_s \geqslant b_s$,因此,从观察 $g_s(\boldsymbol{X}) \geqslant \frac{a_s+b_s}{2}$ 还是 $g_s(\boldsymbol{X}) < \frac{a_s+b_s}{2}$ 就一定可以进行判决. 从这里得到的一串函数 $g_i(\boldsymbol{X})$ 及值 $a_i, b_i\,(1 \leqslant i \leqslant S)$,根据上面所讲的判决方法就形成了逐块线性判决边界(图 3－3).

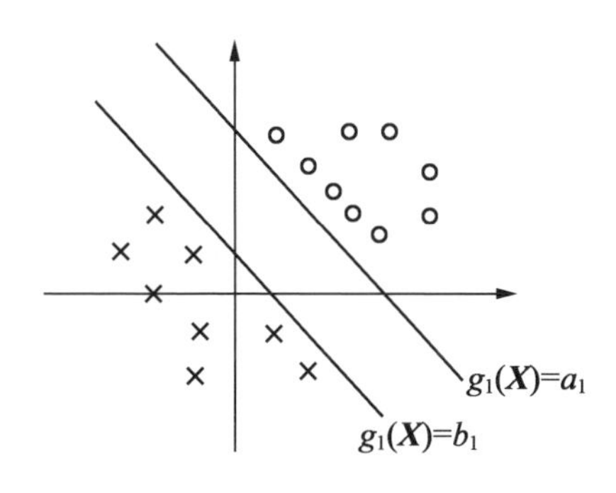

(a)$a_1 \geqslant b_1$

图 3－2

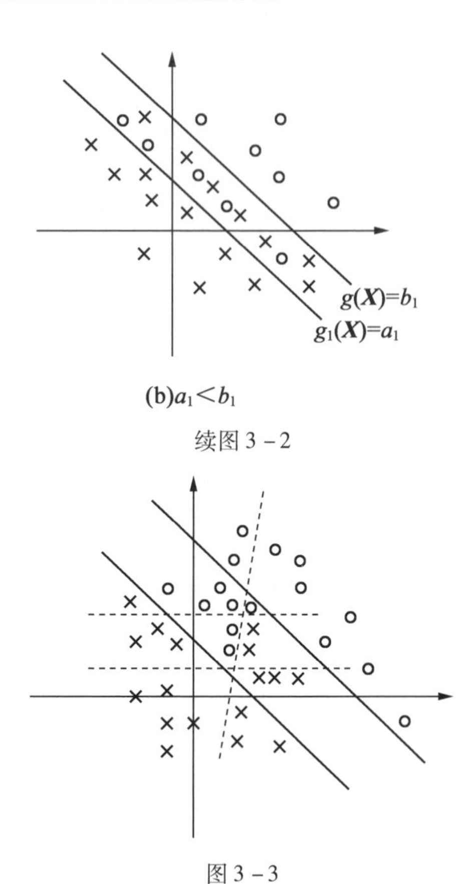

(b)$a_1<b_1$

续图 3－2

图 3－3

这个方法的缺点是：对于一些比较复杂的图像类，这样得到的线性函数 $g_i(\boldsymbol{X})$ 可能会很多. 因此就会增加计算量. 我们也可以预先规定一个重复进行这种线性规划的次数，到最后一次做完后，不论混杂区域中两类样本图像向量是否线性可分，就用上述任何一种方法，以某一个最优化准则，人为地把它们分开来（当然也可能发生误判）. 然后，对于任意一个未知属于哪一

类的图像也可以用上述方法来进行判决. 有关这方面讨论,可参看 Mangasarian 的文章[24].

对混杂区域(3. 3. 29)或(3. 3. 30)的两类样本图像向量,Hoffman 与 Moe 建议用聚类分析方法进行研究. 这方法的大致步骤如下:

(1)在每一类样本图像上,找一个集聚点,在第一次迭代中就可以取每一类样本图像的平均值作为这一类的集聚点;

(2)安排每一个样本图像到最近的集聚点,构成一个新的聚类;

(3)当有新的图像安排到某个聚类中后,或者某个聚类中有一些图像被安排到其他的聚类中后,再求每一个聚类中的所有图像的平均值,作为新的集聚点;

(4)对每一个聚类,例如对第 K 个聚类,计算其平均距离 $A \vee G_K$,它等于此类中所有图像到其集聚点的平均距离;

(5)对所有的聚类,求全部平均距离 $A \vee G_K$ 的平均值 $A \vee G$;

(6)设 τ 是一个调节常数,如果有一个图像离开它自身所属的聚类中的集聚点的距离超过了 $\tau A \vee G$,则自成一个新的聚类;

(7)对每一个聚类,例如对第 K 个聚类,求其方差,观察在哪一个方向,方差取得最大值,检查一下是否满足下列条件之一,若满足,则在最大方差的方向将这个聚类分裂为两个聚类. 这些条件是:①方差超过一个预先指定的数;②$A \vee G_K > A \vee G$;③这个聚类包含图像的数目太多,这里也可以给出一个阀值;④还允许有更多的聚类.

(8) 回到(1)，一直到在(7)中再没有分裂出新的聚类；

(9) 如果有一个聚类中包有图像的数目过少，则可以将此聚类取消，这里也可以预先给出一个阀值；

(10) 如果还可以进行迭代，则再回到(1)，否则，就停止算法.

用这样的方法，对混杂区域中的图像，就可以分成一些聚类. 对于任何一个未知属类的图像 X，如果 $a<b$，且又在此混杂区域(3.4.29)中，则就计算 X 到用上述方法所得的每一个聚类中集聚点的距离，如果到第 i 个集聚点的距离最短，再计算第 i 类中两类样本图像的数目. 我们就可以认为 X 是属于对应于数目大的那一类图像.

3.4.2 迭代法

在这一小节中，我们介绍几个迭代方法，它们也能求出线性判决函数.

首先介绍 Ho 与 Kashyap 的方法[22]. 回忆在 3.4.1 的 1. 中已经讲过的事实，若两类样本图像向量可分，则由(3.4.10)得到

$$\boldsymbol{\alpha}^{\mathrm{T}}\boldsymbol{Y}_K \geqslant d>0 \quad (K=1,2,\cdots,N)$$

即

$$\boldsymbol{A\alpha} \geqslant \boldsymbol{D}>0$$

其中，$\boldsymbol{A}$ 是 $N\times(n+1)$ 矩阵，它由(3.4.14)所确定

$$\boldsymbol{\alpha}=(\alpha_1,\alpha_2,\cdots,\alpha_{n+1})^{\mathrm{T}},\boldsymbol{D}=\underbrace{(d,d,\cdots,d)}_{N\text{个}}{}^{\mathrm{T}}>0$$

Ho-Kashyap 的基本思想是：让 $\boldsymbol{\alpha}$ 与 $\boldsymbol{D}$ 这两个向量同时变化，而求

$$J(\boldsymbol{\alpha},\boldsymbol{D})=\|\boldsymbol{A\alpha}-\boldsymbol{D}\|^2,\boldsymbol{D}>0 \quad (3.4.31)$$

的最小值. 为了求最小值，可以用最优化方法，为此需

要求函数 $J(\boldsymbol{\alpha},\boldsymbol{D})$ 的梯度向量. 容易计算

$$\frac{\partial J}{\partial \boldsymbol{\alpha}}=\boldsymbol{A}^{\mathrm{T}}(\boldsymbol{A\alpha}-\boldsymbol{D}),\frac{\partial J}{\partial \boldsymbol{D}}=\boldsymbol{D}-\boldsymbol{A\alpha}$$

若令 $\frac{\partial J}{\partial \boldsymbol{\alpha}}=0$,就得到

$$\boldsymbol{\alpha}=(\boldsymbol{A}^{\mathrm{T}}\boldsymbol{A})^{-1}\boldsymbol{A}^{\mathrm{T}}\boldsymbol{D} \tag{3.4.32}$$

在这里,若矩阵 $\boldsymbol{A}^{\mathrm{T}}\boldsymbol{A}$ 不存在逆矩阵,则需要求 $\boldsymbol{A}^{\mathrm{T}}\boldsymbol{A}$ 的广义逆矩阵 $(\boldsymbol{A}^{\mathrm{T}}\boldsymbol{A})^{\#}$,因此,代替(3.4.32)应该是 $\boldsymbol{\alpha}=(\boldsymbol{A}^{\mathrm{T}}\boldsymbol{A})^{\#}\boldsymbol{A}^{\mathrm{T}}\boldsymbol{D}$(有关广义逆矩阵可以参看文献[16]). 若令 $\frac{\partial J}{\partial \boldsymbol{D}}=0$,就得到

$$\boldsymbol{D}=\boldsymbol{A\alpha} \tag{3.4.33}$$

但是,一般来说,由公式(3.4.33)所得到的 $\boldsymbol{D}$ 不一定满足 $\boldsymbol{D}>0$. 因此有必要进行修改.

这里应用迭代方法. 开始时,选择 $\boldsymbol{D}=\boldsymbol{D}(0)=(1,1,\cdots,1)^{\mathrm{T}}$,以后在每一次迭代中使得前后两次迭代的值满足 $\boldsymbol{D}(K+1)-\boldsymbol{D}(K)\geqslant 0$,这样就能保证第 K 次迭代值永远满足 $\boldsymbol{D}(K)\geqslant(1,1,\cdots)^{\mathrm{T}}$,因而 $\boldsymbol{D}(K)\geqslant 0$. 这里选用的迭代方案如下

$$\begin{cases}\boldsymbol{\varepsilon}(k)=\boldsymbol{A\alpha}(k)-\boldsymbol{D}(k),\boldsymbol{\alpha}(0)\text{任意}\\ \boldsymbol{\alpha}(k+1)=\boldsymbol{\alpha}(k)+\rho \boldsymbol{S}\boldsymbol{A}^{\mathrm{T}}|\boldsymbol{\varepsilon}(k)|^{①}\\ \boldsymbol{D}(k+1)=\boldsymbol{D}(k)+|\boldsymbol{\varepsilon}(k)|+\boldsymbol{\varepsilon}(k)\end{cases} \tag{3.4.34}$$

其中,$\boldsymbol{\varepsilon}(k)$是误差,这可从(3.4.33)看出来,$\rho>0$ 是常数,$\boldsymbol{S}$ 是$(n+1)\times(n+1)$对称矩阵,$\boldsymbol{S}=\boldsymbol{S}^{\mathrm{T}}$,且满足

$$\boldsymbol{R}=(2\rho \boldsymbol{S}-\rho^{2}\boldsymbol{S}\boldsymbol{A}^{\mathrm{T}}\boldsymbol{A}\boldsymbol{S})\text{是正定矩阵} \tag{3.4.35}$$

---

① $|\boldsymbol{\varepsilon}(k)|$表示向量 $\boldsymbol{\varepsilon}(k)$ 的每一个分量都取绝对值后得到的向量.

定理 3.12　若两类样本图像向量是线性可分的，即存在 $\boldsymbol{\alpha}$，使 $\boldsymbol{A\alpha}>0$，其中 $\boldsymbol{A}$ 由(3.4.14)所确定，则以上迭代算法在 N 步以后收敛到 $\boldsymbol{A\alpha}>0$ 的解 $\boldsymbol{\alpha}$，其中

$$N=\frac{\log\|\boldsymbol{\varepsilon}(0)\|^2}{-\log(1-\lambda)} \tag{3.4.36}$$

$$\boldsymbol{\varepsilon}(0)=\boldsymbol{A\alpha}(0)-\boldsymbol{D}(0),\boldsymbol{\alpha}(0)\text{任意},\boldsymbol{D}(0)=\underbrace{(1,1,\cdots,1)^{\mathrm{T}}}_{N\text{个}}$$

$$\lambda=\min_{\boldsymbol{\nu}}(\boldsymbol{\nu}^{\mathrm{T}}\boldsymbol{ARA}^{\mathrm{T}}\boldsymbol{\nu}),\ \|\boldsymbol{\nu}\|^2=1,\boldsymbol{\nu}=(\nu_1,\nu_2,\cdots,\nu_N)^{\mathrm{T}}\geqslant 0 \tag{3.4.37}$$

证　由(3.4.34)可以得到

$$\begin{aligned}\boldsymbol{\varepsilon}(k+1)&=\boldsymbol{A\alpha}(k+1)-\boldsymbol{D}(k+1)\\&=\boldsymbol{A\alpha}(k)+\rho\boldsymbol{ASA}^{\mathrm{T}}|\boldsymbol{\varepsilon}(k)|-\boldsymbol{D}(k)-\\&\quad|\boldsymbol{\varepsilon}(k)|-\boldsymbol{\varepsilon}(k)\\&=(\rho\boldsymbol{ASA}^{\mathrm{T}}-\boldsymbol{I}_N)|\boldsymbol{\varepsilon}(k)|\end{aligned} \tag{3.4.38}$$

这样，应用(3.4.38)以及(3.4.35)、(3.4.37)并注意到矩阵 $\boldsymbol{S}$ 的对称性，就有

$$\begin{aligned}&\|\boldsymbol{\varepsilon}(k+1)\|^2-\|\boldsymbol{\varepsilon}(k)\|^2\\&=\boldsymbol{\varepsilon}(k+1)^{\mathrm{T}}\boldsymbol{\varepsilon}(k+1)-\boldsymbol{\varepsilon}(k)^{\mathrm{T}}\boldsymbol{\varepsilon}(k)\\&=|\boldsymbol{\varepsilon}(k)|^{\mathrm{T}}(\rho\boldsymbol{ASA}^{\mathrm{T}}-\boldsymbol{I}_N)(\rho\boldsymbol{ASA}^{\mathrm{T}}-\boldsymbol{I}_N)|\boldsymbol{\varepsilon}(k)|-\\&\quad\boldsymbol{\varepsilon}(k)^{\mathrm{T}}\boldsymbol{\varepsilon}(k)\\&=|\boldsymbol{\varepsilon}(k)|^{\mathrm{T}}(\rho^2\boldsymbol{ASA}^{\mathrm{T}}\boldsymbol{ASA}^{\mathrm{T}}-2\rho\boldsymbol{ASA}^{\mathrm{T}})|\boldsymbol{\varepsilon}(k)|\\&=|\boldsymbol{\varepsilon}(k)|^{\mathrm{T}}\boldsymbol{A}(\rho^2\boldsymbol{SA}^{\mathrm{T}}\boldsymbol{AS}-2\rho\boldsymbol{S})\boldsymbol{A}^{\mathrm{T}}|\boldsymbol{\varepsilon}(k)|\\&=-|\boldsymbol{\varepsilon}(k)|^{\mathrm{T}}\boldsymbol{ARA}^{\mathrm{T}}|\boldsymbol{\varepsilon}(k)|\\&\leqslant-\lambda\|\boldsymbol{\varepsilon}(k)\|^2\end{aligned} \tag{3.4.39}$$

其中，最后一个不等式是由(3.4.37)得到的. 由于按定理的条件，$\boldsymbol{R}$ 是正定矩阵，因此 $\lambda\geqslant 0$，且 $\lambda=0$ 当且仅当 $\boldsymbol{A}^{\mathrm{T}}\boldsymbol{\nu}=0$ 时才成立. 从(3.4.39)及 $\lambda\geqslant 0$ 就可看出 $\|\boldsymbol{\varepsilon}(k)\|^2$ 是单调下降的量.

现在证明 $\lambda>0$. 在相反的情况下，即在 $\lambda=0$ 时，由上述讨论知道，$\boldsymbol{A}^{\mathrm{T}}\boldsymbol{\nu}=0$. 另一方面，根据定理的假设，这两类样本图像是线性可分的，即存在 $\boldsymbol{\alpha}$，使 $\boldsymbol{A\alpha}>0$，因而有

$$\boldsymbol{d}=\boldsymbol{A\alpha}=\alpha_1\boldsymbol{A}_1+\alpha_2\boldsymbol{A}_2+\cdots+\boldsymbol{\alpha}_{n+1}\boldsymbol{A}_{n+1}>0$$

其中，$\boldsymbol{\alpha}=(\alpha_1,\alpha_2,\cdots,\alpha_{n+1})^{\mathrm{T}}$，$\boldsymbol{A}_i$ 是矩阵 $\boldsymbol{A}$ 的列向量. 由 $\boldsymbol{A}^{\mathrm{T}}\boldsymbol{\nu}=0$，可知 $\boldsymbol{A}_i^{\mathrm{T}}\boldsymbol{\nu}=0(i=1,2,\cdots,n+1)$，由此可得

$$\boldsymbol{\nu}^{\mathrm{T}}\boldsymbol{d}=\boldsymbol{\nu}^{\mathrm{T}}(\alpha_1\boldsymbol{A}_1+\alpha_2\boldsymbol{A}_2+\cdots+\alpha_{n+1}\boldsymbol{A}_{n+1})=0$$

但是，我们根据(3.4.37)有 $\boldsymbol{\nu}=(\nu_1,\nu_2,\cdots,\nu_N)\geqslant 0$，而

$$\boldsymbol{d}=(d_1,d_2,\cdots,d_N)>0$$

因此
$$\boldsymbol{\nu}^{\mathrm{T}}\boldsymbol{d}=\sum_{i=1}^{N}\nu_i d_i\geqslant 0$$

并且仅当 $\nu=0$ 时有等号成立. 这样一来，就得到 $\boldsymbol{\nu}=0$，而这又与 $\|\boldsymbol{\nu}\|=1$ 相矛盾. 因此证明 $\lambda>0$.

这样，反复应用(3.4.39)，就可以得到

$$\begin{aligned}\|\boldsymbol{\varepsilon}(k+1)\|^2&\leqslant(1-\boldsymbol{\lambda})\|\boldsymbol{\varepsilon}(k)\|^2\\&\leqslant\cdots\leqslant(1-\boldsymbol{\lambda})^{k+1}\|\boldsymbol{\varepsilon}(0)\|^2\end{aligned}\tag{3.4.40}$$

因此
$$\lim_{k\to+\infty}\|\boldsymbol{\varepsilon}(k+1)\|^2=0\tag{3.4.41}$$

此外，由于 $\boldsymbol{\varepsilon}(k)=\boldsymbol{A\alpha}(k)-\boldsymbol{D}(k)$，而 $\boldsymbol{D}(k)\geqslant 1$，所以只要在 $\|\boldsymbol{\varepsilon}(k)\|\leqslant 1$ 时，就可以得到 $\boldsymbol{A\alpha}(k)>0$. 根据(3.4.40)，在

$$\|\boldsymbol{\varepsilon}(N)\|^2\leqslant(1-\boldsymbol{\lambda})^N\|\boldsymbol{\varepsilon}(0)\|^2\leqslant 1$$

时，即
$$N\geqslant\frac{\log\|\varepsilon(0)\|^2}{-\log(1-\boldsymbol{\lambda})}$$

时，就有 $\boldsymbol{A\alpha}(N)>0$.

从以上定理的证明可以看出下列几点：

(1) $\lambda>0$ 是使 $\boldsymbol{A\alpha}>0$ 有解的充分且必要的条件.

充分性在定理后半部分的证明中可以看到. 现在说明必要性:若 $\boldsymbol{A\alpha}>0$ 有解 $\boldsymbol{\alpha}$,则在定理的前半部分证明中可以见到:若 $\lambda>0$,就会推出矛盾. 因此必须 $\lambda>0$.

这样一来,就可以用 $\lambda>0$ 作为判断上面两类样本图像是否可分的准则. 特别地,当取对称矩阵 $\boldsymbol{S}$ 使 $\boldsymbol{R}=\boldsymbol{I}_{n+1}$时,则只要计算

$$\lambda=\min_{\boldsymbol{\nu}}(\boldsymbol{\nu}^{\mathrm{T}}\boldsymbol{A}^{\mathrm{T}}\boldsymbol{A}\boldsymbol{\nu}),\ \|\boldsymbol{\nu}\|=1,\nu_i\geqslant 0\quad(1\leqslant i\leqslant N)$$

是否大于零,就可以判断 $\boldsymbol{A\alpha}>0$ 是否有解.

(2)由(3.4.36)可以对可分情况下的迭代次数进行估计,它一般是 $\log N$ 的倍数.

(3)当 $\boldsymbol{A\alpha}>0$ 无解时,即两类样本图像向量集合不是线性可分时,仍然可以用此方法求解,它可以看作在最小二乘法的意义下求解.

(4)我们可以取下列任何一个特殊的对称矩阵 $\boldsymbol{S}$,它都能使得由(3.4.35)所确定的矩阵 $\boldsymbol{R}$ 为正定矩阵

① $$\boldsymbol{S}=(\boldsymbol{A}^{\mathrm{T}}\boldsymbol{A})^{-1},0<\rho<2\tag{3.4.42}$$

② $$\boldsymbol{S}=(2\|\boldsymbol{A}^{\mathrm{T}}\boldsymbol{A}\|\boldsymbol{I}_{n+1}-\boldsymbol{A}^{\mathrm{T}}\boldsymbol{A})/\|\boldsymbol{A}^{\mathrm{T}}\boldsymbol{A}\|\ (0<\rho<2)\tag{3.4.43}$$

③ $$\boldsymbol{S}=\boldsymbol{I}_{n+1},0<\rho<\|\boldsymbol{A}^{\mathrm{T}}\boldsymbol{A}\|\tag{3.4.44}$$

其中,$\|\boldsymbol{A}^{\mathrm{T}}\boldsymbol{A}\|$ 表示矩阵 $\boldsymbol{A}^{\mathrm{T}}\boldsymbol{A}$ 的范数(参看文献[35]). 特别地,在情况(1)时,取

$$\boldsymbol{\alpha}(0)=(\boldsymbol{A}^{\mathrm{T}}\boldsymbol{A})^{-1}\boldsymbol{A}^{\mathrm{T}}\boldsymbol{D},\boldsymbol{D}=(0)=\underbrace{(1,1,\cdots,1)}_{N}{}^{\mathrm{T}}$$

则求(3.3.31)的最小值,就是求对 $\boldsymbol{D}(k)$ 的最小二乘逼近.

(5)与这种迭代算法相类似的,在过去也见过,如:

感知法(Новинков[27])

$$\boldsymbol{a}(k+1)=\boldsymbol{a}(k)+\rho\boldsymbol{A}^{\mathrm{T}}[\operatorname{sgn}|\boldsymbol{\varepsilon}(k)|-\operatorname{sgn}\boldsymbol{\varepsilon}(k)] \tag{3.4.45}$$

松弛法(Agmon[21])

$$\boldsymbol{a}(k+1)=\boldsymbol{a}(k)+\rho\boldsymbol{A}^{\mathrm{T}}[|\boldsymbol{\varepsilon}(k)|-\boldsymbol{\varepsilon}(k)] \tag{3.4.46}$$

这里只是换了更一般形式的迭代算法.

上面 Ho - Kashyap 的算法中,往往需要计算矩阵的逆矩阵(如用公式(3.4.42)).这需要较多的计算时间.下面介绍另一种算法,是对原来的 Mays[28] 改进上面 Agmon 松弛法的一种加速算法.用这个方法可以不必求逆矩阵.

首先介绍 Mays 的改进松弛法[28].这里所用的记号与上面所用的记号是一样的.

$$\begin{cases}\boldsymbol{\varepsilon}(k+1)=\boldsymbol{A}\boldsymbol{\alpha}(k)-\boldsymbol{D}(k)\\ \boldsymbol{D}(k+1)=\boldsymbol{D}(k)+\rho[|\boldsymbol{\varepsilon}(k)|+\boldsymbol{\varepsilon}(k)],0<\rho<2\\ \boldsymbol{a}(k+1)=\begin{cases}\boldsymbol{a}(k)+\rho\left[\dfrac{\boldsymbol{D}(k)-\boldsymbol{a}(k)^{\mathrm{T}}\boldsymbol{Y}_k}{\|\boldsymbol{Y}_k\|+1}\right]Y_k,\\ \text{当 } \boldsymbol{a}^{\mathrm{T}}(k)\boldsymbol{Y}_k-\boldsymbol{D}(k)<0\\ \boldsymbol{a}(k),\text{其他情况}\end{cases}\end{cases} \tag{3.4.47}$$

其中,在求第 $k+1$ 次迭代时,要用到第 k 个扩充了的样本图像向量 $\boldsymbol{Y}_k$(这里已经将两类图像统一考虑了,参见公式(2.5.7)).这种算法的目的在于:对输入的已经扩充了的样本图像 $\boldsymbol{Y}_k$,若已经满足 $\boldsymbol{\alpha}(k)^{\mathrm{T}}\boldsymbol{Y}_k>\boldsymbol{D}(k)$,则对 $\boldsymbol{\alpha}(k)$ 不再需要进行修改了;若 $\boldsymbol{\alpha}(k)^{\mathrm{T}}\boldsymbol{Y}_k\leqslant\boldsymbol{D}(k)$,则需对 $\boldsymbol{\alpha}(k)$ 进行修改,使得经过修改后得到的向量 $\boldsymbol{\alpha}(k+1)$,能够使 $\boldsymbol{\alpha}(k+1)^{\mathrm{T}}\boldsymbol{Y}_k$ 的值变大,其增加

的量与 $\boldsymbol{D}(k)-\boldsymbol{\alpha}(k)^{\mathrm{T}}\boldsymbol{Y}_k$ 成正比.

Chin Liang Chang 的加速方案如下[29]:在第 k 次及第 $k+1$ 次迭代后,可以得到 $\boldsymbol{\alpha}(k)$ 及 $\boldsymbol{\alpha}(k+1)$. 考虑

$$\boldsymbol{X}=\boldsymbol{\alpha}(k)+\lambda[\boldsymbol{\alpha}(k+1)-\boldsymbol{\alpha}(k)]$$

在加速方案中,我们找 $\lambda\geqslant 1$,使得这样得到的 $\boldsymbol{X}$,能使不满足不等式 $\boldsymbol{AX}>0$ 的个数尽可能地少,其中 $\boldsymbol{A}$ 是由(3.4.14)所确定的扩充了的样本图像向量所构成的矩阵. 下面介绍如何具体地来选择 λ:现在将 $\boldsymbol{AX}>0$ 写出来,就得到

$$\boldsymbol{Y}_k^{\mathrm{T}}[\boldsymbol{\alpha}(k)+\lambda(\boldsymbol{\alpha}(k+1)-\boldsymbol{\alpha}(k))]>0(k=1,2,\cdots,N)$$

由此得到

$$\boldsymbol{G}_k+\lambda\boldsymbol{H}_k>0 \quad (k=1,2,\cdots,N) \quad (3.4.48)$$

其中

$$\boldsymbol{G}(k)=\boldsymbol{Y}_k^{\mathrm{T}}\boldsymbol{\alpha}(k),\boldsymbol{H}_k=\boldsymbol{Y}_k^{\mathrm{T}}[\boldsymbol{\alpha}(k+1)-\boldsymbol{\alpha}(k)] \quad (k=1,2,\cdots,N) \quad (3.4.49)$$

当 $H_k\neq 0$ 时,则令 $\lambda_k=-\dfrac{G_k}{H_k}$;当 $H_k=0$ 时,则对应的 λ_k 就认为不存在$(k=1,2,\cdots,N)$. 下面再分两种情况:当 $\boldsymbol{H}_k>0$ 时,令 λ 等于比 λ_k 大一点的值,则不等式(3.4.48)就满足;当 $\boldsymbol{H}_k<0$ 时,令 λ 等于比 λ_k 小一点的值,则不等式(3.3.48)也满足. 现在令 $U=\{u_1,u_2,\cdots,u_r\}$ 是所有满足 $\lambda_k>1(1\leqslant k\leqslant N)$ 的 λ_k 的集合. 若此集合非空,则 u_i 是按大小次序排列的:$u_i\leqslant u_j,i<j$. 令

$$\bar{\lambda}_k=\frac{u_k+u_{k+1}}{2} \quad (1\leqslant k\leqslant r-1)$$

而$\bar{\lambda}_r=u_r+0.1$. 对于每一个$\bar{\lambda}_k(1\leqslant k\leqslant r)$,再检查一下

$$z_k=\boldsymbol{\alpha}(k)+\bar{\lambda}_k[\boldsymbol{\alpha}(k+1)-\boldsymbol{\alpha}(k)]$$

能使不等式

$$\boldsymbol{A}\boldsymbol{z}_k=\boldsymbol{A}\{\boldsymbol{\alpha}(k)+\bar{\lambda}_k[\boldsymbol{\alpha}(k+1)-\boldsymbol{\alpha}(k)]\}>0$$

满足的个数 $l_k(k=1,2,\cdots,r)$. 选择 $l_k(k=1,2,\cdots,r)$ 中的最大者,设为 l_g,它可能对应一些$\bar{\lambda}_k$;但我们可以选择其中最小者,记为$\bar{\lambda}$. 令

$$\bar{\boldsymbol{X}}=\boldsymbol{\alpha}(k)+\bar{\lambda}[\boldsymbol{\alpha}(k+1)-\boldsymbol{\alpha}(k)]$$

再检查一下满足不等式 $\boldsymbol{A}\boldsymbol{\alpha}(k+1)>0$ 的个数,若这个数比 l_g 大,则第 $k+1$ 次的迭代值仍取原来求出的 $\boldsymbol{\alpha}(k+1)$;若这个数比 l_0 小,则第 $k+1$ 次迭代后的值就取向量$\bar{\boldsymbol{X}}$了,即取新的

$$\boldsymbol{\alpha}(k+1)=\bar{\boldsymbol{X}}$$

若集合 U 是空集,则在 $k+1$ 次迭代后向量也仍取原来的

$$\boldsymbol{\alpha}(k+1)$$

这种取法能够加快算法的收敛性. 这种计算方案可以用算法来一步一步地实现. 下面介绍算法:在前面计算 $\boldsymbol{\lambda}_k$ 时,若 $H_k>0$,对应取一个变量 $Q_k=1$;若 $H_k<0$,则取变量 Q_k 的值为 -1. 现在设已经有了 $\boldsymbol{\alpha}(k)$及 $\boldsymbol{\alpha}(k+1)$,此外还有 $H_k,G_k,U=\{u_1,u_2,\cdots,u_r\}$ 及 $\boldsymbol{Q}=\{Q_1,Q_2,\cdots,Q_r\}$. 我们可以按下列步骤求出新的 $\boldsymbol{\alpha}(k+1)$:

(1)令$\bar{\lambda}=1$;

(2)若 U 是空集,则转(17);

(3)令 M 是不等式 $G_j+\bar{\lambda}H_j>0(j=1,2,\cdots,N)$不满足的数目;

(4)令 $\boldsymbol{M}^*=\boldsymbol{M}$;

(5)令 $k=1$;

(6)设 R 是 $Q_1,Q_2,\cdots,Q_r$ 中取值为 1 的个数;

(7)若 $R=0$,则转(17);

(8)$M=M-Q_k$;

(9)若 $Q_k=1$,则 $R=R-1$,否则 R 不变;

(10)若 $k=r$,则转(5);

(11)若 $u_k=u_{k+1}$,则转(14);

(12)若 $M^*\leqslant M$,则转(14);

(13)$\overline{\boldsymbol{\lambda}}=\dfrac{1}{2}(u_k+u_{k+1})$,$M^*=M$;

(14)$k=k+1$ 转(7);

(15)若 $M^*\leqslant M$,则转(17);

(16)令$\overline{\boldsymbol{\lambda}}=u_r+0.1$ 及 $M^*=M$;

(17)令$\overline{\boldsymbol{X}}=\boldsymbol{\alpha}(k+1)+\overline{\boldsymbol{\lambda}}[\boldsymbol{\alpha}(k+1)-\boldsymbol{\alpha}(k)]$;

(18)令 $\boldsymbol{\alpha}(k+1)=\overline{\boldsymbol{X}}$,且算法停止.

这个计算方案目前还没有收敛性的证明. 但是通过大量的例子经过实践,可以知道:其计算的速度比原来的算法快,即此算法会很快地收敛.

对于多类问题,例如对于 m 类图像 $\Omega_i(1\leqslant i\leqslant m)$,则可以用上面的方法两类两类地进行研究,这样的研究当然比较繁. 下面介绍一个将 m 类图像一齐进行研究的迭代算法. 显然,这里最简单的判决函数是逐块线性函数. 为了寻找这些逐块线性函数所确定的逐块线性边界,可以设想,对于每一类图像 $\Omega_i(1\leqslant i\leqslant m)$ 找一个线性函数

$$g_i(X)=\alpha_{i1}x_1+\alpha_{i2}x_2+\cdots\alpha_{in}x_n+\alpha_{in+1}=\boldsymbol{A}_i^{\mathrm{T}}\boldsymbol{Y} \tag{3.4.50}$$

其中，$\boldsymbol{A}_i=(a_{i1},a_{i2},\cdots,a_{in+1})^{\mathrm{T}}$，$\boldsymbol{Y}=(x_1,x_2,\cdots,x_n,1)^{\mathrm{T}}$，使得对于每一个图像向量 $\boldsymbol{X}=(x_1,x_2,\cdots,x_n)^{\mathrm{T}}$，若

$$g_i(\boldsymbol{X})=\max_{1\leqslant j\leqslant m}g_i(\boldsymbol{X}) \tag{3.4.51}$$

则判决 $\boldsymbol{X}\in\Omega_i$. 至于这些函数 $g_i(\boldsymbol{X})(1\leqslant i\leqslant m)$，可以通过 m 类图像的已知分类的样本图像来寻找.

设已知 m 类图像的样本向量为 $\{\boldsymbol{X}_k\}$，或者说已知扩充了的样本图像向量 $\{\boldsymbol{Y}_k\}$，其中每一个样本的属类也都是已知的. 现在寻找一个迭代算法，可以近似地求出上面所需要找的 $g_i(\boldsymbol{X})(i=1,2,\cdots,m)$. 当然在实际问题中，我们只能得到有限个样本图像向量，不过像前面一样，可以反复地使用这些样本图像向量.

Duda-Fossum 算法[30]：向量 $\{\boldsymbol{A}_i\}$ 的初值 $\{\boldsymbol{A}_i(1)\}$ 可以任意取$(i=1,2,\cdots,m)$. 设 $d>0$ 是一个固定的正数(关于它的意义，可参看 §2.5)，在第 k 次迭代中，设 $\boldsymbol{X}_k\in\Omega_i$，或说 $\boldsymbol{Y}_k\in\Omega_i$，因为 $\boldsymbol{X}_k$ 与 $\boldsymbol{Y}_k$ 的差别只是 $\boldsymbol{Y}_k$ 比 $\boldsymbol{X}_k$ 多一个分量 1. 设有一个指标集 $J\in\{1,2,\cdots,m\}$，使得对于任意一个 $j\in J$，都有

$$\boldsymbol{A}_i(k)^{\mathrm{T}}\boldsymbol{Y}_k+d\leqslant\boldsymbol{A}_j^{\mathrm{T}}(k)\boldsymbol{Y}_k \tag{3.4.52}$$

其中，$\boldsymbol{A}_i(k)(i=1,2,\cdots,m)$ 表示向量 $\boldsymbol{A}_i$ 的第 k 次迭代值. 我们构造代算法如下

$$\boldsymbol{A}_p(k+1)=\begin{cases}\boldsymbol{A}_i(k)+a_k\boldsymbol{Y}_k & (p=i)\\ \boldsymbol{A}_j(k)-a_{jk}a_k\boldsymbol{Y}_k & (p=j,j\in J)\\ 0 & (p\notin J,p\neq i)\end{cases} \tag{3.4.53}$$

其中，a_k 与 a_{jk}是满足条件

$$0<a_{\min}\leqslant a_k\leqslant a_{\max}\quad(k=1,2,\cdots) \tag{3.4.54}$$

$$a_{jk}\geqslant 0,\ \sum_{j\in J}a_{jk}=1 \tag{3.4.55}$$

的一些数. 这样选取的理由是因为当 $Y_k \in \Omega_i$ 时,根据判决要求,应该满足 $\boldsymbol{A}_i(k)^{\mathrm{T}}\boldsymbol{Y}_k > \boldsymbol{A}_j(k)^{\mathrm{T}}\boldsymbol{Y}_k(j \neq i; j=1,2,\cdots,m)$,但由于(3.4.52)成立,也就是说对于 $j \in J$,上面的不等式在相差一个数 d 后不成立. 因此对于向量 $\boldsymbol{A}_i(k)$ 的每一个分量需要做一些增加才是,此即(3.4.53)中的第一式. 根据类似的理由需要对 $\boldsymbol{A}_j(k)$,$j \in J$ 中的每一个分量做一些适当的减少,这就是(3.4.53)中的第二式. 至于对其他的 j,因为上面所要求的不等式得到了满足,因此就不必进行修改了,这就是(3.4.53)中的第三式. 这里 a_k 是权,但加上了限制(3.4.53). 在第一章§1.3 的方法 3 中,取权为常数,在Ho-Kashyap的方法中也取权为常数. 下面要说明条件(3.4.54)是可以放宽的. 条件(3.4.55)说明:增加的量的权与减少的量的权是相等的.

以后为了书写方便起见,我们将(3.4.53)改写为

$$\boldsymbol{A}_p(k+1) = \boldsymbol{A}_p(k) + \boldsymbol{C}_p(k) \quad (p=1,2,\cdots,m) \tag{3.4.56}$$

由条件(3.4.55)得

$$\sum_{p=1}^{m} \boldsymbol{C}_p(k) = 0 \tag{3.4.57}$$

定理 3.13　设 m 类图像 $\Omega_i(1 \leqslant i \leqslant m)$ 可分,即 $\{\boldsymbol{Y}_k\}$ 可分,这表示存在 m 个 $n+1$ 维向量 $\{\hat{\boldsymbol{A}}_i\}(1 \leqslant i \leqslant m)$,使得对于任何一个 $\boldsymbol{Y}_k$,若 $\boldsymbol{Y}_k \in \Omega_i$,就有

$$\hat{\boldsymbol{A}}_i^{\mathrm{T}}\boldsymbol{Y}_k > \hat{\boldsymbol{A}}_j^{\mathrm{T}}\boldsymbol{Y}_k \quad (j \neq i; j=1,2,\cdots,m) \tag{3.4.58}$$

则上述迭代算法在有限步以后就停止,且能得到所要求的判决函数 $g_i(\boldsymbol{X})(1 \leqslant i \leqslant m)$.

在证明这个定理之前,先证明一个引理:

引理　设$\{\boldsymbol{A}_i(1)\}(1\leqslant i\leqslant m)$是任意的初值,而$\{\boldsymbol{X}_k\}$或$\{\boldsymbol{Y}_k\}$是已知分类的样本图像,且存在向量$\{\hat{\boldsymbol{A}}_j\}(1\leqslant i\leqslant m)$满足条件(3.4.58).此外还存在三个正常数$a,b,e$,使得对于上述迭代算法及任意的$k$满足条件

$$\boldsymbol{A}\triangleq\sum_{i=1}^{m}\sum_{j=1}^{m}(\boldsymbol{C}_i(k)-\boldsymbol{C}_j(k))^{\mathrm{T}}(\boldsymbol{C}_i(k)-\boldsymbol{C}_j(k))\leqslant a \tag{3.4.59}$$

$$\boldsymbol{B}\triangleq\sum_{i=1}^{m}\sum_{j=1}^{m}(\boldsymbol{A}_i(k)-\boldsymbol{A}_j(k))^{\mathrm{T}}(\boldsymbol{C}_i(k)-\boldsymbol{C}_j(k))\leqslant b \tag{3.4.60}$$

$$\boldsymbol{C}\triangleq\sum_{i=1}^{m}\sum_{j=1}^{m}(\hat{\boldsymbol{A}}_i-\hat{\boldsymbol{A}}_j)^{\mathrm{T}}(\boldsymbol{C}_i(k)-\boldsymbol{C}_j(k))\geqslant e>0 \tag{3.4.61}$$

其中,$\boldsymbol{C}_j(k)$是由(3.4.56)中确定的量,则可以推出迭代次数k是有界的.

证　考虑量

$$T(k)=\sum_{i=1}^{m}\sum_{j=1}^{m}(\hat{\boldsymbol{A}}_i-\hat{\boldsymbol{A}}_j)^{\mathrm{T}}(\boldsymbol{A}_i(k)-\boldsymbol{A}_j(k)) \tag{3.4.62}$$

由于算法(3.4.53),显然有

$$T(k+1)=T(k)+\sum_{i=1}^{m}\sum_{j=1}^{m}(\hat{A}_i-\hat{A}_j)^{\mathrm{T}}(C_i(k)-C_j(k))$$

根据(3.4.61),可以得到

$$T(k+1)\geqslant T(k)+c \tag{3.4.63}$$

再反复应用(3.4.63),就可以得到

$$T(k+1)\geqslant ke+T(1) \tag{3.4.64}$$

另一方面,利用Cauchy-Schwarz不等式,有

$$T(k) \leqslant \sqrt{\sum_{i=1}^{m}\sum_{j=1}^{m}(\hat{\boldsymbol{A}}_i - \hat{\boldsymbol{A}}_j)^{\mathrm{T}}(\hat{\boldsymbol{A}}_i - \hat{\boldsymbol{A}}_j)} \cdot$$

$$\sqrt{\sum_{i=1}^{m}\sum_{j=1}^{m}(\boldsymbol{A}_i(k) - \boldsymbol{A}_j(k))^{\mathrm{T}}(\boldsymbol{A}_i(k) - \boldsymbol{A}_j(k))}$$

$$\leqslant \| \hat{\boldsymbol{A}} \| \boldsymbol{S}_k \tag{3.4.65}$$

其中 $\| \hat{\boldsymbol{A}} \|^2 = \sum_{i=1}^{m}\sum_{j=1}^{m}(\hat{\boldsymbol{A}}_i - \hat{\boldsymbol{A}}_j)^{\mathrm{T}}(\hat{\boldsymbol{A}}_i - \boldsymbol{A}_j)$

$$\boldsymbol{S}_k^2 = \sum_{i=1}^{m}\sum_{j=1}^{m}(\boldsymbol{A}_i(k) - \boldsymbol{A}_j(k))^{\mathrm{T}}(\boldsymbol{A}_i(k) - \boldsymbol{A}_j(k))$$

由(3.4.56),可以得到

$$\boldsymbol{S}_{k+1}^2 = \sum_{i=1}^{m}\sum_{j=1}^{m}(\boldsymbol{A}_i(k) + \boldsymbol{C}_i(k) - \boldsymbol{A}_j(k) - \boldsymbol{C}_j(k))^{\mathrm{T}} \cdot$$

$$(\boldsymbol{A}_i(k) + \boldsymbol{C}_i(k) - \boldsymbol{A}_j(k) - \boldsymbol{C}_j(k))$$

$$= \boldsymbol{S}_k^2 + 2\sum_{i=1}^{m}\sum_{j=1}^{m}(\boldsymbol{A}_i(k) - \boldsymbol{A}_j(k))^{\mathrm{T}}(\boldsymbol{C}_i(k) - \boldsymbol{C}_j(k)) +$$

$$\sum_{i=1}^{m}\sum_{j=1}^{m}(\boldsymbol{C}_i(k) - \boldsymbol{C}_j(k))^{\mathrm{T}}(\boldsymbol{C}_i(k) - \boldsymbol{C}_j(k))$$

因而,由引理中的条件(3.4.59)及(3.4.60)得

$$S_{k+1}^2 \leqslant S_k^2 + 2b + a \tag{3.4.66}$$

反复应用(3.4.66)就可以得到

$$S_{k+1}^2 \leqslant k(2b + a) + S_1^2 \tag{3.4.67}$$

由此,从(3.4.65)及(3.4.67)得到

$$T(k+1) \leqslant \| \hat{\boldsymbol{A}} \| S_{k+1} \leqslant \| \hat{\boldsymbol{A}} \| \sqrt{k(2b + a) + S_1^2} \tag{3.4.68}$$

比较(3.4.64)及(3.4.68)得到

$$ke + T(1) \leqslant \| \hat{\boldsymbol{A}} \| \sqrt{k(2b + a) + S_1^2}$$

这样就推出 k 是有界的了. 引理证毕.

现在来证明定理 3.13,根据上面的引理,这只要

证明存在三个正常数 a,b,e,使得满足(3.4.59)~(3.4.61)即可.

先证明满足(3.4.59):由(3.4.57),有

$$\boldsymbol{A}=\sum_{i=1}^{m}\sum_{j=1}^{m}\{\|\boldsymbol{C}_i(k)\|^2+\|\boldsymbol{C}_i(k)\|^2-2\boldsymbol{C}_i(k)^{\mathrm{T}}\boldsymbol{C}_j(k)\}$$

$$=2m\sum_{i=1}^{m}\|\boldsymbol{C}_i(k)\|^2-2\Big(\sum_{i=1}^{m}\boldsymbol{C}_i(k)\Big)^{\mathrm{T}}\Big(\sum_{j=1}^{m}\boldsymbol{C}_j(k)\Big)$$

$$=2m\sum_{i=1}^{m}\|\boldsymbol{C}_i(k)\|^2 \tag{3.4.69}$$

比较(3.4.56)及(3.4.53),可知道:若 $Y_k\in\boldsymbol{\Omega}_t(1\leqslant t\leqslant m)$,则

$$\boldsymbol{C}_p(k)=\begin{cases}a_kY_k & (p=t)\\ -a_{jk}a_kY_k & (p=j,j\in J)\\ 0 & (\text{其他的 } p)\end{cases} \tag{3.4.70}$$

利用(3.4.70)、(3.4.54)及(3.4.55),由(3.4.69)就得到

$$\begin{aligned}\boldsymbol{A}&=2ma_k^2\boldsymbol{Y}_k^{\mathrm{T}}\boldsymbol{Y}_k(1+\sum_{j\in J}a_{jk})\\&=4ma_k^2\|\boldsymbol{Y}_k\|^2\\&\leqslant 4ma_{\max}^2\max_{1\leqslant k\leqslant N}\|\boldsymbol{Y}_k\|^2\triangleq a\end{aligned}$$

其次证明满足(3.4.60):由(3.4.57)、(3.4.70)得到

$$B=\sum_{i=1}^{m}\sum_{j=1}^{m}\{\boldsymbol{A}_i(k)^{\mathrm{T}}\boldsymbol{C}_i(k)+\boldsymbol{A}_j(k)^{\mathrm{T}}\boldsymbol{C}_j(k)\}-\boldsymbol{A}_i(k)^{\mathrm{T}}\boldsymbol{C}_j(k)-\boldsymbol{A}_j(k)^{\mathrm{T}}\boldsymbol{C}_i(k)\}$$

$$=2m\sum_{i=1}^{m}\boldsymbol{A}_i(k)^{\mathrm{T}}\boldsymbol{C}_i(k)-2\Big(\sum_{i=1}^{m}\boldsymbol{A}_i(k)^{\mathrm{T}}\Big)\Big(\sum_{j=1}^{m}\boldsymbol{C}_j(k)\Big)$$

$$=2m(\boldsymbol{A}_t(k)^{\mathrm{T}}a_k\boldsymbol{Y}_k-\sum_{j\in J}\boldsymbol{A}_j(k)^{\mathrm{T}}a_{jk}a_kY_k) \tag{3.4.71}$$

根据 $\boldsymbol{Y}_k\in\boldsymbol{\Omega}_t$ 的假定,参考(3.4.52),得到

$$\boldsymbol{A}_t(k)^{\mathrm{T}}\boldsymbol{Y}_k - d \leqslant \boldsymbol{A}_j^{\mathrm{T}}(k)\boldsymbol{Y}_k, j \in J$$

因此,由(3.4.71),利用(3.4.54)及(3.4.55)就可以得到

$$\boldsymbol{B} \leqslant 2ma_k(\boldsymbol{A}_t(k)^{\mathrm{T}}\boldsymbol{Y}_k - \sum_{j\in J}(\boldsymbol{A}_t(k)^{\mathrm{T}}\boldsymbol{Y}_k - d)a_{jk})$$

$$= 2ma_k d\sum_{j\in J} a_{jk} \leqslant 2ma_{\max} d \triangleq b$$

最后证明满足(3.4.61):因为 $\boldsymbol{Y}_k \in \Omega_t$,而$\{\hat{\boldsymbol{A}}_i\}$是解,即满足(3.4.58),其中 $i = t$. 令

$$d_1 = \min_i[\min_{j\neq i}\{\min_{\boldsymbol{Y}\in\Omega_i}(\hat{\boldsymbol{A}}_i - \hat{\boldsymbol{A}}_j)^{\mathrm{T}}\boldsymbol{Y}\}] > 0$$

则得

$$\hat{\boldsymbol{A}}_t^{\mathrm{T}}\boldsymbol{Y}_k \geqslant \hat{\boldsymbol{A}}_t^{\mathrm{T}}\boldsymbol{Y}_k + d_1 (j \neq t; j = 1, 2, \cdots, m) \tag{3.4.72}$$

由此,根据(3.4.57)、(3.4.70)、(3.4.54)及(3.4.55)就得到

$$C = \sum_{i=1}^{m}\sum_{j=1}^{m}(\hat{\boldsymbol{A}}_i - \hat{\boldsymbol{A}}_j)^{\mathrm{T}}(\boldsymbol{C}_i(k) - \boldsymbol{C}_j(k))$$

$$= \sum_{i=1}^{m}\sum_{j=1}^{m}\{\hat{\boldsymbol{A}}_i^{\mathrm{T}}\boldsymbol{C}_i(k) + \hat{\boldsymbol{A}}_j\boldsymbol{C}_j(k) - \hat{\boldsymbol{A}}_j^{\mathrm{T}}\boldsymbol{C}_i(k) - \hat{\boldsymbol{A}}_i^{\mathrm{T}}\boldsymbol{C}_j(k)\}$$

$$= 2m\sum_{i=1}^{m}\hat{\boldsymbol{A}}_i^{\mathrm{T}}\boldsymbol{C}_i(k) - 2\left(\sum_{i=1}^{m}\hat{\boldsymbol{A}}_i\right)^{\mathrm{T}}\left(\sum_{j=1}^{m}\boldsymbol{C}_j(k)\right)$$

$$= 2ma_k\left(\hat{\boldsymbol{A}}_t^{\mathrm{T}}\boldsymbol{Y}_k - \sum_{j\in J}\hat{\boldsymbol{A}}_j^{\mathrm{T}}a_{jk}\boldsymbol{Y}_k\right)$$

$$\geqslant 2ma_k d_1 \geqslant 2ma_{\min} d_1 \triangleq e > 0$$

这样,(3.4.59)~(3.4.61)全部证毕,只要引用上面证得的引理,就可证明定理 3.13.

这种迭代方法称为有界增量纠差规则,它是 Keller 方法的推广.

注 条件(3.4.54)是比较大的限制. 实际上,经

过仔细的分析,可以发现:若用下面的条件

$$a_k > 0, \lim_{0 \to +\infty} \left[\left(\sum_{k=1}^{q} a_k \right)^2 - \sum_{k=1}^{q} a_k^2 \right] = +\infty \tag{3.4.73}$$

来代替条件(3.4.54),定理3.13仍然成立.如果取 $a_k = \frac{1}{k}$ 或取 $a_k = k(k = 1, 2, \cdots)$,则都可以满足条件(3.4.73).

§3.5　聚类分析法简介

聚类分析也是一种非参数法.在以前所研究的各种情况中,对于输入的样本图像向量都是已知其所属的类别,通过这些样本图像,在某种最优的意义下寻找判决函数.这里,不同于以前所研究的情况,对于输入的样本图像向量完全不知道其分类属性,因此就需要根据样本间的“距离”或“相似性”的程度来自动地进行分类.这种分类方法就是“无老师的学习”,或称“无监督的学习”,也称聚类分析.

聚类分析的分法很多.有的可以预先规定样本图像向量由多少类组成;有的预先根本不知道它们到底属于几类图像.在方法上,有的直接对样本图像向量按照某个“相近”的准则进行聚类;有的也可以按照某个最优化准则聚成类.这里只准备简单地介绍几个方法.有兴趣的读者可以参看文献[31].

1. 离差平方和

设一共输入 N 个样本图像,且已知它们属于 m 类图像. 离差平方和的思想来源于方差分析. 如果分类是恰当的,则同一类的样本应该聚集在一起;而不同类的样本当然就应该比较散开了. 因此,同一类样本的离差平方和就应该比较小,而类与类之间的离差平方和就应该比较大.

下面进行具体讨论:设开始时,将这 N 个样本以某种方式分成 m 类,用 $\boldsymbol{X}_i^{(j)}=(x_{i1}^{(j)},x_{i2}^{(j)},\cdots x_{in}^{(j)})^{\mathrm{T}}$ 表示在第 j 类 G_j 中的第 i 个样本($i=1,2,\cdots,N_j$; $N=\sum_{j=1}^{m}N_j$). 第 j 类 G_j 中的样本平均向量 $\overline{\boldsymbol{X}}^{(j)}$ 为其全部样本的平均值

$$\overline{\boldsymbol{X}}^{(j)}=\frac{1}{N_j}\sum_{i=1}^{N_j}\boldsymbol{X}_i^{(j)}$$

第 j 类 G_j 内的样本离差平方和为

$$S_j=\sum_{i=1}^{N_j}(\boldsymbol{X}_i^{(j)}-\overline{\boldsymbol{X}}^{(j)})^{\mathrm{T}}(\boldsymbol{X}_i^{(j)}-\overline{\boldsymbol{X}}^{(j)})$$

而整个全体样本的类内的离差平方和为

$$S=\sum_{j=1}^{m}s_j=\sum_{j=1}^{m}\sum_{j=1}^{N_j}(\boldsymbol{X}_i^{(j)}-\overline{\boldsymbol{X}}^{(j)})^{\mathrm{T}}(\boldsymbol{X}_i^{(j)}-\overline{\boldsymbol{X}}^{(j)})$$

我们规定类间的离差平方和

$$W=\sum_{j=1}^{m}(\overline{\boldsymbol{X}}^{(j)}-\overline{\boldsymbol{X}})^{\mathrm{T}}(\overline{\boldsymbol{X}}^{(j)}-\overline{\boldsymbol{X}})$$

其中
$$\overline{\boldsymbol{X}}=\frac{1}{m}\sum_{j=1}^{m}\overline{\boldsymbol{X}}^{(j)}$$

然后再投
$$H=\frac{S}{W}$$

显然,一种分类法就对应 H 的一个值.

理论上,当 N 个样本给定时,可以有各种方法将 N 个样本分成 m 类,而每一种分法都对应着一个 H 值.

在所有的 H 值中寻找使 H 取最小的一种分法就是我们所要的一种分类. 但是,这种方法在实际上几乎是不可能实现的. 因此所有这种分法的数目 $K(N,m)$ 太大,可以证明

$$
\begin{aligned}
K(N,m) &= mK(N-1,m)+K(N-1,m-1)\\
&= \sum_{j=1}^{N-1} m^{N-j-1}k(j,m-1)\\
&= \frac{1}{m!}\sum_{j=1}^{m}(-1)^{m-j}\binom{m}{j}j^N
\end{aligned}
$$

(这可用数学归纳法来证明)因此 $K(N,m)\cong 0(m^N)$,当 N 很大时,这个数字是相当惊人的. 因此 Ward 提出了一种次最优方法,这种方法不是求一个最优解,而是在某种意义下求一个较好的解. 例如,在开始时,从某些经验可以将全部 N 个样本图像分成任意多类,例如 K 类. 当 $K=N$ 时,每个样本就自成为一类了. 这里 $K\geqslant m$. 然后,用一个算法,使得每用一次算法,就缩小一类,一直到合并成为 m 类为止. 在缩小的过程中,当然会有各种各样并类的方法,每合并一次,量 H 就会增大. 但是我们可以选择使得 H 增大为最小的两类合并. 这样一直合并下去,直到合并到 m 类为止.

2. 中心 - 方差调节法[9]

设一共输入 N 个样本图像向量,它们都是 n 维向量,且知道它们都属于 m 类图像中. 这个方法的算法如下:

(1)设 m 类图像中的每一类 Ω_j 都有一个初始中心值 $m_0^{(j)}$ $(1\leqslant j\leqslant m)$. 它可以从一些已知的经验得到,或者可以从这里介绍一些方法来寻找.

(2)设在第 k 步,已经有了每一个图像类 Ω_j 的中

心值 $\boldsymbol{m}_k^{(j)}=(m_{1k}^{(j)},m_{2k}^{(j)},\cdots,m_{nk}^{(j)})^{\mathrm{T}}(1\leqslant j\leqslant m)$. 计算每一类 Ω_j 中的方差 $(\boldsymbol{\sigma}_k^{(j)})^2=(\sigma_{1k}^{(j)2},\sigma_{2k}^{(j)2},\cdots,\sigma_{nk}^{(j)2})^{\mathrm{T}}$ $(1\leqslant j\leqslant m)$

$$(\boldsymbol{\sigma}_{ik}^{(j)})^2=\frac{1}{N_{jk}}\sum_{X\in\Omega_{jk}}(x_i-m_{ik}^{(j)})^2 \qquad (3.5.1)$$

其中,Ω_{jk} 是在第 k 步时属于第 j 类图像的样本图像的全体,N_{jk} 是第 k 步时 Ω_{jk} 中样本图像的个数.

(3)对所有的 N 个样本 X,把它到每一类 Ω_{jk} 的距离定义为 $d(\boldsymbol{X},\Omega_{jk})$

$$d(\boldsymbol{X},\Omega_{jk})\triangleq\sum_{i=1}^{n}\left(\frac{x_i-m_{ik}^{(j)}}{\sigma_{ik}^{(j)}}\right)^2 \qquad (3.5.2)$$

若对某一个 t,有 $d(\boldsymbol{X},\Omega_{tk})\leqslant d(\boldsymbol{X},\Omega_{jk})(j=t;j=1,2,\cdots,m)$,则将此样本 $\boldsymbol{X}$ 安排在类 Ω_{tk} 中. 这里需要说明的是:在初始选择 $\boldsymbol{m}_0^{(j)}(1\leqslant j\leqslant m)$ 后,因为每一类只有一个向量 $\boldsymbol{m}_0^{(j)}$,因此其方差 $\sigma_{i0}^{(j)}=0$,此时,只要将(3.5.2)理解为普通的欧氏空间中的距离即可. 这样,将全部 N 个样本都分配完毕,得到类 $\Omega_{jk+1}(1\leqslant j\leqslant m)$. 如果从类 Ω_{jk} 到 $\Omega_{jk+1}(1\leqslant j\leqslant m)$ 没有一个图像向量发生变化,则算法停止,否则继续进行下去.

(4)求 $\Omega_{j,k+1}(1\leqslant j\leqslant m)$ 的中心值 $\boldsymbol{m}_{k+1}^{(j)}$:

$$\boldsymbol{m}_{k+1}^{(j)}=\frac{1}{N_{j,k+1}}\sum_{\boldsymbol{X}\in\Omega_{j,k+1}}\boldsymbol{X} \qquad (3.5.3)$$

再加到(2),其中 k 用 $k+1$ 代替.

这个方法是利用平均值及其每一类中的方差来调节,因此称为中心－方差调节法.

3. 自适应样本集构造法[32]

这个方法的特点在于样本集中的样本是一个一个地输入的,随着输入就自适应地构成聚类,因此可以减

少存储量，且对分类的数目也可以不必预先加以限制. 缺点是：这个方法中的一些参数比较难于选定，且这个方法还依赖于样本逐个地输入的次序. 设有 N 个样本图像，它们都是 n 维向量. 这个方法的算法如下：

(1)第一个样本输入后，就自动地形成一类，这一类的中心就是它本身.

(2)设在第 k 个样本输入后，已经得到了 g 类：$\Omega_{1k},\Omega_{2k},\cdots,\Omega_{gk}$，其中每一类 Ω_{jk} 的中心 $\boldsymbol{m}_k^{(j)}$ 就是这一类的平均样本向量(参看公式(3. 5. 3))，其方差为 $(\sigma_{ik}^{(j)})^2(j=1,2,\cdots,g;i=1,2,\cdots,n)$，其定义可见公式(3. 5. 1). 当输入第 $k+1$ 个样本向量 $\boldsymbol{X}_{k+1}$ 时，就按(3. 5. 3)计算 $\boldsymbol{X}_{k+1}$ 到类 Ω_{jk} 之间的距离 $d(\boldsymbol{X}_{k+1},\Omega_{jk})(j=1,2,\cdots,g)$.

(3)设对于某个数 $t(1\leqslant t\leqslant g)$，有

$$d(\boldsymbol{X}_{k+1},\Omega_{tk})\leqslant d(\boldsymbol{X}_{k+1},\Omega_{jk})\quad(j\neq t,j=1,2,\cdots,g)$$

对于 $d(\boldsymbol{X}_{k+1},\Omega_{tk})$ 及预先给定的两个正数 τ 及 $\theta(0<\theta<1)$，可分下列三种情况：

ⅰ. 若 $d^2(\boldsymbol{X}_{k+1},\Omega_{tk})\leqslant\theta\tau$，则可将 $\boldsymbol{X}_{k+1}$ 归入类 Ω_{tk+1} 中，此时这一类的平均值 $m_{k+1}^{(t)}$ 与方差 $(\sigma_{j,k+1}^{(t)})^2$ $(j=1,2,\cdots,n)$ 可按下列迭代公式计算：

$$\boldsymbol{m}_{k+1}^{(t)}=\frac{1}{N_{tk}+1}(N_{tk}\boldsymbol{m}_k^{(t)}+\boldsymbol{X}_{k+1})$$

其中，N_{tk} 是类 Ω_{tk} 中样本图像向量的个数，而

$$(\sigma_{j,k+1}^{(t)})^2=\frac{1}{N_{tk}+1}[N_{tk}(\sigma_{jk}^{(t)})^2+(x_{j,k+1}-m_{j,k+1}^{(t)})^2]$$

其中

$$\boldsymbol{X}_{k+1}=(x_{1,k+1},x_{2,k+1},\cdots,x_{n,k+1})^{\mathrm{T}}$$

$$\boldsymbol{m}_{k+1}^{(t)}=(m_{1,k+1}^{(t)},m_{2,k+1}^{(t)},\cdots,m_{n,k+1}^{(t)})^{\mathrm{T}}$$

ⅱ. $\theta_\tau<d^2(\boldsymbol{X}_{k+1},\Omega_{tk})\leqslant\tau$，此时将 $\boldsymbol{X}_{k+1}$ 暂时不分

类,暂时储存起来;

ⅲ. $d^2(\boldsymbol{X}_{k+1},\Omega_{tk})>\tau$,此时规定 $\boldsymbol{X}_{k+1}$ 自成一类,此类的平均值向量就是 $\boldsymbol{X}_{k+1}$ 本身.

(4)将全部 N 个样本输入一遍后,有一些样本已经归类了,也可能还有一些样本是暂存起来的. 可以将这 N 个样本图像再重新输入一次,回到第二步,一直到所有的能够分类与暂存的样本图像基本上与上次的相同为止. 也可以人为地规定一个数,以刻画重新输入的遍数.

(5)检查一下有否暂存样本图像,如果有,则根据它们到已经分类图像类的中心(即平均值向量)的最短距离,强迫加入这一类即可.

这里的 θ 与 τ 比较难选定,可以用一些适当的数试算. 此外,若对 N 个样本图像在使之标准化后(即每个样本图像减去其全部 N 个样本图像的平均值以后,再除这 N 个样本图像对其平均值的方差),τ 可以取作所有样本与第 L_1 个最接近原点的样本的平均距离;$\theta\tau$ 可以取作所有样本与第 L_2 个最接近原点的样本的平均距离,$L_2<L_1$. 例如可取 $L_1=4,L_2=2$.

4. 分解法

这个方法不同于上面的一些方法. 首先将全部 N 个样本图像看作一类,然后再按照某些规则进一步将此类分解成两类. 设第一类包有 N_1 个样本;第二类包有 N_2 个样本,$N=N_1+N_2$. 第一类的平均向量为 $\boldsymbol{m}_1^{(1)}$;第二类的平均向量为 $\boldsymbol{m}_1^{(2)}$. 定义一个目标函数

$$E=\frac{N_1N_2}{N}(\boldsymbol{m}_1^{(1)}-\boldsymbol{m}_1^{(2)})^{\mathrm{T}}(\boldsymbol{m}_1^{(1)}-\boldsymbol{m}_1^{(2)}) \tag{3.5.4}$$

这个算法一开始将全部样本放在一类中，然后可以分出任何一个样本，形成两类. 计算由于各种分法而得到的值 E. 设 E_1 是其中的最大值，它就对应着一种分法，即有两个集合 Ω_{11} 与 Ω_{21}，其中 Ω_{11} 中包有 $N-1$ 个样本图像 Ω_{21} 中，再根据(3.5.4)，对不同的分法算出值 E. 我们可以选择其中最大者，记作 E_2，它对应一种分法，即对应着两个集合 Ω_{12} 与 Ω_{22}，其中第一个包有 $N-2$ 个样本；第二个包有两个样本. 这样一直进行下去，就可以得到一串集合 $\Omega_{1k}, \Omega_{2k}(k=1,2,\cdots,N-1)$ 及值 E_k. 求

$$\max E_k = E_{k*}$$

则集合 Ω_{1k*} 及 Ω_{2k*}，就是我们所需要的分类.

在计算由(3.5.4)所确定的 E 时，需要计算样本的平均值，这可以利用前一次得到的平均值迭代地求出来. 例如在第 i 步得到类 Ω_{1k} 及 Ω_{2k} 的平均值为 $m_k^{(1)}$ 及 $m_k^{(2)}$，则从类 Ω_{1k} 移出一个样本 $\boldsymbol{X}$ 到 Ω_{2k} 以后，得到新的集合 $\Omega_{1,k+1}$ 及 $\Omega_{2,k+1}$，其平均值分别为

$$\begin{aligned}\boldsymbol{m}_{k+1}^{(1)} &= (N_{1k}\boldsymbol{m}_k^{(1)} - \boldsymbol{X})/(\boldsymbol{X}_{1k}-1)\\ &= \boldsymbol{m}_k^{(1)} + (\boldsymbol{m}_k^{(1)} - \boldsymbol{X})/(N_{1k}-1)\\ \boldsymbol{m}_{k+1}^{(2)} &= (N_{1k}\boldsymbol{m}_k^{(2)} + \boldsymbol{X})/(N_{2k}+1)\\ &= \boldsymbol{m}_k^{(2)} - (\boldsymbol{m}_k^{(2)} - \boldsymbol{X})/(N_{2k}+1)\end{aligned}$$

其中，N_{1k} 及 N_{2k} 分别为类 Ω_{1k} 及 Ω_{2k} 中样本图像向量的个数.

对于多类问题，也可以用这方法进行分类，不过计算量更大.

附录　概率密度函数的进一步研究

在这个附录中,进一步研究概率密度函数估计式中的一些问题[33]. 在§3. 3 中,对于随机变量 x 的 N 个独立观察值 $x_1,x_2,\cdots,x_N$,曾经给出了概率密度函数 $f(x)$ 的直接估计式(3. 3. 14),其中 $K(x)$ 可以是一个比较一般的函数,特别可以取§3. 3 的表中所列举的一些函数之一. 但是,进一步问:如果已知概率密度函数 $f(x)$ 的一些性质,例如已知其功率谱或已知其 Fourier 变换的模的平方,能否适当选取函数 $K(x)$(这个函数可以依赖于样本的个数 N,称 $K_N(x)$),使得用 $f_N(X)$

$$f_N(x)=\frac{1}{N}\sum_{i=1}^{N}\frac{1}{h(N)}K_N\left(\frac{x-x_i}{h(N)}\right) \tag{1}$$

来估计概率密度函数 $f(x)$ 时,有较好的估计式. 精确地说,能否选择 $K_N(x)$,使得 $f_N(x)$ 与 $f(x)$ 的平均积分误差最小,即求

$$\min_{K_N} J_N=\min_{K_N} E\left[\int_{-\infty}^{+\infty}(f_N(x)-f(x))^2\mathrm{d}x\right] \tag{2}$$

设函数 $f(x)$ 绝对可积,其 Fourier 变换为

$$\boldsymbol{\Phi}_f(t)=\int_{-\infty}^{+\infty}\mathrm{e}^{-\mathrm{i}tx}f(x)\mathrm{d}x \tag{3}$$

因此,在一定条件下①

---

① 设 $f(x)$ 在实轴上连续,且在任意点附近是有界变差函数,则它就可用 Fourier 变换表示[34]. 以后我们认为这种条件总是满足的.

$$f(x)=\frac{1}{2\pi}\int_{-\infty}^{+\infty}\mathrm{e}^{\mathrm{i}tx}\Phi_f(t)\,\mathrm{d}t \tag{4}$$

它是 Fourier 变换的逆变换. 同样,$f_N(x)$的 Fourier 变换为

$$\Phi_{f_N}(t)=\int_{-\infty}^{+\infty}\mathrm{e}^{-\mathrm{i}tx}f_N(x)\,\mathrm{d}x \tag{5}$$

其逆变换为

$$f_N(x)=\frac{1}{2\pi}\int_{-\infty}^{+\infty}\mathrm{e}^{\mathrm{i}tx}\Phi_{f_N}(t)\,\mathrm{d}t \tag{6}$$

根据 Fourier 变换的位移性质,由(1)及(5)得到

$$\Phi_{f_N}(t)=\Phi_{K_n}(t)\frac{1}{N}\sum_{j=1}^{N}\mathrm{e}^{-\mathrm{i}x_jt} \tag{7}$$

其中

$$\Phi_{K_N}(t)=\int_{-\infty}^{+\infty}\mathrm{e}^{-\mathrm{i}tx}K_N(x)\,\mathrm{d}x \tag{8}$$

因而也有

$$K_N(x)=\frac{1}{2\pi}\int_{-\infty}^{+\infty}\mathrm{e}^{\mathrm{i}tx}\Phi_{K_N}(t)\,\mathrm{d}t \tag{9}$$

定理 3.14　设概率密度函数$f(x)$的功率谱$|\Phi_f(t)|^2$为已知的,则可以找到函数$K_N^*(t)$,其 Fourier 变换为

$$\Phi_{K_N^*}(t)=\frac{|\Phi_f|^2}{\frac{1}{N}+\frac{N-1}{N}|\Phi_f|^2} \tag{10}$$

使得当$K_N(x)=K_N^*(x)$时,由公式(2)所确定的J_N达到最小值

$$\begin{aligned}\min J_N&=\frac{1}{2\pi}\int_{-\infty}^{+\infty}\frac{|\Phi_f|^2(1-|\Phi_f|^2)}{1+(N-1)|\Phi_f|^2}\mathrm{d}t\\&=\frac{K_N^*(0)}{N}-\frac{1}{2\pi}\int_{-\infty}^{+\infty}\frac{|\Phi_f|^4}{1+(N-1)|\Phi_f|^2}\mathrm{d}t\end{aligned}$$

$$= \frac{K_N^*(0)}{N} - 0\left(\frac{1}{N}\right) \tag{11}$$

证 利用 Parsavel 不等式,有

$$J_N = E\left[\int_{-\infty}^{+\infty} (f_N(x) - f(x))^2 \mathrm{d}x\right]$$

$$= E\left[\frac{1}{2\pi}\int_{-\infty}^{+\infty} |\Phi_{f_N}(t) - \Phi_f(t)|^2 \mathrm{d}t\right] \tag{12}$$

将(7)代入(12)以后,得到

$$J_N = \frac{1}{2\pi}E\left[\int_{-\infty}^{+\infty} (\Phi_{f_N}(t) - \Phi_f(t))\overline{(\Phi_{f_N}(t)} - \overline{\Phi_f(t)})\mathrm{d}t\right]$$

$$= \frac{1}{2\pi}E\left[\int_{-\infty}^{+\infty} (|\Phi_{K_N}(t)|^2 \frac{1}{N^2}\sum_{l=1}^{N}\sum_{j=1}^{N} \mathrm{e}^{-\mathrm{i}(x_l - x_j)t}) - \right.$$

$$\frac{1}{N}\overline{\Phi_{K_N}(t)}\Phi_f(t)\sum_{j=1}^{N}\mathrm{e}^{\mathrm{i}x_jt} -$$

$$\left.\frac{1}{N}\Phi_{K_N}(t)\overline{\Phi_f(t)}\sum_{j=1}^{N}\mathrm{e}^{-\mathrm{i}x_jt} + |\Phi_f(t)|^2)\mathrm{d}t\right] \tag{13}$$

因为 $x_i(1\leqslant i\leqslant N)$ 相互独立,所以当 $l\neq j$ 时,有

$$E[\mathrm{e}^{-\mathrm{i}(x_l - x_j)t}] = E[\mathrm{e}^{-\mathrm{i}x_lt}]E[\mathrm{e}^{\mathrm{i}x_jt}] = \Phi_f(t)\overline{\Phi_f(t)}$$

当 $l = j$ 时,有

$$E[\mathrm{e}^{-\mathrm{i}(x_l - x_j)t}] = 1$$

由此两个式子,从(13)可得

$$J_N = \frac{1}{2\pi}\int_{-\infty}^{+\infty}\left[|\Phi_{K_N}|^2\left(\frac{N^2 - N}{N^2}|\Phi_f|^2 + \frac{N}{N^2}\right) - \right.$$

$$\left.\overline{\Phi_{K_N}}|\Phi_f|^2 - \Phi_{K_N}|\Phi_f|^2 - |\Phi_f|^2\right]\mathrm{d}t$$

$$= \frac{1}{2\pi}\int_{-\infty}^{+\infty}\left[\left(\frac{1}{N} + \frac{N-1}{N}|\Phi_f|^2\right)\left(\Phi_{R_N}\overline{\Phi}_{R_N} - \overline{\Phi}_{K_N}|\Phi_f|^2 \times\right.\right.$$

$$\frac{1}{\frac{1}{N} + \frac{N-1}{N}|\Phi_f|^2} - \Phi_{K_N}|\Phi_f|^2\frac{1}{\frac{1}{N} + \frac{N-1}{N}|\Phi_f|^2} +$$

$$\frac{|\Phi_f|^4}{\left(\frac{1}{N}+\frac{N-1}{N}|\Phi_f|^2\right)^2}\Bigg)+|\Phi_f|^2-\frac{|\Phi_f|^4}{\frac{1}{N}+\frac{N-1}{N}|\Phi_f|^2}\Bigg]\mathrm{d}t$$

$$=\frac{1}{2\pi}\int_{-\infty}^{+\infty}\left(\frac{1}{N}+\frac{N-1}{N}|\Phi_f|^2\right)\left|\left(\Phi_{K_N}-\frac{|\Phi_f|^2}{\frac{1}{N}+\frac{N-1}{N}|\Phi_f|^2}\right)^2\right|\mathrm{d}t+$$

$$\frac{1}{2\pi}\int_{-\infty}^{+\infty}\frac{|\Phi_f|^2(1-|\Phi_f|^2)}{1+(N-1)|\Phi_f|^2}\mathrm{d}t \tag{14}$$

由此看出，为了要使 J_N 取到最小值，当且仅当取

$$\Phi_{K_N}-\frac{|\Phi_f|^2}{\frac{1}{N}+\frac{N-1}{N}|\Phi_f|^2}=0$$

此即(10)．当(10)成立时，由(14)就得到(11)中的第一个等式．此外，因为

$$\frac{1}{2\pi}\int_{-\infty}^{+\infty}\frac{|\Phi_f|^2}{1+(N-1)|\Phi_f|^2}\mathrm{d}t$$

$$=\frac{1}{2\pi N}\int_{-\infty}^{+\infty}\frac{|\Phi_f|^2}{\frac{1}{N}+\frac{N-1}{N}|\Phi_f|^2}\mathrm{d}t$$

$$=\frac{1}{2\pi N}\int_{-\infty}^{+\infty}\Phi_{K_N^*}(t)\,\mathrm{d}t=\frac{1}{N}K_N^*(0)$$

就得到了(11)中的第二个等式．至于(11)中的最后一个等式，利用

$$\frac{1}{2\pi}\int_{-\infty}^{+\infty}|\Phi_f|^2\mathrm{d}t=\int_{-\infty}^{+\infty}|f|^2\mathrm{d}t$$

就可以得到．这里当然需要假设 $f(t)$ 平方可积．

注1　当 $N\to+\infty$ 时，$\Phi_{K_N^*}(t)\to 1$，因此 $K_N(x)\to\delta(x)$，它是 Draic 函数．

注2　从(10)可以证明，达到 J_N 最小值的函数 $K_N^*(x)$ 满足积分方程

$$\frac{1}{N}K_N^*(x)+\frac{N-1}{N}\int_{-\infty}^{+\infty}g(x-s)K_N^*(s)\mathrm{d}s=g(x) \tag{15}$$

其中

$$g(x)=\int_{-\infty}^{+\infty}f(y)f(x-y)\mathrm{d}y \tag{16}$$

事实上,已知:若函数 $f(x)$ 的 Fourier 变换为 $\Phi_f(t)$,函数 $h(x)$ 的 Fourier 变换为 $\Phi_h(t)$,则函数 $f(x)$ 与 $h(x)$ 的卷积

$$f\circ h=\int_{-\infty}^{+\infty}f(x)h(y-x)\mathrm{d}x$$

的 Fourier 变换为 $\Phi_f(t)\Phi_h(t)$[34]. 因此,由(16)所确定的函数 $g(x)$ 的 Fourier 变换

$$\Phi_g(x)=\Phi_f(t)\overline{\Phi_f(t)}=|\Phi_f(t)|^2$$

这里用到 $f(-x)$ 的 Fourier 变换为 $\overline{\Phi_f(t)}$. 这样,将(10)写成

$$\frac{1}{N}\Phi_{K_N^*}(t)+\frac{N-1}{N}\Phi_{K_N^*}(t)|\Phi_f(t)|^2=|\Phi_f|^2$$

后,再利用刚才叙述过的卷积的 Fourier 变换性质,将此式两边求 Fourier 逆变换,就可以得到(15).

从定理 3.14 知道,使 J_N 达到最小值的函数 $K_N^*(x)$ 与概率密度函数 $f(x)$ 的频谱密切有关,因此可以从其频谱特性进一步求出 J_N 趋向于零的速度.

定义 3.3 若函数 $f(x)$ 的 Fourier 变换 $\Phi_f(t)$ 具有性质

$$\lim_{t\to+\infty}|t|^p|\Phi_f(t)|=K^{\frac{1}{2}}>0 \tag{17}$$

其中,$p>0$,则称 $\Phi_f(t)$ 以级为 $p>0$ 代数地减少. 若 $\Phi_f(t)$ 满足

$$|\Phi_f(t)| \leqslant A\exp[-\rho|t|], \rho > 0, A > 0 \tag{18}$$

且

$$\lim_{v \to +\infty} \int_0^1 [1 + e^{2\rho v}|\Phi_f(vt)|^2]^{-1} dt = 0 \tag{19}$$

则称 $\Phi_f(t)$ 为指数地减少. 若 $\Phi_f(t)$ 满足

$$\Phi_f(t) = 0, \text{当} |t| \geqslant T \text{时} \tag{20}$$

则称 $\Phi_f(t)$（或说 $f(t)$）具有有限频谱.

定理 3.15　设 $\Phi_f(t)$ 以及 $p > \frac{1}{2}$ 代数地减少，且具有由(17)所确定的 K，则

$$\lim_{N \to +\infty} N^{1-\frac{1}{2p}} J_N^* = \frac{1}{2\pi} K^{\frac{1}{2p}} \int_{-\infty}^{+\infty} \frac{dt}{1 + |t|^{2p}} \tag{21}$$

其中 $J_N^* = \min J_N$.

这个定理说明了：当 $N \to +\infty$ 时，J_N^* 以速度为 $\frac{1}{N^{1-\frac{1}{2p}}}$ 趋向于零.

证　由条件(17)可得：任给 $\varepsilon > 0$，可以找到数 T，使得当 $|t| > T$ 时，就有

$$\left| |t|^{-2p} |\Phi_f|^{-2} - K^{-1} \right| < \varepsilon \tag{22}$$

由此得到

$$N^{1-\frac{1}{2p}} \int_{-\infty}^{+\infty} \frac{|\Phi_f|^2}{1 + (N-1)|\Phi_f|^2} dt$$

$$= N^{1-\frac{1}{2p}} \int_{-T}^{T} \frac{|\Phi_f|^2}{1 + (N-1)|\Phi_f|^2} dt +$$

$$N^{1-\frac{1}{2p}} \int_{-\infty}^{+\infty} \frac{dt}{(N-1) + |t|^{2p} K^{-1}} -$$

$$N^{1-\frac{1}{2p}} \int_{-T}^{T} \frac{dt}{(N-1) + |t|^{2p} K^{-1}} +$$

$$N^{1-\frac{1}{2p}}\int_{|t|>T}\left[\frac{1}{(N-1)+\frac{1}{|\Phi_f|^2|t|^{2p}}|t|^{2p}}-\frac{1}{(N-1)+|t|^{2p}K^{-1}}\right]\mathrm{d}t$$

$$=I_1+I_2+I_3+I_4 \tag{23}$$

显然有

$$|I_1|\leqslant N^{1-\frac{1}{2p}}\frac{2T}{N-1}\to 0$$

$$|I_3|\leqslant N^{1-\frac{1}{2p}}\frac{2T}{N-1}\to 0$$

$$|I_4|\leqslant O\left(N^{1-\frac{1}{2p}}\int_{-\infty}^{+\infty}\frac{\mathrm{d}s}{(N-1)+|s|^{2p}K^{-1}}\right)s=O(s)$$

这里用到 $p>\frac{1}{2}$,以及

$$|I_2|=\left(\frac{N}{N-1}\right)^{1-\frac{1}{2p}}\int_{-\infty}^{+\infty}\frac{\mathrm{d}s}{1+|s|^{2p}K^{-1}}\to K^{\frac{1}{2p}}\int_{-\infty}^{+\infty}\frac{\mathrm{d}u}{1+|u|^{2p}}$$

由此,从(23)、(11)并利用上面对 $I_i(1\leqslant i\leqslant 4)$ 的估计式,就得到

$$\lim_{N\to+\infty}N^{1-\frac{1}{2p}}J_N^*=\lim_{N\to+\infty}\frac{N^{1-\frac{1}{2p}}}{2\pi}\int_{-\infty}^{+\infty}\frac{|\Phi_f|^2}{1+(N-1)|\Phi_f|^2}\mathrm{d}t-\lim_{N\to\infty}N^{1-\frac{1}{2p}}\int_{-\infty}^{+\infty}\frac{|\Phi_f|^4}{1+(N-1)|\Phi_f|^2}\mathrm{d}t$$

$$=\frac{K^{\frac{1}{2p}}}{2\pi}\int_{-\infty}^{+\infty}\frac{\mathrm{d}u}{1+|u|^{2p}}$$

定理证毕.

例 1 设概率密度函数 $f(x)$ 为

$$f(x)=\begin{cases}x^{p-1}\mathrm{e}^{-x}/\Gamma(p) & (p>\frac{1}{2}x\geqslant 0)\\ 0 & (x<0)\end{cases}$$

这是 Γ 分布. 容易证明[34]

$$\Phi_f(t)=\frac{1}{(1-\mathrm{i}t)^p}$$

因此它是以级 $p>\frac{1}{2}$ 代数地减少. 根据定理 3.15,就得

$$\lim_{N\to+\infty}N^{1-\frac{1}{2p}}J_N^*=\frac{1}{2\pi}\int_{-\infty}^{+\infty}\frac{\mathrm{d}t}{1+t^{2p}}$$

它当然也可直接证明.

定理 3.16　设 $\Phi_f(t)$ 为指数地减少,即满足条件(18)及(19),则

$$\lim_{N\to+\infty}\frac{N}{\ln N}J_N^*=\frac{1}{2\pi\rho} \tag{24}$$

这个定理说明了:当 $N\to+\infty$ 时,J_N^* 以$\frac{\ln N}{N}$的速度趋向于零.

证　由(18),有

$$\left|\int_{-\infty}^{+\infty}\frac{|\Phi_f|^2}{1+(N-1)|\Phi_f|^2}\mathrm{d}t-\int_{-\infty}^{+\infty}\frac{\mathrm{e}^{-2\rho|t|}}{1+(N-1)\mathrm{e}^{-2\rho|t|}}\mathrm{d}t\right|$$

$$\leqslant 2(1+A)\int_0^{+\infty}\frac{\mathrm{e}^{-2\rho t}}{(1+(N-1)|\Phi_f|^2)(1+(N-1)\mathrm{e}^{-2\rho t})}\mathrm{d}t$$

$$\leqslant 2(1+A)\left[\frac{1}{N-1}\int_0^{\frac{\ln(N-1)}{2\rho}}\frac{\mathrm{d}t}{1+(N-1)|\Phi_f|^2}+\int_{\frac{\ln(N-1)}{2\rho}}^{+\infty}\mathrm{e}^{-2\rho t}\mathrm{d}t\right]$$

$$=2(1+A)\left[\frac{1}{N-1}\frac{\ln(N-1)}{2\rho}\int_0^1\frac{\mathrm{d}s}{1+\mathrm{e}^{2\rho v}|\Phi_f(vs)|^2}+\frac{1}{2\rho(N-1)}\right] \tag{25}$$

其中 $v=\frac{\ln(N-1)}{2\rho}$. 根据条件(19),当 $N\to+\infty$ 时,由

于 $v \to +\infty$，因此公式(25)右边的积分趋向于零.

此外，由于

$$\lim_{N\to+\infty}\frac{N}{\ln N}\int_{-\infty}^{+\infty}\frac{\mathrm{e}^{-2\rho|t|}}{1+(N-1)\mathrm{e}^{-2\rho|t|}}\mathrm{d}t$$

$$=\lim_{N\to+\infty}\frac{2N}{\ln N}\cdot\frac{1}{2\rho}\int_0^1\frac{\mathrm{d}s}{1+(N-1)s}=\frac{1}{\rho}$$

以及 $$\lim_{N\to\infty}\frac{N}{\ln N}\int_{-\infty}^{+\infty}\frac{|\Phi_f|^4}{1+(N-1)|\Phi_f|^2}\mathrm{d}t=0$$

因此，从(11)及(25)即可得到(24). 定理证毕.

例 2 设概率密度函数 $f(x)=\dfrac{1}{\pi(1+x^2)}$，容易证明

$$\Phi_f(t)=\exp[-|t|]$$

显然它是指数地减少，且在(15)中的 $\rho=1$. 因此根据定理 3.16，有

$$\lim_{N\to+\infty}\frac{N}{\ln N}J_N^*=\frac{1}{2\pi}$$

它也可以直接证明.

定理 3.17 若函数 $f(x)$ 具有有限频谱 T，即满足(20)，则

$$\lim_{N\to+\infty}nJ_N^*=\frac{1}{2\pi}\int_{-T}^{T}(1-|\Phi_f|^2)\chi_f(t)\mathrm{d}t \tag{26}$$

其中

$$\chi_f(t)=\begin{cases}1 & (|\Phi_f|>0)\\ 0 & (|\Phi_f|=0)\end{cases} \tag{27}$$

这个定理说明了：当 $N\to+\infty$ 时，J_N^* 以 $\dfrac{1}{N}$ 的速度趋向于零.

证 这可以从(11)直接得到.

例 3　设概率密度函数 $f(x)=\dfrac{1-\cos x}{\pi x^2}$,则容易证明

$$\Phi_f(t)=\begin{cases}1-|t| & (|t|\leqslant 1)\\ 0 & (\text{当}|t|>1)\end{cases}$$

由此应用定理 3.17 即得到

$$\lim_{N\to+\infty} N J_N^* = \frac{1}{\pi}$$

参考文献

[1] FUKUNAGA K. Introduction to Statistical Pattern Recognition[M]. New York and London: Acad. Press, 1972. (福永圭之介. 统计图形识别导论[M]. 陶笃纯, 译. 北京: 科学出版社, 1978).

[2] FU K S. Sequential Methods in Pattern Recognition[M]. New York and London: Acad. Press, 1968.

[3] WALD A, WOLFOWITZ J. Optimum Character of the Sequential Probability Radio Test[J]. Annals Math. Statis, 1948(19): 326-339.

[4] REED F C. A Sequential Multidecision Procedure Proceeding Symp, on Decision Theory and Appl. Electr. Eng. Devel., USAF Develop. Center Rome N. Y. Apr. 1960.

[5] PZRZEN E. On Estimation of a Probability Density Function and Mode [M]. Ann. Math. Statist, 1962(23): 1065-1076.

[6] MURTHY V K. Nonparametric Estimation of Multivariate Density with Applications[M]. New York: Acad. Press, 1966: 43-58.

[7] MURTHY V K. Estimation of Probability Density[J]. Ann. Math. Statist, 1965(35): 1027-1031.

[8] 林少宫. 基础概率与数理统计[M]. 北京: 人民教育出版社, 1964.

[9] MEISEL W S. Computer-Oriented Approaches to Pattern Recognition [M]. New York and London: Acad. Press, 1972.

[10] MEISEL W S. Potential Functions in Mathematical Pattern Recognition

[J]. IEEE Trans. Computer, 1969(18):911-918.

[11] ANDERSON T W. An Introduction to Multivariate Statistical Analysis [M]. New York: Wiley, 1958.

[12] MEISEL W S. Least-Square Methods in Abstract Pattern Recognition [J]. Information Sciences, 1968(1):43-54.

[13] НАТАНСОИ И П. Теория Функций Вещественой перешенной [M]. Москва: ГИТТЛ, 1957.

[14] GLADYSHEV E A. On Stochastic Approximation [J]. Theory of Prob. and Appl, 1965(2):10.

[15] MENDEL J M, FU K S. Adaptive, Learning and Pattern Recognition Systems, Theory and Applications [M]. New York and London: Acad. Press, 1970.

[16] IHOMES ADI BER-ISRAEL, GREVILLE N E. Generalized Inverses: Theory and Applications [M]. New York, London, Sydney, Toronto: John Wiley & Sons 1974.

[17] VENTER J H On Dooretzky Stochastic Approximation Theorems [J]. Ann. Math. Stat, 1967(2):38.

[18] KIEFER J, WOLFOWITZ J. Stochastic Estimation of the Maximum of a Regression Function [J]. Ann. Math. Stat, 1952(3):23.

[19] VENTER J H. On the Convergence of Kiefer-Wolfowitz Approximation Procedure [J]. Ann. Math. Stat, 1967(4):1031-1036.

[20] DUDA R O, HART P E. Pattern Classification and Scene Analysis [M]. New York, London, Sydney, Toronto: John Wiley & Sons, 1973.

[21] AGMON S. The Relaxations Methods for Linear Inequalities [J]. J. of Math, 1954(6):382-394.

[22] HO Y C, KASHYAP R L. An Algorithm for Linear Inequalities and its Applications [J]. IEEE Trans, 1965, EC-15(5):653-655.

[23] SMITH F W. Pattern Classifier Design by Linear Programming [J]. IEEE Trans. Computer, 1968, 17(4):367-373.

[24] MANGASARIAN O L. Multisurface Method of Pattern Separation [J]. IEEE Trans. 1968, It-14(6):801-807.

[25] HOFFMAN R L, MOE M L. Sequential Algorithm for the Design of

Piecewise Linear Classifiers[J]. IEEE Trans,1969,SSC－5(2):166-168.

[26]GASS S I. Linear Programming; Methods and Applications[M]. 2ed. McGrew Hill: New York,1964.

[27]HOBUKOB A. On the Convergence Proofs for Perceptions, Proc. Symp. Math[M]. New York: Theory of Automata 21, Polytech. Inst. of Brooklyn, 1961:612-622.

[28]MAYS C H. Effects Adaptations Parameters on Convergence Time and Tolerance for Adaptive Threshold Elements[J]. IEEE Trans, 1964, EC－13:465-468.

[29]CHIN LIANG CHANG. The Accelerated Relaxation method to Linear Inequalities[J]. IEEE Trans. Computer,1971,20(2):222-228.

[30]DUDA R O, FOSSUM H. Pattern Classification by Iteratively Determined Linear and Piecewise Linear Discriminant Functions[J]. IEEE Trans,1996,EC－15(2):221-232.

[31]HARTIGAM J A. Clustering Algorithm[M]. New York: John Wiley, 1975.

[32]SEBESTYEN G, EDIE J. An Algorithm for Nonparametric Pattern Recognition[J]. IEEE Trans,1966,EC－15:905-918.

[33]WATSON G S, LEADBETTER M R. On the Estimation of the Probability Density I[J]. Ann. Math. Stat,1963,2(34):480-491.

[34] БОХРНЕР С. Лекции об Интегралах Фурье ГИФМЛ Москва, 1962.

[35]北京大学,南京大学,吉林大学. 计算方法[M]. 北京:人民教育出版社,1962.

第四章 特性提取与特征选择

§4.1 特性提取

在图像识别问题中利用统计判决进行分类的方法,在前面几章中已经做了介绍.在以后的几章中,还要介绍其他的方法,其中语言结构法在图像识别中的作用已日益显著.但采用语言结构法进行识别时,对于构成语言的图像基元的识别,一般仍要采用统计判决进行分类,而在分类问题中都要涉及特性提取的问题.事实上,我们考虑的分类问题都是在特征空间中进行的,总是把识别对象的某些特性,无论是物理的或形态的,都加以数字化,并根据一定的原则加以选择,从而形成特征空间的一个向量,并用来代表所考虑的识别对象,这样,就可以在特征空间中对这些向量加以分类判别.对于识别对象的某些特性加以数字化,这一过程就叫作特性提取,这无疑是模

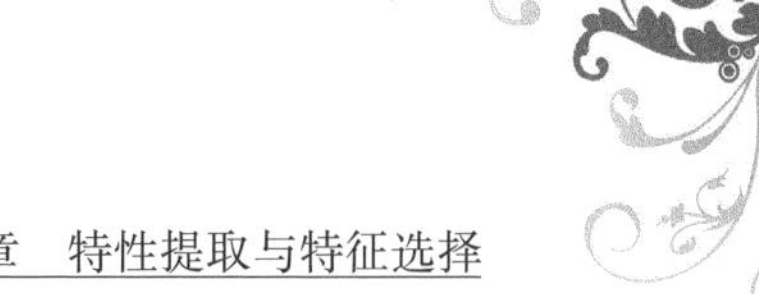

式识别中很重要的一环,在这一节中只提一提它和特征选择的关系,不做更多介绍.特性提取之后,还需要根据一定的原则进行选择,使得分类判别问题能够更有效地进行,这一过程叫作特征选择,这是本章其他各节所要介绍的内容.只有经过特征选择后,特征空间的维数才能最后确定,同时每一向量的分量所反映的特性的关系也才能最后确定,这时特征空间才能最后确定.

特性提取涉及面很广,它和识别对象的各种物理的、形态的性能都有联系,它有各种各样的特殊方法.单就形态分析来说,T. Pavlidis 在 1978 年做过综合评述[1],[2],近代的文献可以从他的两篇文章中看到,内容之多,当然不是本节所能介绍的.可是识别对象的形态,还只是它的一个方面的特性,例如癌细胞的识别,主要特性有核大、核畸形、核染色体不均匀等,这里涉及形态的是核畸形,涉及数量的是核的大小,涉及物理性能的是核染色体的均匀程度.通常采用的特性提取,用核周长的平方同核面积的比作为衡量核畸形的程度,当比

$$\frac{1}{4\pi}\cdot\frac{(\text{核周长})^2}{\text{核面积}} \tag{4.1.1}$$

接近 1 时,可以认为畸形程度很小,当超过 1 越多时,畸形程度就越大,这就是把形态特性进行数字化的一个例子.这样的特性提取,对于癌细胞识别之所以能起作用,就在于正常细胞的核一般接近于圆形或卵形,这时这个比值就比较接近 1,而当细胞核发生畸形时,这个比值就大于 1.但作为形态分析来说,这个比值对于一般的形态并不能提供什么,正如 Pavlidis 所指出的:

完全不同的形态可以有相同的比值,例如图 4 - 1 所表示的三个不同图形,都有相等的周长和面积,从而有相同的比值. 由此可见,如果需要反映核畸形的形态特性,则上述的特性提取就不够用了,它只能反映出有没有畸形,但不能反映是怎样的畸形. 近代形态分析把图像的边界展成 Fourier 级数,并用 Fourier 系数来反映图像的形态特性,这方面的工作可参看文献[3][4]. 如果在癌细胞识别问题中,有需要对畸形的核的某些形态特性进一步识别,则在特性提取时就应考虑采用 Fourier 系数来反映所需识别的形态特性. 一般来说,边界的 Fourier 展开可以任意逼近边界本身,从而能够较好地反映图像的形态特性,这不同于采用比值(4. 1. 1),只能粗略地反映畸形的程度. Pavlidis 称(4. 1. 1)为不保持形态信息的形态分析,而[3][4]中所用的 Fourier 系数的方法为保持形态信息的形态分析.

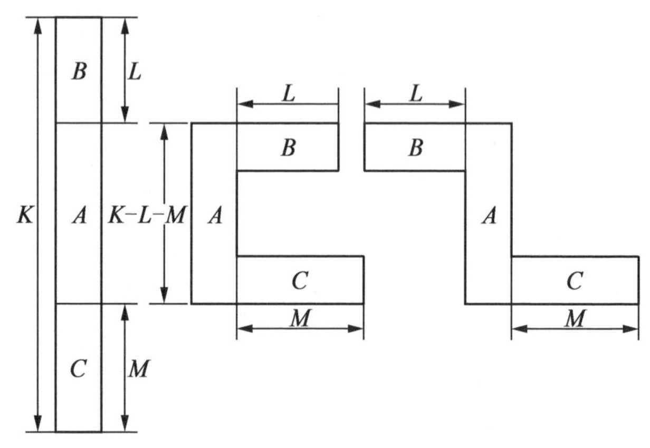

图 4 - 1

由此可知特性提取是相当复杂的问题,需要对识别对象的各种重要特性能有充分的理解,然后把这种特性转化为数字,这在一定意义上就是要使机器能够识别这种特性.当识别对象的重要特性能够被计算机逐个识别,即每个重要特性都数字化之后,则对象本身就可以通过采取统计判决进行分类的方法得到最后识别,概括地说,这样的特性提取,相当于对每一特性进行识别.例如关于识别对象的形态特性的提取就相当于形态分析的研究;对于其他物理特性的提取,也就相当于对其他物理特性进行识别的研究.在上面所举的癌细胞识别的特性提取,就是属于这样的类型.但特性提取还有完全不同的另一种类型,例如在遥感图像识别中,相当普遍采用的一种特性提取方法,并不需要对具体识别对象的形态特性和物理特性进行识别研究,而是采取多波段摄像的办法,把同一识别对象在不同波段的摄像上得到的灰度作为它的不同特性.这样的特性提取,在实际运用上效果相当显著.对农田估产、森林资源调查都起到一定作用[5].这种特性提取所依据的普遍原则,就是不同的物体对不同波段的光波的反射与吸收是不同的.但是,小麦地与草地对不同波段的光波的吸收和反射究竟有怎样的区别就很难回答,至于为什么有这样的区别就更难回答了.这两种不同类型的特性提取都各有值得进一步研究的问题.第一种类型对于识别对象的特性是明确的,要研究的问题在于怎样使这些特性数字化才能为计算机所接受.这实质上是特性的识别问题.单就形态特性来说,近代形

态分析就有很丰富的内容. 至于第二种类型,情形恰好相反,识别对象的特性并不很明确,而根据一般原则考虑的特性提取却比较简单,例如遥感图像的特性提取,只要通过波段摄像就可以得到,这时值得进一步研究的问题是反过来考虑识别对象的特性,要弄清楚根据一般原则进行的特性提取究竟反映了识别对象的哪些特性,这等于是上述识别问题的反问题.

图像识别在实际运用中,特性提取是很重要的一环,对于不同的识别对象必须考虑不同的特性提取的方法,很难有统一的方法和理论. 从上面的分析可知,特性提取的本质问题,是特性的识别问题及其逆问题,这自然成为图像识别的中心内容,它的发展和实际问题是紧密联系的,本节只能比较概括地提一提,使读者了解其实质问题之所在. 以下几节介绍特征选择的问题. 在这里应当指出:特性提取自应对识别对象的各种特性详加考虑,但并不等于说特征空间的维数越高越好. 特性提取进行得越深入越细致,识别对象就越有较多的数据对应,即经过特性提取得到一组数据,如果把这组数据作为特征空间的向量,那么特性提取进行得越细致,特征空间的维数就越高,结果反而对分类问题造成困难. 例如采用聚点分类的情形当遇到识别对象在特征空间均匀分布的情形,就很难加以分类判别. 在二维空间的单位正方形区域内,可以取 4 个点分别位于 1/4 的小正方形的中心(见图 4 -2(a),使这 4 个点在单位正方形区域内比较均匀地分布. 再取第 5 个以上的点属于该单位正方形区域时,它必然落在这 4 个

小正方形中的一个正方形内，这就不可能有 5 个以上的点仍保持均匀地分布. 但在三维空间的单位立方区域内，就可以等分成 2^3 个小立方体，这样就可以有 2^3 个点分别位于 2^3 个小立方体的中心，从而在单位立方区域内比较均匀地分布. 一般地，在 n 维空间的单位超立方区域内，可以有 2^n 个点分别位于 2^n 个小超立方体的中心，使这 2^n 个点在单位超立方区域内比较均匀地分布. 可见只要维数达到 10，就很可能取了 2^{10} 个样本仍然无法对它们进行聚点分类，因为这 1 024 个点在 10 维空间可以如上面所说的那样比较均匀地分布. 用统计判决进行分类需要有学习样本，如果样本数目当维数增长时要以 2 的指数倍增长，这就对实际分类问题带来极大困难. 而且在多波段遥感图像对农作物进行分类的问题中，如果把大气窗口分成 12 个小波段，全部采用这 12 个特征成为 12 维空间的向量，同在这 12 个特征中选取 8 个作为 8 维空间的向量，分别进行分类判别，实验结果：在 12 维空间的分类不及在 8 维空间的分类更有效[5]. 这里没有把维数增高后给分类工作带来的困难考虑在内. 总之，特性提取做得细致，可供给选择的余地也就大，最后经特征选择确定下来的特征空间与向量就能使分类问题更有效，这是完全肯定的. 所以特性提取仍旧是十分重要的一环. 但并不是说特性提取得多，特征空间的维数就一定也相应增高. 以下考虑特征选择时，总是在一定的标准要求下，选取最小可能的特征数目.

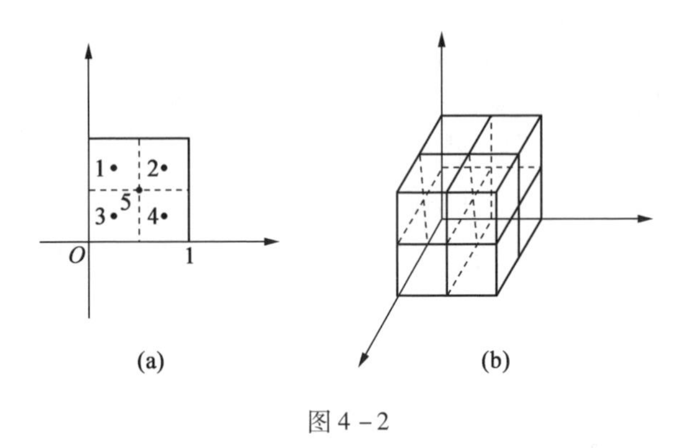

图 4－2

§4.2　有限 Karhunen-Loéve 变换

在这一节和下一节中，首先考虑在统一概率分布下的特征选择问题. 本节只考虑离散的有限 K－L (Karhunen-Loéve) 变换. 关于一般的 K－L 变换可参看[21].

现设 $\boldsymbol{X}=(x_1\cdots x_n)^{\mathrm{T}}$ 是一个 n 维的随机向量，用

$$\bar{x}_i=E(x_i)$$

表示随机变量 x_i 的概率平均或数学期望，并把

$$\bar{\boldsymbol{X}}=E(\boldsymbol{X})=(\bar{x}_1,\cdots,\bar{x}_n)^{\mathrm{T}}$$

$\boldsymbol{X}$ 的协方差矩阵记作

$$\boldsymbol{\Sigma}_X=E\{(\boldsymbol{X}-\bar{\boldsymbol{X}})(\boldsymbol{X}-\bar{\boldsymbol{X}})^{\mathrm{T}}\}$$

设 $\lambda_1>\lambda_2>\cdots>\lambda_n\geqslant 0$ 是 $\boldsymbol{\Sigma}_X$ 的本征值，对应的本征向量分别为 $\boldsymbol{\mu}^{(1)},\boldsymbol{\mu}^{(2)},\cdots,\boldsymbol{\mu}^{(n)}$，即 λ_i 与 $\boldsymbol{\mu}^{(i)}$ 应满足

$$\boldsymbol{\Sigma}_X\boldsymbol{\mu}^{(i)}=\lambda_i\boldsymbol{\mu}^{(i)}\quad(i=1,2,\cdots,n)$$

现在考虑矩阵

$$\boldsymbol{\mu}=(\boldsymbol{\mu}^{(1)}\cdots\boldsymbol{\mu}^{(n)})=\begin{pmatrix}\boldsymbol{\mu}_1^{(1)} & \boldsymbol{\mu}_1^{(2)} & \cdots & \boldsymbol{\mu}_1^{(n)}\\ \vdots & \vdots & & \vdots\\ \boldsymbol{\mu}_n^{(1)} & \boldsymbol{\mu}_n^{(2)} & \cdots & \boldsymbol{\mu}_n^{(n)}\end{pmatrix}$$

作变换

$$\boldsymbol{Y}=\boldsymbol{\mu}^{\mathrm{T}}\boldsymbol{X} \tag{4.2.1}$$

我们称 $\boldsymbol{Y}$ 为 $\boldsymbol{X}$ 的 Karhunen-Loéve 变换，简写为 K－L 变换. 由(4.2.1)利用规范正交性即得

$$\boldsymbol{X}=\boldsymbol{\mu}\boldsymbol{Y}=\sum_{j=1}^{n}y_j\boldsymbol{\mu}^{(j)} \tag{4.2.2}$$

我们称(4.2.2)为 $\boldsymbol{X}$ 的 Karhunen-Loéve 展开，简写为 K－L 展开. 我们知道：本征向量$\{\boldsymbol{\mu}^{(j)}\}$ $(j=1,2,\cdots,n)$是一组规范正交向量，而矩阵$\boldsymbol{\mu}=(\boldsymbol{\mu}^{(1)},\cdots,\boldsymbol{\mu}^{(n)})$是一个正交矩阵. 一般对于任意一组规范正交的向量$\{\boldsymbol{\nu}^{(j)}\}$ $(j=1,2,\cdots,n)$，同样可以得到 $\boldsymbol{X}$ 关于$\{\boldsymbol{\nu}^{(j)}\}$的展开

$$\boldsymbol{X}=\sum_{j=1}^{n}z_j\boldsymbol{\nu}^{(j)} \tag{4.2.2$'$}$$

其中，z_j 由下式规定

$$z_j=(\boldsymbol{\nu}^{(j)})^{\mathrm{T}}\boldsymbol{X}=\sum_{i=1}^{n}\nu_i^{(j)}x_i \quad (j=1,2,\cdots,n) \tag{4.2.1$'$}$$

根据$\{\boldsymbol{\nu}^{(j)}\}$的规范正交性，容易验证(4.2.1′)与(4.2.2′)可以彼此推导. 特别当$\{\boldsymbol{\nu}^{(j)}\}$取作 $\boldsymbol{\Sigma}_X$ 的本征向量$\{\boldsymbol{\mu}^{(j)}\}$时，(4.2.2′)即为 $\boldsymbol{X}$ 的 K－L 展开，而(4.2.1′)即为 $\boldsymbol{X}$ 的 K－L 变换.

现在令

$$\boldsymbol{X}(\boldsymbol{\nu},k)=\sum_{i=1}^{k}z_i\boldsymbol{\nu}^{(i)} \quad (1\leqslant k\leqslant n) \tag{4.2.3}$$

称 $\boldsymbol{X}(\boldsymbol{\nu},k)$ 为展式(4.2.2′)的 k 次部分和,其中 z_i 即(4.2.1′)所规定的. 又令

$$\begin{aligned}\Delta^2(\boldsymbol{\nu},k) &= E\{\|\boldsymbol{X}-\boldsymbol{X}(\boldsymbol{\nu},k)\|^2\} \\ &= E\{(\boldsymbol{X}-\boldsymbol{X}(\boldsymbol{\nu},k))^{\mathrm{T}}(\boldsymbol{X}-\boldsymbol{X}(\boldsymbol{\nu},k))\}\end{aligned}$$

现在要考虑的问题是:当用部分和(4.2.3)代替展开式(4.2.2′),在 $1 \leqslant k < n$ 取定的情况下,规范正交向量 $\{\boldsymbol{\nu}^{(i)}\}$ 应怎样取时才可使方差 $\Delta^2(\boldsymbol{\nu},k)$ 达到最小? 当随机变量 $\boldsymbol{X}$ 的概率平均为零时,上述问题的答案非常简单,即当 $\{\boldsymbol{\nu}^{(j)}\}$ 取作本征向量 $\{\boldsymbol{\mu}^{(j)}\}$ 时可使 $\Delta^2(\boldsymbol{\nu},k)$ 达到最小. 我们把这一结论作为一个定理并加以证明如下:

定理 4.1　设随机向量 $\boldsymbol{X}=(x_1\cdots x_n)^{\mathrm{T}}$ 的概率平均为零,记 $\boldsymbol{X}$ 的 K-L 展开的 k 次部分和为

$$\boldsymbol{X}(\boldsymbol{\mu},k) = \sum_{j=1}^{k} y_j\boldsymbol{\mu}^{(j)} \quad (1 \leqslant k < n)$$

其中,y_i 是由(4.2.1)规定的,则

$$\begin{aligned}\Delta^2(\boldsymbol{\mu},k) &= E\{(\boldsymbol{X}-\boldsymbol{X}(\boldsymbol{\mu},k))^{\mathrm{T}}(\boldsymbol{X}-\boldsymbol{X}(\boldsymbol{\mu},k))\} \\ &= \min_{\boldsymbol{\nu}} \Delta^2(\boldsymbol{\nu},k)\end{aligned}$$

证　注意到

$$\begin{aligned}\|\boldsymbol{X}-\boldsymbol{X}(\boldsymbol{\nu},k)\|^2 &= (\boldsymbol{X}-\boldsymbol{X}(\boldsymbol{\nu},k))^{\mathrm{T}}(\boldsymbol{X}-\boldsymbol{X}(\boldsymbol{\nu},k)) \\ &= \|\boldsymbol{X}\|^2 - 2(\boldsymbol{X}(\boldsymbol{\nu},k))^{\mathrm{T}}\boldsymbol{X} + \\ &\quad\ \|\boldsymbol{X}(\boldsymbol{\nu},k)\|^2 \\ &= \|\boldsymbol{X}\|^2 - (z_1^2 + \cdots + z_k^2)\end{aligned}$$

又根据正交变换,上式可写成

$$\|\boldsymbol{X}-\boldsymbol{X}(\boldsymbol{\nu},k)\|^2 = \|\boldsymbol{X}\|^2 - \sum_{i=1}^{k} (\boldsymbol{\nu}^{(i)})^{\mathrm{T}}\boldsymbol{X}\boldsymbol{X}^{\mathrm{T}}\boldsymbol{\nu}^{(i)}$$

上式两端取概率平均,注意到 $\bar{x}_i = E(x_i) = 0\ (i=1, 2,\cdots,n)$,即得

$$E(\|\boldsymbol{X}-\boldsymbol{X}(\boldsymbol{\nu},k)\|^2)=E(\|\boldsymbol{X}\|^2)-\sum_{i=1}^{k}(\boldsymbol{\nu}^{(i)})^{\mathrm{T}}\boldsymbol{\Sigma}_X\boldsymbol{\nu}^{(i)}$$

要在规范正交向量组中选取一组$\{\boldsymbol{\nu}^{(i)}\}$,使上式左端达到最小,等于说要在规范正交向量组中选取一组$\{\boldsymbol{\nu}^{(i)}\}$,使

$$\sum_{i=1}^{k}(\boldsymbol{\nu}^{(i)})^{\mathrm{T}}\boldsymbol{\Sigma}_X\boldsymbol{\nu}^{(i)} \tag{4.2.4}$$

达到最大. 于是问题可转化为求二次型

$$f(w_1,\cdots,w_n)=f(\boldsymbol{w})=\boldsymbol{w}^{\mathrm{T}}\boldsymbol{\Sigma}_X\boldsymbol{w}$$

在条件$\|\boldsymbol{w}\|=1$下的最大值. 利用 Lagrange 乘子,求

$$g(\boldsymbol{w},\lambda)=f(\boldsymbol{w})-\lambda(\boldsymbol{w}^{\mathrm{T}}\boldsymbol{w}-1)$$

的极值,其必要条件为

$$\boldsymbol{\Sigma}_X\boldsymbol{w}-\lambda\boldsymbol{w}=\boldsymbol{0},\ \|\boldsymbol{w}\|^2=1$$

亦即λ应是$\boldsymbol{\Sigma}_X$的本征值,而$\boldsymbol{w}$应是对应的规范本征向量. 为要使$\boldsymbol{w}^{\mathrm{T}}\boldsymbol{\Sigma}_X\boldsymbol{w}$取最大值,这时由上述必要条件即得

$$\boldsymbol{w}^{\mathrm{T}}\boldsymbol{\Sigma}_X\boldsymbol{w}=\boldsymbol{w}^{\mathrm{T}}\lambda\boldsymbol{w}=\lambda$$

要上面这个值最大,只有λ本身取$\boldsymbol{\Sigma}_X$的最大本征值.

现在回过来求(4.2.4)的最大值. 注意到$\boldsymbol{\Sigma}_X$的本征值λ_i已按大小次序排列,根据以上结果,可知(4.2.4)的最大值应为

$$\sum_{i=1}^{k}\lambda_i$$

相应地,即得$E(\|\boldsymbol{X}-\boldsymbol{X}(\boldsymbol{\nu},k)\|^2)$当$\boldsymbol{\nu}^{(j)}$是$\boldsymbol{\Sigma}_X$的本征向量且对应的本征值由大到小排列时取到最小值,这就证明了定理的结论.

推论　对于一般的随机向量$\boldsymbol{X}$,K－L 变换在所有规范正交变换中,使

$$E(\| (\boldsymbol{X}-\overline{\boldsymbol{X}})-\sum_{i=1}^{k}(z_i-\bar{z}_i)\boldsymbol{\nu}^{(i)}\|^2)$$

取到最小值.

证 只要令

$$\mathfrak{X}=\boldsymbol{X}-\overline{\boldsymbol{X}},\mathfrak{X}(\boldsymbol{\nu},k)=\sum_{i=1}^{k}(z_i-\bar{z}_i)\boldsymbol{\nu}^{(i)}$$

$$\delta^2(\boldsymbol{\nu},k)=E\{\|\mathfrak{X}-\mathfrak{X}(\boldsymbol{\nu},k)\|^2\}$$

对$\mathfrak{X}$应用定理 4. 1 即得证.

我们现在要指出 K－L 变换在特征选取问题中的作用. 假如对于识别对象经过特性提取后得到 n 个数据 $x_1,x_2,\cdots,x_n$. 例如在图像处理中像素的灰度的全体就是刻画图像的一组数据,也就是把图像数字化,这也是一种特性提取. 这时 n 的数目一般是很大的,特征选择的目的就是要在一定的标准下,选出小于 n 的 k 个特征来反映原来的图像(即识别对象). 如果我们只是从原来的由特性提取得到的 n 个数据中选择,简单地删去某 $n-k$ 个数据往往不好办,因为在特性提取考虑得比较细致的情况下,原来的 n 个数据各自反映了识别对象的重要的特性,简单地删去某些数据,不能全面地刻画出识别对象来. 这时可以对原来的 n 个数据作正交变换

$$z_1=\sum_{j=1}^{n}\nu_j^{(i)}x_j \quad (i=1,2,\cdots,n)$$

得到 $z_1,\cdots,z_n$ 一组的数据,其中每一个 z_i 都是原来的 $x_1,\cdots,x_n$ 的线性组合,现在可以在新的 n 个数据中选出 k 个来反映原来的识别对象. 这样的选择比较合理,一是它包括了在原来的数据中进行选择的情况,那时的变换是恒等变换. 二是在原来的数据中选择有困难时,在新的数据中选择可以减少困难,因为在新的数据

中选出 k 个作为特征时，每一个都是原来 n 个数据 $X_1,\cdots,X_n$ 的线性组合，并没有简单地删掉原来的数据，从而仍可以比较全面地刻画识别对象的所有特性. 现在剩下的问题是：选出 k 个新的特征拿什么标准来衡量？这一节中考虑的是在统一概率分布下的特征选择，即特性提取所得的数据 $x_1,\cdots,x_n$ 是在统一概率分布下的随机变量，从而 $\boldsymbol{X}=(x_1\cdots x_n)^{\mathrm{T}}$ 是一个 n 维随机向量，有统一的概率分布. 这时对于识别对象并没有分类的问题，只有表达或反映的问题. 对于规范正交向量 $\{\boldsymbol{\nu}^{(j)}\}(j=1,2,\cdots,n)$，随机向量 X 有展开式

$$\boldsymbol{X}=\sum_{j=1}^{n} z_j\boldsymbol{\nu}^{(j)}$$

其中，$z_j=\sum_{i=1}^{n}\nu_i^{(j)}x_i(j=1,2,\cdots,n)$，$\nu_i^{(j)}$ 是向量 $\boldsymbol{\nu}^{(j)}$ 的第 i 个分量. 现在如果只选取新的 k 个数据 $z_1,z_2,\cdots,z_k$，于是得到上述展开式的 k 次部分和为

$$\boldsymbol{X}(\boldsymbol{\nu},k)=\sum_{j=1}^{k} z_j\boldsymbol{\nu}^{(j)}$$

现在用 k 次部分和来代替整个展开式，其误差程度正如分类问题中的误判率一样，应当是一个衡量特征选择的标准. 由此可见，定理 4.1 中的 $\boldsymbol{\Delta}^2(\boldsymbol{\nu},k)$ 正好是衡量误差的一个标准. 但当采用这个标准时，要求随机向量 $\boldsymbol{X}$ 的概率平均为零. 在推论中，$\delta^2(\boldsymbol{\nu},k)$ 也是一个衡量误差的标准. 总之，在上述两种方差 $\boldsymbol{\Delta}^2(\boldsymbol{\nu},k)$ 与 $\delta^2(\boldsymbol{\nu},k)$ 的衡量标准下，特性提取所得到的 n 个数据 $(x_1,\cdots,x_n)$ 作为随机向量 $\boldsymbol{X}$ 的相应的分量，经过正交变换

$$z_j=\sum_{i=1}^{n}\nu_i^{(j)}X_i\quad(j=1,2,\cdots,n)$$

得到新的 n 个数据,在这 n 个数据中选择前面 k 个:$z_1,z_2,\cdots,z_k$,用 $\boldsymbol{X}$ 关于 $\boldsymbol{\nu}^j$ 的展开式的 k 次部分和

$$\sum_{j=1}^{k} z_i\boldsymbol{\nu}^{(i)} = \boldsymbol{X}(\boldsymbol{\nu},k)$$

代替展开式 $\boldsymbol{X} = \sum_{j=1}^{n} z_i\boldsymbol{\nu}^{(i)}$,使误差达到最小的正交变换就是 K - L 变换.

上述定理 4.1 的推论的另一证法可参看 Fukunaga 的文献[6]. 另外,在两类问题中也可采用 K - L 变换进行特征选择,见文献[7].

以下介绍 K - L 变换的另一些重要性质[8].

定理 4.2 设 $\boldsymbol{Y}$ 是 $\boldsymbol{X}$ 的 K - L 变换,则随机向量 $\boldsymbol{Y}$ 的协方差矩阵 $\boldsymbol{\Sigma}_y$ 应满足

$$\boldsymbol{\Sigma}_y = E\{(\boldsymbol{Y}-\overline{\boldsymbol{Y}})(\boldsymbol{Y}-\overline{\boldsymbol{Y}})^{\mathrm{T}}\} = \begin{pmatrix} \sigma_1^2 & & 0 \\ & \ddots & \\ 0 & & \sigma_n^2 \end{pmatrix}$$

其中,$\sigma_i^2 = E\{(y_i-\overline{y}_i)^2\}\ (i=1,2,\cdots,n)$,而 y_i 是 $\boldsymbol{Y}$ 的第 i 个分量.

证 注意到 $\boldsymbol{Y}-\overline{\boldsymbol{Y}} = \boldsymbol{\mu}^{\mathrm{T}}(\boldsymbol{X}-\overline{\boldsymbol{X}})$,从而有

$$\begin{aligned}
\boldsymbol{\Sigma}_Y &= E\{\boldsymbol{\mu}^{\mathrm{T}}(\boldsymbol{X}-\overline{\boldsymbol{X}})(\boldsymbol{\mu}^{\mathrm{T}}(\boldsymbol{X}-\overline{\boldsymbol{X}}))^{\mathrm{T}}\} \\
&= E\{\boldsymbol{\mu}^{\mathrm{T}}(\boldsymbol{X}-\overline{\boldsymbol{X}})(\boldsymbol{X}-\overline{\boldsymbol{X}})^{\mathrm{T}}\boldsymbol{\mu}\} \\
&= \boldsymbol{\mu}^{\mathrm{T}}\boldsymbol{\Sigma}_X\boldsymbol{\mu} = \boldsymbol{\mu}^{\mathrm{T}}(\lambda_1\boldsymbol{\mu}^{(1)}\cdots\lambda_n\boldsymbol{\mu}^{(n)}) \\
&= \begin{pmatrix} \lambda_1 & & 0 \\ & \ddots & \\ 0 & & \lambda_n \end{pmatrix}
\end{aligned}$$

又注意到

$$\sigma_i^2 = E\{(y_i-\overline{y}_i)^2\}$$

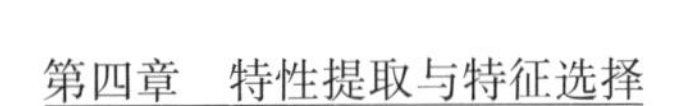

$$= E\{(\boldsymbol{\mu}^{i})^{\mathrm{T}}(\boldsymbol{X}-\overline{\boldsymbol{X}})(\boldsymbol{X}-\overline{\boldsymbol{X}})^{\mathrm{T}}\boldsymbol{\mu}^{i}\}$$
$$= (\boldsymbol{\mu}^{i})^{\mathrm{T}}\boldsymbol{\Sigma}_{X}\boldsymbol{\mu}^{i} = \lambda_{i}$$

即得本定理的结论.

上述定理说明了随机变量 $x_1, x_2, \cdots, x_n$ 经过 K－L 变换后得到的随机变量 $y_1, y_2, \cdots, y_n$ 是彼此不相交的，特别当分布是正态分布时，它们彼此独立. 由此可知，K－L 变换在信息压缩方面起很重要的作用.

以下我们从信息论的观点对 K－L 变换做进一步的考虑.

对于一个随机向量 $\boldsymbol{X} = (x_1, \cdots, x_n)^{\mathrm{T}}$，我们引进熵的概念. 记

$$\sigma_i^2 = \{(x_i - \overline{x}_i)^2\},\ \rho_i = \frac{\sigma_i^2}{\sum\limits_{j=1}^{n}\sigma_j^2} \quad (i = 1, 2, \cdots, n)$$

显然 $0 \leqslant \rho_i \leqslant 1$，$\sum\limits_{i=1}^{n}\rho_i = 1$，我们可把 $\{\rho_i\}$ 看作一个概率分布，它的熵表示为

$$H = -\sum_{i=1}^{n}\rho_i \ln \rho_i$$

并规定当 $\rho_i = 0$ 时，$\rho_i \ln \rho_i = 0$. 这样，H 就是 n 个变量 $\rho_1, \cdots, \rho_n$ 在单位超立方体上的连续函数. H 称为联系于随机向量 $\boldsymbol{X}$ 的熵. 它在一定程度上反映了分布 $\{\rho_i\}$ 的不平均性，从而也反映了 $\{\sigma_i^2\}$ 取值的不平均性. 事实上，等概率分布是没有不平均性的分布，这时每个 ρ_i 都取同一个值 $\frac{1}{n}$，分布是平均分配的. 另一极端的情形是分布完全集中，即某一个 $\rho_i = 1$，其他的 $\rho_j = 0\ (j \neq i)$，这样的分布是最不平均的. 对于这两种极端的情况，H 分别取最大值 $\ln n$ 与最小值 0. 不难证明：只有

等概率分布的情形,H 才取到最大值 $\ln n$;只有集中分布的情形,H 才取到最小值 0,因而 H 取值的大小在一定程度上反映了 $\{\rho_i\}$ 分布的不平均性,由于 σ_i^2 与 ρ_i 只差一个与 i 无关的因子,所以 H 也就反映了 σ_i^2 取值的不平均性. 以下会看到,我们从特征选择的角度,要求 σ_i^2 的取值具有较高的不平均性.

现设 $\{\boldsymbol{\nu}^j\}$ $(j=1,2,\cdots,n)$ 是 n 个规范正交的 n 维向量,对于给定的随机向量 $\boldsymbol{X}=(x_1\cdots x_n)^{\mathrm{T}}$,作正交变换

$$z=\boldsymbol{\nu}^{\mathrm{T}}\boldsymbol{X}$$

(这里 $\boldsymbol{\nu}$ 代表正交矩阵 $(\boldsymbol{\nu}^{(1)}\cdots\boldsymbol{\nu}^{(n)})$),得到一个新的随机向量 $\boldsymbol{z}=(z_1,\cdots,z_n)^{\mathrm{T}}$. 现作联系于随机向量 $\boldsymbol{z}$ 的熵 $\boldsymbol{H}(\boldsymbol{\nu})$,即令

$$\sigma_i^2(\boldsymbol{\nu})=E\{(z_i-\bar{z}_i)^2\},\rho_i(\boldsymbol{\nu})=\frac{\sigma_i^2(\boldsymbol{\nu})}{\sum_{j=1}^{n}\sigma_j^2(\boldsymbol{\nu})}$$

$$H(\boldsymbol{\nu})=-\sum_{i=1}^{n}\rho_i(\boldsymbol{\nu})\ln\rho_i(\boldsymbol{\nu})$$

我们要证在所有正交变换 $\boldsymbol{\nu}$ 中,K-L 变换 $\boldsymbol{\mu}$ 所对应的 $H(\boldsymbol{\mu})$ 为最小.

定理 4.3 设 $\boldsymbol{X}$ 是随机向量,其协方差矩阵 $\boldsymbol{\Sigma}_X$ 的本征值按由大到小排列后所对应的本征向量为 $\boldsymbol{\mu}^1,\cdots,\boldsymbol{\mu}^n$. 又设 y 为 $\boldsymbol{X}$ 的 K-L 变换,记

$$\sigma_i^2(\boldsymbol{\mu})=E\{(y_i-\bar{y}_i)^2\},\rho_i(\boldsymbol{\mu})=\frac{\sigma_i^2(\boldsymbol{\mu})}{\sum_{j=1}^{n}\sigma_j^2(\boldsymbol{\mu})}$$

$$H(\boldsymbol{\mu})=-\sum_{i=1}^{n}\rho_i(\boldsymbol{\mu})\ln\rho_i(\boldsymbol{\mu})$$

则下述关系成立

$$H(\boldsymbol{\mu}) = \min_{\nu} H(\boldsymbol{\nu})$$

证　我们把规范正交向量 $\boldsymbol{\nu}^{(1)},\cdots,\boldsymbol{\nu}^{(n)}$ 都用 K－L 展开表示

$$\boldsymbol{\nu}^{(i)} = \sum_{j=1}^{n} a_j^i \boldsymbol{\mu}^{(j)} \quad (i=1,2,\cdots,n)$$

其中

$$a_j^i = (\boldsymbol{\mu}^j)^{\mathrm{T}} v^{(i)} \quad (i,j=1,2,\cdots,n)$$

而 $\boldsymbol{a}^{(i)} = (a_1^i \cdots a_n^i)^{\mathrm{T}}$ 即为 $\boldsymbol{\nu}^{(i)}$ 的 K－L 变换，从而 $\boldsymbol{a}^{(1)},\cdots,\boldsymbol{a}^{(n)}$ 仍为正交规范向量. 于是

$$\begin{aligned}
\sigma_i^2(\boldsymbol{\nu}) &= E\{(z_i - \bar{z}_i)^2\} \\
&= E\{(\boldsymbol{\nu}^{(i)})^{\mathrm{T}}(\boldsymbol{X} - \overline{\boldsymbol{X}})(\boldsymbol{X} - \overline{\boldsymbol{X}})^{\mathrm{T}}\boldsymbol{\nu}^{(i)}\} \\
&= (\boldsymbol{\nu}^{(i)})^{\mathrm{T}}\boldsymbol{\Sigma}_X\boldsymbol{\nu}^{(i)} = \Big(\sum_{j=1}^{n} a_j^i\boldsymbol{\mu}^{(j)}\Big)\boldsymbol{\Sigma}_X\Big(\sum_{j=1}^{n} a_j^i\boldsymbol{\mu}^{(j)}\Big) \\
&= \Big(\sum_{j=1}^{n} a_j^i\boldsymbol{\mu}^{(j)}\Big)^{\mathrm{T}}\Big(\sum_{j=1}^{n} a_j^i\lambda_j\boldsymbol{\mu}^{(j)}\Big) \\
&= \sum_{j=1}^{n} (a_j^i)^2\lambda_j \\
&= \sum_{j=1}^{n} (a_j^i)^2\sigma_j^2(\mu)
\end{aligned}$$

从而有

$$\begin{aligned}
\sum_{i=1}^{n} \sigma_i^2(\boldsymbol{\nu}) &= \sum_{i=1}^{n} \Big\{\sum_{j=1}^{n} (a_j^i)^2\sigma_j^2(\boldsymbol{\mu})\Big\} \\
&= \sum_{j=1}^{n} \Big\{\sum_{i=1}^{n} (a_j^i)^2\Big\}\sigma_j^2(\boldsymbol{\mu}) \\
&= \sum_{j=1}^{n} \sigma_j^2(\boldsymbol{\mu})
\end{aligned}$$

即得

$$\rho_i(\nu) = \frac{\sigma_i^2(\boldsymbol{\nu})}{\sum_{j=1}^{n}\sigma_j^2(\boldsymbol{\nu})} = \frac{\sum_{j=1}^{n}(a_j^i)^2\sigma_j^2(\boldsymbol{\mu})}{\sum_{j=1}^{n}\sigma_j^2(\boldsymbol{\mu})}$$
$$= \sum_{j=1}^{n}(a_j^i)^2\rho_i(\boldsymbol{\mu})$$
$$(i=1,2,\cdots,n)$$

注意到 $\sum_{j=1}^{n}(a_j^i)^2=1$，对函数 $x\ln x$ 运用 Jensen 不等式，得

$$\rho_i(\nu)\ln\rho_i(\nu)=\Big(\sum_{j=1}^{n}(a_j^i)^2\rho_j(\boldsymbol{\mu})\Big)\ln\Big(\sum_{j=1}^{n}(a_j^i)^2\rho_j(\boldsymbol{\mu})\Big)$$
$$\leqslant\sum_{j=1}^{n}(a_j^i)^2(\rho_j(\boldsymbol{\mu})\ln\rho_j(\boldsymbol{\mu}))$$

从而即得

$$H(\boldsymbol{\nu}) = -\sum_{i=1}^{n}\rho_i(\boldsymbol{\nu})\ln\rho_j(\boldsymbol{\nu})$$
$$\geqslant -\sum_{i=1}^{n}\Big\{\sum_{j=1}^{n}(a_j^i)^2(\rho_j(\boldsymbol{\mu})\ln\rho(\boldsymbol{\mu})\Big)$$
$$= -\sum_{j=1}^{n}\Big\{\sum_{i=1}^{n}(a_j^i)^2\Big\}\rho_j(\boldsymbol{\mu})\ln\rho_j(\boldsymbol{\mu})$$
$$=H(\boldsymbol{\mu})$$

而 $\boldsymbol{\nu}$ 又表示任一规范正交变换，从而得本定理的结论.

现在考虑特征选择问题：根据定理 4.1 的推论，当 k 固定时，在所有规范正交变换中，K－L 变换使均方差

$$X(\|\boldsymbol{X}-\overline{\boldsymbol{X}})-\sum_{i=1}^{k}(y_i-\overline{y}_i)\boldsymbol{\mu}^i\|^2)$$

为最小. 当正交变换已取定为 K－L 变换，上述方差对 k 的选择和 $\sigma_i^2(\boldsymbol{\mu})$ 的取值有关. 因为

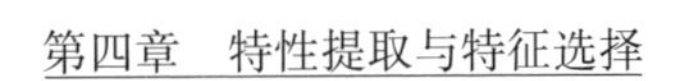

$$E\left(\left\|\sum_{i=k+1}^{n}(y_i-\bar{y}_i)\boldsymbol{\mu}^i\right\|^2\right)=\sum_{i=k+1}^{n}E\{(y_i-\bar{y}_i)^2\}$$

$$=\sum_{i=k+1}^{n}\sigma_i^2(\boldsymbol{\mu})$$

如果 $\sigma_i^2(\boldsymbol{\mu})$ 的取值比较平均,虽然这时 $\sigma_i^2(\boldsymbol{\mu})=\lambda_i$ 已按由大到小的次序排列,但如果大小相差不大,则 $\sum\limits_{i=k+1}^{n}\sigma_i^2(\boldsymbol{\mu})$ 当 k 不大时不可能很小,只有 $\sigma_i^2(\boldsymbol{\mu})$ 的取值比较不平均时,$\sum\limits_{i=k+1}^{n}\sigma_i^2(\boldsymbol{\mu})$ 才可能很小. 这就是前面提到的从特征选择的角度,要求 σ_i^2 的取值具有较大的不平均性. 从而熵的值较小是有利的. 定理 4. 3 表示 K－L变换从熵的标准来衡量,也是比较优越的.

现在我们用一个简单的例子来表示 K－L 变换在特征选择中的直观意义:

例 1　考虑二维的随机向量 $\boldsymbol{X}$. 对于 $\boldsymbol{X}$ 的数学期望和协方差矩阵的估计,我们采用 $\boldsymbol{X}$ 的四个样本作算术平均来表示. 现设 $\boldsymbol{X}^{(1)},\boldsymbol{X}^{(2)},\boldsymbol{X}^{(3)},\boldsymbol{X}^{(4)}$ 是四个已知样本

$$\boldsymbol{X}^{(1)}=\begin{pmatrix}x_1^{(1)}\\x_2^{(1)}\end{pmatrix}=\begin{pmatrix}\frac{1}{2}\\\frac{1}{2}\end{pmatrix},\boldsymbol{X}^{(2)}=\begin{pmatrix}x_1^{(2)}\\x_2^{(2)}\end{pmatrix}=\begin{pmatrix}-\frac{1}{2}\\-\frac{1}{2}\end{pmatrix}$$

$$\boldsymbol{X}^{(3)}=\begin{pmatrix}x_1^{(3)}\\x_2^{(3)}\end{pmatrix}=\begin{pmatrix}1\\1\end{pmatrix},\boldsymbol{X}^{(4)}=\begin{pmatrix}x_1^{(4)}\\x_2^{(4)}\end{pmatrix}=\begin{pmatrix}-1\\-1\end{pmatrix}$$

显然

$$E(\boldsymbol{X})=\frac{1}{4}\left\{\begin{pmatrix}\frac{1}{2}\\\frac{1}{2}\end{pmatrix}+\begin{pmatrix}-\frac{1}{2}\\-\frac{1}{2}\end{pmatrix}+\begin{pmatrix}1\\1\end{pmatrix}+\begin{pmatrix}-1\\-1\end{pmatrix}\right\}=\begin{pmatrix}0\\0\end{pmatrix}$$

即 $\boldsymbol{X}$ 的数学期望为零,从而

$$\boldsymbol{\Sigma}_X=\frac{1}{4}\{\boldsymbol{x}^{(1)}(\boldsymbol{x}^{(1)})^{\mathrm{T}}+\boldsymbol{x}^{(2)}(\boldsymbol{x}^{(2)})^{\mathrm{T}}+\boldsymbol{x}^{(3)}(\boldsymbol{x}^{(3)})^{\mathrm{T}}+\boldsymbol{x}^{(4)}(\boldsymbol{x}^{(4)})^{\mathrm{T}}\}$$

$$=\frac{1}{4}\left\{\begin{pmatrix}\frac{1}{4}&\frac{1}{4}\\\frac{1}{4}&\frac{1}{4}\end{pmatrix}+\begin{pmatrix}\frac{1}{4}&\frac{1}{4}\\\frac{1}{4}&\frac{1}{4}\end{pmatrix}+\begin{pmatrix}1&1\\1&1\end{pmatrix}+\begin{pmatrix}1&1\\1&1\end{pmatrix}\right\}$$

$$=\begin{pmatrix}\frac{5}{8}&\frac{5}{8}\\\frac{5}{8}&\frac{5}{8}\end{pmatrix}$$

由 $\boldsymbol{\Sigma}_X$ 的本征值可以计算出 $\lambda_1=\frac{5}{4},\lambda_2=0$,其对应的本征向量则分别为

$$\boldsymbol{\mu}^{(1)}=\begin{pmatrix}\frac{1}{\sqrt{2}}\\\frac{1}{\sqrt{2}}\end{pmatrix},\boldsymbol{\mu}^{(2)}\begin{pmatrix}\frac{1}{\sqrt{2}}\\-\frac{1}{\sqrt{2}}\end{pmatrix}$$

这时 K－L 变换矩阵是

$$\boldsymbol{\mu}=(\boldsymbol{\mu}^{(1)}\boldsymbol{\mu}^{(2)})=\begin{pmatrix}\frac{1}{\sqrt{2}}&\frac{1}{\sqrt{2}}\\\frac{1}{\sqrt{2}}&-\frac{1}{\sqrt{2}}\end{pmatrix}$$

这是一个 45°的旋转,如图 4－3 所示,这时四个样本都在 $y_1=(\boldsymbol{\mu}^{(1)})^{\mathrm{T}}\boldsymbol{X}$ 的轴上. 显然,这时对于变换后的新的(y_1,y_2),考虑特征选择时,只要取 y_1 就足以表达了.

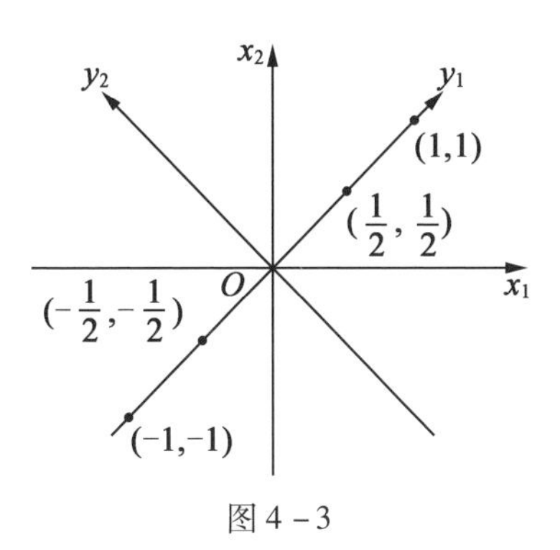

图 4－3

现在再从熵的角度来看:令

$$\sigma_1^2(\boldsymbol{\mu})=\lambda_1=\frac{5}{4}$$

$$\sigma_2^2(\boldsymbol{\mu})=\lambda_2=0$$

可见 $\sigma_i^2(\boldsymbol{\mu})$ 的取值是集中的,这是不平均的极端情形,与之相应有

$$\rho_1(\boldsymbol{\mu})=\frac{\sigma_1^2(\boldsymbol{\mu})}{\sigma_1^2(\boldsymbol{\mu})}=1,\rho_2(\boldsymbol{\mu})=0$$

即 $\rho_i(\boldsymbol{\mu})$ 的分布是集中的. 这时 $H(\boldsymbol{\mu})=0$ 取到最小值. 我们看到这对于特征选择是十分有利的,原来二维的情形可以压缩为一维的情形.

综合本节结果,K－L 变换用方差作为衡量标准时,是压低特征空间维数的最优的规范正交变换. 它在消除相关性与突出不平均性方面,也都是所有规范正交变换中最优的. 它对于特征选择、图像信息压缩等方面都具有某种意义的最优性. 不过,应当指出:它在特征选择方面虽在两类问题时有一定应用,但主要适用于统一概率分布下的随机向量. 另外,关于最优估计的衡量标准是均方差最小,它只能反映一定程度的正确性. 更主要的在实际运用时,需要通过样本来估计随机向量的协方差矩阵,这样使得理论上的最优性并不能充分发挥,往往由于种种近似估计,在实际运用时,显示不出 K－L 变换的优越性. 相反,在计算本征值与本征向量时,缺乏统一的快速算法,带来计算上的困难. 因此,不能简单地认为 K－L 变换具有最优性而不必考虑其他的有限变换. 下一节中,我们要比较系统地介绍有限 Walsh 变换,它和有限 Fourier 变换一样地经常被采用,它们都有统一的快速算法,而前者的快速算法比后者更为简单省时. 这两种有限变换与 K－L 变换相比较,计算都较为简捷,由于快速 Fourier 变换已经有比较多的文献介绍,所以在这里就不再介绍了.

§4.3 Walsh 变换

我们先介绍有限 Walsh 变换,为了加快算法上的方便,考虑变换矩阵的阶为 2^m,这在实际应用上不致有太多的约束. 以下总是假定随机向量

$$\boldsymbol{X}=(x_0x_1\cdots x_{2m-1})^{\mathrm{T}}$$

是 2^m 维的. 为了便于应用,下面介绍有限 Walsh 变换的具体构造和用法. 至于一些性质的证明,将在 §4.7 中给出. 假定

$$\xi^{(0)},\xi^{(1)}\cdots,\xi^{(2m-1)}$$

是 2^m 个规范正交的 2^m 维向量,它们的分量规定如下

$$\xi_j^{(i)}=(-1)^{I(i,j)}\frac{1}{\sqrt{2^m}}\quad(i,j=0,1,\cdots,2^m-1)$$

其中 $I(i,j)\geqslant 0$ 是如下规定的:当 $0\leqslant i\leqslant 2^m-1,0\leqslant j\leqslant$

2^m-1 都是整数,并且用二进位分别写成

$$i=i_{m-1}2^{m-1}+i_{m-2}2^{m-2}+\cdots+i_1 2+i_0\ (i_\nu\ \text{取 0 或 1})$$

$$j=j_{m-1}2^{m-1}+j_{m-2}2^{m-2}+\cdots+j_1 2+j_0\ (j_\nu\ \text{取 0 或 1})$$

时,则 $I(i,j)$ 由下式确定

$$I(i,j)=i_0 j_{m-1}+i_1 j_{m-2}+\cdots+i_{m-1}j_0$$

作变换矩阵

$$\boldsymbol{H}=(\boldsymbol{\xi}^{(0)}\boldsymbol{\xi}^{(1)}\cdots\boldsymbol{\xi}^{(2m-1)})$$

称为 2^m 阶为 Hadamard 矩阵. 矩阵元素除了一个规范因子 $1/\sqrt{2^m}$ 而外只是 1 或 -1,从而在进行变换时,除了规范因子统一处理外,只需要加减而不必用乘除,在计算上比有限 Fourier 变换要简化得多. 在 §4.7 中验证 $\boldsymbol{H}$ 是一个对称的正交规范矩阵. 变换

$$\boldsymbol{Y}=\boldsymbol{H}^{\mathrm{T}}\boldsymbol{X}=\boldsymbol{H}\boldsymbol{X} \tag{4.3.1}$$

或

$$y_i=(\boldsymbol{\xi}^{(i)})^{\mathrm{T}}\boldsymbol{X}\quad (i=0,1,\cdots,2^m-1) \tag{4.3.1$'$}$$

称为 $\boldsymbol{X}$ 的有限 Walsh 变换. 这时利用规范正交性,逆变换即为

$$\boldsymbol{X}=\boldsymbol{H}\boldsymbol{Y}$$

或

$$\boldsymbol{X}=\sum_{j=0}^{2^m-1}y_i\boldsymbol{\xi}^{(i)}$$

称为 $\boldsymbol{X}$ 的有限 Walsh 展开.

现在把随机向量 $\boldsymbol{X}=(x_0\cdots x_{2^m-1})^{\mathrm{T}}$ 看作特性提取后得到的 2^m 个数据构成的向量,作 $\boldsymbol{X}$ 的有限 Walsh 变换 $\boldsymbol{Y}=\boldsymbol{H}\boldsymbol{X}$ 得到 $y_0,\cdots,y_{2^m-1}$,共 2^m 个新的数据,我们要对它们进行特征选择:为此,规定

$$\eta(i)=\begin{cases}0 & (y_i\ \text{不选取})\\ 1 & (y_i\ \text{要选取})\end{cases}$$

记 $y_i^*=\eta(i)y_i$, $\boldsymbol{Y}^{*\mathrm{T}}=(y_0^*,y_1^*,\cdots,y_{2^m-1}^*)$. 对 $\boldsymbol{Y}^*$ 作

Walsh 逆变换

$$X^* = HY^*$$

用前述均方差作为衡量误差的标准

$$\Delta^2 = \frac{1}{2^m}\sum_{i=0}^{2^m-1} E\{(x_i - x_i^*)^2\}$$

要在$\{y_i\}$中选择 k 个数据作为特征,使得对应的 Δ^2 为最小. 我们知道

$$\Delta^2 = \frac{1}{2^m}\sum_{i=0}^{2^m-1} E\{(y_i - y_i^*)^2\} = \frac{1}{2^m}\sum_{i=0}^{2^m-1} (1-\eta(i))^2 E(y_i^2) \tag{4.3.2}$$

现令 $\delta_i^2 = E(y_i^2)$,在 $\delta_0^2, \delta_1^2, \cdots, \delta_{2^m-1}^2$ 中选出 k 个最大的,它们对应的 y_i 共 k 个,这 k 个数据作为特征,就使对应的 Δ^2 为最小,因为(4.3.2)的右端和号内的各项,凡是 $E(y_i^2)$ 较大,且属于 k 个最大的之一,$\eta(i)=1$,从而$(1-\eta(i))^2=0$,否则,$(1-\eta(i))^2=1$,所以 Δ^2 取最小值.

以上介绍了 Walsh 变换的具体构造和用法,在应用时,Walsh 变换比 K-L 变换要简便得多. 在 Walsh 变换中,变换矩阵就是 Hadamard 矩阵,不需要去估算;而 K-L 变换的变换矩阵由本征向量构成,必须要估计协方差矩阵 $\boldsymbol{\Sigma}_X$,求出本征向量,并按本征值由大到小的顺序排列,才能得到 K-L 变换的变换矩阵. 得到变换矩阵后,在运算上还缺乏统一的快速算法. 而有限 Walsh 变换有统一的很好的快速算法. 在进行特征选择时,采用有限 Walsh 变换也需要比较 $E(y_i^2)$ 的大小来决定取舍,这时也需要通过样本来估计,一般也是用算术平均来近似概率平均. 但这比 K-L 变换在估计协方差矩阵后还要计算本征值与本征向量要简单多

了. 在此仍采用上节所举的简单例子,在上节中是根据已知样本估算协方差矩阵,并求出它的本征值和对应的本征向量,最后才得到 K－L 变换的变换矩阵

$$\begin{pmatrix} \frac{1}{\sqrt{2}} & \frac{1}{\sqrt{2}} \\ \frac{1}{\sqrt{2}} & -\frac{1}{\sqrt{2}} \end{pmatrix}$$

并比较了本征值的大小,把二维压缩成为一维,才解决了问题. 现在我们直接用二维 Walsh 变换来进行特征选择,这时变换矩阵正好是

$$\frac{1}{\sqrt{2}}\begin{pmatrix} 1 & 1 \\ 1 & -1 \end{pmatrix}$$

这时四个样本的有限 Walsh 变换即为

$$\frac{1}{\sqrt{2}}\begin{pmatrix} 1 \\ 0 \end{pmatrix},\frac{1}{\sqrt{2}}\begin{pmatrix} -1 \\ 0 \end{pmatrix},\frac{1}{\sqrt{2}}\begin{pmatrix} 2 \\ 0 \end{pmatrix},\frac{1}{\sqrt{2}}\begin{pmatrix} -2 \\ 0 \end{pmatrix}$$

于是 $E(y_1^2)$ 即可表为

$$\frac{1}{4}\left\{\left(\frac{1}{\sqrt{2}}\right)^2+\left(\frac{-1}{\sqrt{2}}\right)^2+\left(\frac{2}{\sqrt{2}}\right)^2+\left(\frac{-2}{\sqrt{2}}\right)^2\right\}=\frac{5}{4}$$

而 $E(y_2^2)=0$,可知 $E(y_1^2)>E(y_2^2)$,根据有限 Walsh 变换进行特征选择的结果,和上述用 K－L 变换进行特征选择的结果是完全一致的.

上述例子虽然是一个很特殊的情形,但至少说明了在某些具体情况下,有限 Walsh 变换在特征选择方面所起的作用并不比 K－L 变换差,而在运算上却要比 K－L 变换方便多了. 同时,这个例子也说明了在某些具体问题中,尽管 K－L 变换在理论上具有最优性,但在实际上由于样本的数目有限,一般只能得到一个很粗糙的近似估计. 这就是在许多问题中采用有限

Fourier 变换比采用 K－L 变换更为普遍的缘故. 我们认为:有限 Walsh 变换在特征选择上至少和有限 Fourier 变换是相当的. 从频带压缩的角度来看:两类变换的实际效果是相仿的,Walsh 变换在运算上的方便足以弥补它在近似精度上的欠缺,以后在 §4.7 中我们可以看到:对于特定的随机过程,有限 Walsh 变换在理论上也具有一定意义的最优性,这一特点有限 Fourier 变换是不具备的.

§4.4 特征选择的 F 方法

现在我们考虑两类问题:设 P_i 表示第 i 类的先验概率$(i=1,2)$,$p(\boldsymbol{X}|i)$ 表示第 i 类的条件概率密度函数$(i=1,2)$. 由第一章 §1.2 中的 Bayes 公式知

$$p_i(\boldsymbol{X})=P(i|\boldsymbol{X})=\frac{P_i p(\boldsymbol{X}|i)}{p(\boldsymbol{X})}\quad (i=1,2)$$

表示第 i 类的后验概率密度,其中

$$p(\boldsymbol{X})=\sum_{i=1}^{2}P_i p(\boldsymbol{X}|i)$$

是联合概率密度函数. 我们用

$$E_X[f(\boldsymbol{X})]=\int_{\mathbf{R}_n}f(\boldsymbol{X})p(\boldsymbol{X})\mathrm{d}\boldsymbol{X}=\int_{\mathbf{R}_n}f(\boldsymbol{X})\mathrm{d}\boldsymbol{\mu}(\boldsymbol{X})$$

表示 $f(\boldsymbol{X})$ 关于 $\boldsymbol{X}$ 的概率平均,这里 $\mathbf{R}_n$ 是特征空间,$\boldsymbol{X}$ 是随机向量. 当损失量 C_{ij} 作如下规定时

$$C_{ij}=\begin{cases}1 & (i\neq j)\\ 0 & (i=j)\end{cases}$$

则以前我们考虑的最小平均损失 R_0 即成为 Bayes 判决的最小误差概率 P_e,并可以表达为

$$R_0 = P_e = E_x[\min(p_1(x), p_2(x))] = \frac{1}{2}(1 - J_1)$$

其中

$$J_1 = E_X[\,|p_1(x) - p_2(x)|\,] = E_X\left[\tanh\frac{1}{2}|d(X)|\right]$$

而
$$d(\boldsymbol{X}) = -\ln\frac{P_1 p(\boldsymbol{X}|1)}{P_2 p(\boldsymbol{X}|2)}$$

(参看第二章公式(2.2.14)～(2.2.22)).

现在取 N 个样本,它们在特征空间有 N 个向量 $\boldsymbol{X}^{(1)},\cdots,\boldsymbol{X}^{(N)}$. 我们用 $\tanh\frac{1}{2}|d(\boldsymbol{X}^{(i)})|$的算术平均代替概率平均,即用

$$\bar{J}_1 = \frac{1}{N}\sum_{i=1}^{N}\left\{\tanh\frac{1}{2}|d(\boldsymbol{X}^{(i)})|\right\}$$

代替 J_1,与之相应得

$$\bar{R}_0 = \frac{1}{2}(1 - \bar{J}_1)$$

它是最小平均损失 R_0 的一个近似(参见(2.2.24)). 凡是以$\bar{R}_0$ 为标准,考虑特征选择和分类判决,使得$\bar{R}_0$ 取值最小的,都称为 F 方法[14]. 这里主要介绍关于特征选择方面的问题:

1. 逐次排除法

假定通过特性提取,有 m 个数据可供特征选择,我们的问题是要排除次要的数据和噪声,使模式空间的维数降低. 这里衡量特征优劣的标准就是它影响最小平均损失的近似表达$\bar{R}_0$ 的程度. 首先假定 m 个数据构成的随机向量 $\boldsymbol{X}$,暂时把 $\mathbf{R}_m$ 看作特征空间,所有先验概率 P_i、条件概率 $p(\boldsymbol{X}|i)$、混合概率 $p(\boldsymbol{X})$、后验概率 $P(i|\boldsymbol{X})$等都按以前规定. 在实际问题中,这些概率

分布都可由已知样本经过统计方法得出. 现在的问题假如是要在 m 个数据中挑出固定的 $l<m$ 个作为特征,使对应的$\overline{R}_0$ 最小,则我们有 C_l^m 种挑选把 l 个数据作为一个特征向量,在 $\mathbf{R}_l$ 特征空间用边缘概念计算出 l 维的相应的$\overline{R}_0$,这样共有 C_l^m 个$\overline{R}_0$ 可比较,选出最小的$\overline{R}_0$,它所对应的 l 个数据即为我们所要挑选的. 但实际问题往往不要求选出固定的 l 个特征,只要求排除不必要的数据,这时采用逐次排除法比较方便.

所谓逐次排除法,就是在 m 个特征中先留下第 i 个,其他 $m-1$ 个特征用边缘概率计算出相应的$\overline{R}_0^{(i)}$ $(i=1,2,\cdots,m)$,其中选出最小的设为$\overline{R}_0^{(i_n)}$,则第 i_0 个特征应首先排除(这是因为排除这个特征时,对$\overline{R}_0$ 的影响最小),当最小的$\overline{R}_0^{(i)}$ 不止一个时,则一次就可排除若干个特征. 实验证明噪声特征一般可一次排除掉. 现设第一次排除后还剩下 $K(K\leqslant m-1)$ 个特征. 对这 K 个数据再重复以上的步骤,直到在比较$\overline{R}_0$ 时没有显著小的情形时为止,这时剩下多少个特征就是我们所要选择的.

采用逐次排除法最后剩下 l 个特征时,假定每进行一次只排除一个数据,则共需计算不同的$\overline{R}_0$ 的数目应当是

$$\begin{aligned}&m+m-1+\cdots+l+1\\=&(l+1)+(l+2)+\cdots+[l+(m-l)]\\=&\frac{1}{2}(m+l+l)(m-l)\end{aligned}$$

这个数目比 C_l^n 要小得多. 特别当比较一次时,还可能

同时排除好几个,则计算量还可以大大减少.

2. **变换法**

假定两类问题的 Bayes 判决的判决边界 $d(x)=0$ 是一个 $m-1$ 维的超平面时,则可取单位向量 $\boldsymbol{A}$ 垂直于该超平面:$\boldsymbol{A}=(a_1,\cdots,a_m)^{\mathrm{T}}$,$\boldsymbol{A}^{\mathrm{T}}\boldsymbol{A}=1$. 则 $\boldsymbol{A}^{\mathrm{T}}\boldsymbol{X}$ 是 $\boldsymbol{X}$ 在 $\boldsymbol{A}$ 方向的上投影,而 $y=\boldsymbol{A}^{\mathrm{T}}\boldsymbol{X}$ 把 $\mathbf{R}_m$ 空间变换成一维空间 $\mathbf{R}_1$. 考虑Ⅰ、Ⅱ两类的集合在坐标轴与 A 上的投影,则投影在 A 方向上的集合应有最好的判分. 这在几何直观上是很清楚的,如图 4-4 所示. 图Ⅰ与Ⅱ两类在 x_1 轴上的投影相重叠的最多,在 x_2 轴上的次之,在 A 轴上的投影重叠最小. 图中 a_1 与 a_2 是单位向量 $\boldsymbol{A}$ 的两个分量,显然

$$|a_2|>|a_1|$$

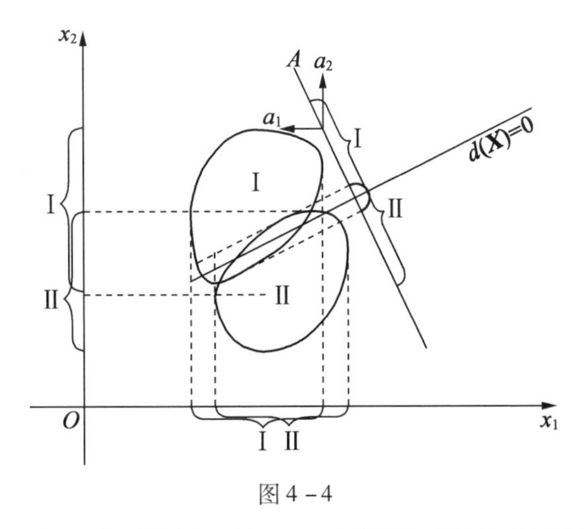

图 4-4

这反映了特征 x_2 优于 x_1,原因是两类的重叠部分比较集中于判分超平面两侧的近旁,从而重叠部分在

x_1 与 x_2 上的投影和判决平面相对于 x_1 与 x_2 方向的倾斜度有关,倾斜度小的投影大;倾斜度大的投影小,成垂直方向的投影最小. $|a_2|>|a_1|$ 正表示判决超平面对 x_2 方向的倾斜度大于对 x_1 方向的倾斜度,从而特征 x_2 优于特征 x_1. 另外从概率分布来看:Ⅰ、Ⅱ两类在 x_1,x_2,A 三个方向上的分布可用图 4-5 表示. 同样可以看出:投影于方向 A 的最优,投影于方向 x_2 的次之,投影于方向 x_1 的最差。

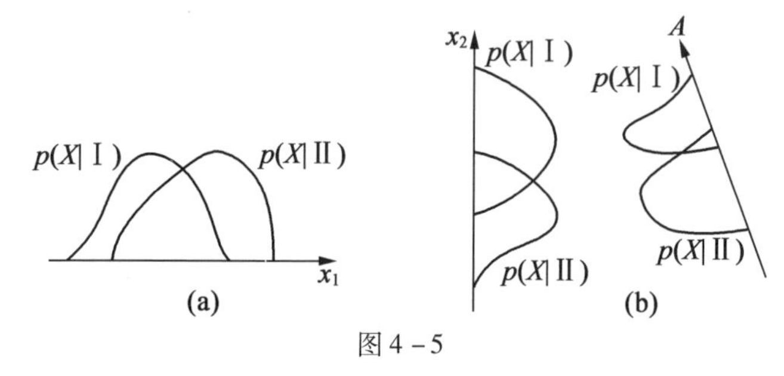

图 4-5

对于一般 n 维向量空间 $\mathbf{R}_n$ 来说,图 4-4 可以看成Ⅰ与Ⅱ两类的 n 维集合在 (x_1,x_2) 平面上的投影,在几何直观上一般有:设单位向量 $\boldsymbol{A}$ 垂直于判决平面 $d(x)=0$, $a_1,a_2,\cdots,a_n$ 是 $\boldsymbol{A}$ 的坐标分量,现在按绝对值的大小重新排列成

$$\| a_{i1} \| \geqslant \| a_{i2} \| \geqslant \cdots \geqslant \| a_{in} \|$$

于是对应的特征相应地排列成

$$x_{i1},x_{i2},\cdots,x_{in}$$

这时可以认为排在前面的特征优于排在后面的.

下面举一个简单的例子,是当两类的条件概率分布都是比较特殊的正态分布的情形.

假定

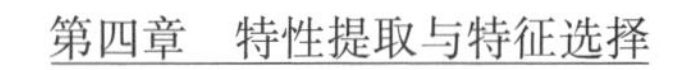

$$p(\boldsymbol{X}|i)=\frac{1}{(2\pi)^{\frac{n}{2}}|\boldsymbol{\Sigma}_i|^{\frac{1}{2}}}\cdot \exp\left\{-\frac{1}{2}(\boldsymbol{X}-\boldsymbol{M}^{(i)})^{\mathrm{T}}\boldsymbol{\Sigma}_i^{-1}(\boldsymbol{X}-\boldsymbol{M}^{(i)})\right\}\quad(i=1,2)$$

其中，$\boldsymbol{M}^{(i)}$是 i 类分布的数学期望

$$\boldsymbol{M}^{(i)}=E_i(\boldsymbol{X})=\begin{pmatrix}E_i(x_1)\\ \vdots\\ E_i(x_n)\end{pmatrix}=\begin{pmatrix}\bar{x}_1^{(i)}\\ \vdots\\ \bar{x}_n^{(i)}\end{pmatrix}\quad(i=1,2)$$

$\boldsymbol{\Sigma}_i$ 是 i 类分布的协方差矩阵

$$\boldsymbol{\Sigma}_i=E_i\{(\boldsymbol{X}-\boldsymbol{M}^{(i)})(\boldsymbol{X}-\boldsymbol{M}^{(i)})^{\mathrm{T}}\}\,(i=1,2)$$

其行列式记作$|\boldsymbol{\Sigma}_i|$，其逆矩阵记作 $\boldsymbol{\Sigma}_i^{-1}$. 这里

$$E_i(\cdot)=\int_{\mathbf{R}_n}(\cdot)p(\boldsymbol{X}|i)\mathrm{d}\boldsymbol{X}(i=1,2)$$

于是有

$$\begin{aligned}-d(\boldsymbol{X})&=\ln\frac{P_1\cdot p(\boldsymbol{X}|1)}{P_2\cdot p(\boldsymbol{X}|2)}\\&=\frac{1}{2}(\bar{\boldsymbol{X}}-\boldsymbol{M}^{(2)})^{\mathrm{T}}\boldsymbol{\Sigma}^{-1}(\bar{\boldsymbol{X}}-\boldsymbol{M}^{(2)})-\\&\quad\frac{1}{2}(\boldsymbol{X}-\boldsymbol{M}^{(1)})^{\mathrm{T}}\boldsymbol{\Sigma}^{-1}(\boldsymbol{X}-\boldsymbol{M}^{(1)})-\\&\quad\ln\frac{P_2|\boldsymbol{\Sigma}_1|^{\frac{1}{2}}}{P_1|\boldsymbol{\Sigma}_2|^{\frac{1}{2}}}\end{aligned}$$

特别当 $\boldsymbol{\Sigma}_1=\boldsymbol{\Sigma}_2=\boldsymbol{\Sigma}$ 时，则

$$-d(\boldsymbol{X})=\boldsymbol{X}^{\mathrm{T}}\boldsymbol{\Sigma}^{-1}(\boldsymbol{M}^{(1)}-\boldsymbol{M}^{(2)})+\frac{1}{2}\boldsymbol{M}^{(2)\mathrm{T}}\boldsymbol{\Sigma}^{-1}\boldsymbol{M}^{(2)}-\frac{1}{2}\boldsymbol{M}^{(1)\mathrm{T}}\boldsymbol{\Sigma}^{-1}\boldsymbol{M}^{(1)}-\ln\frac{P_2}{P_1}$$

这时判决平面 $d(\boldsymbol{X})=0$ 即为 $m-1$ 维超平面. 一般当

$\boldsymbol{\Sigma}_1 \neq \boldsymbol{\Sigma}_2$ 时,$d(\boldsymbol{X})=0$ 应是二次超曲面,如果要用变换法来进行特征选择时,必须另外考虑线性识别函数,不能与 $d(x)$ 直接联系,从而不能直接采用上述方法.

上述分布更为特殊的情形是 $\boldsymbol{\Sigma}_1=\boldsymbol{\Sigma}_2=\boldsymbol{I}$(单位矩阵),且 $P_1=P_2$ 的情形,这时判决平面成为

$$d(\boldsymbol{X})=\boldsymbol{X}^{\mathrm{T}}(\boldsymbol{M}^{(1)}-\boldsymbol{M}^{(2)})+\frac{1}{2}\|\boldsymbol{M}^{(2)}\|^2-\frac{1}{2}\|\boldsymbol{M}^{(1)}\|^2=0$$

亦即 $$\|\boldsymbol{X}-\boldsymbol{M}^{(2)}\|^2=\|\boldsymbol{X}-\boldsymbol{M}^{(1)}\|^2$$

这表示判决平面是与 $\boldsymbol{M}^{(1)},\boldsymbol{M}^{(2)}$ 连线垂直平分的超平面,这时与之垂直的单位向量 $\boldsymbol{A}$ 即可写成

$$\boldsymbol{A}=\frac{\boldsymbol{M}^{(1)}-\boldsymbol{M}^{(2)}}{\|\boldsymbol{M}^{(1)}-\boldsymbol{M}^{(2)}\|}$$

于是向量 $\boldsymbol{M}^{(1)}-\boldsymbol{M}^{(2)}$ 的分量 $\bar{x}_j^{(1)}-\bar{x}_j^{(2)}\ (j=1,2,\cdots,n)$ 按绝对值的大小顺序排列,它所对应的特征 $\boldsymbol{X}_j$ 的相应的排列就成为特征选择优劣的顺序. 这从图 4-6 的几何直观可明显地看出. 图中所示 $|\bar{x}_1^{(1)}-\bar{x}_1^{(2)}|<|\bar{x}_2^{(1)}-\bar{x}_2^{(2)}|$,从而判分超平面相对于 x_2 的倾斜度大于相对于 x_1 的倾斜度,则特征 $\boldsymbol{X}_2$ 优于 $\boldsymbol{X}_1$. 图 4-7 表示三种不同的倾斜情况.

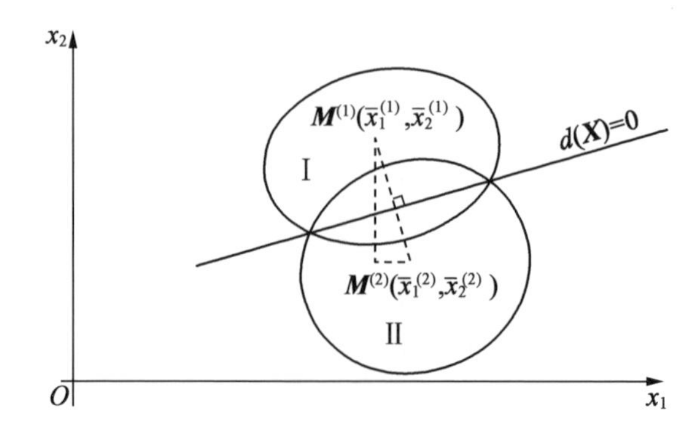

图 4-6

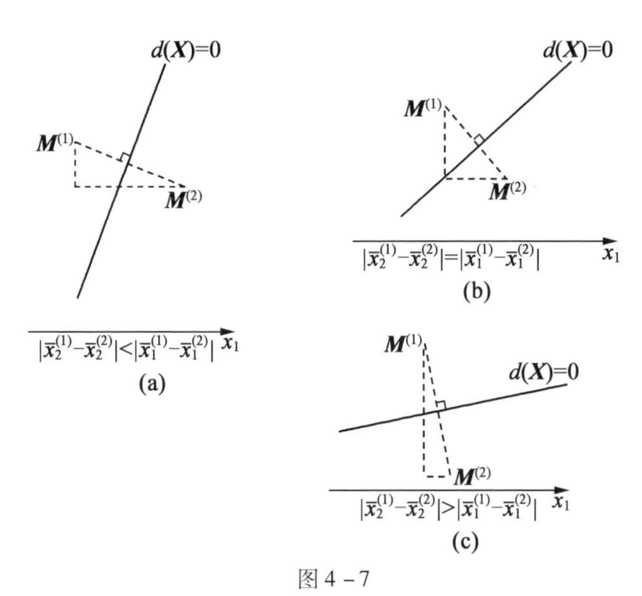

图 4－7

又若 $\boldsymbol{\Sigma}_1=\boldsymbol{\Sigma}_2=\boldsymbol{I}$，但 $P_1\neq P_2$，这时判决平面成为

$$\boldsymbol{X}^{\mathrm{T}}(\boldsymbol{M}^{(1)}-\boldsymbol{M}^{(2)})+\frac{1}{2}(\|\boldsymbol{M}^{(2)}\|^2-\|\boldsymbol{M}^{(1)}\|^2)-\ln\frac{P_2}{P_1}=0$$

亦即　$$\|\boldsymbol{X}-\boldsymbol{M}^{(2)}\|^2=\|\boldsymbol{X}-\boldsymbol{M}^{(1)}\|^2+2\ln\frac{P_2}{P_1}$$

这表示判决平面是垂直于 $\boldsymbol{M}^{(1)}\boldsymbol{M}^{(2)}$ 连线的超平面，它从 $\boldsymbol{M}^{(1)}\boldsymbol{M}^{(2)}$ 的垂直平分面的位置向先验概率小的那一类平移了一段距离. 图 4－8 所示的是 $P_1>P_2$ 的情形，这时单位向量仍是

$$A=\frac{\boldsymbol{M}^{(1)}-\boldsymbol{M}^{(2)}}{\|\boldsymbol{M}^{(1)}-\boldsymbol{M}^{(2)}\|}$$

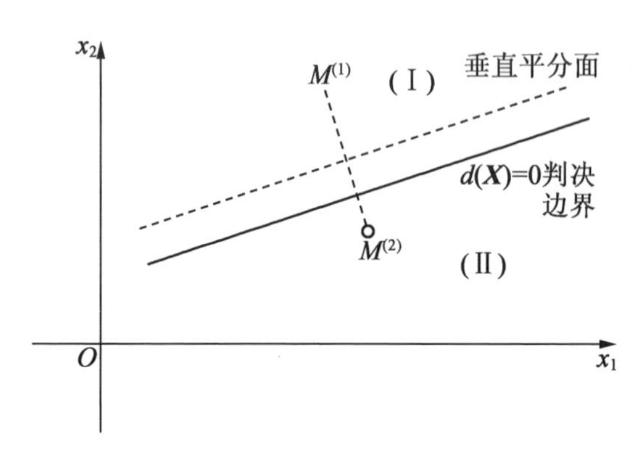

图 4－8

因而特征优劣的选择仍按 $\boldsymbol{M}^{(1)}-\boldsymbol{M}^{(2)}$ 的分量的绝对值的大小顺序排列.

3. 变换法在降低特征空间维数中的作用

现在考虑变换 $\boldsymbol{A}^{\mathrm{T}}\boldsymbol{X}$ 不限于 $\boldsymbol{A}$ 是垂直于判决超平面的单位向量的情形:事实上,前面所考虑的情形是比较特殊的. 现在假定 $\boldsymbol{A}$ 是 $n\times l(l<n)$ 的矩阵,并满足 $\boldsymbol{A}^{\mathrm{T}}\boldsymbol{A}=\boldsymbol{I}_l$($l\times l$ 单位矩阵),这时变换

$$\boldsymbol{Y}=\boldsymbol{A}^{\mathrm{T}}\boldsymbol{X}\quad(\boldsymbol{X}\in\mathbf{R}_n)$$

把 $\mathbf{R}_n$ 变到 $\mathbf{R}_l$,即把原来 n 维降到 l 维. 我们的问题是要求 $n\times l$ 的矩阵 $\boldsymbol{A}$,使得 $\boldsymbol{Y}=\boldsymbol{A}^{\mathrm{T}}\boldsymbol{X}$ 在 $\mathbf{R}_l$ 空间相应的近似最小平均损失 $\overline{R}_0$ 为最小. 为了使问题具体化,我们仍假定两类的分布都是正态分布

$$\left.\begin{aligned}
p(\boldsymbol{X}|i) &= \frac{1}{(2\pi)^{\frac{n}{2}}|\boldsymbol{\Sigma}_i|^{\frac{1}{2}}}\cdot \\
&\quad \exp\left\{-\frac{1}{2}(\boldsymbol{X}-\boldsymbol{M}^{(i)})^{\mathrm{T}}\boldsymbol{\Sigma}_i^{-1}(\boldsymbol{X}-\boldsymbol{M}^{(i)})\right\} \\
&\quad (i=1,2) \\
-d(\boldsymbol{X}) &= \frac{1}{2}(\boldsymbol{X}-\boldsymbol{M}^{(2)})^{\mathrm{T}}\boldsymbol{\Sigma}_2^{-1}(\boldsymbol{X}-\boldsymbol{M}^{(2)}) - \\
&\quad \frac{1}{2}(\boldsymbol{X}-\boldsymbol{M}^{(1)})^{\mathrm{T}}\boldsymbol{\Sigma}_1^{-1}(\boldsymbol{X}-\boldsymbol{M}^{(1)}) - \\
&\quad \ln\frac{P(2)|\boldsymbol{\Sigma}_1|^{\frac{1}{2}}}{P(1)|\boldsymbol{\Sigma}_2|^{\frac{1}{2}}}
\end{aligned}\right\} \tag{4.4.1}$$

现要计算在变换 $\boldsymbol{Y}=\boldsymbol{A}^{\mathrm{T}}\boldsymbol{X}$ 下，识别函数如何表达：注意到

$$\boldsymbol{X}-\boldsymbol{M}^{(i)}=\boldsymbol{X}-E_i(\boldsymbol{X}) \quad (i=1,2)$$

经上述变换后成为

$$\boldsymbol{A}^{\mathrm{T}}(\boldsymbol{X}-\boldsymbol{M}^{(i)})=\boldsymbol{A}^{\mathrm{T}}\boldsymbol{X}-E_i(\boldsymbol{A}^{\mathrm{T}}\boldsymbol{X})=\boldsymbol{Y}-E_i(\boldsymbol{Y}) \quad (i=1,2)$$

从而

$$\boldsymbol{\Sigma}_i=E_i\{(\boldsymbol{X}-\boldsymbol{M}^{(i)})(\boldsymbol{X}-\boldsymbol{M}^{(i)})^{\mathrm{T}}\}\ (i=1,2)$$

经变换后，成为

$$\begin{aligned}
&E_i\{\boldsymbol{A}^{\mathrm{T}}(\boldsymbol{X}-\boldsymbol{M}^{(i)})[\boldsymbol{A}^{\mathrm{T}}(\boldsymbol{X}-\boldsymbol{M}^{(i)})]^{\mathrm{T}}\} \\
&=E_i\{(\boldsymbol{Y}-E_i(\boldsymbol{Y}))(\boldsymbol{Y}-E_i(\boldsymbol{Y}))^{\mathrm{T}}\}
\end{aligned}$$

亦即

$$\boldsymbol{A}^{\mathrm{T}}\boldsymbol{\Sigma}_i\boldsymbol{A}=\boldsymbol{\Sigma}_{iY}$$

这里 $\boldsymbol{\Sigma}_{iY}$是 $l\times l$ 矩阵，正好是关于 $\boldsymbol{Y}$ 的协方差矩阵. 从而经过 $\boldsymbol{Y}=\boldsymbol{A}^{\mathrm{T}}\boldsymbol{X}$ 变换后，表达式(4.4.1)成为

$$\frac{1}{2}(\boldsymbol{Y}-\boldsymbol{N}^{(2)})^{\mathrm{T}}\boldsymbol{\Sigma}_{2Y}^{-1}(\boldsymbol{Y}-\boldsymbol{N}^{(2)}) -$$

$$\frac{1}{2}(\boldsymbol{Y}-\boldsymbol{N}^{(1)})^{\mathrm{T}}\boldsymbol{\Sigma}_{1Y}^{-1}(\boldsymbol{Y}-\boldsymbol{N}^{(1)})-\ln\frac{P_2|\boldsymbol{\Sigma}_{1Y}|^{\frac{1}{2}}}{P_1|\boldsymbol{\Sigma}_{2Y}|^{\frac{1}{2}}}\quad(4.4.2)$$

这里 $\boldsymbol{N}^{(2)}=E_2(\boldsymbol{Y}),\boldsymbol{N}^{(1)}=E_1(\boldsymbol{Y})$ 都是 l 维向量. 暂把上式记为 $f(\boldsymbol{Y})$. 则若令

$$p(\boldsymbol{Y}|i)=\frac{1}{(2\pi)^{\frac{1}{2}}|\boldsymbol{\Sigma}_{iY}|^{\frac{1}{2}}}\cdot \exp\left\{-\frac{1}{2}(\boldsymbol{Y}-\boldsymbol{N}^{(i)})^{\mathrm{T}}\boldsymbol{\Sigma}_{iY}^{-1}(\boldsymbol{Y}-\boldsymbol{N}^{(i)})\right\}\quad(i=1,2)\qquad(4.4.3)$$

易知有

$$f(\boldsymbol{Y})=\ln\frac{P_1p(\boldsymbol{Y}|1)}{P_2p(\boldsymbol{Y}|2)}$$

这表示在 $\mathbf{R}_l$ 空间的两类问题分别以(4.4.3)为其概率分布,即都是正态分布,而相应的识别函数即为 $f(\boldsymbol{Y})$,以后仍用 $-d(y)$ 表示. 这样我们的问题可以归结为以下的极值问题:

设在 $\mathbf{R}_n$ 空间有 N 个样本 $\boldsymbol{X}^1,\cdots,\boldsymbol{X}^N$ 都是 n 维向量,经变换 $\boldsymbol{Y}^i=\boldsymbol{A}^{\mathrm{T}}\boldsymbol{X}^i(i=1,2,\cdots,N)$ 得到 $\mathbf{R}_l$ 空间的 N 个样本 $\boldsymbol{Y}^1,\cdots,\boldsymbol{Y}^N$ 都是 l 维向量. 变换矩阵 $\boldsymbol{A}$ 是 $n\times l$ 矩阵,满足 $\boldsymbol{A}^{\mathrm{T}}\boldsymbol{A}=\boldsymbol{I}_l$. 现在要求这样的变换矩阵,使

$$\bar{J}_{1Y}=\frac{1}{N}\sum_{i=1}^{N}\tanh\frac{1}{2}|d(\boldsymbol{Y}^i)|$$

为最大,这里 $d(\boldsymbol{Y}^i)$ 是(4.4.2)中 $\boldsymbol{Y}$ 用 $\boldsymbol{Y}^i$ 代入的结果.

现在就 $l=1$ 的情形来看,这时 $\boldsymbol{A}$ 是单位向量,设 $\boldsymbol{A}=(a_1,\cdots,a_n)^{\mathrm{T}},\boldsymbol{A}^{\mathrm{T}}\boldsymbol{A}=1$,则 $\boldsymbol{Y}^i=\boldsymbol{A}^{\mathrm{T}}\boldsymbol{X}^i$ 是 $a_1,\cdots,a_n$ 的线性组合,这时 $\bar{J}_{1Y}$ 可以看作 $a_1,a_2,\cdots,a_n$ 的函数在条件 $a_1^2+\cdots+a_n^2=1$ 的约束下求最大值. 这可用最速上升法来求:首先选取初值点,沿函数的梯度方向,朝着

增加的一端进行迭代，求出最大值点. 具体的算法这里不进行讨论，只是指出所求单位向量 $\boldsymbol{A}$ 的方向总是和 $\bar{J}_{1\boldsymbol{Y}}$ 的梯度方向垂直. 事实上

$$\nabla_{\boldsymbol{A}} \bar{J}_{1\boldsymbol{Y}} = \begin{pmatrix} \dfrac{\partial}{\partial a_1} \\ \vdots \\ \dfrac{\partial}{\partial a_n} \end{pmatrix} \bar{J}_{1\boldsymbol{Y}} = \frac{1}{N} \sum_{i=1}^{N} \frac{\operatorname{sgn}(d(\boldsymbol{Y}_i))}{\cosh^2 \frac{1}{2} d(\boldsymbol{Y}^i)} \nabla_{\boldsymbol{A}} d(\boldsymbol{Y}^i)$$

记
$$S_i = \frac{\operatorname{sgn}(d(\boldsymbol{Y}^i))}{2\cosh^2 \frac{1}{2} d(\boldsymbol{Y}^i)} = \frac{\operatorname{sgn}(d(\boldsymbol{Y}^i))}{1 + \cosh d(\boldsymbol{Y}^i)}$$

当 $d(\boldsymbol{Y}^i)$ 接近于 0 时，S_i 的分母接近于它的最小值 2，即 $|S_i|$ 接近于最大值 $\frac{1}{2}$. 现在计算 $\nabla_{\boldsymbol{A}} d(\boldsymbol{Y}^i)$：这时

$$-d(\boldsymbol{Y}^i) = \frac{1}{2} \cdot \frac{(\boldsymbol{Y}^i - E_2(\boldsymbol{Y}))^2}{\sigma_2^2(\boldsymbol{A})} - \frac{1}{2} \cdot \frac{(\boldsymbol{Y}^i - E_1(\boldsymbol{Y}))^2}{\sigma_1^2(\boldsymbol{A})} - \ln \frac{P_2 \sigma_1(\boldsymbol{A})}{P_1 \sigma_2(\boldsymbol{A})}$$

其中
$$\sigma_j^2(\boldsymbol{A}) = \boldsymbol{A}^{\mathrm{T}} \boldsymbol{\Sigma}_j \boldsymbol{A},\ \boldsymbol{Y}^i - E_j(\boldsymbol{Y}) = \boldsymbol{A}^{\mathrm{T}}(\boldsymbol{X}^i - E_j(\boldsymbol{X}))$$

记 $E_j(\boldsymbol{X}) = \boldsymbol{M}^{(j)}\ (j = 1, 2)$，于是有

$$\begin{aligned}
-\nabla_{\boldsymbol{A}} d(\boldsymbol{Y}^i) = & \frac{\boldsymbol{A}^{\mathrm{T}}(\boldsymbol{X}^i - \boldsymbol{M}^{(2)})}{\sigma_2^2(\boldsymbol{A})} \nabla_{\boldsymbol{A}} \boldsymbol{A}^{\mathrm{T}}(\boldsymbol{X}^i - \boldsymbol{M}^{(2)}) - \\
& \frac{\boldsymbol{A}^{\mathrm{T}}(\boldsymbol{X}^i - \boldsymbol{M}^{(1)})}{\sigma_1^2(\boldsymbol{A})} \nabla_{\boldsymbol{A}} \boldsymbol{A}^{\mathrm{T}}(\boldsymbol{X}^i - \boldsymbol{M}^{(1)}) - \\
& \frac{(\boldsymbol{A}^{\mathrm{T}}(\boldsymbol{X}^i - \boldsymbol{M}^{(2)}))^2}{\sigma_2^3(\boldsymbol{A})} \nabla_{\boldsymbol{A}} \sigma_2(\boldsymbol{A}) + \\
& \frac{(\boldsymbol{A}^{\mathrm{T}}(\boldsymbol{X}^i - \boldsymbol{M}^{(1)}))^2}{\sigma_1^3(\boldsymbol{A})} \nabla_{\boldsymbol{A}} \sigma_1(\boldsymbol{A}) -
\end{aligned}$$

$$\frac{1}{\sigma_1(\boldsymbol{A})}\nabla_A\sigma_1(\boldsymbol{A})+\frac{1}{\sigma_2(\boldsymbol{A})}\nabla_A\sigma_2(\boldsymbol{A})$$

注意到(参看第一章 §1.2)

$$\nabla_A\boldsymbol{A}^{\mathrm{T}}(\boldsymbol{X}^i-\boldsymbol{M}^{(j)})=\boldsymbol{X}^i-\boldsymbol{M}^{(j)}\quad(j=1,2)$$

$$\nabla_A\sigma_j(\boldsymbol{A})=\frac{1}{2\sigma_j(\boldsymbol{A})}\nabla_A(\boldsymbol{A}^{\mathrm{T}}\boldsymbol{\Sigma}_j\boldsymbol{A})=\frac{1}{\sigma_j(\boldsymbol{A})}\boldsymbol{\Sigma}_j\boldsymbol{A}$$

从而有

$$\begin{aligned}-\nabla_A d(\boldsymbol{Y}^i)=&\frac{\boldsymbol{A}^{\mathrm{T}}(\boldsymbol{X}^i-\boldsymbol{M}^{(2)})}{\sigma_2^2(\boldsymbol{A})}(\boldsymbol{X}^i-\boldsymbol{M}^{(2)})-\\&\frac{\boldsymbol{A}^{\mathrm{T}}(\boldsymbol{X}^i-\boldsymbol{M}^{(1)})}{\sigma_1^2(\boldsymbol{A})}(\boldsymbol{X}^i-\boldsymbol{M}^{(1)})-\\&\frac{(\boldsymbol{A}^{\mathrm{T}}(\boldsymbol{X}^i-\boldsymbol{M}^{(2)}))^2}{\sigma_2^4(\boldsymbol{A})}\boldsymbol{\Sigma}_2\boldsymbol{A}+\\&\frac{(\boldsymbol{A}^{\mathrm{T}}(\boldsymbol{X}^i-\boldsymbol{M}^{(1)}))^2}{\sigma_1^4(\boldsymbol{A})}\boldsymbol{\Sigma}_1\boldsymbol{A}-\\&\frac{1}{\sigma_1^2(\boldsymbol{A})}\boldsymbol{\Sigma}_1\boldsymbol{A}+\frac{1}{\sigma_2^2(\boldsymbol{A})}\Sigma_2\boldsymbol{A}\end{aligned}$$

从而有

$$\begin{aligned}-\boldsymbol{A}^{\mathrm{T}}\nabla_A d(\boldsymbol{Y}^i)=&\frac{\boldsymbol{A}^{\mathrm{T}}(\boldsymbol{X}^i-\boldsymbol{M}^{(2)})}{\sigma_2^2(\boldsymbol{A})}\boldsymbol{A}^{\mathrm{T}}(\boldsymbol{X}_i-\boldsymbol{M}^{(2)})-\\&\frac{\boldsymbol{A}^{\mathrm{T}}(\boldsymbol{X}^i-\boldsymbol{M}^{(1)})}{\sigma_1^2(\boldsymbol{A})}\boldsymbol{A}^{\mathrm{T}}(\boldsymbol{X}^i-\boldsymbol{M}^{(1)})-\\&\frac{(\boldsymbol{A}^{\mathrm{T}}(\boldsymbol{X}^i-\boldsymbol{M}^{(2)}))^2}{\sigma_2^4(\boldsymbol{A})}\boldsymbol{A}^{\mathrm{T}}\boldsymbol{\Sigma}_2\boldsymbol{A}+\\&\frac{(\boldsymbol{A}^{\mathrm{T}}(\boldsymbol{X}^i-\boldsymbol{M}^{(1)}))^2}{\sigma_1^4(\boldsymbol{A})}\boldsymbol{A}^{\mathrm{T}}\boldsymbol{\Sigma}_1\boldsymbol{A}-\\&\left[\frac{1}{\sigma_1^2(\boldsymbol{A})}\boldsymbol{A}^{\mathrm{T}}\boldsymbol{\Sigma}_1\boldsymbol{A}-\frac{1}{\sigma_2^2(\boldsymbol{A})}\boldsymbol{A}^{\mathrm{T}}\boldsymbol{\Sigma}_2\boldsymbol{A}\right]\\=&0\end{aligned}$$

即得 $\boldsymbol{A}^{\mathrm{T}}\nabla_{A}\overline{\boldsymbol{J}}_{1Y}=0$,表示所求单位向量的方向与$\overline{\boldsymbol{J}}_{1Y}$的梯度方向垂直.

综合本节结果,从理论上讲:用最小平均损失衡量特征选择的标准是比较理想的. 但缺点是一般没有明显的数学表达式可供考虑. 用$\overline{R}_0$ 代替最小平均损失 R_0,在一定意义上使衡量标准进一步具体化,从而便于进行计算. 这是 K. S. Fu 引进的,通称 F 方法. 由于衡量标准涉及每一类的概率分布,所以即使像本节所考虑的比较简单的情形,也仍然在运算上比较繁,这是用平均最小损失作为衡量标准所难以避免的.

§4.5　发散度 Chernoff 界限与 Bhattacharyya 界限

我们仍旧只考虑两类问题. 先引进发散度的概念,设 P_1,P_2 分别是 Ⅰ 与 Ⅱ 两类的先验概率. $p(\boldsymbol{X}|1)$, $p(\boldsymbol{X}|2)$分别是两类的条件概率密度函数. 用

$$E_1(\cdot)=\int_{\mathbf{R}_n}\cdot\, p(\boldsymbol{X}|1)\,\mathrm{d}\boldsymbol{X}$$

$$E_2(\cdot)=\int_{\mathbf{R}_n}\cdot\, p(\boldsymbol{X}|2)\,\mathrm{d}\boldsymbol{X}$$

分别表示两类各自的概率平均. 我们考虑比 $p(\boldsymbol{X}|1)/p(\boldsymbol{X}|2)$的对数关于两类各自的概率平均

$$E_1\left(\ln\frac{p(\boldsymbol{X}|1)}{p(\boldsymbol{X}|2)}\right)\text{与 }E_2\left(\ln\frac{p(\boldsymbol{X}|1)}{p(\boldsymbol{X}|2)}\right)$$

上述平均的差叫作Ⅰ、Ⅱ两类的发散度①，记作

$$\mathrm{div}(\text{Ⅰ},\text{Ⅱ}) = E_1\left(\ln\frac{p(\boldsymbol{X}|1)}{p(\boldsymbol{X}|2)}\right) - E_2\left(\ln\frac{p(\boldsymbol{X}|1)}{p(\boldsymbol{X}|2)}\right)$$

容易验证发散度具有下述性质：

ⅰ. $\mathrm{div}(\text{Ⅰ},\text{Ⅱ}) \geqslant 0$；

ⅱ. $\mathrm{div}(\text{Ⅰ},\text{Ⅱ}) = \mathrm{div}(\text{Ⅱ},\text{Ⅰ})$；

ⅲ. $\mathrm{div}(\text{Ⅰ},\text{Ⅱ}) = 0 \Leftrightarrow p(\boldsymbol{X}|1) \doteq p(\boldsymbol{X}|2)$

又若随机变量 $\boldsymbol{X}_1, \boldsymbol{X}_2, \cdots, \boldsymbol{X}_{k+1}$ 的概率分布互相独立时，一般按联合分布的发散度应记作

$$\mathrm{div}(\text{Ⅰ},\text{Ⅱ};\boldsymbol{X}_1,\cdots,\boldsymbol{X}_k) = E_1\left(\ln\frac{p(\boldsymbol{X}_1,\cdots,\boldsymbol{X}_k|1)}{p(\boldsymbol{X}_1,\cdots,\boldsymbol{X}_k|2)}\right) - E_2\left(\ln\frac{p(\boldsymbol{X}_1,\cdots,\boldsymbol{X}_k|1)}{p(\boldsymbol{X}_1,\cdots,\boldsymbol{X}_k|2)}\right)$$

其中，$p(\boldsymbol{X}_1,\cdots,\boldsymbol{X}_k|i)$ 表示第 i 类条件概率联合分布密度函数，则发散度除上述三个性质外，还有

ⅳ. $\mathrm{div}(\text{Ⅰ},\text{Ⅱ};\boldsymbol{X}_1,\cdots,\boldsymbol{X}_k) = \sum_{j=1}^{k} \mathrm{div}(\text{Ⅰ},\text{Ⅱ};\boldsymbol{X}_j)$；

ⅴ. $\mathrm{div}(\text{Ⅰ},\text{Ⅱ};\boldsymbol{X}_1,\cdots,\boldsymbol{X}_k) \leqslant \mathrm{div}(\text{Ⅰ},\text{Ⅱ};\boldsymbol{X}_1,\cdots,\boldsymbol{X}_k,\boldsymbol{X}_{k+1})$.

事实上，根据发散度的定义，有

$$\begin{aligned}\mathrm{div}(\text{Ⅰ},\text{Ⅱ}) &= \int_{\mathbf{R}_n} \ln\frac{p(\boldsymbol{X}|1)}{p(\boldsymbol{X}|2)}p(\boldsymbol{X}|1)\,\mathrm{d}x - \\ &\quad \int_{\mathbf{R}_n} \ln\frac{p(\boldsymbol{X}|1)}{p(\boldsymbol{X}|2)}p(\boldsymbol{X}|2)\,\mathrm{d}x \\ &= \int_{\mathbf{R}_n} \{p(\boldsymbol{X}|1) - p(\boldsymbol{X}|2)\} \cdot \ln\frac{p(\boldsymbol{X}|1)}{p(\boldsymbol{X}|2)}\mathrm{d}x\end{aligned}$$

① 这里引入的发散度的概念比§2.3中的更为一般.

注意到 $p(\boldsymbol{X}|1)-p(\boldsymbol{X}|2)$ 与 $\ln\dfrac{p(\boldsymbol{X}|1)}{p(\boldsymbol{X}|2)}$ 同号，从而上述积分中被积函数是非负的，性质 i 与 ii 是显然的. 当概率密度函数 $p(\boldsymbol{X}|i)$ 连续时，则性质 iii 的等价关系 $p(\boldsymbol{X}|1)\doteq p(\boldsymbol{X}|2)$ 是恒等式，一般是几乎处处相等的. 性质 iv 从概率分布的独立性可得：v 从 iv 与 i 可得.

现在我们考虑正态分布的情形

$$p(\boldsymbol{X}|i)=\frac{1}{(2\pi)^{\frac{n}{2}}|\boldsymbol{\Sigma}_i|^{\frac{1}{2}}}\cdot \exp\left\{-\frac{1}{2}(\boldsymbol{X}-\boldsymbol{M}^{(i)})^{\mathrm{T}}\boldsymbol{\Sigma}_i^{-1}(\boldsymbol{X}-\boldsymbol{M}^{(i)})\right\}\quad (i=1,2)$$

注意到

$$\begin{aligned}E_j(\boldsymbol{X}^{\mathrm{T}}\boldsymbol{\Sigma}_i^{-1}\boldsymbol{M}^{(k)})&=\int_{\mathbf{R}_n}(\boldsymbol{X}^{\mathrm{T}}\boldsymbol{\Sigma}_i^{-1}\boldsymbol{M}^{(k)})\cdot p(\boldsymbol{X}|j)\,\mathrm{d}\boldsymbol{X}\\&=\boldsymbol{M}^{(j)\mathrm{T}}\boldsymbol{\Sigma}_i^{-1}\boldsymbol{M}^{(k)}\quad (i,j,k=1,2)\end{aligned}$$

$$\begin{aligned}E_j(\boldsymbol{X}^{\mathrm{T}}\boldsymbol{\Sigma}_i^{-1}\boldsymbol{X})&=\int_{\mathbf{R}_n}(\boldsymbol{X}^{\mathrm{T}}\boldsymbol{\Sigma}_i^{-1}\boldsymbol{X})\cdot p(\boldsymbol{X}|j)\,\mathrm{d}\boldsymbol{X}\\&=\mathrm{tr}(\boldsymbol{\Sigma}_i^{-1}\boldsymbol{\Sigma}_j)\quad (i,j=1,2)\end{aligned}$$

于是有

$$\begin{aligned}\mathrm{div}(\mathrm{I},\mathrm{II})&=\int_{\mathbf{R}_n}[p(\boldsymbol{X}|1)-p(\boldsymbol{X}|2)]\times\\&\quad\left\{-\frac{1}{2}\ln\frac{|\boldsymbol{\Sigma}_1|}{|\boldsymbol{\Sigma}_2|}-\frac{1}{2}[(\boldsymbol{X}-\boldsymbol{M}^{(1)})^{\mathrm{T}}\boldsymbol{\Sigma}_1^{-1}(\boldsymbol{X}-\boldsymbol{M}^{(1)})-\right.\\&\quad\left.(\boldsymbol{X}-\boldsymbol{M}^{(2)})^{\mathrm{T}}\boldsymbol{\Sigma}_2^{-1}(\boldsymbol{X}-\boldsymbol{M}^{(2)})]\right\}\mathrm{d}\boldsymbol{X}\\&=\frac{1}{2}(\boldsymbol{M}^{(1)}-\boldsymbol{M}^{(2)})^{\mathrm{T}}(\boldsymbol{\Sigma}_1^{-1}+\boldsymbol{\Sigma}_2^{-1})(\boldsymbol{M}^{(1)}-\boldsymbol{M}^{(2)})+\\&\quad\frac{1}{2}\mathrm{tr}\{\boldsymbol{\Sigma}_1^{-1}\boldsymbol{\Sigma}_2+\boldsymbol{\Sigma}_2^{-1}\boldsymbol{\Sigma}_1-2\boldsymbol{I}\}\end{aligned}$$

特别当 $\boldsymbol{\Sigma}_1=\boldsymbol{\Sigma}_2=\boldsymbol{\Sigma}$ 时，就有

$$J=\operatorname{div}(\text{Ⅰ},\text{Ⅱ})=(\boldsymbol{M}^{(1)}-\boldsymbol{M}^{(2)})^{\mathrm{T}}\boldsymbol{\Sigma}^{-1}(\boldsymbol{M}^{(1)}-\boldsymbol{M}^{(2)}) \tag{4.5.1}$$

（参见公式(2.3.9)）. 一般发散度具有的性质ⅰ、ⅱ、ⅲ和距离函数的性质相同，但距离函数满足三角不等式，而发散度则未必成立. 在特殊情形，当两类都是正态分布且具有相同的协方差矩阵 $\boldsymbol{\Sigma}$ 时，由(4.5.1)可知 $\sqrt{\operatorname{div}(\text{Ⅰ},\text{Ⅱ})}$ 是一个距离函数. 若又满足

$$\boldsymbol{\Sigma}=\sigma^2\boldsymbol{I}(\boldsymbol{I}\text{ 是单位矩阵})$$

这时

$$\sqrt{\operatorname{div}(\text{Ⅰ},\text{Ⅱ})}=\frac{\|\boldsymbol{M}^{(1)}-\boldsymbol{M}^{(2)}\|}{\sigma}$$

关于发散度与平均损失 R_0 之间的关系，在§2.3中已有论述. 在那里考虑两类问题，且损失为

$$C_{ij}=\begin{cases}1 & (i=j)\\ 0 & (i\neq j)\end{cases}\quad(i,j=1,2)$$

$p(\boldsymbol{X}|i)\ (1\leqslant i\leqslant 2)$ 都是 Gauss 正态分布，则由(2.3.14)及(2.3.15)可以得到

$$R_0=P_1G\left(\frac{\ln\frac{P_2}{P_1}-\frac{1}{2}J}{J^{\frac{1}{2}}}\right)+P_2G\left(\frac{-\ln\frac{P_2}{P_1}-\frac{1}{2}J}{J^{\frac{1}{2}}}\right) \tag{4.5.2}$$

其中，J 由(2.3.9)或(4.5.1)确定；G 由(2.3.15)确定.

像在§4.4中一样，公式(4.5.1)可以作为特性选择的依据. 这里也可以用逐次排列法及变换法选择特征.

现在我们再回来讨论一般分布的情形：设 $0<\lambda<$

l，我们称

$$C(\mathrm{I},\mathrm{II};\lambda)=C(\mathrm{I},\mathrm{II};\lambda;x_1,\cdots,x_n)$$
$$=-\ln\int_{\mathbf{R}_n}p(\boldsymbol{X}|1)^{\lambda}p(\boldsymbol{X}|2)^{1-\lambda}\mathrm{d}\boldsymbol{X}$$

为 Chernoff 量；当 $\lambda=\frac{1}{2}$ 时，$C\left(\mathrm{I},\mathrm{II};\frac{1}{2}\right)$ 称为 Bhattacharyya 量. 可以证明 Chernoff 量具有距离函数的下述两个性质：

ⅰ. 对一切 $0<\lambda<1$，$C(\mathrm{I},\mathrm{II};\lambda)\geqslant 0$；

ⅱ. 对一切 $0<\lambda<1$，$C(\mathrm{I},\mathrm{II};\lambda)=0\Leftrightarrow p(\boldsymbol{X}|1)=p(\boldsymbol{X}|2)$.

但一般没有对称性，$\lambda=\frac{1}{2}$ 时，即 Bhattacharyya 具有对称性，但一般不具有三角不等式，因而只具有距离函数的某些性质，一般并不是距离函数. 要证ⅰ：考虑函数

$$f(\lambda)=\lambda a+(1-\lambda)b-a^{\lambda}b^{1-\lambda}\ (a,b\ 为正数)$$

显然，当 $0\leqslant\lambda\leqslant 1$ 时，$f(\lambda)$ 是一个凸函数，因为

$$f''(\lambda)=-a^{\lambda}b^{1-\lambda}(\ln a-\ln b)^2<0\quad(a\neq b)$$

而 $f(0)=f(1)=0$，从而有 $f(\lambda)\geqslant 0$. 根据这个不等式就有

$$\begin{aligned}C(\mathrm{I},\mathrm{II};\lambda)&=-\ln\int_{\mathbf{R}_n}p(\boldsymbol{X}|1)^{\lambda}p(\boldsymbol{X}|2)^{1-\lambda}\mathrm{d}x\\&\geqslant-\ln\int_{\mathbf{R}_n}\{\lambda p(\boldsymbol{X}|1)+(1-\lambda)p(\boldsymbol{X}|2)\}\mathrm{d}x\\&=-\ln\{\lambda+1-\lambda\}\\&=0\end{aligned}\tag{4.5.3}$$

证明ⅱ：由(4.5.3)可知：$C(\mathrm{I},\mathrm{II};\lambda)=0\ (0<\lambda<1)$ 当且仅当 $p(\boldsymbol{X}|1)^{\lambda}p(\boldsymbol{X}|2)^{1-\lambda}=\lambda p(\boldsymbol{X}|1)+$

$(1-\lambda)p(\boldsymbol{X}|2)$ $(0<\lambda<1)$. 这里,我们就密度函数 $p(\boldsymbol{X}|i)$ 都是连续的情形来考虑. 但不等式 $f(\lambda)\geqslant 0$ 中等式

$$f(\lambda)=\lambda a+(1-\lambda)b-a^{\lambda}b^{1-\lambda}=0 \quad (0<\lambda<1)$$

成立的充分必要条件是 $a=b$. 从而 $C(\mathrm{I},\mathrm{II};\lambda)=0$ $(0<\lambda<1)$ 当且仅当 $p(\boldsymbol{X}|1)=p(\boldsymbol{X}|2)$.

$C(\mathrm{I},\mathrm{II};\lambda)$ 在一定意义下的对称性可表达为

ⅲ. $C(\mathrm{I},\mathrm{II};\lambda)=C(\mathrm{II},\mathrm{I};1-\lambda)$.

特别当 $\lambda=\dfrac{1}{2}$ 时,即得 Bhattacharyya 量的对称性. 性质ⅲ. 的成立是显然的.

和发散度一样,若特征 $\boldsymbol{X}_1,\cdots,\boldsymbol{X}_k$ 作为随机变量其概率分布彼此独立时,则有

ⅳ. $C(\mathrm{I},\mathrm{II};\lambda;X_1,\cdots,X_k)=\sum\limits_{j=1}^{k}C(\mathrm{I},\mathrm{II};\lambda,X_j)$ $(0<\lambda<1)$.

ⅴ. $C(\mathrm{I},\mathrm{II};\lambda;X_1,\cdots,X_{k-1})\leqslant C(\mathrm{I},\mathrm{II};\lambda;X_1,\cdots,X_k)$.

除上述性质外,我们还要指出上述两类问题的平均损失 R_0 与 $C(\mathrm{I},\mathrm{II};\lambda)$ 的关系,即要证:

ⅳ. $R_0\leqslant P_1^{\lambda}P_2^{1-\lambda}\exp\{-C(\mathrm{I},\mathrm{II};\lambda)\}$ $(0<\lambda<1)$.
$$(4.5.4)$$

事实上,利用已知不等式

$$\min(a,b)\leqslant a^{\lambda}b^{1-\lambda}$$

其中 $0\leqslant\lambda\leqslant 1$, $a\geqslant 0$, $b\geqslant 0$, 容易得到

$$R_0=\int_{\mathbf{R}_n}\min\{P_1p(\boldsymbol{X}|1),P_2p(\boldsymbol{X}|2)\}\mathrm{d}\boldsymbol{X}$$
$$\leqslant P_1^{\lambda}P_2^{1-\lambda}\int_{\mathbf{R}_n}\{p(\boldsymbol{X}|1)\}^{\lambda}\{p(\boldsymbol{X}|2)\}^{1-\lambda}\mathrm{d}\boldsymbol{X}$$

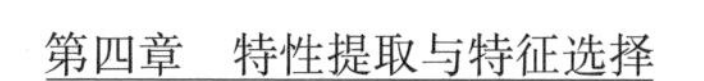

$$= P_1^{\lambda} P_2^{1-\lambda} \exp\{-C(\mathrm{I}, \mathrm{II}; \lambda)\}$$

由此可见 Chernoff 量是与最小平均损失 R_0 的上界有关的量,我们可求 λ,使这个界限为最小,这个最小界限通称 Chernoff 界限. 这时 λ 应满足

$$\frac{\mathrm{d}}{\mathrm{d}\lambda}[P_1^{\lambda} P_2^{1-\lambda} \exp\{-C(\mathrm{I}, \mathrm{II}; \lambda)\}] = 0$$

即

$$-\frac{\mathrm{d}C(\mathrm{I}, \mathrm{II}; \lambda)}{\mathrm{d}\lambda} = \ln \frac{P_2}{P_1} = \theta \qquad (4.5.5)$$

满足上式的 λ_0 虽可使(4.5.4)的右端取最小值,但 λ_0 一般并不容易求. 取 $\lambda = \frac{1}{2}$时,量 $P_1^{\frac{1}{2}} P_2^{\frac{1}{2}} \cdot \exp\left\{-C\left(\mathrm{I}, \mathrm{II}, \frac{1}{2}\right)\right\}$ 虽非最小上界(即 Chernoff 界限),但比较便于计算,我们称之为 Bhattacharyya 界限. 以后用 $C\left(\frac{1}{2}\right)$表示 Bhattacharyya 量 $C\left(\mathrm{I}, \mathrm{II}; \frac{1}{2}\right)$. 我们要指出用 $C\left(\frac{1}{2}\right)$可以给出 R_0 的下界,在 §4.4 中曾经指出

$$\begin{aligned} R_0 &= \frac{1}{2}(1 - E_x\{|p_1(\boldsymbol{X}) - p_2(\boldsymbol{X})|\}) \\ &= \frac{1}{2}\left(1 - \int_{\mathbf{R}_n} |P_1 p(\boldsymbol{X}|1) - P_2 p(\boldsymbol{X}|2)| \,\mathrm{d}\boldsymbol{X}\right) \end{aligned}$$

式中积分 $\int_{\mathbf{R}_n} |P_1 p(\boldsymbol{X}|1) - P_2 p(\boldsymbol{X}|2)| \,\mathrm{d}\boldsymbol{X}$ 通称 Яолмогоров 变分距离. 注意到

$$\begin{aligned} &\int_{\mathbf{R}_n} |P_1 p(\boldsymbol{X}|1) - P_2 p(\boldsymbol{X}|2)| \,\mathrm{d}X \\ &= \int_{\mathbf{R}_n} |[P_1 p(\boldsymbol{X}|1)]^{\frac{1}{2}} - [P_2 p(\boldsymbol{X}|2)]^{\frac{1}{2}}| \times \\ &\quad |[P_1 p(\boldsymbol{X}|1)]^{\frac{1}{2}} + [P_2 p(\boldsymbol{X}|2)]^{\frac{1}{2}}| \,\mathrm{d}\boldsymbol{X} \end{aligned}$$

$$\leqslant\left\{\int_{\mathbf{R}_n}|[P_1p(\boldsymbol{X}|1)]^{\frac{1}{2}}-[P_2p(\boldsymbol{X}|2)]^{\frac{1}{2}}|^2\mathrm{d}\boldsymbol{X}\right\}^{\frac{1}{2}}\times$$
$$\left\{\int_{\mathbf{R}_n}|[P_1p(\boldsymbol{X}|1)]^{\frac{1}{2}}+[P_2p(\boldsymbol{X}|2)]^{\frac{1}{2}}|^2\mathrm{d}\boldsymbol{X}\right\}^{\frac{1}{2}}$$
$$=\left\{1-2(P_1P_2)^{\frac{1}{2}}\exp\left(-C\left(\frac{1}{2}\right)\right)\right\}^{\frac{1}{2}}\times$$
$$\left\{1+2(P_1P_2)^{\frac{1}{2}}\exp\left(-C\left(\frac{1}{2}\right)\right)\right\}^{\frac{1}{2}}$$
$$=\left\{1-4P_1P_2\exp\left(-2C\left(\frac{1}{2}\right)\right)\right\}^{\frac{1}{2}} \tag{4.5.6}$$

把上述不等式代入 R_0 的表达式，即得

$$R_0\geqslant\frac{1}{2}\left(1-\left[1-4P_1P_2\exp\left(-2C\left(\frac{1}{2}\right)\right)\right]^{\frac{1}{2}}\right)$$

如果用 B_h 表示 Bhattacharyya 界限

$$(P_1P_2)^{\frac{1}{2}}\exp\left\{-C\left(\frac{1}{2}\right)\right\}$$

则上述不等式可写成

$$R_0\geqslant\frac{1}{2}\{1-(1-4B_h^2)^{\frac{1}{2}}\}$$

又若用 C_h 表示 $P_1^{\lambda}P_2^{1-\lambda}\exp\{-C(\mathrm{I},\mathrm{II};\lambda)\}$ 在 $0\leqslant\lambda\leqslant 1$ 上的最小值，即 Chernoff 界限，则综合以上结果可得

$$\frac{1}{2}\{1-(1-4B_h^2)^{\frac{1}{2}}\}\leqslant R_0\leqslant C_h\leqslant B_h \tag{4.5.7}$$

上式表示最小平均损失 R_0 的上下界与 Chernoff 界限及 Bhattacharyya 界限之间的关系. 从(4.5.6)可知 Колмогоров 变分距离与 Bhattacharyya 界限之间的关系

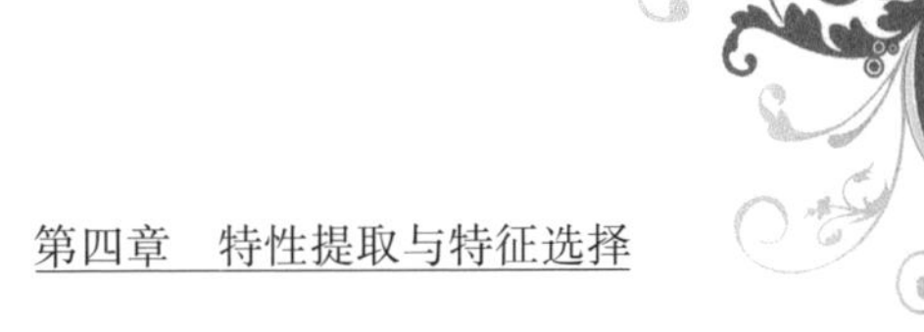

$$\int_{\mathbf{R}_n} |P_1 p(\boldsymbol{X}|1) - P_2 p(\boldsymbol{X}|2)| \mathrm{d}\boldsymbol{X} \leqslant (1-4B_h^2)^{\frac{1}{2}} \tag{4.5.8}$$

由此可见 $B_h \leqslant \frac{1}{2}$，当 B_h 很小时，$(1-4B_h^2)^{\frac{1}{2}}$ 可用 $(1-2B_h^2)$ 近似，即 Колмогоров 变分距离的一个近似上界为 $1-2B_h^2$，而最小平均损失 R_0 的一个近似下界为 B_h^2.

以下我们考虑当分布是正态分布的情形，即设 $p(\boldsymbol{X}|i)$ 都是正态分布的密度函数，并设 $\boldsymbol{M}^{(i)}$ 是 $\boldsymbol{X}$ 的数学期望，$\boldsymbol{\Sigma}_i$ 是协方差矩阵 $(i=1,2)$，我们要求这时的 Chernoff 量的具体表达式，从而进一步考虑特征选择问题. 对于一般的概率分布，我们已知 $C(\mathrm{I},\mathrm{II};\lambda)$ 越大，则最小平均损失 R_0 的上界

$$P_1^{\lambda} P_2^{1-\lambda} \exp\{-C(\mathrm{I},\mathrm{II};\lambda)\}$$

就越小，所以从特征选择的角度看，特征向量 $\boldsymbol{X}$ 应使所对应的 Chernoff 量越大越好. 这一点和上述发散度有类似之处，所不同的，发散度与 R_0 的关系是在概率分布为正态分布且有同一协方差矩阵的情况下建立的，这时 R_0 本身就是发散度 J 的函数，而 Chernoff 量与 R_0 的关系则是在一般的概率分布的情况下得到的，但 R_0 与 Chernoff 量不是直接的函数关系，而是某种界限的关系.

现在我们先要计算下述积分

$$\int_{\mathbf{R}_n} p(\boldsymbol{X}|1)^{\lambda} p(\boldsymbol{X}|2)^{1-\lambda} \mathrm{d}\boldsymbol{X}$$

当

$$p(\boldsymbol{X}|i) = \frac{1}{(2\pi)^{\frac{n}{2}} |\boldsymbol{\Sigma}_i|^{\frac{1}{2}}} \cdot$$

$$\exp\left\{-\frac{1}{2}(\boldsymbol{X}-\boldsymbol{M}^{(i)})^{\mathrm{T}}\boldsymbol{\Sigma}_i^{-1}(\boldsymbol{X}-\boldsymbol{M}^{(i)})\right\}$$

$$(i=1,2)$$

利用概率测度对于坐标变换的不变性,作一线性变换 $\boldsymbol{Y}=\boldsymbol{A}^{\mathrm{T}}\mathrm{X}$,使协方差矩阵 $\boldsymbol{\Sigma}_1$、$\boldsymbol{\Sigma}_2$ 同时对角化

$$\boldsymbol{A}^{\mathrm{T}}\boldsymbol{\Sigma}_1\boldsymbol{A}=\boldsymbol{I}\text{(单位矩阵)}$$

$$\boldsymbol{A}^{\mathrm{T}}\boldsymbol{\Sigma}_2\boldsymbol{A}=\boldsymbol{\Lambda}=\begin{pmatrix}\alpha_1 & & \\ & \ddots & \\ & & \alpha_n\end{pmatrix}\text{(对角矩阵)}$$ [6]

变换后相应的 $\boldsymbol{Y}$ 的数学期望设为 $N^{(i)}(\boldsymbol{\eta}_1^{(i)},\boldsymbol{\eta}_2^{(i)},\cdots,\boldsymbol{\eta}_n^{(i)})^{\mathrm{T}}(i=1,2)$,于是根据正态分布密度函数的性质,即得

$$\int_{\mathbf{R}_n}p(\boldsymbol{X}|1)^{\lambda}p(\boldsymbol{X}|2)^{1-\lambda}\mathrm{d}\boldsymbol{X}$$

$$=\int_{\mathbf{R}_n}\frac{1}{(2\pi)^{\frac{n}{2}}|\Lambda|^{\frac{1-\lambda}{2}}}\exp\left\{-\frac{1}{2}[\lambda(\boldsymbol{Y}-\boldsymbol{N}^{(1)})^{\mathrm{T}}(\boldsymbol{Y}-\boldsymbol{N}^{(1)})+\right.$$

$$\left.(1-\lambda)(\boldsymbol{Y}-\boldsymbol{N}^{(2)})^{\mathrm{T}}\boldsymbol{\Lambda}^{-1}(\boldsymbol{Y}-\boldsymbol{N}^{(2)})]\right\}\mathrm{d}\boldsymbol{Y}$$

$$=\prod_{i=1}^{n}\frac{1}{(2\pi)^{\frac{1}{2}}\alpha_i^{\frac{1-\lambda}{2}}}\int_{-\infty}^{\infty}\exp\left\{-\frac{1}{2}\left[\lambda(y_i-\boldsymbol{\eta}_i^{(1)})^2+\right.\right.$$

$$\left.\left.\frac{(1-\lambda)}{\alpha_i}(y_i-\boldsymbol{\eta}_i^{(1)}+\boldsymbol{\eta}_i^{(1)}-\boldsymbol{\eta}_i^{(2)})^2\right]\right\}\mathrm{d}y_i$$

$$=\prod_{i=1}^{n}\frac{1}{(2\pi)^{\frac{1}{2}}\alpha_i^{\frac{1-\lambda}{2}}}\exp\left\{-\frac{1}{2}\left[\frac{\lambda(1-\lambda)(\eta_i^{(2)}-\eta_i^{(1)})^2}{1-\lambda+\lambda\alpha_i}\right]\right\}\times$$

$$\int_{-\infty}^{\infty}\exp\left\{-\frac{1}{2}[\lambda+(1-\lambda)/\alpha_i]\times\right.$$

$$\left.\left[y_i-\boldsymbol{\eta}_i^{(1)}-\frac{(1-\lambda)/\alpha_i}{\lambda+(1-\lambda)/\alpha_i}(\boldsymbol{\eta}_i^{(2)}-\boldsymbol{\eta}_i^{(1)})\right]^2\right\}\mathrm{d}y_i$$

$$= \prod_{i=1}^{n} \frac{1}{\alpha_i^{\frac{1-\lambda}{2}}} \exp\left\{ -\frac{1}{2}\left[\frac{\lambda(1-\lambda)(\eta_i^{(2)} - \eta_i^{(1)})^2}{1-\lambda+\lambda\alpha_i} \right] \right\} \times$$

$$\frac{1}{\sqrt{\lambda + (1-\lambda)/\alpha_i}} \cdot \frac{1}{(2\pi)^{\frac{1}{2}}} \int_{-\infty}^{\infty} e^{-\frac{1}{2}t^2} dt$$

$$= \prod_{i=1}^{n} \frac{\alpha_i^{\frac{\lambda}{2}}}{(1-\lambda+\lambda\alpha_i)^{\frac{1}{2}}} \exp\left\{ -\frac{1}{2}\left[\lambda(1-\lambda)\frac{(\eta_i^{(2)} - \eta_i^{(1)})^2}{1-\lambda+\lambda\alpha_i} \right] \right\}$$

$$= \frac{|\boldsymbol{I}|^{\frac{1-\lambda}{2}} |\boldsymbol{\Lambda}|^{\frac{\lambda}{2}}}{|(1-\lambda)\boldsymbol{I} + \lambda\boldsymbol{\Lambda}|^{\frac{1}{2}}} \exp\left\{ -\frac{1}{2}\lambda(1-\lambda) \times \right.$$
$$\left. (\boldsymbol{N}^{(2)} - \boldsymbol{N}^{(1)})^{\mathrm{T}}((1-\lambda)\boldsymbol{I} + \lambda\boldsymbol{\Lambda})^{-1}(\boldsymbol{N}^{(2)} - \boldsymbol{N}^{(1)}) \right\}$$

$$= \frac{|\boldsymbol{\Sigma}_1|^{\frac{1-\lambda}{2}} |\boldsymbol{\Sigma}_2|^{\frac{\lambda}{2}}}{|(1-\lambda)\boldsymbol{\Sigma}_1 + \lambda\boldsymbol{\Sigma}_2|^{\frac{1}{2}}} \exp\left\{ -\frac{1}{2}\lambda(1-\lambda) \times \right.$$
$$\left. (\boldsymbol{M}^{(2)} - \boldsymbol{M}^{(1)})^{\mathrm{T}}[(1-\lambda)\boldsymbol{\Sigma}_1 + \lambda\boldsymbol{\Sigma}_2]^{-1}(\boldsymbol{M}^{(2)} - \boldsymbol{M}^{(1)}) \right\}$$

从而有

$$\begin{aligned} C(\mathrm{I}, \mathrm{II}; \lambda) &= -\ln \int_{\mathbf{R}_m} p(\boldsymbol{X}|1)^{\lambda} p(\boldsymbol{X}|2)^{1-\lambda} d\boldsymbol{X} \\ &= \frac{1}{2}\lambda(1-\lambda)(\boldsymbol{M}^{(2)} - \boldsymbol{M}^{(1)})^{\mathrm{T}} \times \\ &\quad [(1-\lambda)\boldsymbol{\Sigma}_1 + \lambda\boldsymbol{\Sigma}_2]^{-1}(\boldsymbol{M}^{(2)} - \boldsymbol{M}^{(1)}) + \\ &\quad \frac{1}{2}\ln \frac{|(1-\lambda)\boldsymbol{\Sigma}_1 + \lambda\boldsymbol{\Sigma}_2|}{|\boldsymbol{\Sigma}_1|^{1-\lambda}|\boldsymbol{\Sigma}_2|^{\lambda}} \end{aligned} \tag{4.5.9}$$

取 $\lambda = \frac{1}{2}$，即得 Bhattacharyya 量

$$C\left(\frac{1}{2}\right) = \frac{1}{8}(\boldsymbol{M}^{(2)} - \boldsymbol{M}^{(1)})^{\mathrm{T}}\left(\frac{\boldsymbol{\Sigma}_1 + \boldsymbol{\Sigma}_2}{2}\right)^{-1} \times (\boldsymbol{M}^{(2)} - \boldsymbol{M}^{(1)}) + \frac{1}{2}\ln \frac{\left|\frac{1}{2}(\boldsymbol{\Sigma}_1 + \boldsymbol{\Sigma}_2)\right|}{|\boldsymbol{\Sigma}_1|^{\frac{1}{2}}|\boldsymbol{\Sigma}_2|^{\frac{1}{2}}} \tag{4.5.10}$$

又若$p(\boldsymbol{X}|1)$与$p(\boldsymbol{X}|2)$有共同协方差矩阵$\boldsymbol{\Sigma}$,则

$$C(\mathrm{I},\mathrm{II};\lambda)=\frac{1}{2}\lambda(1-\lambda)(\boldsymbol{M}^{(2)}-\boldsymbol{M}^{(1)})^{\mathrm{T}}\cdot \boldsymbol{\Sigma}^{-1}(\boldsymbol{M}^{(2)}-\boldsymbol{M}^{(1)}) \tag{4.5.11}$$

这时要求 Chernoff 界限,只要从方程(4.5.5)解出λ_0,即从

$$-\frac{\mathrm{d}C(\mathrm{I},\mathrm{II};\lambda)}{\mathrm{d}\lambda}=-\frac{1}{2}(1-2\lambda)(\boldsymbol{M}^{(2)}-\boldsymbol{M}^{(1)})^{\mathrm{T}}\cdot \boldsymbol{\Sigma}^{-1}(\boldsymbol{M}^{(2)}-\boldsymbol{M}^{(1)}) =\ln\frac{P_2}{P_1}$$

解出λ,得

$$\lambda_0=\frac{1}{2}+\frac{\ln\frac{P_2}{P_1}}{(\boldsymbol{M}^{(2)}-\boldsymbol{M}^{(1)\mathrm{T}}\boldsymbol{\Sigma}^{-1}(\boldsymbol{M}^{(2)}-\boldsymbol{M}^{(1)})} \tag{4.5.12}$$

特别当$P_2=P_1=\frac{1}{2}$时,则$\lambda_0=\frac{1}{2}$,这时 Bhattacharyya 界限即为 Chernoff 界限.

现在我们就一般的正态分布来考虑以 Chernoff 量为衡量标准的特征选择问题. 对于$k\leqslant n$,我们考虑$n\times k$的矩阵$\boldsymbol{A}$,对特征向量$\boldsymbol{X}=\begin{pmatrix}x_1\\ \vdots\\ x_n\end{pmatrix}$作变换

$$\boldsymbol{Y}=\begin{pmatrix}y_1\\ \vdots\\ y_k\end{pmatrix}=\boldsymbol{A}^{\mathrm{T}}\boldsymbol{X}$$

我们要求这样的变换矩阵$\boldsymbol{A}$使对应的 Chernoff 量

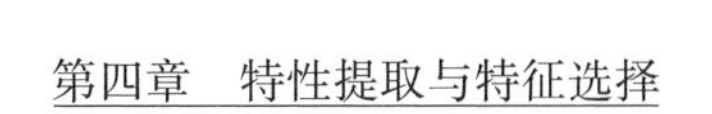

$$
\begin{aligned}
C_k(\,\mathrm{I}\,,\mathrm{II}\,;\lambda) = \frac{1}{2}\lambda(1-\lambda)&[\boldsymbol{A}^{\mathrm{T}}(\boldsymbol{M}^{(2)}-\boldsymbol{M}^{(1)})]^{\mathrm{T}}\times \\
&[(1-\lambda)\boldsymbol{A}^{\mathrm{T}}\boldsymbol{\Sigma}_1\boldsymbol{A}+\lambda\boldsymbol{A}^{\mathrm{T}}\boldsymbol{\Sigma}_2\boldsymbol{A}]^{-1}\times \\
&[\boldsymbol{A}^{\mathrm{T}}(\boldsymbol{M}^{(2)}-\boldsymbol{M}^{(1)})]+ \\
&\frac{1}{2}\ln\frac{|(1-\lambda)\boldsymbol{A}^{\mathrm{T}}\boldsymbol{\Sigma}_A+\lambda\boldsymbol{A}^{\mathrm{T}}\boldsymbol{\Sigma}_2\boldsymbol{A}|}{|\boldsymbol{A}^{\mathrm{T}}\boldsymbol{\Sigma}_1\boldsymbol{A}|^{1-\lambda}|\boldsymbol{A}^{\mathrm{T}}\boldsymbol{\Sigma}_2\boldsymbol{A}|^{\lambda}}
\end{aligned}
$$

最大.这时问题归结为最优化的数值解问题,在这里不再进一步讨论了.但当协方差矩阵 $\boldsymbol{\Sigma}_1=\boldsymbol{\Sigma}_2=\boldsymbol{\Sigma}$ 时,特征选择问题就非常简单,注意到这时(4.5.11)可写成

$$
\begin{aligned}
C(\,\mathrm{I}\,,\mathrm{II}\,;\lambda) &= \frac{1}{2}\lambda(1-\lambda)(\boldsymbol{M}^{(2)}-\boldsymbol{M}^{(1)})^{\mathrm{T}}\boldsymbol{\Sigma}^{-1}\cdot \\
&\quad(\boldsymbol{M}^{(2)}-\boldsymbol{M}^{(1)}) \\
&= \frac{1}{2}\lambda(1-\lambda)\mathrm{tr}(\boldsymbol{\Sigma}^{-1}(\boldsymbol{M}^{(2)}-\boldsymbol{M}^{(1)})\cdot \\
&\quad(\boldsymbol{M}^{(2)}-\boldsymbol{M}^{(1)})^{\mathrm{T}})
\end{aligned}
$$

又注意到矩阵 $(\boldsymbol{M}^{(2)}-\boldsymbol{M}^{(1)})(\boldsymbol{M}^{(2)}-\boldsymbol{M}^{(1)})$ 的秩为 1,从而矩阵

$$
\boldsymbol{\Sigma}^{-1}(\boldsymbol{M}^{(2)}-\boldsymbol{M}^{(1)})(\boldsymbol{M}^{(2)}-\boldsymbol{M}^{(1)})^{\mathrm{T}}
$$

的本征值只有 $\lambda_1\neq 0$,其他的 $\lambda_2,\cdots,\lambda_m$ 都是零.显然,

$$
\begin{aligned}
\lambda_1 &= \mathrm{tr}(\boldsymbol{\Sigma}^{-1}(\boldsymbol{M}^{(2)}-\boldsymbol{M}^{(1)})(\boldsymbol{M}^{(2)}-\boldsymbol{M}^{(1)})^{\mathrm{T}}) \\
&= (\boldsymbol{M}^{(2)}-\boldsymbol{M}^{(1)})^{\mathrm{T}}\boldsymbol{\Sigma}^{-1}(\boldsymbol{M}^{(2)}-\boldsymbol{M}^{(1)})
\end{aligned}
$$

对应的本征向量应为

$$
\boldsymbol{\Phi}_1 = \frac{\boldsymbol{\Sigma}^{-1}(\boldsymbol{M}^{(2)}-\boldsymbol{M}^{(1)})}{[(\boldsymbol{M}^{(2)}-\boldsymbol{M}^{(1)})^{\mathrm{T}}\boldsymbol{\Sigma}^{-1}(\boldsymbol{M}^{(2)}-\boldsymbol{M}^{(1)})]^{\frac{1}{2}}}
$$

现在作变换　　$\boldsymbol{Y}=(y_1)=\boldsymbol{\Phi}_1^{\mathrm{T}}\boldsymbol{X}$

把 n 维变成 1 维,而对应的 Chernoff 量应为

$$
C_1(\,\mathrm{I}\,,\mathrm{II}\,;\lambda) = \frac{1}{2}\lambda(1-\lambda)[\boldsymbol{\Phi}_1^{\mathrm{T}}(\boldsymbol{M}^{(2)}-\boldsymbol{M}^{(1)})]^{\mathrm{T}}\times
$$

$$(\boldsymbol{\Phi}_1^{\mathrm{T}}\boldsymbol{\Sigma}\boldsymbol{\Phi}_1)^{-1}[\boldsymbol{\Phi}_1^{\mathrm{T}}(\boldsymbol{M}^{(2)}-\boldsymbol{M}^{(1)})]$$

注意到

$$\boldsymbol{\Phi}_1^{\mathrm{T}}\boldsymbol{\Sigma}\boldsymbol{\Phi}_1=1$$

$$\begin{aligned}
&[\boldsymbol{\Phi}_1^{\mathrm{T}}(\boldsymbol{M}^{(2)}-\boldsymbol{M}^{(1)})]^{\mathrm{T}}[\boldsymbol{\Phi}_1^{\mathrm{T}}(\boldsymbol{M}^{(2)}-\boldsymbol{M}^{(1)})]\\
&=(\boldsymbol{M}^{(2)}-\boldsymbol{M}^{(1)})^{\mathrm{T}}\boldsymbol{\Phi}_1\boldsymbol{\Phi}_1^{\mathrm{T}}(\boldsymbol{M}^{(2)}-\boldsymbol{M}^{(1)})\\
&=\frac{\left\{\begin{matrix}(\boldsymbol{M}^{(2)}-\boldsymbol{M}^{(1)})^{\mathrm{T}}\boldsymbol{\Sigma}^{-1}(\boldsymbol{M}^{(2)}-\boldsymbol{M}^{(1)})\cdot\\(\boldsymbol{M}^{(2)}-\boldsymbol{M}^{(1)})^{\mathrm{T}}\boldsymbol{\Sigma}^{-1}(\boldsymbol{M}^{(2)}-\boldsymbol{M}^{(1)})\end{matrix}\right\}}{(\boldsymbol{M}^{(2)}-\boldsymbol{M}^{(1)})^{\mathrm{T}}\boldsymbol{\Sigma}^{-1}(\boldsymbol{M}^{(2)}-\boldsymbol{M}^{(1)})}\\
&=(\boldsymbol{M}^{(2)}-\boldsymbol{M}^{(1)})^{\mathrm{T}}\boldsymbol{\Sigma}^{-1}(\boldsymbol{M}^{(2)}-\boldsymbol{M}^{(1)})
\end{aligned}$$

得

$$C_1(\mathrm{I},\mathrm{II};\lambda)=C(\mathrm{I},\mathrm{II};\lambda)$$

这表示原来的 n 维特征向量 $\boldsymbol{X}$ 变换成 1 维 y_1 后，全部保持了原来的 Chernoff 量. 应当注意：这时的 Chernoff 量与在同样情形下的发散度(4.5.1)只差一个因子 $\frac{1}{2}\lambda(1-\lambda)$，这表示这样的特征选择用发散度的标准也是最优的，即所有可分离性的信息都集中在 y_1.

值得指出的是：在上述情况下，Chernoff 界限 C_h 应等于

$$P_1^{\lambda_0}P_2^{1-\lambda_0}\exp\{-C(\mathrm{I},\mathrm{II};\lambda_0)\}$$

这里 λ_0 由(4.5.12)确定，当 $P_2\neq P_1$ 时，$\lambda_0\neq\frac{1}{2}$. 而 Chernoff 量 $C(\mathrm{I},\mathrm{II};\lambda)$ 本身的最大值是 $C\left(\frac{1}{2}\right)$，即

$$C\left(\frac{1}{2}\right)=\frac{1}{8}(\boldsymbol{M}^{(2)}-\boldsymbol{M}^{(1)})^{\mathrm{T}}\boldsymbol{\Sigma}^{-1}(\boldsymbol{M}^{(2)}-\boldsymbol{M}^{(1)})$$

换句话说，当 $p(\boldsymbol{X}|i)\ (i=1,2)$ 都是正态分布且协方差矩阵 $\boldsymbol{\Sigma}_1=\boldsymbol{\Sigma}_2=\boldsymbol{\Sigma}$ 时，Bhattacharyya 量 $C\left(\frac{1}{2}\right)$ 是 Chernoff 量 $C(\mathrm{I},\mathrm{II};\lambda)$ 的最大值，但 Bhattacharyya 界限

$$B_h = P_1^{\frac{1}{2}} P_2^{\frac{1}{2}} \exp\left[-C\left(\text{Ⅰ}, \text{Ⅱ}; \frac{1}{2}\right)\right]$$

并不等于最小 Chernoff 界限 C_h:

$$C_h = P_1^{\lambda_0} P_2^{1-\lambda_0} \exp[-C(\text{Ⅰ}, \text{Ⅱ}; \lambda_0)]$$

本节和上节不同,在衡量特征选择的标准时,不直接考虑 R_0,而是考虑与 R_0 上界有关的量,如 Chernoff 量和 Bhattacharyya 量. 大体上说,若这些量大,则有利于分类,即概率误差 R_0 不致增大. 又如发散度,它在一般情况下和 R_0 的关系虽不明确,但是当两类分布都是正态分布且有相同的协方差矩阵时,R_0 是发散度的单调减少函数. 因此本节所考虑的特征选择总是把特征空间的维数尽量减少到一个固定的数时,使得发散度或 Bhattacharyya 量或 Chernoff 量最大. 这些量都具有距离函数的一些性质,反映了两类图像的一定的分离性[12,13].

§4.6　后验概率密度函数的 L^α 距离与最小概率误差的界限

这里仍采用前面的记号,记

$$E_X\{\cdot\} = \int_{\mathbf{R}_n} \cdot\, p(\boldsymbol{X})\mathrm{d}\boldsymbol{X} = \int_{\mathbf{R}_n} \cdot\, \mathrm{d}\mu \quad (\mathrm{d}\mu = p(\boldsymbol{X})\mathrm{d}\boldsymbol{X})$$

它表示随机函数"·"关于联合概率密度函数的概率平均.

我们仍设 C_{ik} 表示第 k 类图像误判为 i 类图像时预先规定的损失量,令

$$\Gamma_i = \{\boldsymbol{X} \mid \sum_{k=1}^{m} C_{ik} P_k p(\boldsymbol{X} \mid k)$$

$$< \sum_{k=1}^{m} C_{lk} P_k p(X \mid k), l = 1,2,\cdots,m; l \neq i\}$$

这时,由§2.1知:Bayes 最小平均损失 R_0^* 可表为

$$\begin{aligned} R_0^* &= \sum_{j=1}^{m} \sum_{i=1}^{m} \int_{\Gamma_i} C_{ij} P_j(\boldsymbol{X}) \mathrm{d}\mu \\ &= \sum_{j=1}^{m} \sum_{i=1}^{m} \int_{\Gamma_i} C_{ij} P_j p(\boldsymbol{X} \mid j) \mathrm{d}\boldsymbol{X} \end{aligned} \tag{4.6.1}$$

这里 $P_j(\boldsymbol{X}) = P(j|\boldsymbol{X})$ 是后验概率密度函数. 对应的判决为:若 $\boldsymbol{X} \in \Gamma_i$,则判决 $\boldsymbol{X}$ 属于第 i 类,这里 $\boldsymbol{X}$ 既是特性空间中的向量,又是在一定概率分布下的随机向量,同时又代表所考虑的识别对象. 特别当损失量 C_{ij} 做如下规定时

$$C_{ij} = \begin{cases} 0(i=j,\text{即无误判情形}) \\ 1(i \neq j,\text{即有误判情形}) \end{cases} (i,j=1,2,\cdots,m) \tag{4.6.2}$$

这时的最小平均损失就记作 R_0,它即为 Bayes 最小概率误差 P_e. 这时对应的集合 Γ_i 可写成

$$\Gamma_i = \{X \mid P_i p(\boldsymbol{X}|i) > P_l p(\boldsymbol{X}|l)\} (l=1,\cdots,m; l \neq i)$$

现在我们先考虑两类问题,即 $m=2$ 的情形,这时

$$R_0 = \int_{\mathbf{R}_n} \min\{P_1(\boldsymbol{X}), P_2(\boldsymbol{X})\} \mathrm{d}\mu = \frac{1}{2}\left[1 - \int_{\mathbf{R}_n} | P_1(\boldsymbol{X}) - P_2(\boldsymbol{X}) | \mathrm{d}\mu\right] \tag{4.6.3}$$

我们记

$$\boldsymbol{\Phi}_\alpha(\boldsymbol{X}) = |P_1(\boldsymbol{X}) - P_2(\boldsymbol{X})|^\alpha \quad (0 < \alpha < \infty)$$

并将

$$E_x^{\frac{1}{\alpha}}[\boldsymbol{\Phi}_\alpha(\boldsymbol{X})] = \left\{\int_{\mathbf{R}_n} |P_1(\boldsymbol{X}) - P_2(\boldsymbol{X})|^\alpha p(\boldsymbol{X}) \mathrm{d}x\right\}^{\frac{1}{\alpha}}$$

称为后验概率密度函数的 L^{α} 距离,记作

$$J_{\alpha}=J_{\alpha}(\text{Ⅰ},\text{Ⅱ})=\left\{\int_{\mathbf{R}_n}|P_1(\boldsymbol{X})-P_2(\boldsymbol{X})|^{\alpha}\mathrm{d}\mu\right\}^{\frac{1}{\alpha}}$$

这一概念是 K. S. Fu 等[11]在 1976 年引进的,为表达方便起见,我们使 L^{α} 距离 $J_{\alpha}(\text{Ⅰ},\text{Ⅱ})$ 与 L^{α} 空间的范数 $\|P_1-P_2\|_{\alpha}(1\leqslant\alpha\leqslant\infty)$ 一致,原来的 L^{α} 距离即 $\phi_{\alpha}(x)$ 的概率平均 $E_X[\phi_{\alpha}(\boldsymbol{X})]$ 和我们这里叙述的相差一个$\frac{1}{\alpha}$的方次. 当 $\alpha=1$ 时,J_1 即为 Колмогоров 距离,这时最小平均损失 R_0 直接可用 J_1 表达,即(4.6.3)所表示的 $R_0=\frac{1}{2}[1-J_1]$. 在此应指出,一般当 $0<\alpha<\infty$ 时,R_0 的上、下界都可以用 L^{α} 距离 J_{α} 表达,现在证明下述两个不等式成立

$$\frac{1}{2}\{1-J_{\alpha}(\text{Ⅰ},\text{Ⅱ})\}\leqslant R_0\leqslant\frac{1}{2}\{1-J_{\alpha}^{\alpha}(\text{Ⅰ},\text{Ⅱ})\}\quad(1\leqslant\alpha<\infty)\tag{4.6.4}$$

$$\frac{1}{2}\{1-J_{\alpha}^{\alpha}(\text{Ⅰ},\text{Ⅱ})\}\leqslant R_0\leqslant\frac{1}{2}\{1-J_{\alpha}(\text{Ⅰ},\text{Ⅱ})\}\quad(0<\alpha\leqslant1)\tag{4.6.5}$$

要证(4.6.4),只要注意到当 $\alpha\geqslant1$ 时

$$|P_1(\boldsymbol{X})-P_2(\boldsymbol{X})|^{\alpha}\leqslant|P_1(\boldsymbol{X})-P_2(\boldsymbol{X})|$$

这是由于 $|P_1(\boldsymbol{X})-P_2(\boldsymbol{X})|\leqslant1$,从而有

$$\begin{aligned}J_{\alpha}^{\alpha}&=\int_{\mathbf{R}_n}|P_1(\boldsymbol{X})-P_2(\boldsymbol{X})|^{\alpha}\mathrm{d}\mu\leqslant J_1\\&=\int_{\mathbf{R}_n}|P_1(\boldsymbol{X})-P_2(\boldsymbol{X})|\mathrm{d}\mu\\&=1-2R_0\end{aligned}$$

于是得 $R_0\leqslant\frac{1}{2}\{1-J_{\alpha}^{\alpha}\}$,这是(4.6.4)不等式的右半部

分，另一方面，根据 Jensen 不等式，当 $\alpha \geqslant 1$ 时，有

$$
\begin{aligned}
J_1^\alpha &= \left\{ \int_{\mathbf{R}_n} |P_1(\boldsymbol{X}) - P_2(\boldsymbol{X})| \mathrm{d}\mu \right\}^\alpha \\
&\leqslant \int_{\mathbf{R}_n} |P_1(\boldsymbol{X}) - P_2(\boldsymbol{X})|^\alpha \mathrm{d}\mu \\
&= J_\alpha^\alpha
\end{aligned}
$$

因此
$$1 - 2R_0 = J_1 \leqslant J_\alpha$$

于是得$\frac{1}{2}(1 - J_\alpha) \leqslant R_0$，(4.6.4)证得. 当 $0 < \alpha \leqslant 1$ 时，类似上面的考虑，不等式恰好相反，从而就有(4.6.5).

作为 R_0 的上界，用距离 L^α（当 $1 \leqslant \alpha \leqslant 2$ 时）可与用其他的量得到的界限作比较. 我们使用以下的记号表示

$$r_k(\boldsymbol{X}) = \frac{1}{2}\{1 - |P_1(\boldsymbol{X}) - P_2(\boldsymbol{X})|\} \text{（Колмогоров）}$$

$$r_v(\boldsymbol{X}) = 1 - [P_1^2(\boldsymbol{X}) + P_2^2(\boldsymbol{X})] \text{（Vajda）}$$ [15]

$$r_L(\boldsymbol{X}) = \{P_1(\boldsymbol{X})\}^s \{P_2(\boldsymbol{X})\}^{1-s} \text{（Lainiotis − Park）}$$ [16]

于是 $E_{\boldsymbol{X}}\{r_k(\boldsymbol{X})\} = R_0$；又

$$E_{\boldsymbol{X}}\{r_L(\boldsymbol{X})\} = P_1^s P_2^{1-s} \int_{\mathbf{R}_n} p^s(\boldsymbol{X}|1) p^{1-s}(\boldsymbol{X}|2) \mathrm{d}\boldsymbol{X}$$

可知

$$
\begin{aligned}
R_0 &= E_{\boldsymbol{X}}\{v_k(\boldsymbol{X})\} \leqslant E_{\boldsymbol{X}}\{v_L(\boldsymbol{X})\} \\
&= P_1^s P_2^{1-s} \exp\{-C(\text{Ⅰ}, \text{Ⅱ}; s)\} \quad (4.6.6)
\end{aligned}
$$

现在证明

$$E_{\boldsymbol{X}}(r_v(\boldsymbol{X})) = \frac{1}{2}\{1 - J_2^2(\text{Ⅰ}, \text{Ⅱ})\}$$

为(4.6.4)关系式中的上界.

事实上

$$
\begin{aligned}
r_v(\boldsymbol{X}) &= 1-[P_1^2(\boldsymbol{X})+P_2^2(\boldsymbol{X})] \\
&= [P_1(\boldsymbol{X})+P_2(\boldsymbol{X})]^2-[P_1^2(\boldsymbol{X})+P_2^2(\boldsymbol{X})] \\
&= 2P_1(\boldsymbol{X})\cdot P_2(\boldsymbol{X})
\end{aligned}
$$

而　$\frac{1}{2}[1-|P_1(\boldsymbol{X})-P_2(\boldsymbol{X})|^2]$

$$
\begin{aligned}
&= \frac{1}{2}[(P_1(\boldsymbol{X})+P_2(\boldsymbol{X}))^2-(P_1(\boldsymbol{X})-P_2(\boldsymbol{X}))^2] \\
&= 2P_1(\boldsymbol{X})P_2(\boldsymbol{X})
\end{aligned}
$$

所以

$$
\begin{aligned}
E_x\{r_v(\boldsymbol{X})\} &= \frac{1}{2}[1-E_x\{|P_1(\boldsymbol{X})-P_2(\boldsymbol{X})|^2\}] \\
&= \frac{1}{2}\{1-J_2^2(\text{Ⅰ},\text{Ⅱ})\}
\end{aligned}
$$

于是得

$$
R_0 = E_X\{r_k(\boldsymbol{X})\} \leqslant E_X\{r_v(\boldsymbol{X})\} \tag{4.6.7}
$$

现在比较 $E_X\{r_v(\boldsymbol{X})\}$ 与 $E_X\{r_L(\boldsymbol{X})\}$，我们知道：在 $E_X\{r_L(\boldsymbol{X})\}$ 中若取 $s=\frac{1}{2}$，即得 Bhattacharyya 界限，我们要证界限 $E_X\{r_v(\boldsymbol{X})\}$ 优于 Bhattacharyya 界限，即

$$
E_X\{r_v(\boldsymbol{X})\} \leqslant (P_1P_2)^{\frac{1}{2}}\exp\left\{-C(\text{Ⅰ},\text{Ⅱ};\frac{1}{2})\right\} \tag{4.6.8}
$$

要证上式，只要直接比较被积函数

$$
r_v(\boldsymbol{X}) = 2P_1(\boldsymbol{X})\cdot P_2(\boldsymbol{X})
$$

$$
r_L(\boldsymbol{X}) = \{P_1(\boldsymbol{X})\cdot P_2(\boldsymbol{X})\}^{\frac{1}{2}} \quad \left(s=\frac{1}{2}\right)
$$

现在证

$$
2P_1(\boldsymbol{X})\cdot P_2(\boldsymbol{X}) \leqslant [P_1(\boldsymbol{X})\cdot P_2(\boldsymbol{X})]^{\frac{1}{2}}
$$

亦即

$$2(P_1(\boldsymbol{X})\cdot P_2(\boldsymbol{X}))^{\frac{1}{2}}=2P_1^{\frac{1}{2}}(\boldsymbol{X})(1-P_1(\boldsymbol{X}))^{\frac{1}{2}}\leqslant 1$$

注意到函数

$$f(u)=u^{\frac{1}{2}}(1-u)^{\frac{1}{2}}\quad(0\leqslant u\leqslant 1)$$

在区间[0,1]上当 $u=\frac{1}{2}$时,取最大值$\frac{1}{2}$,即

$$f(u)\leqslant\frac{1}{2}\quad(0\leqslant u\leqslant 1)$$

从而得不等式 $2P_1^{\frac{1}{2}}(\boldsymbol{X})(1-P_1(\boldsymbol{X}))^{\frac{1}{2}}\leqslant 1$ 对一切 x 都成立. 因而(4.6.8)得证

注意到不等式(4.6.4)的上界

$$\frac{1}{2}\{1-J_\alpha^\alpha(\text{Ⅰ},\text{Ⅱ})\}$$

等于 $$E_X\left\{\frac{1}{2}[1-|P_1(\boldsymbol{X})-P_2(\boldsymbol{X})|^\alpha]\right\}$$

记 $$r_\alpha(\boldsymbol{X})=\frac{1}{2}[1-|P_1(\boldsymbol{X})-P_2(\boldsymbol{X})|^\alpha]$$

已知当 $\alpha=2$ 时,$r_\alpha(\boldsymbol{X})=r_v(\boldsymbol{X})$. 从而当 $1\leqslant\alpha\leqslant 2$ 时,有

$$r_\alpha(\boldsymbol{X})\leqslant r_2(\boldsymbol{X})=r_v(\boldsymbol{X})\leqslant r_L(\boldsymbol{X})\quad\left(s=\frac{1}{2}\right)$$

综合以上结果,得

定理 4.4 在两类问题中,Колмогоров 界限 $E_X[r_k(\boldsymbol{X})]$等于最小平均损失 R_0,而由 L^α 距离表示的上界

$$E_X[r_\alpha(\boldsymbol{X})]=\frac{1}{2}\{1-J_\alpha^\alpha(\text{Ⅰ},\text{Ⅱ})\}$$

当 $1\leqslant\alpha\leqslant 2$ 时优于 Vajda 界限 $E_X[r_v(\boldsymbol{X})]$,更优于 Bhattacharyya 界限,用不等式表示,即

$$\begin{aligned}R_0=E_X[r_k(X)]&\leqslant E_X[r_\alpha(X)]\\&\leqslant E_X[r_v(X)]\\&\leqslant E_X[r_L(X)]\end{aligned}$$

其中$1\leqslant\alpha\leqslant2$,而$r_L(X)$中的$S$等于$\frac{1}{2}$.

关于不同的界限的定义和比较,只简单介绍到这里,读者有兴趣的话,可参考文献[11]以及该文献中所引的有关文献.

现在我们考虑多类的问题,即$m>2$的情形.这时当损失量由(4.6.2)规定时,相应的最小平均损失R_0记作$R_0(m)$,由(4.6.1)可知

$$\begin{aligned}R_0(m)&=\sum_{j=1}^{m}\sum_{i\neq j}\int_{\Gamma_i}P_j(X)\mathrm{d}\mu\\&=\sum_{j=1}^{m}\sum_{i\neq j}\int_{\Gamma_i}P_jp(X|j)\mathrm{d}X\quad(4.6.9)\end{aligned}$$

现在记

$$R_0(i,j)=\int_{\mathbf{R}_n}\min\{P_i(X),P_j(X)\}\mathrm{d}\mu\tag{4.6.10}$$

称为在多类问题中第i类与第j类成对的概率误差.我们的目的是要用成对的概率误差表示最小平均损失$R_0(m)$的界限.现在证明下述结果:

定理 4.5　设$R_0(i,j)(i,j=1,2,\cdots,m)$由(4.6.10)规定,则有

$$\begin{aligned}R_0(m)=&\frac{2}{m}\sum_{j=1}^{m-1}\sum_{i=j+1}^{m}R_0(i,j)+\\&\frac{1}{m}\sum_{j=1}^{m-1}\sum_{i=j+1}^{m}\int_{(\Gamma_i\cup\Gamma_j)^C}|P_i(X)-P_j(X)|\mathrm{d}\mu\end{aligned}\tag{4.6.11}$$

且有

$$\frac{2}{m}\sum_{j=1}^{m-1}\sum_{i=j+1}^{m}R_0(i,j)\leqslant R_0(m)\leqslant\sum_{j=1}^{m-1}\sum_{i=j+1}^{m}R_0(i,j) \tag{4.6.12}$$

上式中的$(\Gamma_i\cup\Gamma_j)^C$表示和集$\Gamma_i\cup\Gamma_j$的余集.

上述定理中关系式(4.6.12)的上界是Lainiotis与Park[16]推出的,下界是Fu与Lissack[11]推出的.

现在证明定理4.5,我们记

$$\gamma_{ij}=\int_{\Gamma_i}P_j(\boldsymbol{X})\mathrm{d}\mu=\int_{\Gamma_i}P_jp(\boldsymbol{X}|j)\mathrm{d}\boldsymbol{X}$$

为明确起见,不妨假定$\{x|P_i(\boldsymbol{X})=P_j(\boldsymbol{X}),i\neq j\}$都是零集.这时(4.6.9)可写成

$$R_0(m)=\sum_{j=1}^{m}\sum_{i\neq j}\gamma_{ij}$$

注意到

$$\begin{aligned}&\gamma_{ii}-\gamma_{ij}+\gamma_{jj}-\gamma_{ji}\\&=\int_{\Gamma_i}[P_i(\boldsymbol{X})-P_j(\boldsymbol{X})]\mathrm{d}\mu+\int_{\Gamma_i}[P_j-P_i]\mathrm{d}\mu\end{aligned}$$

根据Γ_i的定义,可知上述两个积分的被积函数都是非负的,从而上述等式可写成

$$\gamma_{ii}-\gamma_{ij}+\gamma_{jj}-\gamma_{ji}=\int_{\Gamma_i\cup\Gamma_j}|P_i(\boldsymbol{X})-P_j(\boldsymbol{X})|\mathrm{d}\mu$$

上式对于i,j是对称的,而且当$i=j$时为零,于是

$$\begin{aligned}&\sum_{i=1}^{m}\sum_{j=1}^{m}\{\gamma_{ii}-\gamma_{ij}+\gamma_{jj}-\gamma_{ji}\}\\&=\sum_{i=1}^{m}\sum_{j\neq i}\int_{\Gamma_i\cup\Gamma_j}|P_i(\boldsymbol{X})-P_j(\boldsymbol{X})|\mathrm{d}\mu\\&=2\sum_{i=1}^{m-1}\sum_{j=i+1}^{m}\int_{\Gamma_i\cup\Gamma_j}|P_i(\boldsymbol{X})-P_j(\boldsymbol{X})|\mathrm{d}\mu\end{aligned}$$

另一方面注意到

$$\sum_{i=1}^{m}\sum_{j=1}^{m}\gamma_{ij}=1=\sum_{i=1}^{m}\sum_{j=1}^{m}\gamma_{ji}$$

并有 $\sum_{i=1}^{m}\sum_{j=1}^{m}\gamma_{ii}=m\sum_{i=1}^{m}\gamma_{ii}=m(1-R_0(m))$

从而有

$$\sum_{i=1}^{m}\sum_{j=1}^{m}\{\gamma_{ii}-\gamma_{ij}+\gamma_{jj}-\gamma_{ji}\}=2m[1-R_0(m)]-2$$

合并 $\sum_{i=1}^{m}\sum_{j=1}^{m}\{\gamma_{ii}-\gamma_{ij}+\gamma_{jj}-\gamma_{ji}\}$ 的两个等式,得

$$\begin{aligned}&2\sum_{i=1}^{m-1}\sum_{j=i+1}^{m}\int_{\Gamma_i\cup\Gamma_j}|P_i(\boldsymbol{X})-P_j(\boldsymbol{X})|\,\mathrm{d}\mu\\&=2(m-1)-2mR_0(m)\end{aligned}$$

从而得

$$\begin{aligned}R_0(m)=&\frac{1}{m}(m-1)-\\&\frac{1}{m}\sum_{i=1}^{m-1}\sum_{j=i+1}^{m}\int_{\Gamma_i\cup\Gamma_j}|P_i(\boldsymbol{X})-P_j(\boldsymbol{X})|\,\mathrm{d}\mu\end{aligned}$$

注意到

$$\begin{aligned}&\sum_{i=1}^{m-1}\sum_{j=i+1}^{m}[P_i+P_j]=\frac{1}{2}\sum_{i=1}^{m}\sum_{j\neq i}(P_i+P_j)\\&=\frac{1}{2}\left\{\sum_{i=1}^{m}\sum_{j=1}^{m}(P_i+P_j)-\sum_{i=1}^{m}(2P_i)\right\}\\&=m-1\end{aligned}$$

即得

$$R_0(m)=$$

$$\frac{1}{m}\sum_{i=1}^{m-1}\sum_{j=i+1}^{m}\left\{P_i+P_j-\int_{\Gamma_i\cup\Gamma_j}|P_i(\boldsymbol{X})-P_j(\boldsymbol{X})|\,\mathrm{d}\mu\right\}$$

又由(4.6.10)可得

$$
\begin{aligned}
R_0(i,j) &= \int_{\mathbf{R}_n} \min\{P_i(\boldsymbol{X}), P_j(\boldsymbol{X})\} \mathrm{d}\mu \\
&= \int_{\mathbf{R}_n} \frac{1}{2}\{P_i(\boldsymbol{X}) + P_j(\boldsymbol{X}) - | P_i(\boldsymbol{X}) - P_j(\boldsymbol{X}) |\} \mathrm{d}\mu \\
&= \frac{1}{2}\left[(P_i + P_j) - \int_{\mathbf{R}_n} | P_i(\boldsymbol{X}) - P_j(\boldsymbol{X}) | \mathrm{d}\mu \right]
\end{aligned}
$$

从而有

$$
\begin{aligned}
&\frac{2}{m} \sum_{i=1}^{m-1} \sum_{j=i+1}^{m} R_0(i,j) \\
&= \frac{1}{m} \sum_{i=1}^{m-1} \sum_{j=i+1}^{m} \left\{ P_i + P_j - \int_{\mathbf{R}_n} | P_i(\boldsymbol{X}) - P_j(\boldsymbol{X}) | \mathrm{d}\mu \right\}
\end{aligned}
$$

以此代入上面 $R_0(m)$ 的等式中，即得定理 4.5 的等式(4.6.11).

剩下要证不等式(4.6.12). 在(4.6.11)$R_0(m)$ 的表达式中略去第二部分，即得 $R_0(m)$ 的下界. 又注意到

$$
\begin{aligned}
R_0(i,j) &= \int_{\mathbf{R}_n} \min(P_i(\boldsymbol{X}), P_j(\boldsymbol{X})) \mathrm{d}\mu \\
&\geqslant \int_{\Gamma_i \cup \Gamma_j} \min(P_i(\boldsymbol{X}), P_j(\boldsymbol{X})) \mathrm{d}\mu
\end{aligned}
$$

而

$$
\begin{aligned}
&\int_{\Gamma_i \cup \Gamma_j} \min(P_i(\boldsymbol{X}), P_j(\boldsymbol{X})) \mathrm{d}\mu \\
&= \int_{\Gamma_i} \min(P_i, P_j) \mathrm{d}\mu + \int_{\Gamma_j} \min(P_i, P_j) \mathrm{d}\mu \\
&= \int_{\Gamma_i} P_j(\boldsymbol{X}) \mathrm{d}\mu + \int_{\Gamma_j} P_i(\boldsymbol{X}) \mathrm{d}\mu
\end{aligned}
$$

从而有

$$
R_0(i,j) \geqslant \gamma_{ij} + \gamma_{ji}
$$

于是

$$
\sum_{i=1}^{m-1} \sum_{j=i+1}^{m} R_0(i,j) \geqslant \sum_{i=1}^{m-1} \sum_{j=i+1}^{m} (\gamma_{ij} + \gamma_{ji})
$$

$$= \frac{1}{2}\sum_{i=1}^{m}\sum_{j\neq i}(\gamma_{ij}+\gamma_{ji}) = R_0(m)$$

即得 $R_0(m)$ 的上界. 定理4.5证毕.

现设

$$J_1(\text{I},\text{II},\cdots,m) = \sum_{i=1}^{m-1}\sum_{j=i+1}^{m}E_X[|P_i(\boldsymbol{X})-P_j(\boldsymbol{X})|] \quad (m\geqslant 2)$$

当 $m=2$ 时,上式即为 $J_1(\text{I},\text{II}) = E_X[|P_1-P_2|]$. 我们已知

$$R_0(i,j) = \frac{1}{2}\{P_i+P_j-E_X[|P_i(\boldsymbol{X})-P_j(\boldsymbol{X})|]\}$$

则由定理4.5的(4.6.12),即得

$$\frac{1}{m}[(m-1)-J_1(\text{I},\text{II},\cdots,m)] \leqslant R_0(m)$$

$$\leqslant \frac{1}{2}[(m-1)-J_1(\text{I},\text{II},\cdots,m)] \qquad (4.6.13)$$

在上述不等式中,当 $m=2$ 时,两端相同,都成为

$$\frac{1}{2}[1-J_1]$$

这样(4.6.13)成为已知的等式[17-20].

§4.7　树分类器与特征选择

近年来,树分类器得到了越来越多的研究[22-28]. 它的主要特点是:每一输入图像必须经过多级判决,才能最后判定其所属类别. 这种多级判决过程的形象表示是一棵树,图4－9就是一个例子. 它表示一个五类问题的树分类器,其中 n_1 是树根,$n_2\sim n_6$ 是中间结点,

$n_7 \sim n_{13}$ 是树叶. 通常又称 $n_1 \sim n_6$ 为非终止结点,而 $n_7 \sim n_{13}$ 则称为终止结点. 从图上可看出,每个非终止结点下面有两个分枝,这种情况称为二分树.

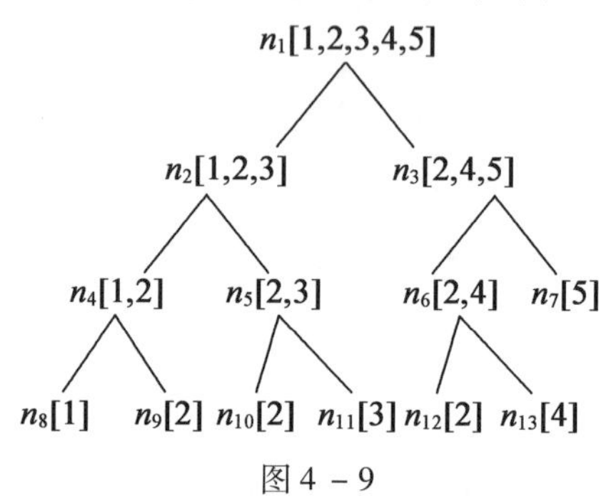

图 4 - 9

在树分类器中的每个非终止结点,都有一个与它相联系的判决规则. 而在每个终止结点,则有一个与它相对应的类别. 一般说来,几个终止结点都对应同一类别的情况是存在的,如图 4 - 9 中的 n_9, n_{10} 和 n_{12}.

当输入一个图像样本时,它首先被送到树根. 然后,经过一条路径所对应的一系列判决,最后到达树叶,其所属类别的判定就完成了. 这当中经历的判决次数,正好是该路径的长度. 例如,设一个图像样本经路径 $(n_1, n_2)(n_2, n_5)(n_5, n_{10})$ 到达终止结点 n_{10}(图 4 - 9),则所经历的判决次数为 3,即与非终止结点 n_1, n_2 和 n_5 相联系的判决. 一旦它到达终止结点 n_{10},就被判定为属于第二类.

为了便于了解树分类器的优点,先看一个简单的例子. 设两类图像样本在特征平面上均匀地分布于图 4 - 10 所示的区域. 那么,要设计一个分类器使得经过一次判决就能准确地把两类样本分开,是比较困难的. 但若采用图 4 - 11 所示的树分类器,则每次只需应用

一个特征作线性判决,就可以达到理想的分类结果.

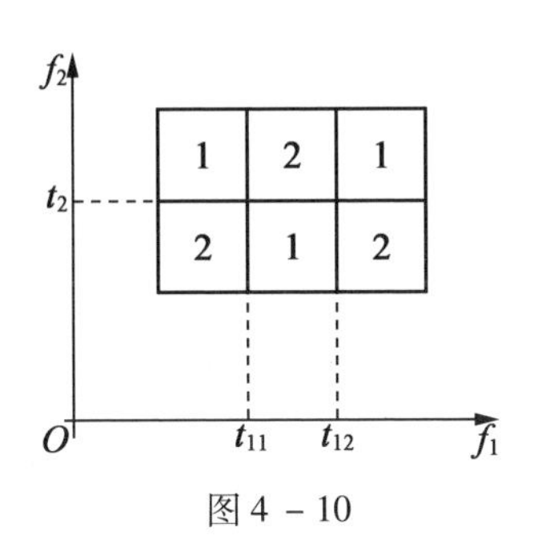

图 4 －10

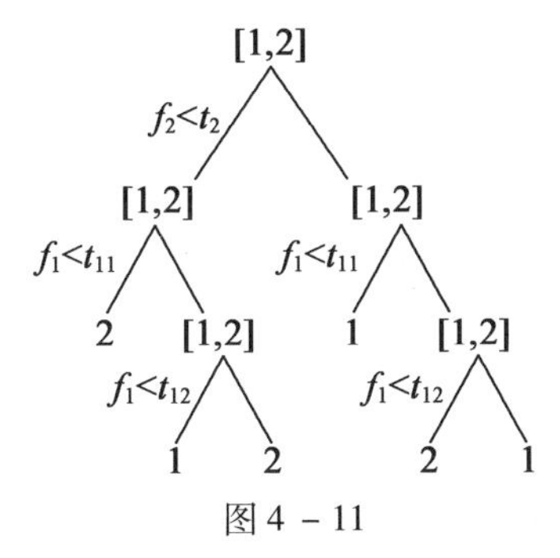

图 4 －11

在处理多类、多特征的问题时,树分类器的优点尤其明显. 概括起来,有如下方面:

第一,有一些特征对区分某些类非常有效,但却往往不被一次判决的分类器所选中,因为这些特征对区分其他的类可能没有用处. 然而,对于树分类器,这种特征却能发挥作用. 这是由于树分类器中每个非终止结点所对应的判决,都选用那些最有利于划分两个子树的特征,以此来达到提高整个树的正确分类率这一最终目的.

第二,在处理多类问题时,设计一次判决的分类器常遇到所谓“维数问题”. 就是说,若希望多用特征来提高正确分类率,就必须相应地增加训练样本的数目,否则,会适得其反. 但对于树分类器,这个问题就不那么突出了. 因为树分类器中的每次判决,都只选用少量特征. 而不同特征又可在不同的判决中发挥作用.

第三,由于树分类器的每次判决相对简单,虽然判决的次数增多了,但判决一个样本所属类别的总计算量不一定增加.

现在考虑树分类器的设计问题. 一般说来,需要完成三方面的任务:① 确定树的结构;② 对每个非终止结点,选择一个有效的特征子集;③ 确定与每个非终止结点相应的判决规则. 我们只讨论二分树的情况.

1. 确定树的结构

衡量树分类器结构好坏的标准,首先是它的正确分类率,其次,也要考虑由树根到达每个终止结点所需的平均判决次数. 但是,整体结构的优化问题非常复杂,其原因在于:即使图像样本的类别不太多,可供选择的结构数量也非常可观. 因此,目前设计多采取逐点优化方法,现简述如下:

设 n_0 是一个非终止结点,到达此结点的训练样本来自 p 类,我们令 $\boldsymbol{\alpha} = [\alpha_1, \alpha_2, \cdots, \alpha_p]^{\mathrm{T}}$ 分为组规则,其中每个 α_i 取1或者 -1. 其中再设正值函数 $Q = Q(\boldsymbol{\alpha}) = Q(\alpha_1, \alpha_2, \cdots, \alpha_p)$ 为衡量分组好坏的准则(Q 的选择依设计者而定,此处不详述了. 可参考文献[28]). 那么,在 n_0 处的结构化问题,也就是最合理地划分两个子树的问题,可以归结为:选择 $\boldsymbol{\alpha}$ 使得

$$Q(\boldsymbol{\alpha}) = Q(\alpha_1, \alpha_2, \cdots, \alpha_p) = \min \quad (4.7.1)$$

有时,还附加约束条件

$$\left|\sum_{j=1}^{p}\boldsymbol{\alpha}_j\right| = \min \qquad (4.7.2)$$

这个条件的作用是使所设计的树分类器更加平衡,以便降低由树根到达每个终止结点所需的平均判决次数.为此,我们只需在分量含有$\left[\frac{p}{2}\right]$个1和$p-\left[\frac{p}{2}\right]$个$-1$的那些$\boldsymbol{\alpha}$中选择一个,记为$\boldsymbol{\alpha}^*$,使得式(4.7.1)成立.下面的算法实现这一目标.

输入:准则函数$Q(\boldsymbol{\alpha})$;

输出:$\boldsymbol{\alpha}^* = [\alpha_1^*,\cdots,\alpha_p^*]^{\mathrm{T}}$使得(4.7.1)和(4.7.2)式成立.

方法:

(1) 令$T = Q(1,\cdots,1,-1,\cdots,-1)$,其中1共有$\left[\frac{p}{2}\right]$个;$-1$共有$p-\left[\frac{p}{2}\right]$个.

(2) 令$\alpha_j = 1, j = 1,2,\cdots,p$.

(3) 令$I = 1$和$J = 1$.

(4) 令$\alpha(J) = \alpha(J) - 2$.

(5) 若$I < p - \left[\frac{p}{2}\right]$,则令$K(I) = J$,以及$I = I + 1, J = J + 1$并转到第4步.

(6) 若$Q(\alpha_1,\cdots,\alpha_p) < T$,则令$T = Q(\alpha_1,\cdots,\alpha_p)$,以及$\alpha_j^* = \alpha_j (j = 1,2,\cdots,p)$.

(7) 令$\alpha(J) = \alpha(J) + 2$,然后$J = J + 1$.

(8) 若$J \leqslant I + \left[\frac{p}{2}\right]$,则转到第4步.

(9) 若$I > 1$,则令$I = I - 1$以及$J = K(I)$并转到第7步.

(10) 输出$\boldsymbol{\alpha}^* = [\alpha_1^*,\cdots,\alpha_p^*]^{\mathrm{T}}$,停机.

在上述算法完成以后，$\boldsymbol{\alpha}^*$ 就是满足(4.7.1) 和(4.7.2) 的分组规则. 于是，凡 $\alpha_j^* = 1$ 所对应的那几类样本，都应该把它们划分到左边的子树，其余的样本则希望划分在右边的子树. 下一步任务是：选择有效的特征子集和确定相应的判决规则，来尽可能准确地实现这一划分.

2. 特征子集的选择

在非终止结点 n_0 处的分组原则确定之后，要实现分组只需设计一个两类问题的分类器. 本节前已进行过充分讨论的有关技术，如特征选择和判决规则(或边界) 的确定，现在都可以借鉴. 但是，正如我们曾经提到的，树分类器中的每次判决，一般都只选用一个元素不多的特征子集. 因此，需要再补充一些选择有效的特征子集的方法.

设 $X = \{f_1, f_2, \cdots, f_N\}$ 是 N 个元素的特征集合(不妨设它就是原来的特性集合). 如果有一正值函数 $Q = Q(x)$ 在 X 的任一子集 x 上都有定义，并且 Q 的值可以作为衡量该子集好坏的准则，那么，就可以着手进行特征选择了. (用什么样的准则函数，一般依设计者而定，此处不详述. 有兴趣的读者，可参考有关文献.)

为了从 X 中挑出 r 个元素构成较好的特征子集，最简单的办法是：设 $x_k = \{f_k\}\ (k = 1, 2, \cdots, r)$，若

$$Q(x_{k_1}) \leqslant Q(x_{k_2}) \leqslant \cdots \leqslant Q(x_{k_r}) \leqslant \cdots \leqslant Q(x_{k_N})$$

则选取特征子集 $X = \{f_{k_1}, f_{k_2}, \cdots, f_{k_r}\}$.

上述方法的明显缺点是：没有考虑特征之间可能存在相关性. 而在相关性的影响下，一般地说，用两个最好的特征组合起来，不一定是两个特征的组合中的最佳者. 克服这个缺点的途径之一，是采用序贯选入与

序贯剔除相结合的搜索法，下面就是这种方法的一个例子.

(1) 取 $l > k > 0$，集 r 为 $l - k$ 的整数倍，并令 X_0 为空集.

(2) 若 $f_i \in X - X_0$ 使得 $Q(x \cup \{f_i\}) = \min\limits_{f_j \in X - X_0} Q(X_0 \cup \{f_j\})$，则令 $X_0 = X_0 \cup \{f_i\}$.

(3) 重复第 2 步 l 次.

(4) 若 $f_i \in X_0$ 使得 $Q(X_0 - \{f_i\}) = \max\limits_{f_i \in X_0} Q(x - \{f_j\})$，则令 $X_0 = X_0 - \{f_i\}$.

(5) 重复第 4 步 k 次.

(6) 若 X_0 含有 r 个元素，则输出 X_0 并停机，否则，转到第 2 步.

这种方法的计算量也比较小，不过，只能选出次优特征子集. 如果希望从 X 中选出含有 r 个元素的特征子集使准则函数取极小值，就需要检验 $\binom{N}{r}$ 个可能的特征组合. 在 N 比较大时，一般都是计算量极大的. 但是，若准则函数具有某种单调性，则可应用“分枝和界”搜索法. 它既能显著地节省计算量，又能选出上述意义的最优特征子集. 下面就来介绍这个方法.

首先，假设准则函数具有下列单调性：若特征子集 $X_1 \subseteq X_2 (\subseteq X)$，则

$$Q(X_1) \geqslant Q(X_2) \tag{4.7.3}$$

其次，考虑需要检验的特征子集的组合方式. 为便于概括一般情况，先看一个简单的例子：设有整数集合 $\{1, 2, 3, 4, 5\}$，现在要从其中任取两个元素构成子集，那么共有 $\binom{5}{2} = 10$ 种组合方式. 而且，这些子集恰好是

图 4 -12 中那棵树的所有终止结点标记.

现在回过来考虑 $X=\{f_1,f_2,\cdots,f_N\}$,我们按下列方式依次构造特征子集:

一级: $X_{j_1}=X-\{f_{j_1}\}(j_1=1,2,\cdots,r+1)$

二级: $X_{j_1j_2}=X_{j_1}-\{f_{j_2}\}(j_2=j_1+1,\cdots,r+2)$

……

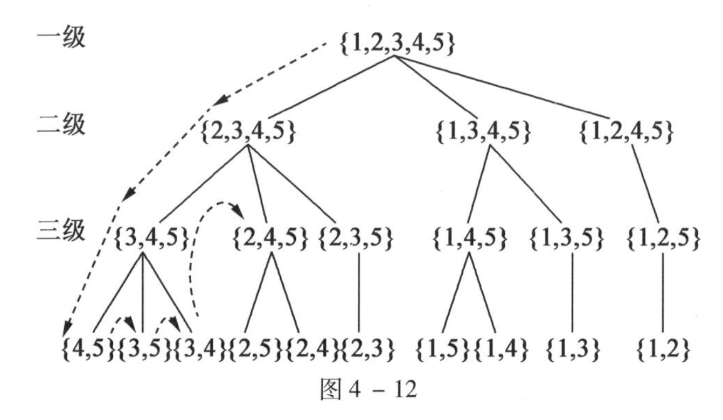

图 4 - 12

$N-r$ 组:

$$X_{j_1j_2\cdots j_{N-r}}=X_{j_1\cdots j_{N-r-1}}-\{f_{j_{N-r}}\}$$
$$(j_{N-r}=j_{N-r-1}+1,\cdots,N)$$

那么容易看出:若以 X 为树根标记,并依次以上述子集为各级结点标记,就可构成像图 4 - 12 中那样的树. 而且,所有 $N-r$ 级结点标记表示的那些子集,都恰好含有 r 个元素,正是我们要检验的那些子集. 然而,用“分枝和界”搜索法,一般不必对所有这些子集都一一加以检验. 这是因为:若取初界 $B=Q(X_*)$,其中 $X_*=\{f_1,f_2,\cdots,f_r\}$,并按图 4 - 12 中虚线所示的路径开始搜索,根据准则函数 Q 的单调性(见式(4.7.3)),只要某个 k 级结点对应的特征子集 X^k 满足 $Q(X^k)\geqslant B$,那么,以 X^k 为根的子树中所有结点对应的特征子集都应该

满足 $Q \geqslant B$. 于是可以断言：在这个子树中，没有我们需要搜索的目标，这部分工作就可以省掉了. 另一方面，若在搜索过程中发现某个 $N-r$ 级结点所对应的特征子集 $X_{j_1 j_2 \cdots j_{N-r}}$ 使得 $Q(X_{j_1 \cdots j_{N-r}}) < B$，则可以断言 $X_{j_1 \cdots j_{N-r}}$ 是到目前为止所发现的最佳子集，于是修改 B 和 X_*，即令 $X_* = X_{j_1 \cdots j_{N-r}}$ 和 $B = Q(X_*)$，然后再继续搜索. 下面的算法是上述思想的具体化.

输入：特征集合 $X = \{f_1, f_2, \cdots, f_N\}$ 及准则函数 Q；

输出：含有 r 个元素的特征子集 X_* 使 $Q(X_*) = \min$.

方法：

(1) 令 $X_* = \{f_1, f_2, \cdots, f_r\}$ 和 $B = Q(X_*)$.

(2) 令 $X_c = X, K = 1$ 和 $j = 1$.

(3) 令 $X_c = X_c - \{f_j\}$.

(4) 若 $Q(X_c) \geqslant B$，则转到第 7 步.

(5) 若 $J(k) = j$.

(6) 若 $k < N - r$，则令 $k = k + 1, j = j + 1$ 并转到第 3 步. 否则，令 $B = Q(X_c)$ 和 $X_* = X_c$.

(7) 令 $X_c = X_c \cup \{f_j\}$，然后 $j = j + 1$.

(8) 若 $j \leqslant k + r$，则转到第 3 步.

(9) 若 $k > 1$，则令 $k = k - 1$ 以及 $j = J(k)$ 并转到第 7 步.

(10) 输出 X_*，停机.

“分枝和界”搜索法还有其他具体形式. 特别是结合具体的准则函数，可以安排得更有利于节省计算量. 有兴趣的读者，可参考文献[28].

在特征选择之后，如何确定判决规则，是前几章已经讨论过的问题，这里就不再重复了. 但要指出，必须在每个非终止结点都完成上述三项任务,才能实现整个树分类器的设计.

最后,哪些结点可以当作终止结点呢?这个问题必须根据误分类的容限来决定.

§4.8 Walsh 变换进一步论述

以下我们系统介绍 Walsh 变换的理论:设

$$\phi_0(x) = \begin{cases} 1\left(0 \leqslant x < \dfrac{1}{2}\right), \\ -1\left(\dfrac{1}{2} \leqslant x < 1\right), \end{cases} \quad \phi_0(x+1) = \phi_0(x)$$

$$\phi_n(x) = \phi_0(2^n x) \quad (n = 0,1,2,\cdots)$$

函数系$\{\phi_n(x)\}$叫作 Rademacher 函数系,它是规范正交的,但不完备. 现令

$$\psi_0(x) \equiv 1$$

$$\psi_n(x) = \phi_{n_1}(x)\cdots\phi_{n_k}(x)$$

当$n = 2^{n_1} + 2^{n_2} + \cdots + 2^{n_k}; n_1 > n_2 > \cdots > n_k \geqslant 0$

$$(n = 1,2,\cdots)$$

则$\{\psi_n(x)\}$叫作 Walsh 函数系(按 Paley 排列),它是规范、正交而且完备的. 为建立有限 Walsh 变换的理论,我们需考虑连续的 Walsh 变换,从而对 Walsh 函数系$\{\psi_n(x)\}$还要加以推广. 令

$$\psi_u(x) = \psi_{[u]}(x)\cdot\psi_{[x]}(u) \quad (x,u\text{ 都属于}[0,\infty))$$

其中,$[u]$表示连续变量u的整数部分. 这样规定的$\psi_u(x)$叫作广义 Walsh 函数,特别当u取$0,1,2,\cdots,n,\cdots$时,对应的$\psi_u(x)$即为原来的 Walsh 函数. 显然广

义 Walsh 函数$\psi_u(x)$对u与x两个连续变量是对称的，即

$$\psi_u(x) = \psi_x(u)$$

我们对于$f(x) \in L(0,\infty)$，作

$$\hat{f}(u) = \int_0^{\infty} f(x)\psi_u(x)\,\mathrm{d}x$$

称为$f(x)$的 Walsh 变换，并称积分

$$\int_0^{\infty} \hat{f}(u)\psi_u(x)\,\mathrm{d}u$$

为$f(x)$的 Walsh 积分. $\hat{f}(u)$对一切$f \in L(0,\infty)$是存在的，且满足

$$\lim_{u\to\infty} \hat{f}(u) = 0$$

而$f(x)$的 Walsh 积分却不一定收敛，但可以证明下述意义下的收敛定理，这对我们所需要的理论已经够用了.

引理 4.1（积分收敛定理）　设$f(x) \in L[0,\infty)$，则对于几乎所有的x，下述等式成立

$$\lim_{M\to\infty} \int_0^{2^M} \hat{f}(u)\psi_u(x)\,\mathrm{d}u = f(x)$$

特别当x_0是函数$f(x)$的连续点时，上述极限在x_0收敛于$f(x_0)$. 又当x_0是二分点时，则只要求$f(x)$在x_0右连续，上述极限在x_0就收敛于$f(x_0)$.

证　根据 Fubini 定理，有

$$\begin{aligned}\int_0^{2^M} \hat{f}(u)\psi_u(x)\,\mathrm{d}u &= \int_0^{2^M} \left(\int_0^{\infty} f(t)\psi_u(t)\,\mathrm{d}u\right)\psi_u(x)\,\mathrm{d}u \\ &= \int_0^{\infty} f(t)\int_0^{2^M} \psi_u(t \oplus x)\,\mathrm{d}u\mathrm{d}t\end{aligned}$$

这里$t \oplus x$表示二进位按位加，即设

$$t = t_1 2^{M-1} + t_2 2^{M-2} + \cdots + t_M 2^0 + \tau_1 2^{-1} + \tau_2 2^{-2} + \cdots$$

$$(t_i, \tau_i \text{ 取 } 0 \text{ 或 } 1)$$

$$x = x_1 2^{M-1} + x_2 2^{M-2} + \cdots + x_M 2^0 + k_1 2^{-1} + k_2 2^{-2} + \cdots$$

$$(x_i, k_i \text{ 取 } 0 \text{ 或 } 1)$$

则 $t \oplus x = r_1 2^{M-1} + r_2 2^{M-2} + \cdots + r_M t^0 + \mu_1 2^{-1} + \mu_2 2^{-2} + \cdots$,其中

$$r_i = t_i + x_i (\mathrm{mod}\ 2), \mu_i = \tau_i + k_i (\mathrm{mod}\ 2)$$

不难证明在变量 ν 与 t 之间的变换

$$\nu = t \oplus x$$

是一个等测变换,且 $\psi_u(t \oplus x) = \psi_u(t) \cdot \psi_u(x)$.

注意到

$$\int_0^{2^M} \psi_u(x) \mathrm{d}u = \begin{cases} \sum_{k=0}^{2^M-1} \psi_k(x) & (0 \leqslant x < 1) \\ 0 & (1 \leqslant x < \infty) \end{cases}$$

$$= \begin{cases} 2^M & \left(0 \leqslant x < \frac{1}{2^M}\right) \\ 0 & \left(\frac{1}{2^M} \leqslant x < \infty\right) \end{cases}$$

于是可得

$$\int_0^{2^M} \hat{f}(u) \psi_u(x) \mathrm{d}u = 2^M \int_0^{\frac{1}{2^M}} f(t \oplus x) \mathrm{d}t \quad (4.8.1)$$

当 x 是 $f(x)$ 的连续点时,则上式右端当 $M \to \infty$ 时,极限即为 $f(x)$. 又若 x 是一个二分点时,它是有限二进位小数(我们规定二进位小数展开时不用无限循环 1,这样每一个实数有唯一的二进位表达),当 M 充分大时,对于 $[0, 2^{-M})$ 中的 t,就有 $t \oplus x = t + x$,所以只要 f 在点 x 右连续,就有

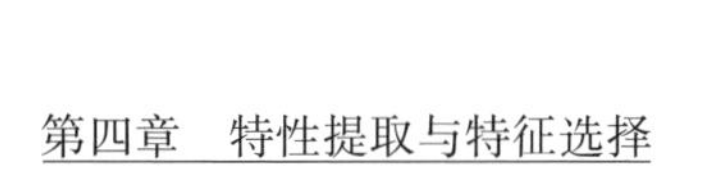

$$\left|2^{M}\int_{0}^{\frac{1}{2^{M}}}f(x\oplus t)\,\mathrm{d}t-f(x)\right|$$

$$\leqslant 2^{M}\int_{0}^{\frac{1}{2^{M}}}|f(x+t)-f(x)|\,\mathrm{d}t=0(1)$$

剩下还要证明:在$f\in L[0,\infty)$条件下

$$\lim_{M\to\infty}\int_{0}^{2^{M}}\hat{f}(u)\psi_{u}(x)\,\mathrm{d}u=f(x)$$

对几乎所有的x都成立.为此,我们考虑满足下述关系的点x所构成的集合E

$$E=\left\{x\left|\frac{\mathrm{d}}{\mathrm{d}x}\int_{0}^{x}f(t)\,\mathrm{d}t=f(x)\right.\right\}$$

任取$x\in E$且$x\notin\left\{\frac{k}{2^{M}}\right\}(k=0,1,2,\cdots)$,则必有某一整数$j\geqslant 0$,使$\frac{j}{2^{M}}<x<\frac{j+1}{2^{M}}$.对于$u$在$\left[0,\frac{1}{2^{M}}\right)$上变动且使

$$v=u\oplus x$$

不出现1的无限循环时,则下述关系式成立:

ⅰ. v在$\left\{\frac{j}{2^{M}},\frac{j+1}{2^{M+1}}\right)$变动;

ⅱ. $2^{M}\int_{0}^{\frac{1}{2^{M}}}f(x\oplus u)\,\mathrm{d}u=2^{M}\int_{\frac{j}{2^{M}}}^{\frac{j+1}{2^{M}}}f(v)\,\mathrm{d}v$

现令　　$\delta_{M}=x-\frac{j}{2^{M}},\tau_{M}=\frac{j+1}{2^{M}}-x$

则　　$\delta_{M}>0,\tau_{M}>0,\delta_{M}+\tau_{M}=\frac{1}{2^{M}}$

于是

$$2^{M}\int_{\frac{j}{2^{M}}}^{\frac{j+1}{2^{M}}}f(v)\,\mathrm{d}v=\frac{1}{\delta_{M}+\tau_{M}}\left\{\int_{x-\delta_{M}}^{x}+\int_{x}^{x+\tau_{M}}\right\}f(v)\,\mathrm{d}v$$

注意到当 $M\to\infty$ 时，$\delta_M\to 0$，$\tau_M\to 0$，从而根据 $x\in E$，就有

$$\frac{1}{\delta_M}\int_{x-\delta_M}^{x} f(v)\,\mathrm{d}v\to f(x)$$

$$\frac{1}{\tau_M}\int_{x}^{x+\tau_M} f(v)\,\mathrm{d}v\to f(x)$$

因而可记

$$\frac{1}{\delta_M}\int_{x-\delta_M}^{x} f(v)\,\mathrm{d}v = f(x) + \varepsilon_M^{(1)}$$

$$\frac{1}{\tau_M} = \int_{x}^{x+\tau_M} f(v)\,\mathrm{d}v = f(x) + \varepsilon_M^{(2)}$$

其中，$\varepsilon_M^{(1)}$，$\varepsilon_M^{(2)}\to 0(M\to\infty)$. 综合以上结果，由(4.8.1)即得

$$\begin{aligned}\int_0^{2^M}\hat{f}(u)\,\Psi_u(x)\,\mathrm{d}u &= 2^M\int_0^{\frac{1}{2^M}} f(t\oplus x)\,\mathrm{d}t = 2^M\int_{\frac{j}{2^M}}^{\frac{j+1}{2^M}} f(v)\,\mathrm{d}v \\ &= \frac{\delta_M}{\delta_M+\tau_M}\left\{\frac{1}{\delta_M}\int_{x-\delta_M}^{x} f(v)\,\mathrm{d}v\right\}+ \\ &\quad \frac{\tau_M}{\delta_M+\tau_M}\left\{\frac{1}{\tau_M}\int_{x}^{x+\tau_M} f(v)\,\mathrm{d}v\right\} \\ &= f(x) + \frac{\delta_M}{\delta_M+\tau_M}\varepsilon_M^{(1)} + \\ &\quad \frac{\tau_M}{\delta_M+\tau_M}\varepsilon_M^{(2)}\end{aligned}$$

从而可得，当 $x\in E$ 且 $x\notin\left\{\frac{k}{2^M}\right\}(k=0,1,2,\cdots)$，就有

$$\lim_{M\to\infty}\int_0^{2^M}\hat{f}(u)\,\Psi_k(x)\,\mathrm{d}u = f(x)$$

即上式对于几乎所有的 x 都成立，引理 4.1 证毕.

利用上述引理，我们要证关于 Walsh 变换的取样定理，这是有限 Walsh 变换的理论基础，也是数字通信

的重要根据.

为简单起见,我们在 $L[0,\infty)$ 中考虑属于 $C^{+}[0,\infty)$ 的函数类,即除绝对可积外,在 $[0,\infty)$ 上最多除去二分点外是连续的,并且在二分点是右连续的函数全体. 根据引理 4.1,这类函数的 Walsh 积分,按引理规定的极限,处处收敛于 $f(x)$.

对于 $f\in L(0,\infty)$,其 Walsh 变换 $\hat{f}(u)$ 如果满足

$$\hat{f}(u)=0\quad(u\geqslant 2^{M})$$

则称 $f(x)$ 是 2^{M} 型有限频带函数,或简称为有限频带函数. 另一方面,如果 $f(x)$ 在 $\left[\frac{j}{2^{M}},\frac{j+1}{2^{M}}\right](j=0,1,2,\cdots)$ 上等于常数,则称 $f(x)$ 为 2^{M} 型阶梯函数. 下面我们证明取样定理:

定理 4.6(取样定理)　设 $f\in C^{+}[0,\infty)$ 且在 $[0,\infty)$ 绝对可积,则 $f(x)$ 是 2^{M} 型有限频带的充要条件是:$f(x)$ 为 2^{M} 型阶梯函数.

证　充分性:设 $f(x)$ 是 2^{M} 型阶梯函数

$$f(x)=C_{i}\quad\left(\frac{i}{2^{M}}\leqslant x<\frac{i+1}{2^{M}}\right)$$

则

$$\begin{aligned}\hat{f}(u)&=\int_{0}^{\infty}f(x)\Psi_{u}(x)\mathrm{d}x=\sum_{i=0}^{\infty}C_{i}\int_{\frac{i}{2M}}^{\frac{i+1}{2M}}\Psi_{[u]}(x)\Psi_{[x]}(u)\mathrm{d}x\\&=\sum_{i=0}^{\infty}C_{i}\Psi_{[\frac{i}{2M}]}(u)\int_{\frac{i}{2M}}^{\frac{i+1}{2M}}\Psi_{[u]}(x)\mathrm{d}x\end{aligned}$$

注意到如果 $u\geqslant 2^{M}$,则根据 Walsh 函数的定义,$\Psi_{[u]}(x)$ 写成 Rademacher 函数的乘积.

$$\Psi_{[u]}(x)=\phi_{M_{1}}(x)\cdots\phi_{M_{r}}(x)$$

$$(M_{1}>M_{2}>\cdots>M_{r}\geqslant 0)$$

时,至少有 $M_1 \geqslant M$,利用 Rademacher 函数的周期及其与常数的正交性,可知

$$\int_{\frac{j}{2^M}}^{\frac{j+1}{2^M}} \Psi_{[u]}(x)\,\mathrm{d}x = 0 \quad (j = 0,1,2,\cdots)$$

表示当 $u \geqslant 2^M$ 时,$\hat{f}(u) = 0$,即 $f(x)$ 是 2^M 型有限频带.

必要性:设 $f(x)$ 是 2^M 型有限频带,则由引理 4.1 及 $f(x)$ 的有限频带的性质,可知

$$f(x) = \int_0^{2^M} \hat{f}(u)\Psi_u(x)\,\mathrm{d}u$$

处处成立. 现在 $\hat{f}(u)$ 在 $[0,2^M)$ 区间上可以展为 Walsh 函数 $\left\{\Psi_n\left(\frac{u}{2^M}\right)\right\}$ 的 Fourier 级数

$$\hat{f}(u) \sim \sum a_n \Psi_n\left(\frac{u}{2^M}\right)$$

其中

$$a_n = \frac{1}{2^M}\int_0^{2^M} \hat{f}(u)\Psi_n\left(\frac{u}{2^M}\right)\mathrm{d}u$$

注意到 $\hat{f}(u)$ 在 $[0,2^M)$ 区间上属于 $C^+[0,2^M)$,则类似于引理 4.1,有关于级数的收敛定理,这时

$$\lim_{k\to\infty}\sum_{n=0}^{2^k-1} a_n \Psi_n\left(\frac{u}{2^M}\right) = \hat{f}(u)$$

处处成立. 再利用 $\hat{f}(u)$ 的有界性,以及公式

$$\sum_{n=0}^{2^n-1} a_n \Psi_n\left(\frac{u}{2^M}\right) = 2^k\int_0^{\frac{1}{2^k}} \hat{f}\left(2^M\left(x \oplus \frac{u}{2^M}\right)\right)\mathrm{d}x$$

可知当 $k\to\infty$ 时,$\sum_{n=0}^{2^k-1} a_n \Psi_n\left(\frac{u}{2^M}\right)$ 有界收敛于 $\hat{f}(u)$. 从而根据有界收敛定理可知

$$
\begin{aligned}
f(x) &= \int_0^{2^M} \hat{f}(u) \cdot \Psi_u(x)\,\mathrm{d}u \\
&= \lim_{k\to\infty} \sum_{n=0}^{2^k-1} a_n \int_0^{2^M} \Psi_n\left(\frac{u}{2^M}\right)\Psi_u(x)\,\mathrm{d}u \qquad (4.8.2)
\end{aligned}
$$

我们可以证明下述关系式成立

$$
\Psi_n\left(\frac{u}{2^M}\right) = \Psi_{\frac{u}{2^M}}(u) \quad (0 \leqslant u < 2^M) \quad (4.8.3)
$$

用来证明定理的必要性,这时有

$$
\begin{aligned}
a_n &= \frac{1}{2^M}\int_0^{2^M} \hat{f}(u)\,\Psi_n\left(\frac{u}{2^M}\right)\mathrm{d}u \\
&= \frac{1}{2^M}\int_0^{2^M} \hat{f}(u)\,\Psi_{\frac{u}{2^M}}(u)\,\mathrm{d}u \\
&= \frac{1}{2^M} f\left(\frac{n}{2^M}\right)
\end{aligned}
$$

代入(4.8.2),就有

$$
\begin{aligned}
f(x) &= \lim_{k\to\infty} \sum_{n=0}^{2^k-1} f\left(\frac{n}{2^M}\right)\frac{1}{2^M}\int_0^{2^M} \Psi_{\frac{u}{2^M}}(u)\,\Psi_u(u)\,\mathrm{d}u \\
&= \lim_{k\to\infty} \sum_{n=0}^{2^k-1} f\left(\frac{n}{2^M}\right)\frac{1}{2^M}\int_0^{2^M} \Psi_n\left(\frac{n}{2^M}\right)\Psi_u(x)\,\mathrm{d}u \\
&= \lim_{k\to\infty} \sum_{n=0}^{2^k-1} f\left(\frac{n}{2^M}\right)\frac{1}{2^M}\int_0^{2^M} \Psi_n\left(\frac{n}{2^M} \oplus x\right)\mathrm{d}u \qquad (4.8.4)
\end{aligned}
$$

注意到

$$
\frac{1}{2^M}\int_0^{2^M} \Psi_u\left(\frac{n}{2^M} \oplus x\right)\mathrm{d}u = \begin{cases} 1 & \left(0 \leqslant \dfrac{n}{2^M} \oplus x < \dfrac{1}{2^M}\right) \\ 0 & \left(\dfrac{1}{2^M} \leqslant \dfrac{n}{2^M} \oplus x\right) \end{cases}
$$

(4.8.5)

由于$\frac{n}{2^M}$是一个有限二进小数,从而$\frac{n}{2^M} \oplus x$不出现 1 的

无限循环,这时令 $y = \frac{n}{2^M} \oplus x$,即可解得

$$x = \frac{n}{2^M} \oplus y$$

当 $y = \frac{n}{2^M} \oplus x$ 在 $\left[0, \frac{1}{2^M}\right)$ 上变动时,x 就在 $\left[\frac{n}{2^M}, \frac{n+1}{2^M}\right)$ 上变动,这时变换 $x = \frac{n}{2^M} \oplus y$ 把区间 $\left(0, \frac{1}{2^M}\right)$ 一一对应于区间 $\left[\frac{n}{2^M}, \frac{n+1}{2^M}\right)$,从而关系式(4.8.5)又可写成

$$\frac{1}{2^M}\int_0^{2^M} \Psi_n\left(\frac{n}{2^M} \oplus x\right)\mathrm{d}u = \begin{cases} 1 & \left(\frac{n}{2^M} \leqslant x < \frac{n+1}{2^M}\right) \\ 0 & (\text{其他}) \end{cases}$$

代入(4.8.4),可知当 $\frac{j}{2^M} \leqslant x < \frac{j+1}{2^M}$ 时,(4.8.4)的等式右端的和号 $\sum$ 中只有一项 $n = j$ 时不消失,为 $f\left(\frac{j}{2^M}\right)$,其他都为零,即对于 $j = 0,1,2,\cdots$,都有

$$f(x) = f\left(\frac{j}{2^M}\right) \quad \left(\frac{j}{2^M} \leqslant x < \frac{j+1}{2^M}\right)$$

即 $f(x)$ 是 2^M 型阶梯函数. 定理4.6证毕.

剩下验证(4.8.3),作为一个引理叙述之,因为等式(4.8.3)与 Walsh 函数系的排列有关,这一重要性质恰好是原来 Walsh 按奇偶排列的情况所不具备的.

引理4.2 对于整数 $n \geqslant 0$ 与 $M > 0$,有

$$\Psi_n\left(\frac{x}{2^M}\right) = \Psi_{\frac{n}{2^M}}(x) \quad (0 \leqslant x < 2^M)$$

证 把整数 n 写成 $n = k \cdot 2^M + r(0 \leqslant r < 2^M, k \geqslant 0)$,即

$$k = \left[\frac{n}{2^M}\right]$$

于是

$$\Psi_{\frac{n}{2^M}}(x) = \Psi_{\left[\frac{n}{2^M}\right]}(x) \cdot \Psi_{[x]}\left(\frac{n}{2^M}\right)$$

$$= \Psi_k(x) \cdot \Psi_{[x]}\left(\frac{r}{2^M}\right) \qquad (4.8.6)$$

现把整数 k 写成二进位

$$k = a_\mu 2^\mu + a_{\mu-1}2^{\mu-1} + \cdots + a_0$$

则　$k \cdot 2^M = a_\mu 2^{M+\mu} + a_{\mu-1}2^{M+\mu-1} + \cdots + a_0 2^M$

这时由于 $0 \leqslant r < 2^M$，可得

$$\Psi_n\left(\frac{x}{2^M}\right) = \Psi_{k\cdot 2^M+r}\left(\frac{x}{2^M}\right)$$

$$= \phi_{M+\mu}^{a_\mu}\left(\frac{x}{2^M}\right) \cdot \phi_{M+\mu-1}^{a_{\mu-1}}\left(\frac{x}{2^M}\right) \cdots \phi_M^{a_0}\left(\frac{x}{2^M}\right) \Psi_r\left(\frac{x}{2^M}\right)$$

$$= \phi_\mu^{a_\mu}(x)\phi_{\mu-1}^{a_{\mu-1}}(x) \cdots \phi_0^{a_0}(x)\Psi_r\left(\frac{x}{2^M}\right)$$

$$= \Psi_k(x)\Psi_r\left(\frac{x}{2^M}\right) \qquad (4.8.7)$$

比较(4.8.6)与(4.8.7)，只要证明

$$\Psi_r\left(\frac{x}{2^M}\right) = \Psi_{[x]}\left(\frac{r}{2^M}\right) \quad (0 \leqslant r < 2^M; 0 \leqslant x < 2^M)$$

注意到当 $0 \leqslant r < 2^M$ 时，$\Psi_r(u)$ 在小区间 $\left[\frac{j}{2^M}, \frac{j+1}{2^M}\right)$ 上等于常数，从而有 $\Psi_r\left(\frac{x}{2^M}\right) = \Psi_r\left(\frac{[x]}{2^M}\right)$. 现设

$$[x] = \alpha_{M-1}2^{M-1} + \alpha_{M-2}2^{M-2} + \cdots + \alpha_1 2 + \alpha_0$$

$(\alpha_1$ 取 0 或 1)

$$r = \beta_{M-1}2^{M-1} + \beta_{M-2}2^{M-2} + \cdots + \beta_1 2 + \beta_0$$

$(\beta_i$ 取 0 或 1)

则 $$\Psi_r\left(\frac{[x]}{2^M}\right)=\phi_{M-1}^{\beta_{M-1}}\left(\frac{[x]}{2^M}\right)\cdots\phi_0^{\beta_0}\left(\frac{[x]}{2^M}\right)$$

注意到

$$\frac{[x]}{2^M}=\alpha_{M-1}2^{-1}+\alpha_{M-2}2^{-2}+\cdots+\alpha_1 2^{-M+1}+\alpha_0 2^{-M}$$

$$2^j\frac{[x]}{2^M}=\alpha_{M-1}2^{j-1}+\cdots+\alpha_{M-j-1}2^{-1}+\cdots+\alpha_0 2^{-M+j}$$

$$(0\leqslant j<M)$$

从而有

$$\phi_j\left(\frac{[x]}{2^M}\right)=\phi_0\left(2^j\frac{[x]}{2^M}\right)=(-1)^{\alpha_{M-j-1}}$$

$$(j=0,1,\cdots,M-1)$$

于是即得

$$\Psi_r\left(\frac{[x]}{2^M}\right)=(-1)^{\alpha_0\beta_{M-1}+\alpha_1\beta_{M-2}+\cdots+\alpha_{M-1}\beta_0}\begin{pmatrix}0\leqslant r<2^M\\0\leqslant [x]<2^M\end{pmatrix} \tag{4.8.8}$$

另一方面,按完全同样的方法可得

$$\Psi_{[x]}\left(\frac{r}{2^M}\right)=(-1)^{\beta_0\alpha_{M-1}+\cdots+\beta_{M-1}\alpha_0}$$

从而有

$$\Psi_r\left(\frac{x}{2^M}\right)=\Psi_r\left(\frac{[x]}{2^M}\right)=\Psi_{[x]}\left(\frac{r}{2^M}\right)$$

引理 4.2 证毕.

注意到 Walsh 函数系按原来 Walsh 的排列 $\{W_n(x)\}$ 不具有引理 4.2 的结果,可见 Paley 的排列 $\{\Psi_n(x)\}$ 比原来 Walsh 的排列具有更自然的结果. 例如

$$W_2\left(\frac{1}{2}\right)=\Psi_3\left(\frac{1}{2}\right)=-1$$

$$W_1(1) = \Psi_1(1) = 1$$

表示 $W_2\left(\frac{1}{2}\right) \neq W_1(1)$. 但是

$$\psi_2\left(\frac{1}{2}\right) = W_3\left(\frac{1}{2}\right) = 1$$

$$\psi_1(1) = W_1(1) = 1$$

即 $\Psi_2\left(\frac{1}{2}\right) = \Psi_1(1)$.

有了取样定理,对有限 Walsh 变换我们就可以有进一步的理解,即它不只是一种正交变换,而是和信号函数的频带有紧密联系. 现设 $f(x) \in C^+[0,2^M)$,则 f 可关于 $\left\{\Psi_n\left(\frac{x}{2^M}\right)\right\}$ 作 Fourier 展开

$$f(x) \sim \sum a_n \Psi_n\left(\frac{x}{2^M}\right)$$

其中,Fourier 系数

$$a_n = \frac{1}{2^M}\int_0^{2M} f(u)\Psi_n\left(\frac{u}{2^M}\right)\mathrm{d}u$$

已知 $f(x) = \lim\limits_{k\to\infty}\sum\limits_{n=0}^{2^k-1} a_n \Psi_n\left(\frac{x}{2^M}\right)$ 处处成立. 我们称 $f(x)$ 为 2^M 型有限频率,如果 f 的 Fourier 系数 a_n 满足

$$a_n = 0 \quad (n \geqslant 2^M)$$

我们又称 $f(x)$ 在 $[0,2^M)$ 为 2^M 型阶梯函数,如果 $f(x)$ 当 $j \leqslant x < j+1$ 时,等于常数 $C_j(j = 0,1,2,\cdots,2^M-1)$. 于是类似于定理 4.6,有下述结果:

定理 4.6′　设 $f(x) \in C^+[0,2^M)$,则 $f(x)$ 是 2^M 型有限频率的充分必要条件是:$f(x)$ 为 2^M 型阶梯函数. 且有下述关系式

$$\tilde{f}(k)=\frac{1}{\sqrt{2^M}}\sum_{n=0}^{2^M-1}f(k)\Psi_k\left(\frac{n}{2^M}\right)(k=0,1,\cdots,2^M-1)\tag{4.8.9}$$

$$f(n)=\frac{1}{\sqrt{2^M}}\sum_{k=0}^{2^M-1}\tilde{f}(k)\Psi_k\left(\frac{n}{2^M}\right)(n=0,1,\cdots,2^M-1)\tag{4.8.10}$$

上述定理中的 $\tilde{f}(k)$ 即为 f 的 Fourier 系数 a_k 乘一规范常数

$$\tilde{f}(k)=(2^M)^{\frac{1}{2}}a_k$$

我们称 $\{\tilde{f}(k)\}$ 为 $\{f(n)\}$ 的有限 Walsh 变换. 事实上,若令

$$\boldsymbol{X}=(f(0)f(1)\cdots f(2^M-1))^{\mathrm{T}}$$

$$\boldsymbol{Y}=(\hat{f}(0)\hat{f}(1)\cdots\hat{f}(2^M-1))^{\mathrm{T}}$$

把变换矩阵

$$\frac{1}{\sqrt{2^M}}\begin{pmatrix}\Psi_0\left(\frac{0}{2^M}\right) & \cdots & \Psi_{2^M-1}\left(\frac{0}{2^M}\right)\\ \vdots & & \vdots\\ \Psi_0\left(\frac{2^M-1}{2^M}\right) & \cdots & \Psi_{2^M-1}\left(\frac{2^M-1}{2^M}\right)\end{pmatrix}$$

暂记作 W,则(4.8.9) 与(4.8.10) 可分别写成

$$\boldsymbol{Y}=\boldsymbol{W}^{\mathrm{T}}\boldsymbol{X}\tag{4.8.9$'$}$$

$$\boldsymbol{X}=\boldsymbol{W}\boldsymbol{Y}\tag{4.8.10$'$}$$

注意到公式(4.8.8),可知

$$\frac{1}{\sqrt{2^M}}\Psi_i\left(\frac{j}{2^M}\right)=(-1)^{I(i,j)}\frac{1}{\sqrt{2^M}}$$

其中 $I(i,j)=\sum_{k=0}^{M-1}i_kj_{M-k-1}$,而 $i=i_{M-1}2^{M-1}+\cdots+i_1\cdot$

$2+i_0$;$j=j_{M-1}\cdot 2^{M-1}+\cdots+j_1\cdot 2+j_0$(见 §4.3). 由此可知变换矩阵 $\boldsymbol{W}$ 即为 Hadamard 矩阵 $\boldsymbol{H}$. 表达式 $I(i,j)=I(j,i)$,可见 $\boldsymbol{H}$ 是对称矩阵. 另一方面,不难证明 Walsh 函数具有如下的性质

$$\frac{1}{2^M}\sum_{k=0}^{2^M-1}\psi_k\left(\frac{n}{2^M}\right)=\begin{cases}1 & (n=0)\\ 0 & (n=1,2,\cdots,2^M-1)\end{cases}$$

从而有

$$\frac{1}{2^M}\sum_{k=0}^{2^M-1}\psi_k\left(\frac{n}{2^M}\right)\psi_k\left(\frac{m}{2^M}\right)$$
$$=\frac{1}{2^M}\sum_{k=0}^{2^M-1}\psi_k\left(\frac{n\oplus m}{2^M}\right)=\begin{cases}1 & (n=m)\\ 0 & (n\neq m)\end{cases}$$

可见 $\boldsymbol{H}$ 矩阵是一个对称的正交规范矩阵. 下面证明定理4.6′:

证　充分性:设 $f(x)$ 是 2^M 型阶梯函数,考虑

$$(2^M)^{\frac{1}{2}}a_k=(2^M)^{-\frac{1}{2}}\int_0^{2M}f(x)\psi_k\left(\frac{x}{2^M}\right)\mathrm{d}x$$

$$=(2^M)^{-\frac{1}{2}}\sum_{n=0}^{2^M-1}f(n)\int_n^{n+1}\Psi_k\left(\frac{x}{2^M}\right)\mathrm{d}x$$

注意到当 $k\geqslant 2^M$ 时

$$\int_n^{n+1}\Psi_k\left(\frac{x}{2^M}\right)\mathrm{d}x=0$$

即得当 $k\geqslant 2^M$ 时,$\alpha_k=0$. 表示 $f(x)$ 是 2^M 型有限频率.

现令

$$\tilde{f}(k)=(2^M)^{\frac{1}{2}}a_k=\frac{1}{\sqrt{2^M}}\sum_{n=0}^{2^M-1}f(n)\int_n^{n+1}\Psi_k\left(\frac{x}{2^M}\right)$$
$$(k=0,1,\cdots,2^M-1)$$

注意到当 $k\leqslant 2^M-1$ 时,$\Psi_k\left(\frac{x}{2^M}\right)$ 在 $[n,n+1)$ 区间取常

数 $\Psi_k\left(\frac{n}{2^M}\right)$，从而即得(4.8.9). 至于(4.8.10)，利用变换矩阵 $\boldsymbol{H}$ 是对称规范、正交的，由(4.8.1)，作逆变换即得. 另一方面，根据级数收敛定理(相当于积分收敛定理即引理4.1)知

$$f(x) = \sum_{k=0}^{2^M-1} a_k \Psi_k\left(\frac{x}{2^M}\right) = \frac{1}{(2^M)^{\frac{1}{2}}} \sum_{k=0}^{2^M-1} \tilde{f}(k) \Psi_k\left(\frac{x}{2^M}\right)$$

$$(0 \leqslant x < 2^M - 1) \qquad (4.8.11)$$

即不仅(4.8.10)成立，对连续变量 x 都成立.

必要性：设 $f(x)$ 是 2^M 型有限频率，则(4.8.11)成立，已知当 $k < 2^M$ 时，$\psi_k\left(\frac{x}{2^M}\right)$ 在 $n \leqslant x < n+1$ ($n = 0, 1, \cdots, 2^M - 1$) 区间上取常数值，从而 $f(x)$ 在 $n \leqslant x < n+1$ ($n = 0, 1, \cdots, 2^M - 1$) 上也取常数值，表示 $f(x)$ 是 2^M 型阶梯函数.

根据以上的分析，有限 Walsh 变换不是简单的一个正交变换。当 $f(x) \in C^+[0,\infty) \cap L[0,\infty)$ 时，若 f 是 2^M 型有限频带，则 $f(x)$ 可用离散点的值 $f\left(\frac{n}{2^M}\right)$ 表示. 同时我们知道：这时 $\hat{f}(u) \in C^+[0,2^M]$，如果 $\hat{f}(u)$ 本身是 2^M 型有限频率时，即设 $g(u) = \hat{f}(u) \in C^+[0,2^M)$，$g(u)$ 是 2^M 型有限频率，则根据定理4.6′知

$$\tilde{g}(k) = \frac{1}{\sqrt{2^M}} \sum_{n=0}^{2^M-1} g(n) \Psi_k\left(\frac{n}{2^M}\right)$$

$$= \frac{1}{\sqrt{2^M}} \sum_{n=0}^{2^M-1} \hat{f}(u) \Psi_k\left(\frac{n}{2^M}\right) \quad (k = 0, 1, \cdots, 2^M - 1)$$

或写成

$$\tilde{g}(n)=\frac{1}{\sqrt{2^M}}\sum_{k=0}^{2^M-1}g(k)\Psi_n\left(\frac{k}{2^M}\right)$$

$$=\frac{1}{\sqrt{2^M}}\sum_{k=0}^{2^M-1}\hat{f}(k)\Psi_n\left(\frac{k}{2^M}\right)(n=0,1,\cdots,2^M-1)$$

而 $\tilde{g}(n)$ 应等于 $g(u)$ 的 Fourier 系数乘以$(2^M)^{\frac{1}{2}}$,即

$$\tilde{g}(n)=\frac{1}{(2^M)^{\frac{1}{2}}}\int_0^{2^M}g(x)\Psi_n\left(\frac{x}{2^M}\right)\mathrm{d}x$$

$$=\frac{1}{(2^M)^{\frac{1}{2}}}\int_0^{2^M}\hat{f}(x)\Psi_n\left(\frac{x}{2^M}\right)\mathrm{d}x$$

根据引理4.1与4.2,这时有

$$\tilde{g}(n)=(2^M)^{-\frac{1}{2}}\int_0^{2^M}\hat{f}(x)\Psi_{\frac{n}{2^M}}(x)\mathrm{d}x$$

$$=(2^M)^{-\frac{1}{2}}f\left(\frac{n}{2^M}\right)(n=0,1,\cdots,2^M-1)$$

对上式两端作有限 Walsh 逆变换,即得

$$g(k)=\hat{f}(k)=(2^M)^{-\frac{1}{2}}\tilde{f}\left(\frac{k}{2^M}\right)(k=0,1,\cdots,2^M-1) \tag{4.8.12}$$

这时有限 Walsh 变换公式又可写成

$$\tilde{f}\left(\frac{k}{2^M}\right)=\frac{1}{(2^M)^{\frac{1}{2}}}\sum_{n=0}^{2^M-1}f\left(\frac{n}{2^M}\right)\Psi_n\left(\frac{k}{2^M}\right)$$

$$(k=0,1,\cdots,2^M-1) \tag{4.8.13}$$

$$f\left(\frac{n}{2^M}\right)=\frac{1}{(2^M)^{\frac{1}{2}}}\sum_{n=0}^{2^M-1}\tilde{f}\left(\frac{k}{2^M}\right)\Psi_n\left(\frac{k}{2^M}\right)$$

$$(n=0,1,\cdots,2^M-1) \tag{4.8.14}$$

综合以上结果,可知当$f(x)\in L[0,\infty)\cap C^+[0,\infty)$是$2^M$有限频带时,则由定理4.4知$f(x)$可以离散

化,这时 Walsh 变换$\hat{f}(u)\in C^{+}[0,2^{M})$可在$[0,2^{M})$展为$\left\{\Psi_{n}\left(\frac{x}{2^{M}}\right)\right\}$的 Fourier 级数,如果又假定$\hat{f}(u)$是$2^{M}$型有限频率,则$f(x)$除离散化外又进一步有限化,这时(4.8.13)与(4.8.14)成立,并且 Walsh 变换$\hat{f}$与有限 Walsh 变换 $\tilde{f}$ 之间的关系由(4.8.12)表示,即$\left\{f\left(\frac{n}{2^{M}}\right)\right\}$的有限 Walsh 变换$\left\{\tilde{f}\left(\frac{k}{2^{M}}\right)\right\}$等于$f(x)$的 Walsh 变换$\hat{f}(u)$在$u=0,1,\cdots,2^{M}-1$处的值$\{\hat{f}(k)\}$乘上一个规范因子$\sqrt{2^{M}}$. 这说明有限 Walsh 变换是一般 Walsh 变换在有限频带与有限频率的特定情况下的结果,不能简单地看成一个对称的规范正交变换.

为要指出 Walsh 变换具有一定意义的最优性,现在引进关于二进平稳过程的概念. 设

$$\xi_{t}(e)=\xi(e,t)\quad(e\in\Omega,t\in[0,\infty))$$

是以t为连续参数的随机过程,Ω是概率空间,满足$P(\Omega)=1$,这里P是概率测度. 当参数t固定时,$\xi_{t}(e)$是Ω上的可测函数,亦即$\xi_{t}(e)$是一个随机变量. 现把$\xi_{t}(e)=\xi(e,t)$看作在$\Omega\times[0,\infty)$上的二元函数,并规定$\Omega\times[0,\infty)$上的二元测度即为Ω上的概率测度P与$[0,\infty)$上的 Lebesgue 测度μ的直乘积. 如果$\xi(e,t)$是$\Omega\times[0,\infty)$上的二元可测函数,就说随机过程$\xi_{t}(e)=\xi(e,t)$是可测的随机过程.

定义 4.1 设随机过程$\xi_{t}(e)=\xi(e,t)(e\in\Omega,t\in[0,\infty))$满足下述三个性质:

(1)$\xi(e,t)$在Ω上平方可积(对一切$t\in[0,\infty)$);

(2)$E(\xi t)$ 与 t 无关;

(3)$E(\xi_{t_1} \cdot \xi_{t_2})$ 仅与 $t_2 \oplus t_1 = \tau$ 有关,这里 $t_1, t_2 \in [0, \infty)$,但 $t_1 \oplus t_2$ 不出现1的无限循环. 就称 $\xi(e,t)$ 是二进平稳过程. 一个二进平稳过程 $\xi(e,t)$ 如果又满足下述条件:

(4)$E\{(\xi_{t+\eta} - \xi_t)^2\} \to 0 (\eta \to 0)$(对一切 t 除 t 是有限二进小数);

$E\{(\xi_{t_i+\eta} - \xi_{t_i})^2\} \to 0 (\eta \to +0)$(当 t_i 是有限二进小数时),就称 $\xi_t(e)$ 是准连续二进平稳过程.

现设 $\xi_t(e)$ 是一个准连续二进平稳过程,这时 $E(\xi_{t_1} \cdot \xi_{t_2})$ 只与 $\tau = t_1 \oplus t_2$ 有关,这里 $t_1, t_2 \in [0, \infty)$,且 $t_1 \oplus t_2$ 不发生1的无限循环,我们用

$$R(\tau) = E(\xi_{t_1} \cdot \xi_{t_2})(t_1 \oplus t_2 = \tau)$$

表示 $\xi_t(e)$ 的相关函数,它具有以下的性质:

ⅰ. $R(\tau) \in C^+[0, \infty)$. 事实上设 $t_0 \in [0, \infty)$,考虑

$$\begin{aligned} |R(t_0 + \tau) - R(t_0)| &= |E(\xi_{t_0+\tau} \cdot \xi_0) - E(\xi_{t_0} \cdot \xi_0)| \\ &= |E\{\xi_{t_0+\tau} - \xi_{t_0}) \cdot \xi_0\}| \\ &\leqslant [E\{(\xi_{t_0+\tau} - \xi_{t_0})^2\}]^{\frac{1}{2}} [E(\xi_0^2)]^{\frac{1}{2}} \end{aligned}$$

从而根据上述性质(4),即可知 $R(\tau) \in C^+[0, \infty)$.

ⅱ. $R(0) \geqslant 0$, $|R(\tau)| \leqslant R(0)$. 事实上

$$R(0) = E(\xi_\tau \cdot \xi_\tau) = E(\xi_\tau^2) \geqslant 0 (\text{一切 } \tau \in [0, \infty))$$

$$\begin{aligned} |R(\tau)| &= |E(\xi_\tau \cdot \xi_0)| \\ &\leqslant \{E(\xi_\tau^2)\}^{\frac{1}{2}} \{E(\xi_0^2)\}^{\frac{1}{2}} \\ &= R(0) \end{aligned}$$

ⅲ. 对于任意一组数 $\tau_1, \tau_2, \cdots, \tau_m$ 满足 $\tau_i \oplus \tau_j$ 都不出现1的无限循环,以及任何一组复数 $\eta_1, \cdots, \eta_m$,总有

$$\sum_{i=1}^{m} R(\tau_i \oplus \tau_k)\eta_i \overline{\eta_k} \geqslant 0$$

事实上，

$$\sum_{i=1}^{m}\sum_{k=1}^{m} R(\tau_i \oplus \tau_k)\eta_i \overline{\eta_k} =$$

$$E(\{\sum_{i=1}^{m}\xi_{\tau_i}\eta_i\}\overline{\{\sum_{k=1}^{m}\xi_{\tau_k}\eta_k\}}) \geqslant 0$$

满足上述性质 ⅰ、ⅱ、ⅲ 的函数一般称为拟正定函数. 可见一个准连续二进平稳过程的相关函数是一个拟正定函数. 我们可以证明下述结果：

定理 4.7　设 $f(x) \in L[0,\infty)$，则 $f(x)$ 是拟正定函数的充要条件是：存在非负函数 $g(x) \in L[0,\infty)$，使 $f(x)$ 为 g 的 Walsh 变换.

证　充分性：若有非负函数 $g \in L[0,\infty)$，使

$$f(u) = \int_0^\infty g(x)\Psi_x(u)\mathrm{d}x$$

则 $f \in C^+[0,+\infty)$，并且有 $f(0) = \int_0^\infty g(x)\mathrm{d}x > 0$，

$$|f(u)| \leqslant \int_0^\infty |g(x)\Psi_x(u)|\mathrm{d}x \leqslant \int_0^\infty g(x)\mathrm{d}x = f(0)$$

最后还有

$$\sum_{i=1}^{m}\sum_{k=1}^{m} f(u_i \oplus u_k)\eta_i \overline{\eta_k}$$

$$= \int_0^\infty \{\sum_{i=1}^{m}\sum_{k=1}^{m}\Psi_x(u_i)\Psi_k(u_k)\eta_i \overline{\eta_k}\}g(x)\mathrm{d}x$$

$$= \int_0^\infty \left|\sum_{i=1}^{m}\Psi_x(u_i)\eta_i\right|^2 g(x)\mathrm{d}x \geqslant 0$$

必要性：若 $f(x)$ 是拟正定函数，作 $f(x)$ 的 Walsh 变换 $g(u)$

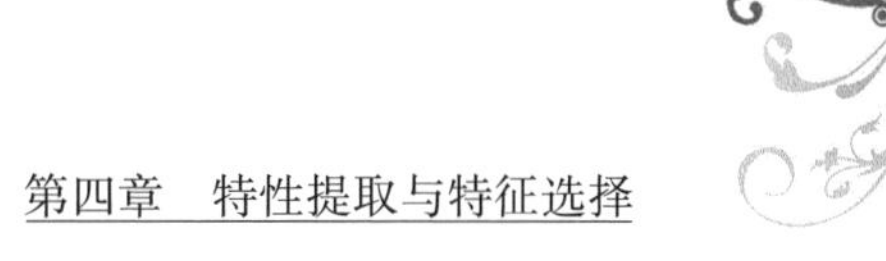

$$g(u) = \int_0^{\infty} f(x) \Psi_x(u) \mathrm{d}x$$

则由引理 4.1 知

$$\lim_{M \to 0} \int_0^{2M} g(u) \Psi_x(u) \mathrm{d}u = f(x)$$

处处成立，特别有

$$\lim_{M \to \infty} \int_0^{2M} g(u) \mathrm{d}u = f(0)$$

如果能证明 $g(u)$ 在 $[0,\infty)$ 上非负，则上式就保证了 $g \in L[0,\infty)$，从而有

$$f(x) = \int_0^{\infty} g(u) \Psi_x(u) \mathrm{d}u$$

对一切 $x \in [0,\infty)$ 都成立. 这样就只需证明一个拟正定函数 $f(x)$ 的 Walsh 变换是非负的. 为此只需证明

$$\int_0^{2M} f(x) \Psi_x(u) \mathrm{d}x \quad (x \in [0,\infty))$$

当 M 任意大时是非负的. 现在考虑函数

$$\begin{aligned} h(t,u) &= \int_0^{2M} f(t \oplus x) \Psi_x(u) \mathrm{d}x \\ &= \int_0^{2M} f(x) \Psi_{x \oplus t}(u) \mathrm{d}x \\ &= \Psi_t(u) \int_0^{2M} f(x) \Psi_x(u) \mathrm{d}x \end{aligned}$$

于是

$$\int_0^{2M} h(t,u) \Psi_t(u) \mathrm{d}t = \int_0^{2M} f(x) \Psi_x(u) \mathrm{d}x \int_0^{2M} \Psi_t^2(u) \mathrm{d}t$$

为要证 $$\int_0^{2M} f(x) \Psi_x(u) \mathrm{d}x \geqslant 0$$

只需证 $$\int_0^{2M} h(t,u) \Psi_t(u) \mathrm{d}t \geqslant 0$$

也即要证下述二重积分为非负

$$\int_0^{2^M}\int_0^{2^M} f(t \oplus x)\Psi_x(u)\Psi_t(u)\mathrm{d}x\mathrm{d}t \quad (4.8.15)$$

注意到$f(u) \in C^+[0,\infty)$,而$u = t \oplus x$是$[0,\infty) \times [0,\infty)$上关于$t,x$的二元连续函数,从而复合函数$f(t \oplus x) \in C^+[0,\infty) \times [0,\infty)$,而$\Psi_t(u) \cdot \Psi_x(u) \in C^+[0,\infty) \times [0,\infty)$. 由此可见积分(4.8.15)按Riemann意义存在. 现在在$0 \leqslant t \leqslant 2^M$和$0 \leqslant x \leqslant 2^M$中插入同一组分量$t_1,t_2,\cdots,t_m$,这里$m$可任意取,作下述Riemann和

$$\sum_{i=1}^{m}\sum_{j=1}^{m} f(t_i \oplus t_j)\Psi_{t_i}(u)\Psi_{t_j}(u)\Delta t_i \Delta t_j \quad (4.8.16)$$

现把$\Psi_{t_i}(u)\Delta t_i$与$\Psi_{t_j}(u)\Delta t_j$分别看作$\eta_i\eta_j$,则根据拟正定的概念,不论分点多密,Δt_i多小,和(4.8.16)是非负的. 这就证明了必要性.

推论 设$\xi(e,t)$是可测准连续二进平稳过程,$R(\tau)$是它的相关函数,假设$R(\tau) \in L[0,\infty)$,则$\xi(e,t)$的功率谱密度与相关函数互为Walsh变换.

这里$\xi(e,t)$的功率谱密度$s(u)$应如下规定

$$s(u) = \lim \frac{E\{([\xi(e,u)]_A^A)^2\}}{2^M} \quad (A = 2^M)$$

其中,$[\xi(e,u)]_A^A$表示$[\xi(e,t)]_A$的Walsh变换,而

$$[\xi(e,t)]_A = \begin{cases} \xi(e,t) & (e \in \Omega, 0 \leqslant t < 2^M = A) \\ 0 & (\text{其他}) \end{cases}$$

证 注意到

$$E\{\xi_t^2\} = R(0), E(|\xi_t|) \leqslant [E\{\xi_t^2\}]^{\frac{1}{2}} = R^{\frac{1}{2}}(0)$$

可知$E\{\xi_t^2\}$与$E\{|\xi_t|\}$在$[0,\infty)$的任一有界区间$[0,2^M)$上都可积,从而二元函数$\xi(e,t)$与$\xi^2(e,t)$在

$\Omega\times[0,A)(A=2^M)$ 上都 L 可积. 于是有

$$[\xi(e,u)]_A^A=\int_0^\infty[\xi(e,t)]_A\Psi_u(t)\mathrm{d}t=\int_0^A\xi(e,t)\Psi_u(t)\mathrm{d}t$$

根据定义,有

$$s(u)=\lim_{M\to\infty}\frac{1}{2^M}E\Big\{\Big(\int_0^{2^M}\xi(e,t)\Psi_u(t)\mathrm{d}t\Big)\times\Big(\int_0^{2^M}\xi(e,t')\Psi_u(t')\mathrm{d}t'\Big)\Big\}$$

利用 Fubini 定理即得

$$S(u)=\lim_{M\to\infty}\frac{1}{2^M}\int_0^{2^M}\int_0^{2^M}R(\tau\oplus\tau')\Psi_u(t\oplus t')\mathrm{d}u\mathrm{d}\tau'$$

现在先计算积分

$$I=\int_0^{2^M}R(t\oplus t')\Psi_u(t\oplus t')\mathrm{d}t$$

对于任意固定的 $t'\in[0,2^M)$,只要 $t\oplus t'$ 不产生 1 的无限循环,变换 $\tau=t\oplus t'$ 是把$[0,2^M)$变到$[0,2^M)$的等测变换,从而

$$I=\int_0^{2^M}R(\tau)\Psi_k(\tau)\mathrm{d}\tau$$

与 $t'\in[0,2^M)$ 无关,故得

$$\begin{aligned}S(u)&=\lim_{M\to\infty}\int_0^{2^M}R(\tau)\Psi_k(\tau)\mathrm{d}\tau\\&=\int_0^\infty R(\tau)\Psi_k(\tau)\mathrm{d}\tau\\&=\hat{R}(u)\end{aligned}$$

已知准连续二进平稳过程的相关函数 $R(\tau)$ 是拟正定函数,在定理 4.7 的证明中已知一个拟正定函数的 Walsh 变换是非负的,可见功率谱密度函数 $S(u)$ 即相当于定理 4.7 中的 $g(u)$,从而根据定理 4.7,有

$$R(t)=\int_0^\infty S(u)\Psi_u(t)\mathrm{d}u$$

即得 $R(t)$ 与 $S(u)$ 互为 Walsh 变换,于是即得推论的结果.

我们的主要目的是要指出 Walsh 变换具有一定意义的最优性,这在平稳过程的 Fourier 变换中并没有类似的结果. 以下就是要指出这一点,首先证明:

定理4.8 设$\xi(e,t)$ 是一个可测的准连续二进平稳过程,令

$$\xi_n = \xi_n(e) = \frac{1}{2^M}\int_0^{2^M}\xi(e,t)\Psi_n\left(\frac{t}{2^M}\right)\mathrm{d}t$$

则有
$$E(\xi_n\cdot\xi_m) = \begin{cases}0 & (n\neq m)\\ C_n & (n=m)\end{cases}$$

其中 C_n 是相关函数 $R(t)$ 的 Fourier 系数

$$C_n = \frac{1}{2^M}\int_0^{2^M}R(t)\Psi_n\left(\frac{t}{2^M}\right)\mathrm{d}t$$

证 考虑下述关系

$$\begin{aligned}\frac{1}{2^M}\int_0^{2^M}R(s\oplus t)\Psi_n\left(\frac{s}{2^M}\right)\mathrm{d}s &= \frac{1}{2^M}\int_0^{2^M}R(u)\psi_u\left(\frac{u\oplus t}{2^M}\right)\mathrm{d}u\\ &= \frac{1}{2^M}\int_0^{2^M}R(u)\Psi_n\left(\frac{u}{2^M}\right)\Psi_n\left(\frac{t}{2^M}\right)\mathrm{d}u\\ &= C_n\Psi_n\left(\frac{t}{2^M}\right)\end{aligned} \tag{4.8.17}$$

从而有

$$\begin{aligned}E(\xi_n\cdot\xi_m) &= E\left\{\left(\frac{1}{2^M}\right)^2\left[\int_0^{2^M}\xi(e,t)\Psi_n\left(\frac{t}{2^M}\right)\mathrm{d}t\right]\times\right.\\ &\qquad\left.\left[\int_0^{2^M}\xi(e,s)\Psi_m\left(\frac{s}{2^M}\right)\mathrm{d}s\right]\right\}\\ &= \left(\frac{1}{2^M}\right)^2\int_0^{2^M}\int_0^{2^M}R(s\oplus t)\cdot\\ &\qquad\Psi_n\left(\frac{s}{2^M}\right)\Psi_m\left(\frac{t}{2^M}\right)\mathrm{d}s\mathrm{d}t\end{aligned}$$

$$= C_n \frac{1}{2^M}\int_0^{2^M} \Psi_n\left(\frac{t}{2^M}\right)\Psi_m\left(\frac{t}{2^M}\right)\mathrm{d}t$$

$$= \begin{cases} 0 & (m \neq n) \\ C_n & (m = n) \end{cases}$$

即得所证.

注意到(4.8.17)所表示的关系式

$$\frac{1}{2^M}\int_0^{2^M} R(s \oplus t)\Psi_n\left(\frac{s}{2^M}\right)\mathrm{d}s = C_n \Psi_n\left(\frac{t}{2^M}\right)$$

看作积分方程

$$\frac{1}{2^M}\int_0^{2^M} R(s \oplus t) y(s)\,\mathrm{d}s = \lambda y(t)$$

的本征值 $\lambda = C_n$ 与对应的本征函数 $\Psi_n\left(\frac{x}{2^M}\right)$时,相应地在 Fourier 展开时并没有类似的结果.

定理4.9　设$\xi(e,t)$是一个可测的准连续二进平稳过程. 又设$\xi(e,t)$的有限 Walsh 变换写成

$$\tilde{\xi}_j = \tilde{\xi}\left(e,\frac{j}{2^M}\right) = \frac{1}{2^M}\sum_{k=0}^{2^M-1}\xi\left(e,\frac{h}{2^M}\right)\Psi_j\left(\frac{k}{2^M}\right)$$

$$(j = 0,1,\cdots,2^M-1) \qquad (4.8.18)$$

则有

$$E(\tilde{\xi}_j \cdot \tilde{\xi}_l) = \begin{cases} 0 & (j \neq l) \\ \dfrac{1}{2^M}\displaystyle\sum_{\mu=0}^{2^M-1} R\left(\frac{\mu}{2^M}\right)\psi_j\left(\frac{\mu}{2^M}\right) & (j = l) \end{cases}$$

其中,$R(x)$是$\xi(e,t)$的相关函数.

证　注意到

$$\tilde{\xi}_j\,\tilde{\xi}_l = \left(\frac{1}{2^M}\right)^2 \left\{\sum_{k=0}^{2^M-1}\xi\left(e,\frac{k}{2^M}\right)\psi_j\left(\frac{k}{2^M}\right)\right\}\times$$

$$\left\{\sum_{k=0}^{2^M-1}\xi\left(e,\frac{k'}{2^M}\right)\psi_l\left(\frac{k'}{2^M}\right)\right\}$$

于是有

$$E(\tilde{\xi}_j\ \tilde{\xi}_l) = \left(\frac{1}{2^M}\right)^2 \sum_{k=0}^{2^M-1} \sum_{k'=0}^{2^M-1} R\left(\frac{k \oplus k'}{2^M}\right) \times \Psi_j\left(\frac{k}{2^M}\right) \Psi_l\left(\frac{l'}{2^M}\right)$$

现在令 $\nu = k \oplus k'$,则 $k' = \nu \oplus k$,从而有

$$E(\tilde{\xi}_j\ \tilde{\xi}_l) = \left(\frac{1}{2^M}\right)^2 \left[\sum_{k=0}^{2^M-1} \left\{ \sum_{\nu=0}^{2^M-1} R\left(\frac{\nu}{2^M}\right) \times \psi_l\left(\frac{\nu \oplus k}{2^M}\right) \right\} \Psi_j\left(\frac{k}{2^M}\right) \right]$$

$$= \left(\frac{1}{2^M}\right)^2 \sum_{\nu=0}^{2^M-1} R\left(\frac{\nu}{2^M}\right) \Psi_l\left(\frac{\nu}{2^M}\right) \times \left\{ \sum_{k=0}^{2^M-1} \psi_l\left(\frac{k}{2^M}\right) \Psi_j\left(\frac{k}{2^M}\right) \right\}$$

注意到

$$\frac{1}{2^M} \sum_{k=0}^{2^M-1} \psi_l\left(\frac{k}{2^M}\right) \psi_j\left(\frac{k}{2^M}\right) = \begin{cases} 0 & (l \neq j) \\ 1 & (l = j) \end{cases}$$

从而即得

$$E(\tilde{\xi}_j \cdot \tilde{\xi}_i) = \begin{cases} 0 & (j \neq l) \\ \dfrac{1}{2^M} \sum_{\nu=0}^{2^M-1} R\left(\dfrac{\nu}{2^M}\right) \psi_j\left(\dfrac{\nu}{2^M}\right) & (j = l) \end{cases}$$

定理证毕.

上述定理表示当 $\xi(e,t)$ 是一个可测准连续二进平稳过程时,由

$$\xi_j = \xi\left(e, \frac{j}{2^M}\right) \quad (j = 0, 1, \cdots, 2^M - 1)$$

构成的随机向量

$$\boldsymbol{\xi} = (\xi_0 \xi_1 \cdots \xi_{2^M-1})^{\mathrm{T}}$$

的有限 Walsh 变换

$$\tilde{\boldsymbol{\xi}} = (\tilde{\xi}_0 \tilde{\xi}_1 \cdots \tilde{\xi}_{2^M-1})^{\mathrm{T}}$$

具有如下的性质：i. $\tilde{\boldsymbol{\xi}}$ 的分量彼此不相关；ii. $\tilde{\xi}_j$ 的均方 $E(\tilde{\xi}_j^2)$ 恰等于相关函数 $R(t)$ 的有限 Walsh 变换 $\tilde{R}\left(\frac{j}{2^M}\right)$. 我们已经指出，当在特征选择中运用有限 Walsh 变换时，目的要在变换后的数据中根据 $E(\tilde{\xi}_j^2)$ 的大小来选择，对于 $E(\tilde{\xi}_j^2)$ 较小的所对应的 ξ_j 不加选取. 而定理 4.9 指出 $E(\tilde{\xi}_j^2)$ 即为相关函数的有限 Walsh 变换 $\tilde{R}\left(\frac{j}{2^M}\right)$. 另一方面，我们在分析有限 Walsh 变换和普通的 Walsh 变换之间的关系曾指出：一个函数 $f(x)$ 为有限频带而其 Walsh 变换 $\hat{f}(u)$ 在 $[0,2^M)$ 又是有限频率时，则 $\tilde{f}\left(\frac{j}{2^M}\right)$ 和 $\hat{f}(j)$ 只差一个规范因子. 可见 $\tilde{R}\left(\frac{j}{2^M}\right)$ 相当于 $\hat{R}(j)$. 根据 Walsh 变换的 Riemann-Lebesgue 定理知 j 充分大时，$\hat{R}(j)$ 可任意小. 特别当 $\hat{R}(u)$ 单调减少时，$E(\tilde{\xi}_j^2)$ 关于 j 也单调减少，由此可得

推论　设 $\xi(e,t)$ 是一个可测的准连续二进平稳过程，又设其相关函数 $R(t)$ 的 Walsh 变换单调减少时，则在 $\tilde{\xi}_j(j = 0,1,2,\cdots,2^M - 1)$ 中要选取固定的

$k(k \leqslant 2^M)$ 个特征使在均方差意义下为最优，只要选定前面 k 个特征：$\tilde{\xi}_0, \tilde{\xi}_1, \cdots, \tilde{\xi}_{k-1}$ 就可以.

在上述情况下，有限 Walsh 变换已使 $\xi\left(e, \frac{j}{2^M}\right)(j = 0,1,\cdots,2^M - 1)$ 构成的随机向量的相关矩阵对角化，它已相当于 $K-L$ 变换的地位，这时进行特征选择就非常方便. 至于 Fourier 变换的情形，即使随机过程是连续的平稳过程，仍旧没有与定理 4.8、4.9 类似的结果（参看文献[9]，[10]）.

参考文献

[1] PAVLIDIS T. A Review of Algorithms for Shape Analysis[J]. CGIP, 1978(17):243-258.

[2] PAVLIDIS T. Algorithms for Shape Analysis of Centours and Waveforms, Proe. of the Fourth Inter. Joint Conf. on Pattern Recognition[C]. 1978: 70-80.

[3] GRANLUND G H. Fourier Preprocessing for Hand Print Character Recognition[J]. IEEE Trans, 1972(C-21):195-201.

[4] PERSOON E, FU K S. Shape Discrimination Using Fourier Descriptors [J]. IEEE Trans, 1977(SMC-7):170-179.

[5] FU K S, LANDGRELE D A, PHILLIPS T L. Information Processing of Remotely Sensed Agricultural Date[J]. Proc. of IEEE, 1969, 57:639-653.

[6] FUKUNAGA K. Introduction to Statistical Pattera Recognition[M]. New York, London: Acad. Press, 1972.（福永圭之介. 统计图形识别导论[M]. 陶笃纯，译. 北京：科学出版社，1978.

[7] FUKUNAGA K, Koontz W L G. Application of Karhunen-Loéve Expansion to Feature Selection and Ordering[J]. IEEE Tran, 1970(c-19): 311-318.

[8]夏本肇. 画象の情报处理[M]. コロテ社,1978.

[9]CHENG M T, et al. Finite Walsh Transformation in $\mathbf{R}^n$ and Application to Picture Bandwidth Compression[J]. Acta Scient. Natur. Universiatis Pekinensis,1978:26-50.

[10]ANDRENS H C. Computer Technique in Image Processing[M]. New York: Acad. Press,1970.

[11]LISSACK T, FU K S. Error Estimation in Pattern Recognition via the L^α-distance Between Membership Functions[J]. IEEE Trans,1976(IT-22):34-45.

[12]KAILATH T. The Divergence and Bhattacharyya Distance in Signal Selection[J]. IEEE Trans,1967(COM-15):52-60.

[13]HELLMAN M E, RAVIV J. Probability of Error, Equivocation and the Chernoff Bound[J]. IEEE Trans,1970(IT-16):368-372.

[14]LISSACK T, FU K S. Parametric Feature Extraction Through Error Minimization Applied to Medical Diagnosis[J]. IEEE Trans, 1976(SMC-6):605-611.

[15]VAJAD I. Bonnds of the Minimal Error Probability on Checking a finite or Countable Number of Hypothesis, Probl[J]. Information Transmission. 1967(26).

[16]LAINIOTI S D G, PARK S K. Probability of Error Bounds[J]. IEEE Trans,1971(SMC-1):175-178.

[17]CHEN C H. Theoretical Comparison of a Class of Feature Selection Criteris in Pattern Recognition[J]. IEEE Trans, 1971(C-20):1054-1056.

[18]LAINIOTIS D G. A Class of Upper Bounds on Probability of Error for Multihy pothesis Pattern Recognition[J]. IEEE Trans,1969(IT-15):730-731.

[19]COVER T M, HART P E. Nearest Neighbor Pattern Classification[J]. IEEE Trans,1967(IT-13):21-27.

[20]WILSON D L. Asymtotic Properties of Nearest Neighbor Rules Using Edited Data[J]. IEEE Trans,1972(SMC-2):408-421.

[21]ALGAZI V R, SAKRISON D J. On the Optimality of the Karhunen-Loéve Expansion[J]. IEEE Trans,1969(IT-15):319-321.

[22]KULICK J H, KANAL L N. An Optimization Approach to Hierarchical

Classifier Design[C]. Proc. 3rd Int. Joint Conf. on Pattern Recognition, 1976:459-466.

[23] YOU K C, FU K S. An Approach to the Design of a Linear Binary Tree Classifier[C]. Proc. 3rd Symp. Machine Processing of Remotely Second Data, June 29-July 1, 1976.

[24] SWAIN P H, HAUSKA H. The Decision Tree Classifier. Design and Potential[J]. IEEE Trans, 1977, GE – 15(3):142-147.

[25] MUI J K, FU K S. Automated Classification of Nacleated Blood Cells Using a Binary Tree Classifier[J]. IEEE Trans, 1980, PAMI – 2(5):429-443.

[26] CHIN R, BEAUDET P., An Automated Approach to the Design of Decision Tree Classifiers[C]. Proc. 5th Int. Joint Conf. on Pattern Recognition, 1980:660-665.

[27] LIN Y K, FU K S. Automatic Classification of Cervical Cells Using a Binary Tree Classifier[C]. Prco. 5th Int. Joint Conf on Pattern Recognition, 1980:570-578.

[28] SHI Q Y. A Method for the Design of Binary Three Classifiers[C]. Proe. PRIP Conf., Aug., 1981.

[29] KITTLER J. Feature Set Search Algorithm, in Pattern Becognition and Signal Processing, ed. by Chen C. H., Sijthoff & Noordhoff Inter. Pablishers, 1978.

第五章 图像识别的语言结构法

图像识别的统计方法着眼于找出反映图像特点的某些度量(特征).然后,在特征空间中划分区域,定出根据特征识别图像的标准.这往往需要应用统计方法.在这方面,已经开展了许多很有成效的研究,在前面几章中已经做了介绍.但是,当图像十分复杂时,特征空间的维数非常高,这时统计方法的识别就很困难了,特别是当图像的类别很大时,统计方法就变得十分复杂,几乎难以实现.针对这种情况,人们又从另一个角度——结构的角度来考虑问题,提出图像识别的语言、结构方法(Syntactic Approach to Pattern Recognition, Structural Pattern Recognition).

§5.1 语言结构方法识别图像的大意

语言、结构方法的思路是:分析图像的结构,把复杂结构的图像看成是由简单的子图像所组成,又把最简单的子图像作为基元,从基元的集合出发,按照一定的文法(构图规则)去描述较复杂的图像.

例如,一张地球表面的人造卫星照片可以看成由“云对”及“地面”两部分组成,而“云对”又可分为“云”和“云影”两部分;“地面”又可分为“城”“乡”两部分;“乡”又可分为“庄稼地或草场”和“森林”,…(参见图 5-1). 这样,一张复杂的地球卫星照片上的景物就逐步分解成为较简单的图像. 在图 5-1 的底部的那些最简单的图像,如“水面”“水泥面”“草地”“森林”“云”“云影”……分别在多光谱卫星照片的不同波段的照片中一般常有较明显的不同光密度. 由它们的光密度可以粗略地区分这些简单的图像. 因此,在进一步识别较复杂的图像时就可以选择它们作为基元.

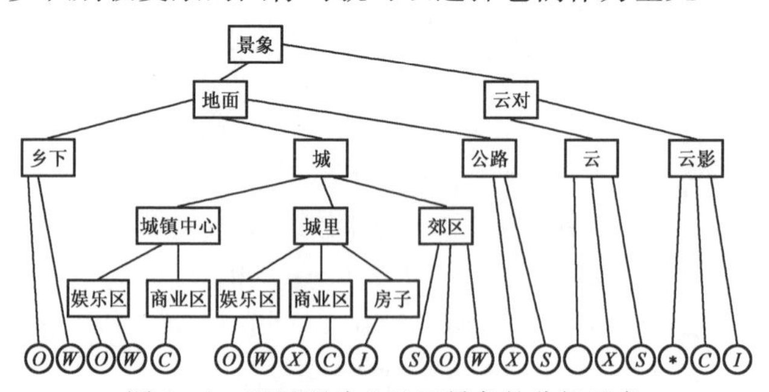

图 5-1 卫星照片上地面景象的分解示意

图 5-1 中底层各框说明如下:

Ⓒ商业为主的地区;

Ⓘ市内(房屋多的地区);

Ⓢ市郊区;

Ⓞ开阔的草场或庄稼地;

Ⓦ树林;

○云；

⊙云影；

⊗水泥面.

所谓语言方法，就是规定一套“语法”，按照语法，将基元组成字链[在高维语法中，则是由基元(或子模式)组成树或关系图]，合乎语法规定的字链就属于这个语言. 识别一个图像是不是某语法规定的那一类图像，就是分析它，看是否能从基元按该语法生成这个图像. 下面我们用最简单的等腰三角形的语言描述与识别来说明这个意思.

对三角形，我们将它的边分成小段(等长)，任一个三角形近似地可看成由许多小段组成，这些小段有三种是最基本的：

→：b 水平段；

↖：c 上行斜段；

↙：a 下行斜段.

任意一个三角形总是由许多这样的小段组成，例如

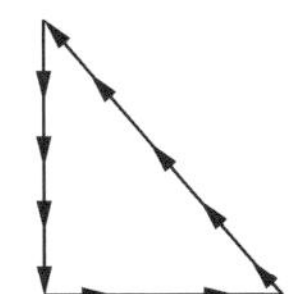

$= aaaabbbccccc$，简记为 $a^4b^3c^5$

我们把 a,b,c 作为基元，一个等腰三角形一定是形如 $a^nb^mc^n$ 的字链. 令

$$L=\{a^nb^mc^n \mid n=1,2,\cdots;m=1,2,\cdots\}$$

易见，一切等腰三角形所对应的字链都在 L 中，而且 L 中一切能形成三角形的字链都是等腰三角形. 下面，用一个文法来描述 L 中的全部字链的特点.

例 1　如果用 S 表示文法分析开始时的对象. 称为开始符. 下面 P 中的几条语法规则称为生成规则. 可以用它们来生成 L 中的任一字链.

P:①$S\to aAc$

②$A\to aAc$

③$A\to B$

④$B\to bB$

⑤$B\to b$

在生成规则中出现的“中间符号”叫作非终止符;最后组成字链的符号,即基元叫作终止符(本例中即 a,b,c 三个符号).

现在举例说明 L 中的元素 $a^n b^m c^n$ 是怎样由 P 中的生成规则生成的:

例如:$a^3b^2c^3$ 表示如图 5－2 的三角形. 它可以按 P 中的生成规则来生成,其生成过程如下:

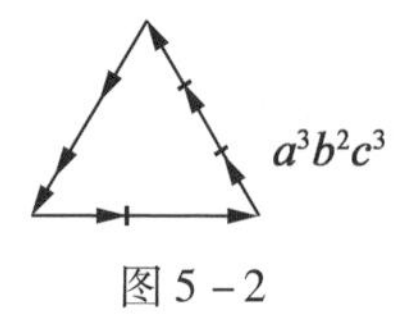

图 5－2

$$S\overset{\text{按①}}{\Longrightarrow}aAc\overset{\text{按②}}{\Longrightarrow}aaAcc\overset{②}{\Longrightarrow}aaaAccc\overset{③}{\Longrightarrow}aaaBccc\overset{④}{\Longrightarrow}aaabBccc$$

$$\overset{⑤}{\Longrightarrow}aaabbccc=a^3b^2c^3$$

又例如 a^2bc^2 表示如图 5－3 所示的三角形. 它可按 P 这样生成:

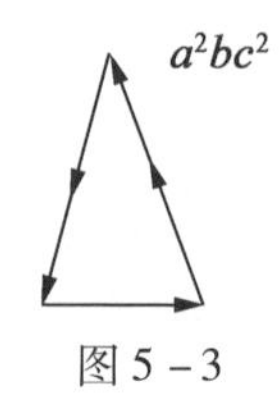

图 5－3

$$S\overset{\text{按①}}{\Longrightarrow}aAc\overset{\text{按②}}{\Longrightarrow}aaAcc\overset{③}{\Longrightarrow}aaBcc\overset{③}{\Longrightarrow}aabcc=a^2bc^2$$

任一 L 中的字链都可像上面这样按 P 中生成规则生成出来.

反之,从 P 中的生成规则可以看出,只有第②条生成规则 $A\to aAc$ 中出现 a,c;可见由 P 中的生成规则生成的字链 a,c 的个数一定一样多,而且 a,c 分别只能连续出现(因为如果一旦不用生成规则②,而改用③后,再往下就只能用④,⑤两条了,因而也就再不会出现 a 与 c 了)。可见,由 P 所生成的字链一定是 $a^n b^m c^n$ 这种形式. 所以,上面讲的语言就描写了 L 中的元素的特点——L 中的元素都可按 P 中的生成规则生成出来,任一个按 P 中生成规则生成的终止符 a,b,c 组成的字链都是 L 中的元素. 这样就把 L 和由 P 生成的语言对等起来了.

一般地,给出 Chomsky 形式语言的定义如下:

定义 5.1　一个文法(Grammar)是指一个四元组:

$$G=\{V_T,V_N,P,S\}$$

其中,S 是开始符(表示生成语句时开始的符号);

V_T 是全体终止符的穷集合;

V_N 是全体非终止符的有穷集合(包括 S 在内);

P 是全体形如 $\alpha\to\beta$ 的生成规则的有穷集合(其中 α,β 是由 $V=V_T\cup V_N$ 中的元素组成的字链,α 中至少有一个非终止符);

在上面的例子中

$$V_T=\{a,b,c\}$$

$$V_N=\{A,B,S\}$$

$$P=\{S\to aAc,A\to aAc,A\to B,B\to bB,B\to b\}$$

在形式语言的研究中,人们对各种类型的形式语言和自动机的等价关系做了充分研究. 研究结果告诉我们:对很多类型的图式语言都可以用某种自动机来检查一个语句(字链)是不是该语言中的语句. 为了使读者对此有一点感性认识,我们对上面例子中的形式语言 G 设计一个自动机,用它来检查一个语句是不是由 G 生成的.

这个自动机由一个读头、一个带、一个控制器、一个存储器,以及一个状态寄存器组成(图 5 - 4). 一开始就把被检查的字链记在带上,在控制器的控制下,读头依次逐个地读出记在带上的字链中的每个字母,每读一个字母就根据动作表(表 5 - 1)来改变存储器的内容及状态. 如果自动机未读完带上的全部内容而停机,或读完带停机时存储器不空,则自动机判决被检查字链不是 G 生成的语句,如果停机时,存储器空了,那么被检查语句就是 G 生成的语句.

我们规定机器一开动,状态就是 q_0,存储器顶部放一个 E,然后读头就依次地读带上的字链.

表 5 - 1

动作	读出字	a		b		c		空	
存储顶	状态	状态改变	存储器改变	状态改变	存储器改变	状态改变	存储器改变	状态改变	存储改变
A	q_1	q_1	顶加 A	q_2	不变	停机	停机	停机	停机
	q_2	停机	停机	q_2	不变	q_3	减 A	停机	停机
	q_3	停机	停机	停机	停机	q_3	减 A	停机	停机

续表 5-1

动作	读出字	a		b		c		空	
B	q_0	q_1	顶加 A	停机	停机	停机	停机	停机	停机
	q_3	停机	停机	停机	停机	停机	停机	q_3	去 A 再停机

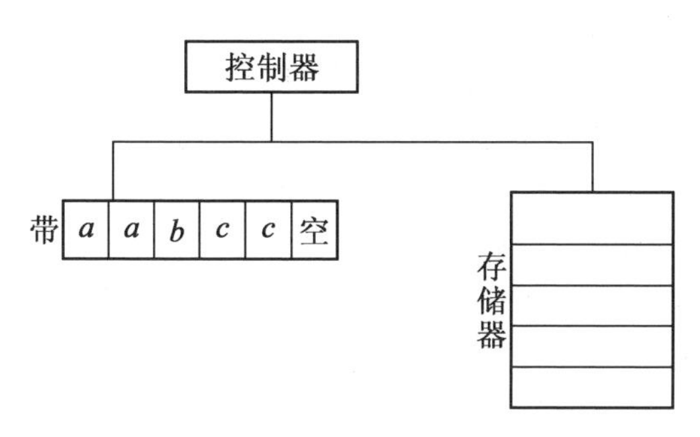

图 5-4

例如检查 a^2bc^2 是否能由 G 生成,检查的步骤如下(由状态与存储器的内容来记述,箭头上方表示读出的字)

$$(q_0,E)\xrightarrow{a}(q_1,AE)\xrightarrow{a}(q_1,AAE)\xrightarrow{b}(q_2,AAE)$$
$$\xrightarrow{c}(q_3,AE)\xrightarrow{c}(q_3,E)\xrightarrow{\text{空}}(q_3,\text{空})\text{停机}$$

可见停机时存储器“空”,a^2bc^2 可接受——它是 G 生成的字链.

再来检查 ab^2c^3 是否能由 G 生成

$$(q_0,E)\xrightarrow{a}(q_1,AE)\xrightarrow{b}(q_2,AE)\xrightarrow{b}(q_2,AE)$$
$$\xrightarrow{c}(q_3,E)\xrightarrow{c}\text{停机}(q_3,E).$$

这里停机后,存储器中有 E,不空,所以自动机拒认 ab^2c^3,即 ab^2c^3 不能由 G 生成.

从上面所举的例子可以初步对自动检查一个语句是否能由某一个文法生成,有一个初步的直观概念.

语言结构法的优点是:

(1)从大的结构来描述图形,因而可以忽略无关大局的细节,抗干扰能力强.

(2)可以将简单的语句再看成较复杂一些的语言中的基元(终止符),连续生成更复杂的语句,累积多次,可以使图像变得极为复杂,但是检查和生成的复杂性也相应增长. 我们也可将语言结构法和统计方法结合使用,统计方法用于基元识别;语言结构法则解决更复杂的图像的分析和识别.

在 §1.1 中已讲过:一个语言方法的图像识别系统主要包括三个部分:预处理、图像的描述与语法分析. 预处理的任务是滤波、增强、修复等抗噪声的措施以及初步编码(将图像数值化),预处理中也常作一些数据压缩,这样,使预处理的结果能得出一个质量较好的数字链或数字"图". 图像描述的任务主要是将图像分割成子图像并选取适当的基元. 然后按图像中各部分的结构关系把该图像换成基元的字链. 例如前面例子中被识别的三角形就要变换成一个 $a^n b^m c^l$ 形式的字链. 在高维文法中则变换成基元的树状结构或关系图. 语法分析的任务是判决代表图像的语句即上述的基元字链、树或关系图是不是某一个语法 G 生成的,也即决定是否接受这个语句所代表的图像.

为了得到描述某一类图像的合适的文法,常常需要一个"学习"的过程,供给"学习"过程大量的"学习"样本——该类图像的实例,来检验文法是否适当,并由此修改文法. 经过"学习"就为识别过程中的语法

分析提供了语法根据(见§1.1中框图).

§5.2　各种描述图像的短语结构文法简介

首先引入一些常用符号:

(1) V^* 表示全体 V 中的元素组成的字链集合(包括空语句 λ——链长为0的字链),又令 $V_T^+ = V_T^* - \{\lambda\}$(集合减法).

(2)如 x 是一字链,则 x^n 为将 x 重复写 n 次而得到的字链.

(3) $|x|$ 为字链 x 的长——x 中含的字符数.

(4) $\eta \underset{G}{\Rightarrow} \nu$ 表示能根据 G,由 η 导出 ν 的符号——如果 $\eta = \omega_1\alpha\omega_2$, $\nu = \omega_1\beta\omega_2$,而且又有生成规则 $\alpha \to \beta$.

5) $\eta \overset{*}{\underset{G}{\Rightarrow}} \nu$ 表示存在一系列的字链 $S_1, S_2, \cdots, S_n$ 使 $\eta = S_1$, $\nu = S_n$, $S_k \underset{G}{\Rightarrow} S_{k+1}$ $(k = 1, 2, \cdots, n-1)$,而 $S_1, \cdots, S_n$ 称为 η 到 ν 的一个推导.

定义 5.2　由 G 生成的语言是由 G 生成的全体语句的集合

$$L(G) = \{x \mid x \in V_T^* \text{ 且 } S \overset{*}{\underset{G}{\Rightarrow}} x\}$$

易见,$L(G)$是由开始符 S 出发,根据 G 推导出由终止符组成的字链的全体.

定义 5.3　对定义5.1所规定的形式文法:

(1)如果对任意的生成规则 $\alpha \to \beta$,都保证

$$|\alpha| \leqslant |\beta|$$

则称为上下文敏感的文法;

(2)如果对任意的生成规则 $\alpha \to \beta$,都保证

$$\alpha \in V_N$$

则称为上下文无关的文法；

(3) 如果对任意的生成规则 $\alpha \to \beta$，一定有

$$\alpha = A, \beta = aB \text{ 或 } \beta = a$$

其中，$A, B \in V_N, a \in V_T$，则称为正规文法，或说是有限状态文法.

由上下文敏感的文法、上下文无关的文法、正规文法所生成的语言分别称为上下文敏感的语言、上下文无关的语言与正规语言.

例 2　§5.1 中识别等腰三角形的文法

$$G = \{V_T, V_N, P, S\}$$

其中 $$V_T = \{a, b\}, V_N = \{A, B, S\}$$

$$P = \{S \to aAc, A \to aAc, A \to B, B \to bB, B \to b\}$$

就是一个上下文无关的文法，因为每一条生成规则左边都是一个非终止符. 但是它不是正规文法，因为有生成规则 $A \to aAc$.

例 3　$$G_1 = \{V_T, V_N, P, S\}$$

其中 $$V_T = \{a, b, c\}$$

$$V_N = \{S, S_1\}$$

$$P = \{S \to aSc, aSc \to aS_1c, S_1 \to bS_1, S_1 \to b\}$$

G_1 是一个上下文敏感的文法，因为它有生成规则 $aSc \to aS_1c$，所以它不是上下文无关的文法.

例 3 中的文法 G_1 生成的语言 $L(G_1)$ 与例 1 中 G 生成的语言 $L(G)$ 是一样的

$$L(G) = L(G_1) = \{a^n b^m c^n \mid n, m = 1, 2, \cdots\}$$

G_1 是上下文敏感的文法，它比 G 那种上下文无关的文法限制少，所以用 G 与 G_1 表示同样的语言，G_1 用的生成规则条数较少，非终止符也较少. 但是，作语法检查

时，G_1 就要比 G 来得麻烦，因为 G_1 中的生成规则的形式要比 G 中的复杂——它的左边还可能出现好几个字符.

例 4

$$G_2=\{V_T,V_N,P,S\}$$
$$V_T=\{a,b,c\}$$
$$V_N=\{S,A_1,A_2,B_{10},B_{20},B_{30},B_{21},B_{31},B_{32},C_1,C_2,C_3\}$$
$$P=\{S\to aA_1,S\to aB_{10},A_1\to aA_2,A_1\to aB_{20},A_2\to aB_{30},B_{10}\to bc_1,B_{20}\to bB_{21},B_{21}\to bC_2,B_{30}\to bB_{31},B_{31}\to bB_{32},B_{32}\to bC_3,C_1\to c,C_2\to cC_1,C_3\to cC_2\}$$
$$L(G_2)=\{a^nb^nc^n\mid 1\leqslant n\leqslant 3\}$$

G_2 是一个正规文法. 正规文法的生成规则非常"规格化"，所以检查分析起来很方便，但另一方面，它所能表达的语言就比较少，比较简单. 例如上面例 1 中的 $L(G)$ 就不能用正规文法表达.

可以证明上下文敏感的文法的生成规则一定是形如

$\xi A\eta\to\xi\beta\eta$，其中 $A\in V_N,\xi,\eta,\beta\in V^*,\beta\neq\lambda$[4]

定义 5.4　若文法 $G=\{V_T,V_N,P,S\}$ 中至少存在一个形如

$$A\overset{*}{\underset{G}{\Rightarrow}}\alpha A\beta$$

的形式推导（其中 $A\in V_N,\alpha,\beta\in(V_N\cup V_T)^*$），则称 G 是自嵌套的.

定理 5.1　若 G 是一个不自嵌套的文法，则 $L(G)$ 必为有穷集.

证　因 V_T,V_N,P 都是有穷集，又因 G 不是自嵌套

的,所以在任何一个推导中,不能重复使用同一个生成规则,否则,就会发生同一非终止符同时出现在一个推导的左右两边,即

$$A \overset{*}{\underset{G}{\Rightarrow}} \xi A \eta$$

所以 $L(G)$ 中的语句个数不会超过 $l \cdot m!$ (l 是 V_N 中的元素个数,m 是 P 中生成规则的个数.)

定义 5.5 如 $L(G)=L(G_1)$,则称 G_1 与 G 等价.

下面几个命题叙述了前面各类语言与有穷自动机的关系,我们略去它们的证明. 有兴趣的读者可参阅[4]。

有穷自动机的形式定义是:

定义 5.6 一个有穷自动机是一个五元组:

$$M=\{K,\boldsymbol{\Sigma},\delta,q_0,F\}$$

其中,(1)K 是状态的有穷集;

(2)$\boldsymbol{\Sigma}$ 是字符的有穷集;

(3)δ 是一个操作表,它是一个 $K\times\boldsymbol{\Sigma}\Rightarrow K$ 的映射;

(4)$q_0\in K$ 是初始状态;

(5)$F\subseteq K$,F 是可接受状态集.

例 5 $M_1=\{K_1,\boldsymbol{\Sigma}_1,\delta,q_0,F_1\}$

其中 $K_1=\{q_0,q_1,q_2,q_3\}$

$$\boldsymbol{\Sigma}_1=\{0,1\}$$

$$F_1=\{q_0\}$$

$$\delta_1=\{\delta(q_0,0)=q_2,\delta(q_1,0)=q_3,\delta(q_2,0)=q_0,\\ \delta(q_3,0)=q_1,\delta(q_0,1)=q_1,\delta(q_1,1)=q_0,\\ \delta(q_2,1)=q_3,\delta(q_3,1)=q_2\}$$

$$q_0=q_0$$

用这个自动机可以检查一个由 0,1 字符组成的字

链是否其中 *0* 与 *1* 的个数都是偶数.

读者可以想象:这个自动机的操作就是由一个读头从输入带上有顺序地读出字链中的字符,然后根据操作表 δ 来改变状态,如果当读完字链时,状态是 F_1 中的状态,就接受此字链,否则,就拒绝(参见图 5 -5 和图 5 -6).

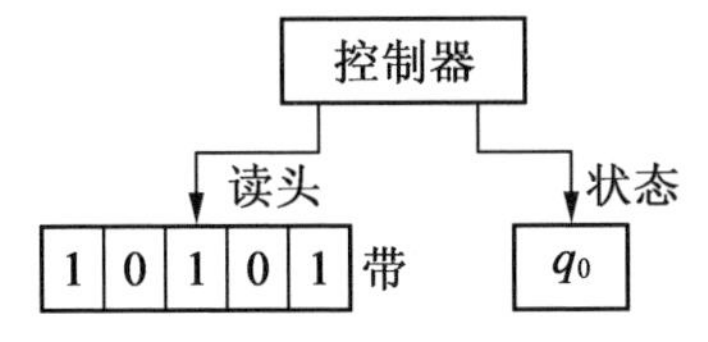

图 5 -5　有穷自动机工作示意图

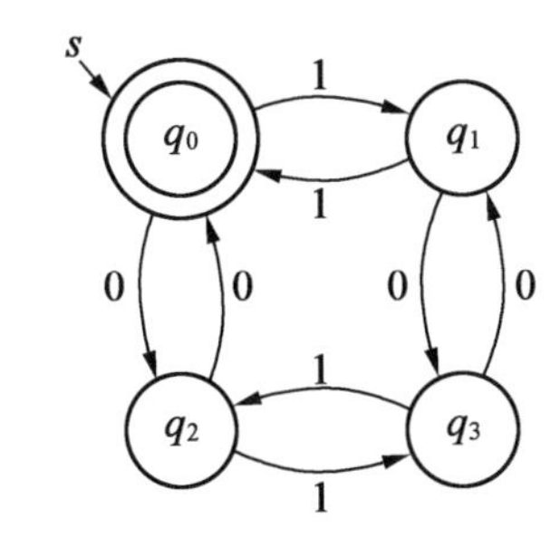

图 5 -6　例 4 中自动机状态示意图

例如:检查字链 0101 的过程如下(箭头的上方为读出的字符)

$$q_0 \xrightarrow{0} q_2 \xrightarrow{1} q_3 \xrightarrow{0} q_1 \xrightarrow{1} q_0$$

由于结束状态是 $q_0 \in F_1$,故应接受此字链.

又例如检查字链 1011010 的过程是

$$q_0 \xrightarrow{1} q_1 \xrightarrow{0} q_3 \xrightarrow{1} q_2 \xrightarrow{1} q_3 \xrightarrow{0} q_1 \xrightarrow{1} q_0 \xrightarrow{0} q_2$$

由于最后状态是 $q_0 \notin F_1$,所以拒绝字链 1011010.

从图 5 -6 可以直观地看出能被 M_1 接受的字链

一定是从 q_0 出发又回到 q_0 的字链,这种字链只可能有两种路径段:来回重复的或转圈的,无论在哪一种路径段中,读出的0的个数和1的个数都是偶数. 所以,M_1 能且只能接受包含0,1的个数都是偶数的字链.

命题1 对任一有穷自动机 M,一定存在一个正规文法 G,使

$$L(G)=T(M)$$

其中,$L(G)$ 是 G 生成的语言,$T(M)$ 是 M 可接受的全体字链的集合.

反之,对任一正规文法 G,存在一个有穷自动机 M,使 $L(G)=T(M)$.

在§5.1中所列举的自动机从表面上看与定义5.6中所述的自动机完全不同,但是,如果适当地定义 K,可以将它改写成与定义5.6中相类似的形式,只是 K 不能再是一个有限集. 例如令

$K=\{(q_i,P)$ 或(停机,P);$i=1,2,3,0$;P 是 A,E 的字链或空链$\}$

$$\boldsymbol{\Sigma}=\{a,b,c\}$$

则可由原操作表得到 δ,但是这里 K 不是有穷的,这种自动机就不是有穷的. §5.1所举的那种自动机称为下推自动机.

命题2 设 G 是一个非自嵌套的上下文无关文法,则有一个有穷自动机 M,使 $L(G)=T(M)$.

对于自嵌套的上下文无关文法,一般地,不一定能有有穷自动机 M,使 $L(G)=T(M)$. 这时,可用下推自动机来检查 $L(G)$.

定义5.7 下推自动机是一个7元组 $M=\{K,\boldsymbol{\Sigma},\Gamma,\delta,q_0,\Gamma_0,F\}$,其中

(1) K 是状态的有穷集;

(2) Γ 是存储器字母表(有穷集);

(3) $\boldsymbol{\Sigma}$ 是输入字符的有穷集;

(4) δ 是操作表,它是一个由 $K\times(\boldsymbol{\Sigma}\cup\{\lambda\})\times\Gamma$ 到 $K\times\Gamma^{*}$ 的映射(λ 是空字符);

(5) q_0 是初始状态;

(6) Γ_0 是初始存储器内容;

(7) F 是可接受的存储器内容.

一般说,下推自动机是一种无限状态的自动机.

§5.1 的例子中的自动机就是一个下推自动机 $M_0=\{K,\boldsymbol{\Sigma},\Gamma,\delta,q_0,\Gamma_0,F\}$,其中

$K=\{q_0,q_1,q_2,q_3\}$;

$\boldsymbol{\Sigma}=\{a,b,c\}$;

$\Gamma=\{A,E\}$;

$q_0=q_0$;$\Gamma_0=\{E\}$;

F 是空的存储器;

δ 是原操作表.

M_0 可以用以检查上下文无关的语言 G. 一般地,有下面的命题:

命题 3　设 M 为任意的下推自动机,则一定有一个上下文无关的语言 $L(G)$,使 $L(G)=T(M)$($T(M)$ 是 M 可接受的全体字链的集合);反之,对任一上下文无关的文法 G,存在一个下推自动机 M,使 $T(M)=L(G)$.

对于上下文敏感的语言,可以用图灵(Turing)机来检查,但是图灵机只能保证接受的检查在有限步内完成,而拒绝的检查不一定在有限步内能做完,所以这里我们不讨论用图灵机检查上下文敏感语言的问题.

对上下文无关的语言进行分析时，还有一个重要工作，就是生成树. 由上下文无关文法的某一个推导生成的语句的生成树可以按下面的原则来构造：

(1)把在推导中出现的 V_N, V_T 中的元素作为树的结点(叶和叉点)，于是每个结点可有一个标号；

(2)将 S 作为树根的标号；

(3)如果一个结点至少有一个后代与它本身不同，则这些结点的标号 A 必在 V_N 中；

(4)如果结点 n(标号为 A)有形如 $n_1, n_2, \cdots, n_k$ 的 k 个直接的后代(即紧接着它下面的结点)，而且 $n_1, n_2, \cdots, n_k$ 是从左到右排列的，$n_1, n_2, \cdots, n_k$ 的标号依次是 $A_1, A_2, A_3, \cdots, A_k$，那么

$$A \to A_1 A_2 A_3 \cdots A_k$$

一定是一条生成规则(参见图 5－7).

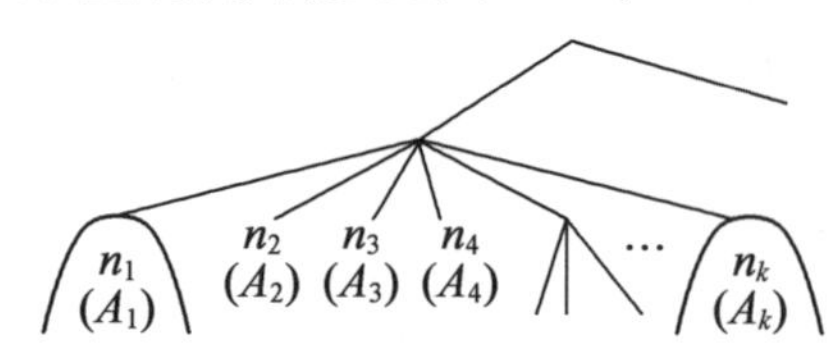

图 5－7　结点及其后代

例 6　前面例 1 中的语法 $G = \{V_T, V_N, P, S\}$，其中

$$V_T = \{a, b, c\}$$

$$V_N = \{A, S, B\}$$

$$P = \{S \to aAc, A \to aAc, A \to bB, B \to bB, B \to b\}$$

的一个推导 $S \overset{*}{\underset{G}{\Rightarrow}} a^2 b^3 c^2$ 所对应的生成树可见图 5－8.

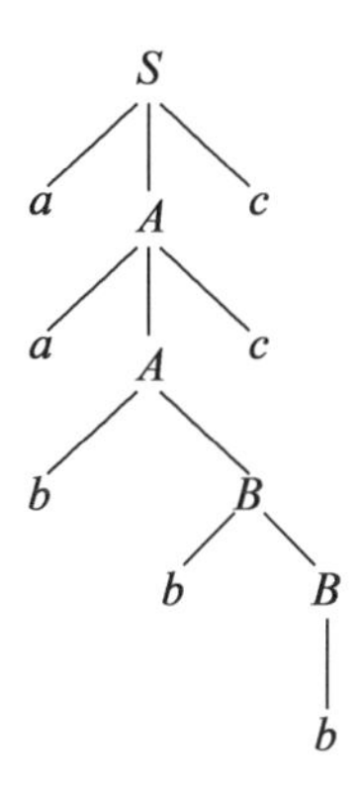

图 5 - 8

每一个结点的标号都是 V_T 或 V_N 中的元素,而且任何一个以非终止符为标号的结点都对应一条生成规则(按从下到上的次序)

$$B\to b, B\to bB, A\to bB, A\to aAc, S\to aAc$$

上面各条生成规则分别对应于结点 B,B,A,A,S. 它们正好是推导 $S\overset{*}{\underset{G}{\Rightarrow}}a^2b^3c^2$ 中用到的那些生成规则.

对于 a^2bc 这个字链就找不到一颗生成树满足上面讲的构造生成树的那四条. 事实上,如果从下而上分析,假设有一个生成树对应于一个推导,而能生成 a^2bc,那么最底层应为 a,a,b,c 四个结点(叶),对于最左边的那个 a,它上面的最近的结点只可能是 A 和 S(因为只有 $A\to aAc$ 与 $S\to aAc$ 这两条生成规则右边出现终止符 a,根据构造原则(4),就可看出这一点). 下面分两种情况讨论(参见图 5 - 9,图 5 - 10):设最左边的叶 a 上面的结点是 A,那么它下面的直接后代必须是 a,A 与 c(因为左边出现 A,右边出现 a 的生成规则只有一条:$A\to aAc$);但是,这样由第二个 a 往上找,就不可能有推导,再把 B,a,b 联结起来(这是因为 A 为标号的结点不可能出现在 B 之下,而能与 a 从上面直接联结的结点只有标号为 A 的结点,所以联结 B 和 a 的结点是不存在的). 所以 A 不可能是直接从上面与最左边的 a 联结的结点. 又设 S 是直接与 a 联结的上面的结点,它必须就是树根(因为 S 不出现在任意一条生成规则右边,所以 S 不能作为树根以外结点的标号);而且这时从 S 结点分叉的三个直接后代只能是 a,A 和 c,但是不能找到联结 A,a 与 b 的推导,所以 S 也不可能是最左边的叶 a 上面的结点。总之,不存在联结 A 和 a,a,b,c 的生成树。

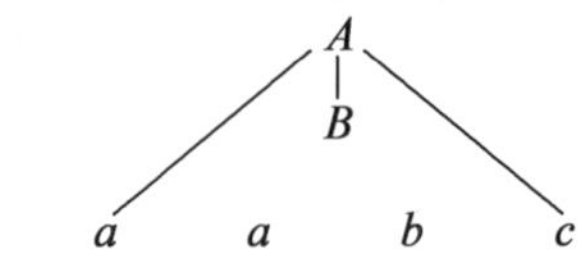

图 5－9　从下向上找生成树的示意图

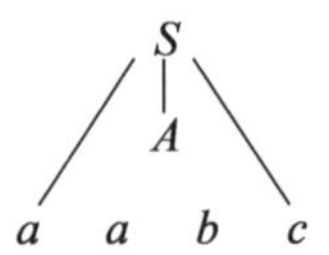

图 5－10　从下向上找生成树的示意图

对任何一个字链,要检查它是不是一个上下文无关的文法 G 生成的语句,可以用由下而上的、像上面那样逐个分析穷举的办法根据 G 中生成规则去找对应的生成树,如果找到了某个生成树,那么不仅可以断言这个字链是 G 生成的语句,而且对它是怎样按照语法,一步步地得到了推导也就一目了然了. 例如得出了例 6 中的生成树,由上而下逐个地写出生成规则就得到了推导

$$S \overset{*}{\underset{G}{\Rightarrow}} a^2b^3c^2$$

$$S \rightarrow aAc \rightarrow aaAcc \rightarrow aabBcc \rightarrow aabbBcc$$
$$\rightarrow aabbbcc = a^2b^3c^2$$

如果在穷举一切可能后,仍然找不到生成树,那么就可断言,此字链不是 G 生成的语句. 由此可见,生成树是分析上下文无关语言的极好工具.

从原则上说来,对一个字链 α,去寻找对应于推导 $S \overset{*}{\underset{G}{\Rightarrow}} \alpha$ 的生成树,就是设法构造一棵树,使它的结点满足前述的四个原则,而且充满图 5－11 中的三角形. 如果能找到这样的树,则 $\alpha \in L(G)$,否则 $\alpha \notin L(G)$.

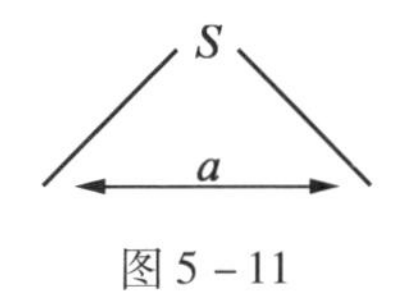

图 5－11

既然生成树分析能同时解决判断一个语句 $a \in L(G)$ 与 $a \notin L(G)$ 及语法分析两个问题,那么,是否它就能代替自动机的识别了呢? 不然! 这是因为:生成树分析是穷举性的,所以工作量很大,而自动机识别却是简单的通链码,工作量小. 在只需要识别 $\alpha \in L(G)$ 与否的问题中,宜用自动机去识别;而在学习过程中,则往往需要不仅了解样本字链是否属于 $L(G)$,而且还需要知道它们的语法结构,才能进一步改进文法,这时生成树分析就显示出它的优越性了.

遗憾的是,只有对应于上下文无关的文法的任意一个推导,才一定有生成树,对上下文敏感的文法的推导就不一定有相应的生成树. 对于上下文敏感的文法的检查,目前尚无有力的一般办法.

§5.3 其他描述图像的文法

5.3.1 程序文法(Programmed Grammar)

为使短语结构文法更紧凑,有人在短语结构文法中再加上“去向”范围,这就是说,规定某几条生成规则使用后,紧接着只能用某几条生成规则,而若某几条生成规则用不上,则只能接用另外几条. 这样,就比使用原来的短语结构文法更方便、紧凑,当然也就更容易检查.

定义 5.8 一个程序文法是一个 5 元组

$$G_p \triangleq \{V_T, V_N, J, P, S\}$$

其中,V_T:终止符的有穷集;

V_N:非终止符的有穷集;

P:生成规则的有穷集;

S:开始符,$S \in V_N$;

J:生成规则的标号集.

P 中的生成规则形如

$$(r)\alpha \to \beta, S(u), F(w)$$

其中,$r \in J$ 是生成规则的标号,$S(u)$表示使用(r)成功的去向范围,$F(w)$表示使用(r)失败的去向范围, $\alpha \to \beta$ 称为这条生成规则的核心($S(u) \subset J, F(w) \subset J$).

程序文法推导必须由标号为(1)的生成规则(第一条)开始,然后根据是否用了标号为(r)的生成规则给出的成功失败范围继续寻找可以使用的生成规则.

例 7 在例 1 中的文法生成的语言 $L(G)$也可以用下面的程序文法来描述

$$G_p=\{V_T,V_N,J,P,S\}$$

其中

$$V_T=\{a,b,c\}$$

$$J=\{(1),(2),(3)\}$$

$$P=\begin{Bmatrix}(1)S\to aSc,\{(1),(2),(3)\},\varnothing\\(2)S\to bS,\{(2),(3)\},\varnothing\\(3)S\to b,\varnothing,\varnothing\end{Bmatrix}$$

例如要生成 a^2bc^2,是这样推导的

$$S\xrightarrow{(1)}aSc\xrightarrow{(1)}a^2Sc^2\xrightarrow{(3)}a^2bc^2$$

由于规定了生成规则(2)的成功范围是(2)(3),所以就限止了在使用(2)以后(出现 b 以后)不能再使用(1),这就使 P 生成的语句中 a,b,c 只能各自连续地出现. 比较 G_P 和 §5.1 中的例 1 中的 G,就会发现:程序文法比生成规则相同类型的短语结构文法更紧凑,可以使用较少的生成规则和非终止符.

例 8　用程序文法描写 §5.2 例 4 中的 $L(G_2)$. 令

$$V_T=\{a,b,c\};V_N=\{S,B,D\}$$

$$J=\{1,2,3,4,5\};G_{P_2}=\{V_T,V_N,J,P,S\}$$

$$P=\begin{Bmatrix}(1)S\to aB,\{(2),(4)\},\varnothing\\(2)B\to aBB,\{(3),(4)\},\varnothing\\(3)B\to aBB,\{(4)\},\varnothing\\(4)B\to D,\{(5)\},\{6\}\\(5)D\to bD,\{4\},\varnothing\\(6)D\to C,\{6\},\varnothing\end{Bmatrix}$$

例如 abc 的推导是

$$S\xrightarrow{(1)}aB\xrightarrow{(4)}aD\xrightarrow{(5)}abD\xrightarrow{(4)\text{失败,做}(6)}abc$$

又例如 $a^2b^2c^2$ 可以这样推导

$$S\xrightarrow{(1)}aB\xrightarrow{(2)}a^2BB\xrightarrow{(4)}a^2DB\xrightarrow{(5)}a^2bDB$$

$$\xrightarrow{(4)} a^2bDD \xrightarrow{(5)} a^2bbDD \xrightarrow{(4)\text{失败,做}(6)} a^2bbcD$$

$$\xrightarrow{(6)} a^2b^2cc = a^2b^2c^2$$

比较 G_2 与 G_{P_2} 就可以看出程序文法 G_{P_2}，只有 6 条生成规则，3 个非终止符；而 G_2 却有 14 条生成规则，11 个非终止符，因此，G_{P_2} 比 G_2 紧凑得多.

另外还有一种索引文法（Index grammar），它是对短语结构文法做一些附加的“索引”，其功用和程序文法的意思有点类似. 我们不在此介绍它了.

5.3.2 各种高维文法的大意

前面的文法是用字链来描述图像的，因此子图像之间的连接按语法规定只是左右连接的，不可同时从四面八方一起连接. 这种一维的连接不能满足描述复杂图像的要求，所以人们又引出了各种多维语言. 下面举其中的几个例子：

1. PDL 语言（Picture Description Language）

这种语言[5]对每一个图像元素规定首尾，这样每一个图像元素就可以表成一个向量，两个图像元素之间可以定义四种连接方法：

$a+b$：将 a 的头（用 hd 表示）和 b 的尾（用 tl 表示）重合，形成一个新图像元素，它的头就是 b 的头：$hd(a+b)=hd(b)$；它的尾就是 a 的尾：$tl(a+b)=tl(a)$（图 5－12）.

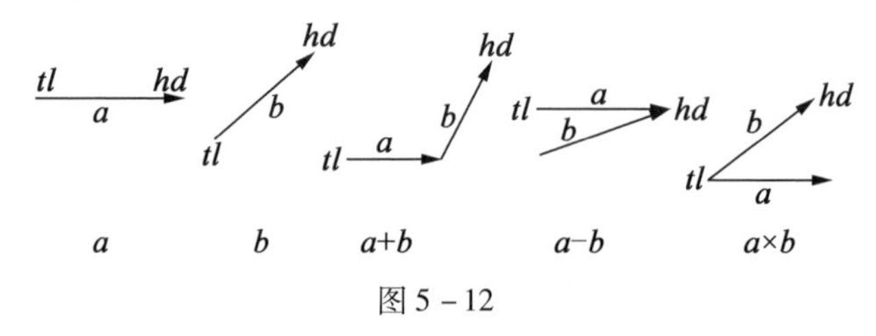

图 5－12

$a \times b$:是将 a,b 的尾重合所得的新图像,它的头是 b 的头:$hd(a \times b) = hd(b)$;它的尾是 a,b 公共的尾:$tl(a \times b) = tl(b)$(图 5－12).

$a * b$:是将 a,b 的尾与首都重合起来的新图像,它的首尾即 a 的首尾:$hd(a * b) = hd(a)$,$tl(a * b) = tl(a)$(图 5－13).

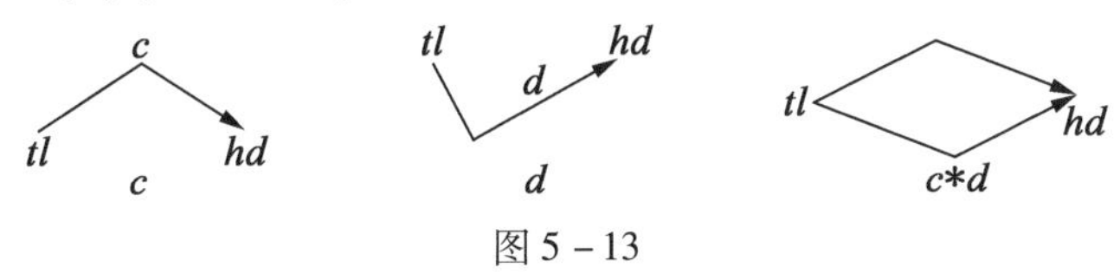

图 5－13

至于$(a+b)*(b+a)$的图像可见图 5－14.

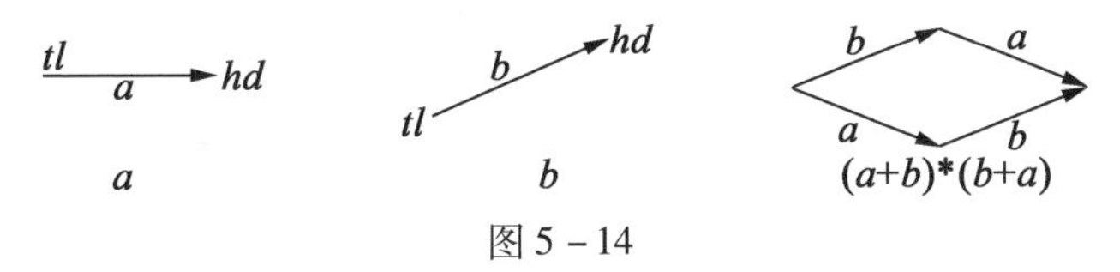

图 5－14

$a\sim$:是将 a 的首尾倒置的图像.

当所描写的图像有断缺时,还可引入"空白"这个基元.

例 9　字母 A 的 PDL 描写. 令

$$G_A = (V_T, V_N, P_A, S)$$

$$V_N = \{S, \text{三角形}\}; V_T = \{a, b, c, (,), +, *\}$$

$$P_A = \{S \to (b + (\text{三角形} + c)), \text{三角形} \to ((b+c) * a)\}$$

$$L(G_A) = \{\text{字母 } A\} = \{b + (((b+c) * a) + c))\}$$

生成字母 A 的推导及对应的图如下(图 5－15)

$$S \to (b + (\text{三角形} + c)) \to (b + (((b+c) * a) + c))$$

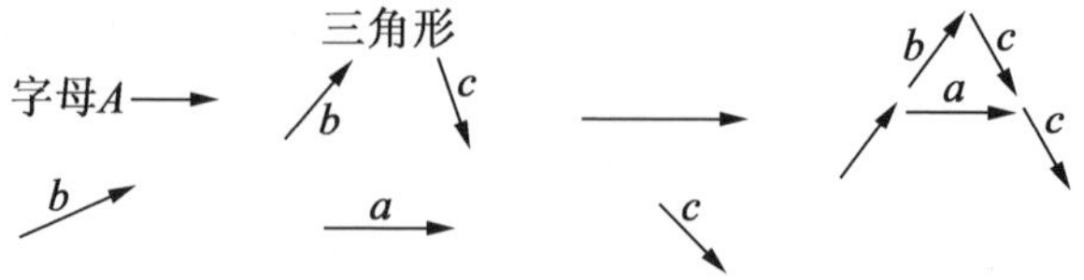

图 5－15

例 10 房子草图. 令

$$G_{房}=(V_T,V_N,P_{房},S)$$

$$V_T=\{a,b,c,e,(,),+,*,\sim\}$$

$$V_N=\{三角形,墙,S\}$$

$$P_{房}=\{S\to 三角形*墙,三角形\to((b+c)*a),$$
$$墙\to(e+(a+(\sim e)))\}.$$

房子的语法推导过程是(图 5－16)：

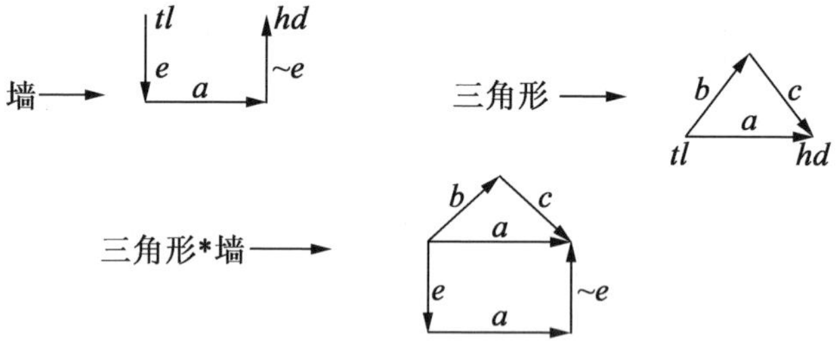

图 5－16

$$S\to 三角形*墙\to(((b+c)*a)*墙)$$
$$\to(((b+c)*a)*(e+(a+(\sim e))))$$

PDL 语言是由 Shaw 提出的,他还给出了语法分析的算法.

2. Plex **文法(脉状文法)**

Feder 提出了脉状文法[6],这种文法中两个子图像之间的连接不仅可以在头、尾进行,而且还可以规定其他点连接,每一条生成规则都是按上下文无关的文

法规则再附加连接方法组成的. 例如图像基元如图 5 - 17所示.

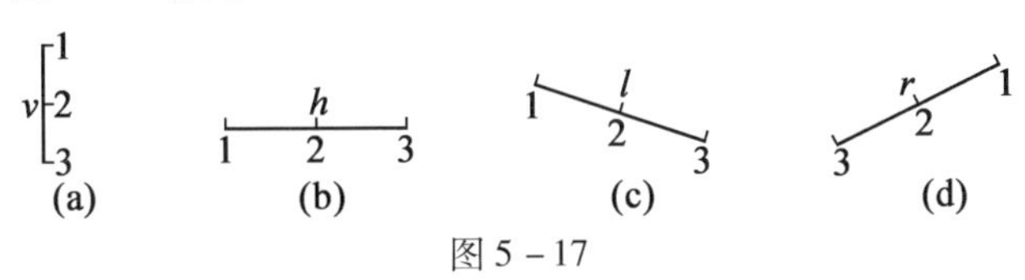

图 5 - 17

用它们来组成英文字母 A,生成规则是

$$S \to INVE \cdot h(11,23)$$

$$INVE(1,2) \to v \cdot l(11,2,2)$$

$$INVE(1,2) \to r \cdot v(11,2,2)$$

$$INVE(1,2) \to v \cdot l(11,2,2)$$

这里 $INVE(1,2)$ 是一个非终止符,在它上面有两个有序点 1 与 2,生成规则

$$A \to INVE \cdot h(11,23)$$

的意思是:将 $INVE$ 与 h 连在一起,连接方法是 $INVE$ 的 1 与 h 的 1 连接,$INVE$ 的 2 与 h 的 3 连接. 生成规则

$$INVE(1,2) \to r \cdot l(11,2,2)$$

的意思是:将 r,l 连接成 $INVE$,连接方式是 r 的 1 与 l 的 1 连接,以 r 的点 2 作 $INVE$ 的 1,以 l 的点 2 作为 $INVE$ 的点 2,所以这条生成规则生成图像(图 5 - 18):

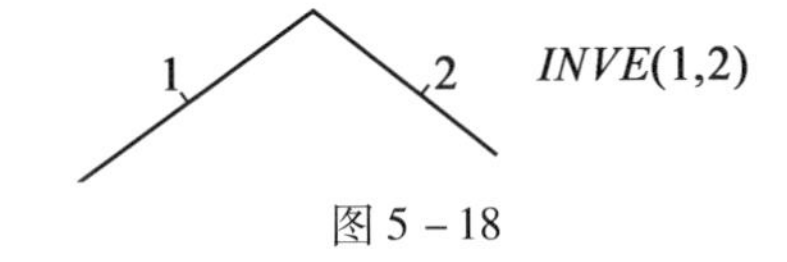

图 5 - 18

于是若令

$$V_T = \{V,h,l,r\}$$

$$V_N = \{S,INVE\}$$

$$P = \{A \to INVE \cdot h(11,23)\}$$
$$INVE(1,2) \to r \cdot v(11,2,2)$$
$$INVE(1,2) \to r \cdot l(11,2,2)$$
$$INVE(1,2) \to v \cdot l(11,2,2)$$

文法 $G = (V_T, V_N, P, S)$ 所生成的语言是

3. **网状文法**(web grammar)

Pfaltz 和 Rosenfeld 把字链的文法加以推广[3]，提出网状文法. 他们将结点(终止或非终止符)的方向图——网直接地写进生成规则. 在生成规则中再加"嵌入"规则这一部分，用以说明用新网代替旧网时，新网与其周围的网的联系. 用形式定义来描述它，网状文法就是一个四元组：

$G = \{V_T, V_N, P, S\}$，其中 V_T, V_N 的意义同上，而 P 是网状生成规则的集合，网状生成规则是如下形式的生成规则

$$\alpha \to \beta, E$$

其中，α, β 是网(由终止符或非终止符作为结点，用有向箭头连接而成)，E 是 β 的嵌入规则. E 指出当用 β 代替一个旧网 ω 中的一个子网 α 时，β 应与 ω 中其他部分怎样连接. 由于生成规则 $\alpha \to \beta, E$ 可以用于所有含 α 的网 ω，因此，显然 E 不能与 ω 的具体内容有关.

例 11 令 $V_N = \{A\}$；$V_T = \{a, b, c\}$；

$S = \{\dot{A}\}$($\dot{A}$ 表示由非终止符 A 组成的一个结点的"网")；

$P=\{$i.$\dot{A} \longrightarrow a$ (→ b, → c)，E = 原网中的顶点 A 和 a

重合；ii. $\dot{A}\longrightarrow a$ （$a\to b\to A$，$a\to c\to A$），E 同 i. 中的}

以及　　　　$G=(V_T,V_N,P,S)$

于是 $L(G)$ 就是全体如下形式的网（图 5－19）：

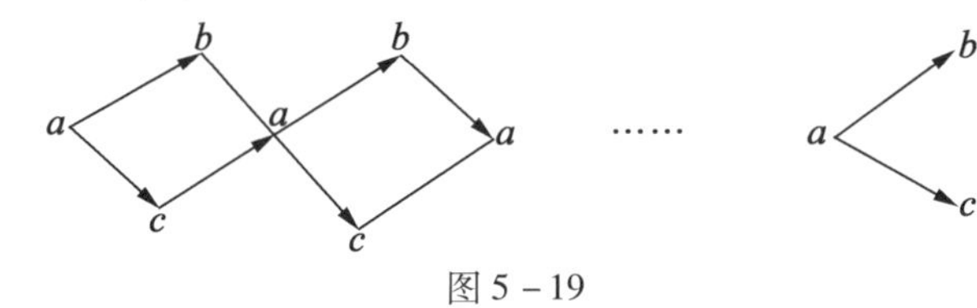

图 5－19

例如（图 5－20）：

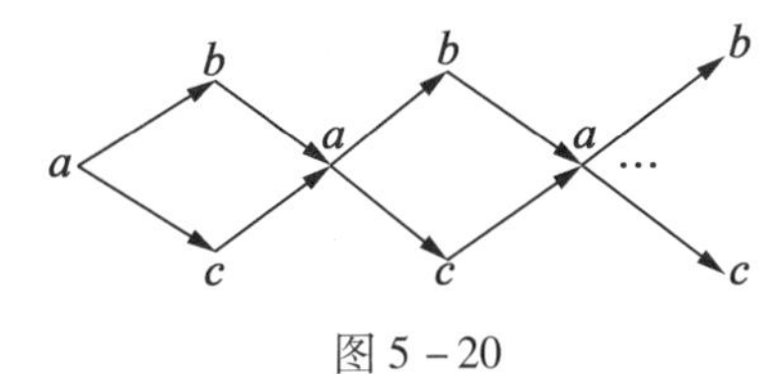

图 5－20

就是这样推导出来的：

$S=\dot{A}\xrightarrow{\text{ii}}$ a（$a\to b\to A$，$a\to c\to A$） $\xrightarrow[①]{\text{ii}}$ a（$a\to b\to a$，$a\to c\to a$；$a\to b\to A$，$a\to c\to A$）

（在①这一步 $\alpha=\dot{A}$，　$\beta=a$（$a\to b\to A$，$a\to c\to A$），由 E 的规定 β 中的 a 应与原网中顶点 A 重合.）

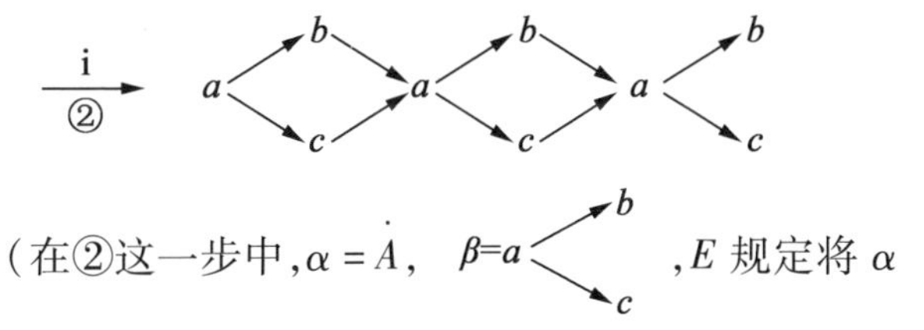

（在②这一步中，$\alpha=\dot{A}$，　$\beta=a$（$a\to b$，$a\to c$），E 规定将 α 网中的顶点 A 与 β 的 a 重合.）

在[1]中第9章举出了利用网状文法来描述卫星相片的结构，并由此得出语言结构识别方法的一些例子.

在这里简单地介绍从背景上清除云块的算法及其语言表示：

从背景上清除云块的基本想法是："云块"是由"云"和"影"组成的."云"和"影"在照片上应成对地出现.另一方面，从灰度上看："云"是很亮的；"云影"则是非常暗的，所以多光谱照片上的灰度等级已可粗略地说明哪些点是"云"，哪些是"影".但是，"云"常常还以"市郊"和"混凝土"的灰度出现，"影"还常以"内城"和"商业区"的灰度出现，所以还需要进一步根据"云"和"影"成对出现的特点，把那些以"市郊"和"混凝土"的灰度出现的"云"点挑出来，把那些以"内城"和"商业区"灰度出现的"影"点也挑出来.如果已知由云的高度和太阳的角度可以算出云点和影点间的关系 R(距离和方位)，由此关系联结的一对"云""影"点叫作"云对".如果我们对照片由左到右、由上到下地扫描，找出一个"影"点灰度的点，按关系 R 指定的距离和方位开一个"窗口"，搜寻其中的"云"点灰度的点，如果找到一个这种点，就找到了一个"云对".以这个"云对"中的云点及影点为中心，分别开两个"窗口"，在这"云"点为中心的窗口中的"混凝土"(X)和"郊区"(S)点都作为"云"点；而在"影"点为中心的"窗口"中的"内城"(I)、"商业区"(C)都作为"影"点.

这样处理的结果示意图如图5－21所示.

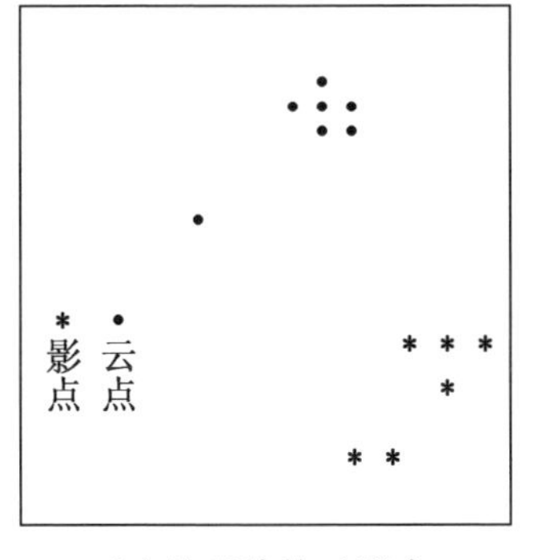

(a)处理前的云影点

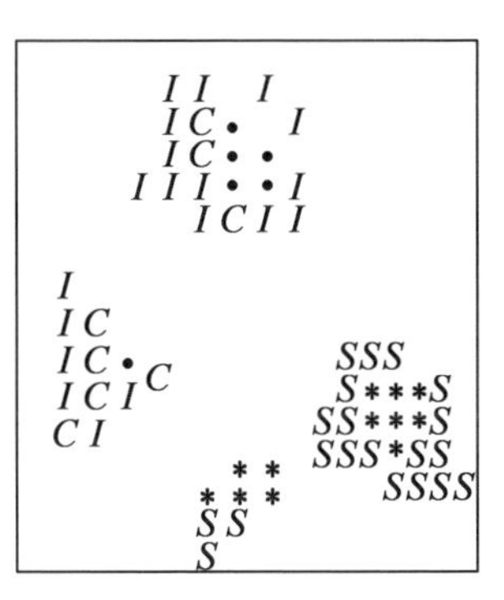

(b)处理后的云影点

图 5－21

下面图 5－22 中列出了上面这种想法的网状文法的一部分,关于由窗口找出全部影点的部分略去了. 在图中 *CWS* 是表示单个云点的非终止符号,*SWS* 是单个影点的非终止符,*CP*,*CL*,*CLO* 分别是“云对”“云点”“扩充云点”,*R*,*W* 分别表示关系 *R* 和开窗.

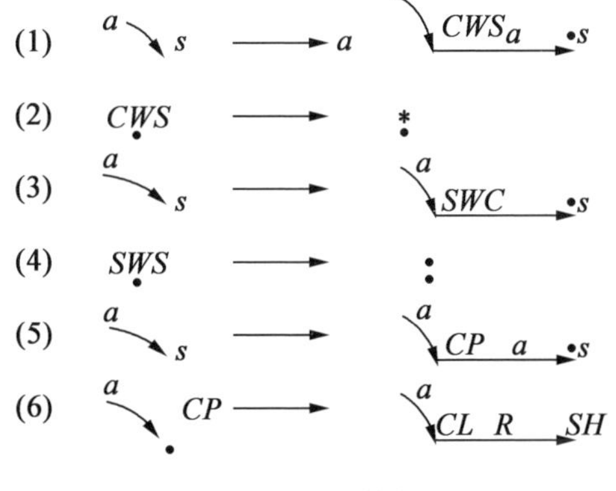

图 5－22　云/影文法

(7) a CL → a $*$

(8) a R CL → a R $*$ W CLO

(9) CLO → $W\{*,x,s\}$ W CLO W

(10) W CLO → ε

续图 5－22

网状文法在这里的作用无非是把前面那种直观描述形式化,提供了具体语法规则的一般信息和识别对象(图像)的很准确的模型.

§5.4　剖析算法与误差修正剖析算法介绍

前面已经讲过,图像识别的语言结构法就是将每一幅图像用某一个文法所产生的句子来描述,句子中的每一个符号是基元或其关系. 反过来,当给出一条符号链时,就要判别这个符号链究竟是由**哪一个文法**所产生的句子? 即它是属于哪一类图像,如果可以知道这个符号链是某一个文法所产生的句子,那么进一步还需要给出这条链的结构,这就称为剖析. 在这一节中我们介绍两种剖析算法.

此外,由于有噪声和干扰,被识别的模式就会发生畸变,又由于存在测量误差以及对基元或子图像的误

识别,从而得到的句子是有误差的. 这样,这种句子就往往会被描述这类图像的文法所拒绝接受. 因此,近年来采取误差修正剖析的方法来识别有畸变的图像. 在这里我们做简要介绍.

1. Cocke-Kasami-Younger **剖析算法**

设描述某类图像的文法是上下文无关的文法 $G=(V_N,V_T,P,S)$,其中生成规则具有 Chomsky 标准型,即 P 中任一生成规则是以下两种形式之一

$$A\rightarrow BC, \text{或 } A\rightarrow a$$

其中,$A,B,C\in V_N$,$a\in V_T$. 我们知道,任何一个上下文无关的文法都可以化为其等价的 Chomsky 标准型的文法. 设有一条由 n 个字符所组成的链 $x=a_1a_2\cdots a_n$. 现在就要制定一个算法来判断由文法 G 是否可以产生 x,即 x 是否属于 $L(G)$? 如果 $x\in L(G)$,则还要给出 x 的生成树.

Cocke-Kasami-Younger 剖析算法就是能实现上述要求的一个算法. 这个算法的关键是构造一个$(n+1)$行$(n+1)$列的矩阵$(t_{ij})(i=0,1,\cdots,n;j=0,1,\cdots,n)$,其中 n 是所需要剖析的链 $x=a_1a_2\cdots a_n$ 的长度,所构造的矩阵的对角线上以及对角线以下的元素全部为0,对角线以上的元素由文法 G 中所有的非终止符按照一定的规则所组成. 首先安排平行于对角线、紧挨着对角线以上的元素 $t_{i,i+1}(i=0,1,\cdots,n-1)$,然后对每一个固定的 d(它表示每一行中离开对角线的距离,$d=2,3,\cdots,n$)安排与对角线平行的位置上的元素 $t_{ij}(i=0,1,\cdots,n-d;j=d+i)$. 具体步骤如下:

(1)考虑输入链 $x=a_1a_2\cdots a_n$,从 a_1 开始分析,如果在文法 G 的生成规则集合 P 中,有一条生成规则

$A \to a_k(k=1,2,\cdots,n)$，则令 $t_{k-1,k}=A$.

(2)对每一个 $d=2,3,\cdots,n$，在安排第 i 行第 j 列位置 (i,j) 上的值 $t_{ij}(i=0,1,\cdots,n-d;j=d+i)$ 时要考虑 i 行下边以及 j 列左边的元素，即考虑下述两列位置上的元素

$$(i,i+1),(i+1,j)$$
$$(i,i+2),(i+2,j)$$
$$\cdots\cdots$$
$$(i,j-1),(j-1,j)$$

对于上述两列位置上的每一对元素，如果在生成规则的集合 P 中，有一条生成规则，其右端的第一个非终止符为前一个位置上的元素，而右端的第二个非终止符为后一个位置上的元素. 那么该生成规则左端的非终止符就作为位置 (i,j) 上的一个元素. 这样，(i,j) 上的元素就可以有不止一个值，它可取到一些非终止符，我们可用 t_{ij} 表示这些元素的集合(图 5－23).

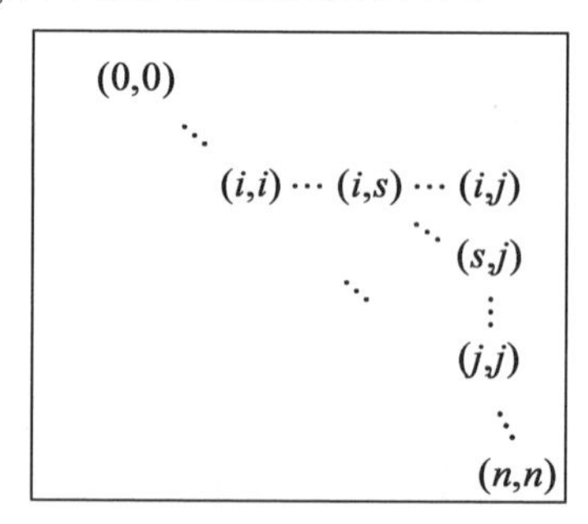

图 5－23

这样所生成的矩阵就称识别矩阵. 要识别符号链 $x=a_1a_2\cdots a_n$ 是否由文法 G 产生就化为判别开始符 S 是否为 $t_{0,n}$ 中的一个元素. 这一点可从下面将要讲的对 x 的生成树的分析看出来. 首先举一个例子：

例 12　考虑上下文无关的文法 $G=(V_N,V_T,P,S)$，其中 $V_N=\{S,A\}$，$V_T=\{a,b\}$，S 为开始符，而 P：$S\to AA$，$S\to AS$，$S\to b$，$A\to SA$，$A\to AS$，$A\to a$.

输入的被识别的符号链为 $x=abaab$.

解　这个文法显然具有 Chomsky 标准型，因此就可以用 Cocke-Kasami-Younger 剖析算法来求识别矩阵. 这个矩阵$(t_{ij})(i,j=0,1,\cdots,5)$具有 6 行 6 列.

(1)由于 $A\to a$ 及 $S\to b$，因此 $t_{0,1}=A$，$t_{1,2}=S$，$t_{2,3}=t_{3,4}=A$，$t_{4,5}=S$.

(2)令 $d=2$，考虑 $t_{ij}(i=0,1,2,3;j=2+i)$.

对于位置(0,2)，根据算法，考虑位置(0,1)，(1,2). 由于 $t_{0,1}=A$，$t_{1,2}=S$，且在生成规则集 P 中有两个生成规则都能产生 $S\to AS$ 及 $A\to AS$，因此 $t_{0,2}=(S,A)$. 即由两个元素组成.

对于位置(1,3)，根据算法，考虑位置(1,2)，(2,3). 由于 $t_{1,2}=S$，$t_{2,3}=A$，且在生成规则集 P 中有 $A\to SA$，因此 $t_{1,3}=A$.

对于位置(2,4)，根据算法，考虑位置(2,3)，(3,4). 由于 $t_{2,3}=A$，$t_{3,4}=A$. 而在 P 中有 $S\to AA$，因此 $t_{2,4}=S$.

对于位置(3,5)，根据算法，考虑位置(3,4)，(4,5). 由于 $t_{3,4}=A$，$t_{4,5}=S$，而在 P 中有 $S\to AS$ 及 $A\to AS$，因此 $t_{3,5}=(S,A)$. 即由两个元素所组成.

类似地可以考虑 $d=3,4,5$ 的情况. 这样一来，就可以得到识别矩阵了(图 5－24).

i \ i	0	1	2	3	4	5
0		A	A,S	A,S	A,S	A,S
1			S	A	A,S	A,S
2				A	S	A,S
3					A	A,S
4						S
5						

图 5－24　识别矩阵

从识别矩阵可看出：在 $t_{0,5}$ 中包有开始符 S，因此符号链 $x=abaab$ 是由这里的文法 G 所产生的句子.

现在讨论由文法 G 产生的符号链 $x=a_1a_2\cdots a_n$ 的生成树，即剖析其结构. 由 G 来剖析 x 的剖析过程就是从开始符 S 利用生成规则，一步一步地生成 x. 为了简单起见，可以将 P 中的每一个生成规则给予一定的标号. 例如共有 p 条生成规则，第 i 条生成规则用 $\pi_i(i=1,2,\cdots,p)$ 表示之.

设符号链 $x=a_1a_2\cdots a_n$ 是由文法 G 所产生. 因此根据上面的讨论，已知 $S\in t_{0n}$. 为了从 S 开始进行剖析，用符号 $PARSE(0,n,S)$ 表示. 这里记号 $PARSE$ 右边前两个数表示位置，后一个非终止符表示在这个位置处对此非终止符进行剖析. 一般说来，符号 $PARSE(i,j,A)$ 表示对 i 行 j 列中的非终止符 A 进行剖析. 具体步骤如下：

对 $PARSE(i,j,A)$，若 $j-i=1$ 且第 π_m 个生成规则是 $A\to a_{i+1}$，则得到数 m，若 $j-i\geqslant 2$，且 k 满足 $i+1\leqslant k\leqslant j-1$ 并使得第 π_m 个生成规则是 $A\to BC$，其中 $B\in t_{i,k}$，$C\in t_{k,j}$. 显然这样的 k 总是存在的. 现在考虑具有

上述性质的最小整数 $k(i+1\leqslant k\leqslant j-1)$，它所对应的数 m 即为要求. 这样，代替 $PARSE(i,j,A)$ 就得到 $(m, PARSE(i,k,B), PARSE(k,j,C))$，然后再对 $PARSE(i,k,B)$ 及 $PARSE(k,j,C)$ 进行剖析及代替，一直到列与行的数目相差 1 为止. 此时就会得到一串有序数 $(m_1, m_2, m_3, \cdots, m_{l_n})$，依次地实现生成规则 $\pi_{m_1}\pi_{m_2}\pi_{m_3}\cdots\pi_{m_{ln}}$，就得到了 x 的生成树.

我们仍以上面的例 12 来进行剖析：例 12 中生成规则的标号依次地为

$$1.\ S\rightarrow AA;2.\ S\rightarrow AS;3.\ S\rightarrow b$$

$$4.\ A\rightarrow SA;5.\ A\rightarrow AS;6.\ A\rightarrow a$$

现在对链 $x=abaab$ 进行剖析：

从 $PARSE(0,5,S)$ 开始，这里 $i=0, j=5$，首先考虑 $k=1$，它显然满足 $i+1=1\leqslant k\leqslant j-1=4$，因为 $t_{i,k}=t_{0,1}=A$，$t_{k,j}=t_{1,5}=(A,S)$，而 π_1 是 $S\rightarrow AA$，π_2 是 $S\rightarrow AS$. 这样就得到了两个结果：(1) $(1, PARSE(0,1,A), PARSE(1,5,A))$ 及(2) $(2, PARSE(0,1,A), PARSE(1,5,S))$.

对于情况(1)，由于 π_6 是 $A\rightarrow a$，因此得到 $(1,6, PARSE(1,5,A))$. 对于 $PARSE(1,5,A)$. 考虑 $k=2$，它显然满足 $i+1=2\leqslant j-1=4$，因此 $t_{i,k}=t_{1,2}=S$，$t_{k,j}=t_{2,5}=(A,S)$，而 π_4 是 $A\rightarrow SA$，因此得到了 $(1,6,4, PARSE(1,2,S), PARSE(2,5,A))$，同样由于 π_3 是 $S\rightarrow a_2=b$，因而得 $(1,6,4,3, PARSE(2,5,A))$. 对于 $PARSE(2,5,A)$，考虑 $k=3$，它显然满足 $i+1=3\leqslant k\leqslant j-1=4$. 因为 $t_{i,k}=t_{2,3}=A$，$t_{k,j}=t_{3,5}=(A,S)$，而 π_5 是 $A\rightarrow AS$，因此得到了 $(1,6,4,3,5, PARSE(2,3,A), PARSE(3,5,S))$. 由于 π_6 是 $A\rightarrow a_3=a$，因此得到了 $(1,6,4,3,5,6, PARSE(3,5,S))$. 对于 $PARSE(3,5,$

S)),考虑 $k=4$,它显然满足 $i+1=4\leqslant k\leqslant j-1=4$. 因此得到了(1,6,4,3,5,6,2,$PARSE$(3,4,$A$),$PARSE$(4,5,$S$)). 由于 π_6 是 $A\to a_4=a$,π_3 是 $S\to a_5=b$,因此就得到了(1,6,4,3,5,6,2,6,3). 这样一来,相应的生成规则依次地为 $\pi_1,\pi_6,\pi_4,\pi_3,\pi_5,\pi_6,\pi_2,\pi_6,\pi_3$,其生成树可见图 5-25.

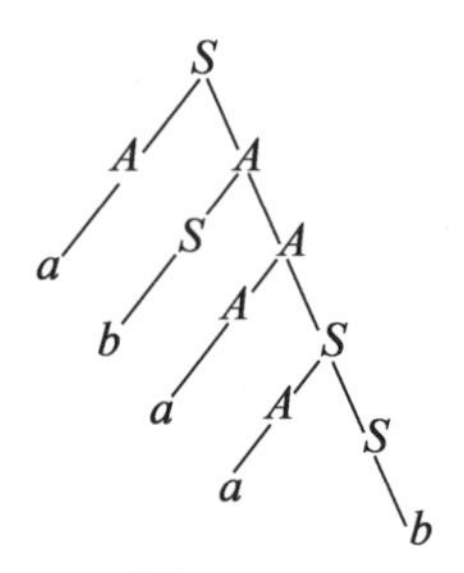

图 5-25

对于情况(2),同样,由于 π_6 是 $A\to a_1$,因此得到(2,6,$PARSE$(1,5,S)). 对于 $PARSE$(1,5,S),考虑$k=2$,因为 $t_{1,2}=S$,$t_{2,5}=(A,S)$,但在生成规则集中没有 $S\to AS$ 及 $S\to SS$,因此考虑 $k=3$. $t_{1,3}=A_3$,$t_{3,5}=(A,S)$,由于 π_1 是 $S\to AA$,π_2 是 $S\to AS$,因此这里又得到了两个结果:(1)′(2,6,1,$PARSE$(1,3,A),$PARSE$(3,5,A)),(2)′(2,6,2,$PARSE$(1,3,A),$PARSE$(3,5,S)).

对于情况(1)′,由于 $t_{1,2}=S$,$t_{2,3}=A$,且 π_4 是 $A\to SA$ 以及 $t_{3,4}=A$,$t_{4,5}=S$,且 π_5 是 $S\to AS$,因此得到了(2,6,1,4,$PARSE$(1,2,S),$PARSE$(2,3,A),5,$PARSE$(3,4,A),$PARSE$(4,5,S)). 由于 π_3 是 $S\to a_2=b$,π_6 是 $A\to a_3=a$,π_6 是 $A\to a_4=a$,π_3 是 $S\to a_5=b$,因此得到了(2,6,1,4,3,6,5,6,3). 从而对应的生成规则依次为 $\pi_2,\pi_6,\pi_1,\pi_4,\pi_3,\pi_6,\pi_5,\pi_6,\pi_3$;其生成树见图

5－26.

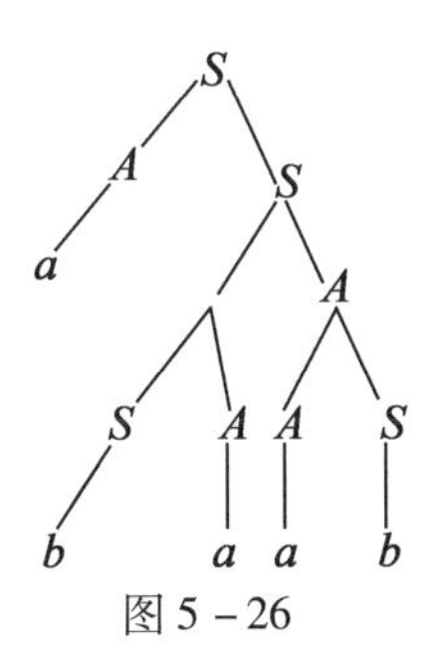

图 5－26

对于情况(2)′,由于上面的讨论,得到(2,6,1,4,3,6,*PARSE*(3,5,*S*)). 由于 $t_{3,4}=A$,$t_{4,5}=S$,而 π_2 是 $S\to AS$,因此得到(2,6,2,4,3,6,2,*PARSE*(3,4,*A*),*PARSE*(4,5,*S*)). 像上面一样,最后得到(2,6,2,4,3,6,2,6,3). 这样一来,生成规则依次为 $\pi_2,\pi_6,\pi_2,\pi_4,\pi_3,\pi_6,\pi_2,\pi_6,\pi_3$;生成树可见图 5－27.

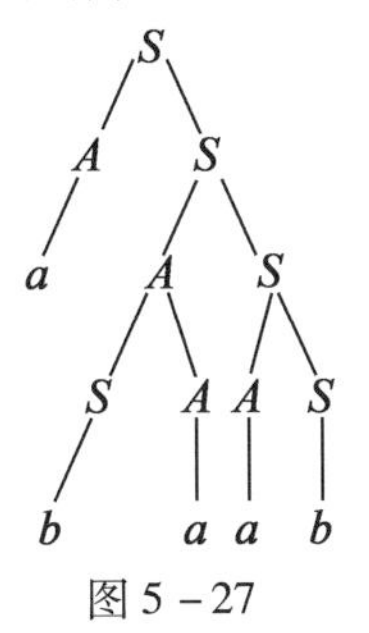

图 5－27

于是,对字链 $x=abacb$ 就有三个生成树了.

2. Earley **剖析算法**

上述 Cocke-Kasami-Younger 算法使用起来是比较方便的,但是它只适合于上下文无关的 Chomsky 标准型文法. 尽管一般的上下文无关的文法可以化为 Chomsky 标准型,但是仍然会有一定的不方便. 这里所介绍的 Earley 剖析算法就可以摆脱这个限制，它适合于任何上下文无关的文法 $G=(V_N,V_T,P,S)$.

现在仍然设 $x=a_1a_2\cdots a_n, a_i\in V_T(i=1,2,\cdots,n)$ 是一条输入链，其长度为 n，它由 n 个终止符 $a_i(1\leqslant i\leqslant n)$ 所组成.

如果在生成规则的集合 P 中有一个生成规则 $A\to X_1X_2\cdots X_m$，其中 $X_i\in(V_N\cup V_T)^*(1\leqslant i\leqslant n)$，则形如 $[A\to X_1X_2\cdots X_kX_{k+1}\cdots X_m,i]$ 的表达式称为 x 的一个项目，其中 k 与 i 是任何非负整数$(0\leqslant i\leqslant n)$，$X_k$ 与 X_{k+1} 之间的点是一个形式上的符号.

对于每一个整数 $j(0\leqslant j\leqslant n)$ 可以根据下面的原则来构造出项目表 $I_j(0\leqslant j\leqslant n)$：当且仅当 $S\overset{*}{\underset{G}{\Rightarrow}}rA\delta$（其中 $r\overset{*}{\underset{G}{\Rightarrow}}a_1a_2\cdots a_i, A\overset{*}{\underset{G}{\Rightarrow}}\alpha\beta, \alpha\overset{*}{\underset{G}{\Rightarrow}}a_{i+1}\cdots a_j, \delta\in(V_N\cup V_T)^*$）时可认为 $[A\to\alpha\cdot\beta,i]$ 在 I_j 中$(0\leqslant i\leqslant j)$. 由此看出，项目 $[A\to\alpha\cdot\beta,i]$ 在 I_j 中表示可以对 x 剖析到第 j 个符号，且由“·”以前的 α 可以产生从第$(i+1)$个开始一直到第 j 个符号即 $\alpha\overset{*}{\underset{G}{\Rightarrow}}a_{i+1}\cdots a_j$.

现在将上述构造项目表 $I_j(0\leqslant j\leqslant n)$ 的方法进一步具体化：

(1) 首先构造 I_0：

①若 $S\to\alpha$ 是生成规则集 P 中的一个生成规则，则把 $[S\to\cdot\alpha,0]$ 作为 I_0 中的项目.

②若 $[A\to\cdot B\beta,C]$ 在 I_0 中，且生成规则集 P 中有 $B\to\xi$，则把 $[B\to\cdot\xi,0]$ 也算作 I_0 中的一个项目. 这样一来，由 S 可以生成 $S\to B\beta\to\xi\beta$.

(2) 由 I_0 来构造 I_1：

①若在 I_0 中有项目$[A\to\cdot\alpha_1\beta,0]$(这表示由 S 可以得到 $S\to a_1\beta$),则把$[A\to a_1\cdot\beta,0]$作为 I_1 中的项目. 这表示对 x 可以剖析到第一个符号 a_1.

②若$[A\to a_1\cdot B\beta,0]$在 I_1 中,且生成规则集 P 中有 $B\to\xi$,则把$[B\to\cdot\xi,1]$也作为 I_1 中的一个项目.

③若$[A\to a_1\cdot,0]$在 I_1 中,则把 I_0 中所有形如$[B\to a_1\cdot Ar,0]$的项目改写成$[B\to a_1A\cdot r,0]$并加到 I_1 中去.

(3)由 I_{j-1} 来构造 $I_j(j=2,\cdots,n)$:

①对于所有 I_{j-1} 中的项目$[A\to\alpha\cdot a_j\beta,i]$,其中 a_j 是 x 中第 j 个终止符,把$[A\to\alpha a_j\cdot\beta,i]$加到 I_j 中去. 这是因为由$[A\to\alpha\cdot a_j\beta,i]$表示 $S\overset{*}{\underset{G}{\Rightarrow}}\gamma A\delta,\gamma\overset{*}{\underset{a}{\Rightarrow}}a_1a_2\cdots a_i$,$A\overset{*}{\underset{a}{\Rightarrow}}\alpha a_j\beta,\alpha\overset{*}{\underset{G}{\Rightarrow}}a_{i+1}\cdots a_{j-1}$就得到 $\alpha a_j\overset{*}{\underset{G}{\Rightarrow}}a_{i+1}\cdots a_{j-1}a_j$,因此$[A\to\alpha a_j\cdot\beta,i]$满足 I_j 中的条件. 这样就可以剖析到第 j 个符号 a_j 了.

②若$[A\to\alpha\cdot B\beta,i]$在 I_j 中,且在生成规则集 P 中有 $B\to\xi$,则把$[B\to\cdot\xi,j]$也作为 I_j 的一个项目. 这是因为由$[A\to\alpha\cdot B\beta,i]$在 I_j 中表示 $S\overset{*}{\underset{G}{\Rightarrow}}\gamma A\delta,\gamma\overset{*}{\underset{G}{\Rightarrow}}a_1a_2\cdots a_i,\alpha\overset{*}{\underset{G}{\Rightarrow}}a_{i+1}\cdots a_j$. 此外,因为 $A\to\alpha B\beta$ 是 P 中的一个生成规则,所以 $S\overset{*}{\underset{G}{\Rightarrow}}\gamma\alpha B\beta\delta,\gamma\alpha\overset{*}{\underset{G}{\Rightarrow}}a_1a_2\cdots a_j$. 由于 $B\to\xi$ 是一个生成规则,因此$[B\to\cdot\xi,j]$是 I_j 中的一个项目.

③若$[A\to\alpha\cdot,i]$在 I_j 中,则把所有形如$[B\to\beta\cdot Ar,k]$的项目改写成$[B\to\beta A\cdot r,k]$,并加到 I_j 中. 这是因为$[A\to\alpha\cdot i]$在 I_j 中表示 $\alpha\overset{*}{\underset{G}{\Rightarrow}}a_{i+1}\cdots a_j$,而$[B\to\beta\cdot Ar,k]$在 I_j 中表示 $\beta\overset{*}{\underset{G}{\Rightarrow}}a_{k+1}\cdots a_j$,于是 $\beta A\overset{*}{\underset{G}{\Rightarrow}}a_{k+1}\cdots$

$a_{i+1}\cdots a_j$. 这就表示$[B\to\beta A\cdot\gamma,k]$应在 I_j 中.

从这样的构造可以看出,要使 $x=a_1a_2\cdots a_n$ 是由文法 G 所产生的句子,即 $x\in L(G)$,其充分必要条件为$[S\to\alpha\cdot 0]$在 I_n 中. 这表示可以对 x 一直剖析到第 n 个终止符 a_n.

下面举例说明:

例 13 考虑上下文无关的文法 $G=(V_N,V_T,P,S)$,其中 $V_N=(S,A_1,A_2,B_1,B_2,B_3,C)$,$V_T=\{a,b,c\}$,而

$$
\begin{aligned}
P:&1.\ S\to aA_1C,2.\ A_1\to b,3.\ A_1\to aB_2C,\\
&4.\ A_1\to aA_2C,5.\ A_2\to aB_3C,6.\ B_3\to bB_2,\\
&7.\ B_2\to bB_1,8.\ B_1\to b,9.\ C\to c.
\end{aligned}
$$

输入 $x=abc$,要求识别 x 是否由 G 产生的句子,如果 $x\in L(G)$,则求其生成树.

解:(1)首先构造 I_0:

①由于 $S\to aA_1C$ 是 P 中的一个生成规则,因此$[S\to\cdot aA_1,C,0]$是 I_0 中的一个项目.

②由于$[S\to\cdot aA_1C,0]$中"·"的后面是一个终止符 a,因此在 I_0 中不可能再增加新的项目.

(2)由 I_0 来构造 I_1:

①因为在 I_0 中有$[S\to\cdot aA_1C,0]$,因此$[A\to a\cdot A_1C,0]$可以作为 I_1 中的项目.

②因为$[A\to a\cdot A_1C,0]$在 I_1 中且 P 中有三个生成规则 $A_1\to b$,$A_1\to aB_2C$,$A_1\to aA_2C$,因此$[A_1\to\cdot b,1]$,$[A_1\to\cdot aB_2C,1]$,$[A_1\to\cdot aA_2C,1]$都是 I_1 中的项目.

(3)由 I_1 构造 I_2:

①因为$[A_1\to\cdot b,1]$在 I_1 中,因此$[A_1\to b\cdot,1]$在

I_2 中.

②因为$[A_1 \to b\ \cdot\ ,1]$在 I_2 中,现在需要观察项目$[B \to \beta \cdot A_1 \gamma, k]$$(k \leqslant j)$. 显然可知$[S \to a \cdot A_1 C, 0]$在 I_1 中,因此$[S \to aA_1 \cdot C, 0]$在 I_2 中.

③因为 P 中有 $C \to c$,由于$[S \to aA_1 \cdot C, 0]$在 I_2 中,因此$[C \to \cdot c, 2]$也在 I_2 中.

(4)由 I_2 构造 I_3:

①因为$[C \to \cdot c, 2]$在 I_2 中,因此$[C \to c\ \cdot\ ,2]$是 I_3 中的一个项目. 现在需要观察项目$[B \to \beta \cdot C\gamma, k]$$(k < 3)$. 由于$[S \to aA_1 \cdot C, 0]$在 I_2 中,因此$[S \to aA_1 C \cdot 0]$在 I_3 中.

这样一来,得到了全部项目表 $I_j(0 \leqslant j \leqslant 3)$:

$I_0: S \to [\ \cdot aA_1 C, 0]$;

$I_1: [S \to a \cdot A_1 C, 0]; [A_1 \to \cdot aB_2 C, 1]$;

$[A_1 \to \cdot aA_2 C, 1]; [A_1 \to \cdot b, 1]$;

$I_2: [A_1 \to b\ \cdot\ ,1], [S \to aA_1 \cdot C, 0]; [C \to \cdot c, 2]$;

$I_3: [C \to c\ \cdot\ ,2]; [S \to aA_1 C\ \cdot\ ,0]$.

由于$[S \to aA_1 C\ \cdot\ ,0]$在 I_3 中,因此 $x = abc \in L(G)$.

现在再研究如何依次用生成规则得到输入链 $x = a_1 a_2 \cdots a_n$,这里给出一个从右进行剖析的算法.

通过执行 $R([A \to B\ \cdot\ ,i], j)$得到值 π, k 及 l,这个符号的意义及具体执行规则如下:

(1)首先执行 $R([S \to \alpha\ \cdot\ ,0], n)$,由此得到 $S \to \alpha$ 在生成规则集 P 中的标号数 h,且令 $l = n, \pi = h$.

(2)若 $\alpha = X_1 X_2 \cdots X_m$,则令 $k = m$.

(3)①若 $X_k \in V_T$,则令 k 及 l 都减去 1.

②若 $X_k \in V_N$,在 I_l 中找一个项目$[X_k \to \gamma\ \cdot\ ,\nu]$,使得$[S \to X_1 X_2 \cdots X_{k-1} \cdot X_k \cdots X_m, i]$在 I_ν 中.

执行 $R([X_k\to\gamma\cdot,\nu],l)$，得到 $X_k\to\gamma$ 的标号数 h，在 π 的值后面紧跟一个 h. 将 k 减去 1，令 $l=\nu$.

(4) 再回到(3)，一直到 $k=0$ 为止.

(5) 此时得到 π 的一串值 $\pi=h_1h_2\cdots h_m$，依次地执行标号数为 $h_1,h_2,\cdots,h_m$ 的生成规则就得到了输入链 $x=a_1a_2\cdots a_n$ 的生成树.

现在对例 13 中 $x=abc$ 来求其生成树：

(1) 执行 $R([S\to aA_1C\cdot,0],3)$，得到 $S\to aA_1C$ 的标号数为 1，因此 $l=3,\pi=1$.

(2) 因为相应的 $X_1X_2X_3=aA_1C$，因此 $k=3$.

(3) 由于 $X_3=C\in V_N$，因此要在 $I_l=I_3$ 中找一个项目 $[C\to\gamma\cdot,\nu]$，使得 $[S\to aA_1\cdot C,i]$ 在 I_ν 中. 显然 $[C\to c\cdot,2]$ 在 I_3 中能使得 $[S\to aA_1\cdot C,0]$ 在 I_3 中. 执行 $R([C\to c\cdot,2],2)$，得到 $C\to c$ 的标号数为 9，因此得到 $\pi=19$，且 $k=2,l=2$.

(4) 由于 $X_k=X_2=A_1\in V_N$，因此要在 $I_l=I_2$ 中找一个项目 $[A_1\to\gamma\cdot,\nu]$，使得 $[S\to a\cdot A_1C,i]$ 在 I_ν 中. 显然 $[A_1\to b\cdot,1]$ 在 I_2 中，且使 $[S\to a\cdot A_1C,0]$ 在 I_1 中. 执行 $R([A_1\to b\cdot,1],1)$，得到 $A_1\to b$ 的标号数为 2，因此得到 $\pi=192$，且 $k=1,l=1$.

(5) 由于 $X_k=X_1=a\in V_T$，对 k 与 l 都减去 1 得到 $k=0,l=0$ 就停止.

(6) 从 $\pi=192$ 依次应用生成规则 1，9 及 2，就得到了图 5－28 中的生成树.

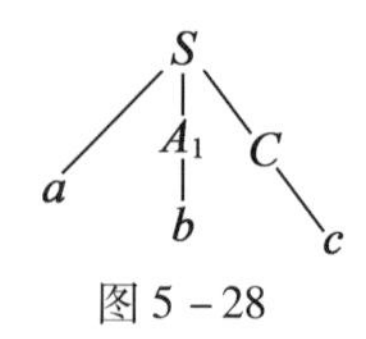

图 5－28

3. 最小距离误差修正剖析

最小距离误差修正剖析算法的基本思想是首先估计到可能发生的种种误差，把描述图像的文法加以扩大，使得经过扩大后的文法不仅能够产生出原来没有畸变的句子，而且也能产生出具有误差的句子，然后再根据一定的要求，对畸变后的句子加以剖析. 由于这样的句子已经属于扩大了的文法所产生的句子，于是就可以应用上述两种剖析算法的修正形式来分析这个句子以确定其畸变的程度. 进一步，可以再根据某种准则，例如距离最小的准则等来判断发生畸变后的输入链究竟是属于哪个文法所描述的类.

对于字符链只需考虑三种可能的误差，即代换误差、抹去误差和插入误差. 下面分别用三种变换 T_S，T_D 和 T_I 来表示这三种误差，即对于任意的 $\omega_1, \omega_2 \in V_T^*$ 来说：

(1) 代换误差

对于所有的 $a \neq b \in V_T, \omega_1 a \omega_2 \overset{T_S}{\longmapsto} \omega_1 b \omega_2$.

(2) 抹去误差

对于所有的 $a \in V_T, \omega_1 a \omega_2 \overset{T_D}{\longmapsto} \omega_1 \omega_2$.

(3) 插入误差

对于所有的 $a \in V_T, \omega_1 \omega_2 \overset{T_I}{\longmapsto} \omega_1 a \omega_2$.

这里 $x \overset{T_i}{\longmapsto} y$ 的含义是 $y \in T_i(x), i \in \{S, D, I\}$.

为了今后的应用，下面引入两条链之间的距离的定义：

定义 5.9　两条链 x 与 y 之间的距离定义为从 x 转变到 y 所需要的最小的误差变换数目，记作 $d(x,$

y).

例 14 $x=cbbabbab, y=cbababb$. 求 $d(x,y)=?$

解

$$x=cbbabbab \vdash \xrightarrow{T_D} cbabbab \vdash \xrightarrow{T_S} cbabaab \vdash \xrightarrow{T_S} cbababb$$

所以 $d(x,y)=3$. 上述过程可由图 5－29 表示.

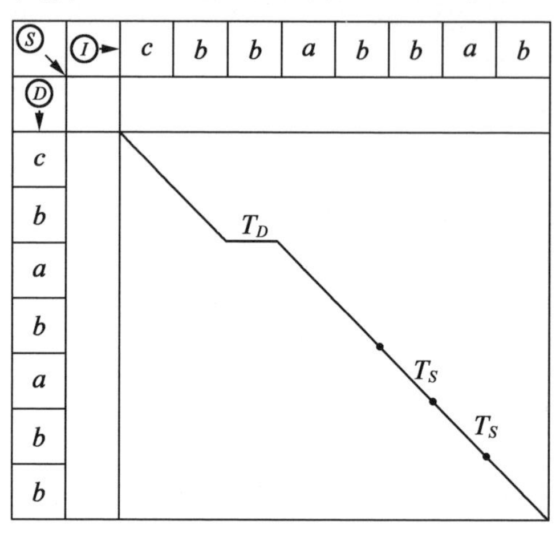

图 5－29

现在考虑输入链 x, 由于 x 受到干扰, 因此有畸变, 这样就得到 x'. 要判别输入链 x 是否属于某一个上下文无关的文法 $G=(V_N,V_T,P,S)$ 所产生的句子. 由于已经得到了畸变后的句子 x', 即使 $x\in L(G)$, 但 x' 也不一定属于 $L(G)$. 为了能对 x' 进行剖析, 我们加入一些由上述三种误差所引起的生成规则, 得到新的文法 $G'=(V'_N,V'_T,P',S')$, 再用 G' 来剖析 x'. 下面说明如何具体来构造 $G'=(V'_N,V'_T,P',S')$:

(1) 在文法 G 的生成规则集 P 中的每一个生成规则中, 把终止符 $a\in V_T$ 用新的非终止符 E_a 来代替, 并把这些新的生成规则算作 P' 中的生成规则。

(2)在 P' 中加入生成规则

①$S' \to S$;

②$S' \to SH$;

③$H \to HI$;

④$H \to I$.

(3)对于每一个 $a \in V_T$,在 P' 中加入生成规则:

①$E_a \to a$;

②对所有的 $b \neq a, b \in V_T, E_a \to b$;

③$E_a \to H_a$;

④$I \to a$;

⑤$E_a \to \lambda$(λ 是空链).

此外

$$V'_N = V_N \cup \{S', H, I\} \cup \{E_a | a \in V_T\} \text{ 以及 } V'_T = V_T$$

容易看出:由(1)及 $S' \to S, E_a \to a, a \in V_T$ 所得到的 P' 中的生成规则就可以给出 $L(G)$ 中的全部句子. 生成规则 $S' \to SH$ 将在一个句子的末尾引入误差;$E_a \to Ha$ 将在 a 的前面引入误差. 生产规则中形如 $E_a \to b, b \neq a$;$I \to a$;$E_a \to \lambda$ 表示在一个句子中间分别引入代换误差、插入误差及抹去误差. 我们称这些生成规则为终止符误差的生成规则.

称这种扩大后的文法 $G' = (V'_N, V'_T, P', S')$ 为覆盖文法. 显然,它是一个上下文无关的文法,使 $L(G') \supseteq L(G)$,而且若 $x \in L(G)$,则由于上述三种误差所引起的 x 的畸变 x' 必属于 $L(G')$.

进一步对于 x' 应用上述两种剖析算法的修正形式,例如应用 Earley 剖析算法的修正形式,就可以得到其生成树. 同时还可以算出在产生链 x' 时,需要用几次终止符误差生成规则. 若经过最少的 k 次误差修正能

由 x' 变到 $y \in L(G)$，则 $d(x,y)=k$ 就可用来刻画一个符号链 x' 与一个文法 G 所产生的语言 $L(G)$ 之间的距离. 因此，这样的剖析算法称为最小距离误差修正剖析.

4. 最近邻域句法识别规则

有了上述的一个符号链 x 与一个文法 G 所产生的语言 $L(G)$ 之间的距离，就可以用最近邻域句法识别规则来判决 x 属于几个文法 $G_i(i=1,2,\cdots,m)$ 所产生的语言 $L(G_i)$ 中的哪一个.

为了简单起见，先假设有两个文法 G_1 与 G_2. 对于一个未知属于哪一类的用符号链 x 表示的图像，计算 $d(x,G_1)$ 及 $d(x,G_2)$（这里 $d(x,G)$ 表示链 x 到 $L(G)$ 的距离），若

$$d(x,G_i)=\min_{1\leqslant k\leqslant 2}(d(x,G_k))$$

则判决 x 属于 $L(G_i)$. 在求 $d(x,G_k)(k=1,2)$ 时需要用到最小距离误差修正剖析算法，它同时可以给出 x 的结构. 一般说来，为了要得到文法 $G_k(k=1,2)$，还需要采用文法推导的方法.

对于一般的 m 类情况，设分别有 m 个样本集合 $X^{(1)}=\{X^{(1)},\cdots,X_{N_1}^{(1)}\},\cdots,X^{(m)}=\{X^{(m)},\cdots,X_{N_m}^{(m)}\}$，其中每一个样本是由基元组成的链，我们可以按下列步骤来进行判别：

(1) 分别从集合 $X^{(j)}(j=1,2,\cdots,m)$ 来推导出 m 个文法 G_j；

(2) 对于推导出的 m 个文法 $G_j(1\leqslant j\leqslant m)$ 分别构造最小距离误差修正剖析；

(3) 对于输入的链 x，计算 $d(X,G_j)(1\leqslant j\leqslant m)$，并求 l 使得

$$d(X,G_l)=\min_{1\leqslant k\leqslant m}\{d(X,G_k)\}$$

我们就判决 X 属于文法 G_l 所产生的第 l 类.

§5.5　基元选择和语法推导

1.基元选择

基元对应于文法中的终止符,是构造语句的最基本单位,所以一个图像识别问题在用语言结构法处理时,首先要选好基元. 基元的选择没有一个通用的方法,要根据具体的图像而定. 但是,一般说来,应该注意以下两点:

(1)基元应是图像的基本单位,而且适宜于用它们之间的结构关系来描述图像;

(2)基元应该能用非语言方法(如统计方法等)或低一级的语言方法来识别它们.

例如手写体文字用笔画作基元是比较方便的;语音的识别用音素作基元比较方便;在从卫星照片作土地利用的识别中,常常以多光谱照片的光密度对每一小格为单位作粗糙的分类(见§5.1),并以此作为基元. 语言结构法的分析和描述往往还可以分级进行,低级语言分出的类可以作为高一级语言的基元.

一般的平面图形的基元有两种类型:

(1)着眼于边界、轮廓和骨架的基元;

(2)着眼于区域的基元.

下面对这两种类型的基元举一些例子:

①Freeman 的链码[7]。当图形的轮廓清楚,或可将图形化成线型的图像时,可以采用这种编码.

基元共 8 个:1:↗,2:↑,3:↖,4:←,5:↙;6. ↓,7:↘,0;→(图 5－30).

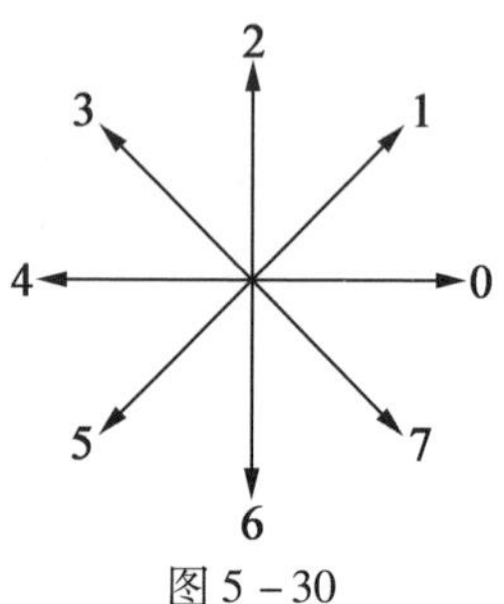

图 5－30

将线型图像分成方格,在每格中选择八个基元中最近的一个代表图像在这个格子中的那一段(图 5－31),于是一个曲线(或直线、折线)图像就可以写成一串链码. 图 5－31 中的链码就是 7600212212.

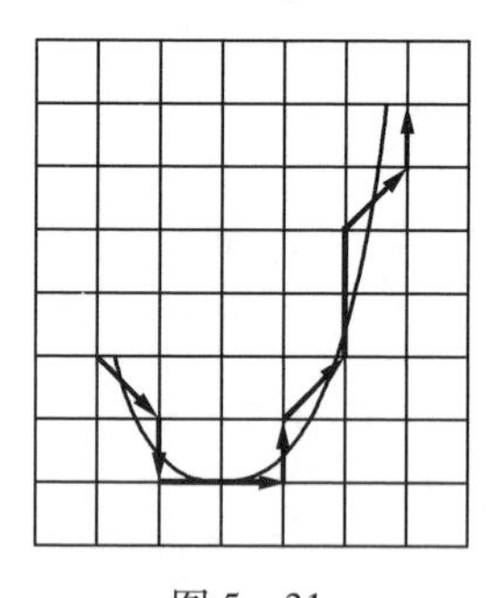
图 5－31

不少作者对于手写体的阿拉伯数字或英文字母都是用与上面类似的链码为基础,再对不同的模式给出不同的语言进行识别的. 也有人采用与上面类似的链码,再引入凹凸等中间的图像来研究染色体的分类识别.

②Pavlidis 的多边形近似的基元[8]。

这种基元是着眼于区域的. 其作法是以多边形来代表图形,再以凸多边形的并表示多边形,而凸多边形又以许多半平面的交来代替. 用语言学的说法来作比喻,就是:代表图形的多边形是句子,组成它的凸多边形是字,而半平面即是字母. 下面我们来介绍这种表示的方法:

令 A 是以 $S_1,S_2,\cdots,S_n$ 为边的有界多边形,若其中任一个边 S_{i_0} 延长后就可以将全平面分为两部分:同线段 S_{i_0} 的邻域中的 A 内的点在同侧的那半个平面称为正点组成的半平面,这个半平面内的点称为对于边 S_{i_0} 来说多边形 A 的正点(图 5-32);另一个半平面内的点称为负点. 如图 5-32 中对 S_4,S_5,S_6 来说,x 是正点,但对 S_2 来说,x 是负点;又如对 S_9,S_4,S_5,S_6,S_7 等来说,y 是正点,但对 S_1,S_2,S_3 来说,y 是负点. 设 h_i 表示对于 S_i 来说的正点组成的半平面,令 $Q\bigcap\limits_i h_i$. 若 A 是凸多边形, 则 $A=Q$,否则不等,甚至 Q 可能是空集. 设 I 是一个指标集:

$$I=\{i_1,i_2,\cdots,i_k\},Q_I=\bigcap_{i\notin I}h_i$$

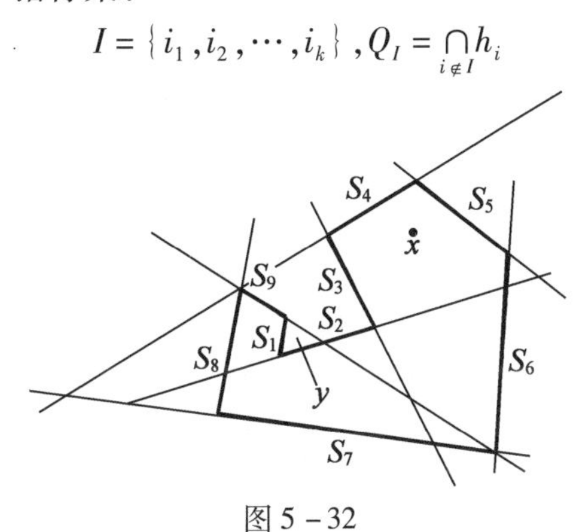

图 5-32

则任给一个指标的排列$\{i_1,i_2,\cdots,i_k\}$,有

$$Q \subset Q_{i_1} \subset Q_{i_1 i_2} \subset \cdots \subset Q_{i_1 i_2 \cdots i_k}$$

若 $Q, Q_{i_1}, \cdots, Q_{i_1 i_2 \cdots i_k}$ 中集合的上确界不是全平面或空集，则称它为 A 的一个基础子集，且这个序列中的第一个非零元素称为 A 的一个核. 容易看出：A 的全体基础子集的并正是 A 自己.

例如，字母 A 是一个多边形（图 5 - 33）. 我们将它的 $AM, AD, BL, PE, CI, DH, OF, NG, ML, IH$ 分别延长为直线（边），记为 $S_1, S_2, S_3, S_4, S_5, S_6, S_7, S_8, S_9, S_{10}$. 当 $I = \{5,6,7,8,10,4\}$ 时，则对应的 Q 的序列为

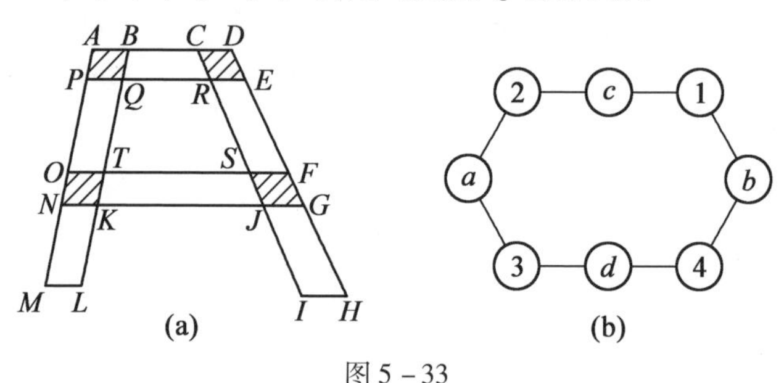

图 5 - 33

$$Q = \varnothing, Q_5 = \varnothing, Q_{56} = \varnothing, Q_{567} = ABPQ$$

$$Q_{5678} = ABPQ, Q_{567810} = ABPQ, Q_{5678104} = ABML$$

因而 $ABPQ$ 是 A 的一个核，$ABML$ 是 A 的一个基础子集. A 的全部基础子集是 $ABML(a)$、$CDHI(b)$、$ADPE(c)$、$OFNG(d)$；而核是 $CDER(1)$、$ABQP(2)$、$OTKN(3)$、$SFJG(4)$. 图 5 - 29 还给出了用全部核和基础子集作为基元来描述图像，使基元联结而成的网络图. 联结的原则是：凡是一个核与一个基础子集相交，就用一个键将它们联结. 例如字母 E 是以 $ABCD(e)$、$AFQR(f)$、$GLIJ(g)$、$MROP(h)$ 为基础子集，以 $AFCE(5)$、$GHLK(6)$、$MNRQ(7)$ 为核. 图 5 - 34 还给出了其结构联

结图.

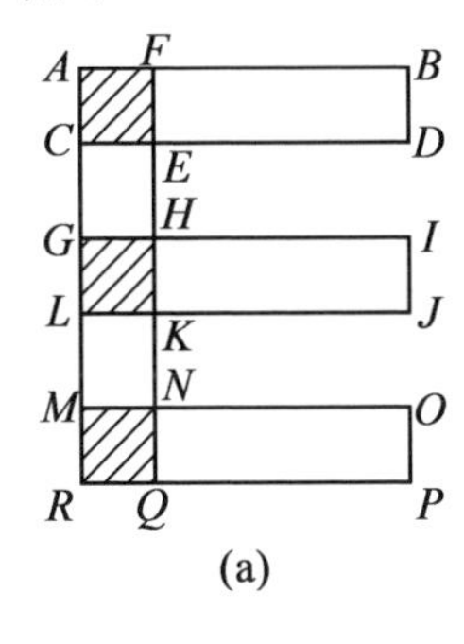

(a)

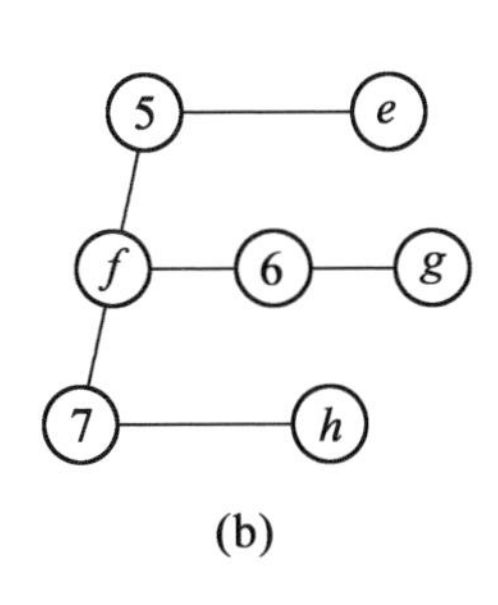

(b)

图 5－34

2. **语法推导**

语法推导的目的是根据一些语句的样本(即基元的字链或网络图等)来求出能生成这些样本的语法. 它的主要步骤是:

(1)写出终止符集;

(2)对每一个样本,逐个写出能生成此样本的生成规则及引入的非终止符.

(3)合并重复的生成规则和非终止符.

在这个过程中还应尽量利用一些明确的结构断言.

例 15　对图 5－35 进行语法推导.

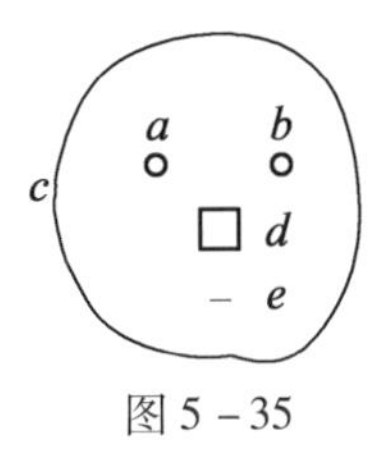

图 5－35

解　终止符选作:a,b,c,d,e.

已知的结构断言是:a 在 b 左边(记为"左(a,

b)”);a,b,d,e 在 c 中(记为“中(a,c)”等),d 在 e 上边(记为“上(d,e)”). 由此可以得到下面一系列生成规则,初步结构为:

(1)$A\to$上(d,e);

(2)$B\to$左(a,b);

(3)$C\to$中(a,c);

(4)$D\to$中(b,c);

(5)$E\to$中(d,c);

(6)$F\to$中(e,c);

(7)$G\to$左(a,b)中(a,c)中(b,c);

(8)$H\to$上(d,e)中(d,c)中(e,c);

第二步可以得到进一步的结构:

(9)$I\to$中(A,c);

(10)$J\to$中(B,c);

(11)$K\to$上(B,d),

(12)$L\to$上(B,e);

(13)$M\to$上(B,A);

第三步得到所要描述的图像:

(14)$N\to$中(K,c);

(15)$O\to$中(L,c);

(16)$P\to$中(M,c);

(17)$Q\to$上(K,e);

(18)$R\to$中(Q,c).

易见,Q 和 P 都是所要描述的图像. 但是,容易看出,上面各步中的生成规则中信息重复,结构不够明确. 我们合并重复的条文,可以得到两种语言:G_1 与 G_2.

$G_1:\{V_T,V_N,P_1,S\}$,其中

$V_T=\{a,b,c,d,e\}$,$V_N=\{A,B,M,P\}$,$S=P$

$$P_1: A \to 上(d,e)$$
$$B \to 左(a,b)$$
$$M \to 上(B,A)$$
$$P \to 中(M,c)$$

$G_2: \{V_T, V'_N, P_2, S\}$，其中

V_T 同上，$V'_N = \{R, B, Q, K\}$，$S = R$

$$P_2: B \to 左(a,b)$$
$$K \to 上(B,d)$$
$$Q \to 上(K,e)$$
$$R \to 中(Q,c)$$

例 16　设有样本

$$S = \{caaab, bbaab, caab, bbab, cab, bbb, cb\}$$

要推导出能生成这些样本的文法.

解　选终止符为 $V_T = \{a, b, c\}$. 可利用的结构断言只有一条，即基元之间就是一般连着写.

对 $S_1 = caaab$，可得语法 G_1：

$P_1: S \to cA, A \to aB, B \to aC, C \to ab$；

对 $S_2 = bbaab$，可得语法 G_2：

$P_2: S \to bbD, D \to aE, E \to ab$；

对 $S_3 = caab$，可得语法 G_3：

$P_3: S \to cF, F \to aG, G \to ab$；

对 $S_4 = bbab$，可得语法 G_4：

$P_4: S \to bbH, H \to ab$；

对 $S_5 = cab$，可得语法 G_5：

$P_5: S \to cI, I \to ab$；

对 $S_6 = bbb$，可得语法 G_6；

$P_6: S \to bbb$；

对 $S_7 = cb$，可得语法 G_7；

$P_7: S \to cb.$

合并全部生成规则,去掉重复的,可如下处理:

(1)将非终止符 C,E,G,H 和 I 合并成 C,得

$$S \to cA, S \to cF$$
$$A \to aB, S \to cC$$
$$B \to aC, F \to aC$$
$$C \to ab, S \to bbC$$
$$S \to bbD, S \to bbb$$
$$D \to aC, S \to cb$$

(2)再将 B,D,F 合并成 B,得

$$S \to cA, S \to cB$$
$$A \to aB, S \to bbC$$
$$B \to aC, S \to cC$$
$$C \to ab, S \to bbb$$
$$S \to bbB, S \to cb$$

(3)再进一步简化:引入 $B \to b$ 代替 $S \to cC, S \to bbb, S \to cb$ 得最后的生成规则

$$S \to cA, S \to cB$$
$$A \to aB, S \to bbC$$
$$B \to aC, B \to b$$
$$C \to ab, S \to bbB$$

如果忽略字长大于某个数(如 $x| > 5|$)的字链 x,则上述生成规则等价于

$$S \to cA, S \to bbA, A \to aA, A \to b$$

也可以用下面的程序文法来代替上面的文法:

$\tilde{G} = \{V_T, V_N, \tilde{P}, S\}$,其中

$$\tilde{P}: (1) S \to cA, \{(3),(4)\}, \{(5)\}$$

(2) $S \to bbA$, {(4), (5)}, $\varnothing$

(3) $A \to aaA$, {(4), (5)}, $\varnothing$

(4) $A \to aA$, {(5)}, $\varnothing$

(5) $A \to b$, $\varnothing$, $\varnothing$

有时候还可以分级进行推导.

例 17　染色体的语法推导. 利用染色体的对称性有:

$S \to BB$ (B 代表半个染色体)

$B \to CA_{rm}dA_{rm}$ (A_{rm}是臂, c 与 d 是锐弯与钝变, 见图 5-36).

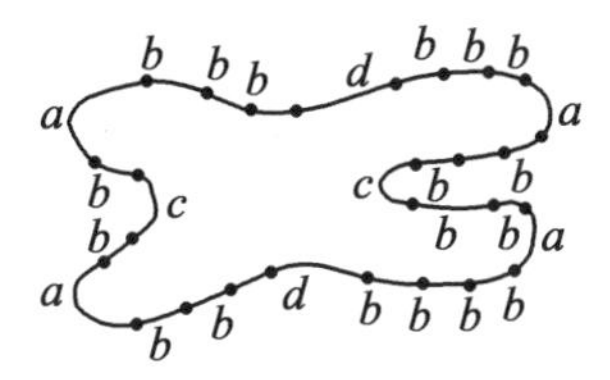

图 5-36

这里有 4 个 A_{rm}, 我们可以对这 4 个 A_{rm} 用上面的例子中的方法来进行语法推导. 这 4 个 A_{rm} 是 $babbb$, $bbbabb$, $bbabbbb$ 与 $bbab$, 其子文法为 $G_1 = (V_T, V_N, P_1, A_{rm})$, 其中

$$V_T = \{ a, b \}$$

$$P_1: A_{rm} \to G, G \to bGb$$

$$G \to Fb, F \to Eb$$

$$G \to bE, E \to a$$

于是将 P_1 与 $S \to BB$, $B \to cA_{rm}dA_{rm}$ 合并, 就可以得到对称染色体的文法 $G = (V_T, V_N, P, S)$

$$V_T = \{a, b, c, d\}, V_N = \{B, A_{rm}, G, F, E, S\}$$

$$P:S\to BB,B\to cA_{rm}dA_{rm}$$
$$A_{rm}\to G,G\to bGb$$
$$G\to Fb,G\to bG$$
$$F\to Eb,E\to a$$

有兴趣的读者还可以参考[9],其中介绍了文法推导的思想和方法.

§5.6 一个例子①

在这一节中,举一个在卫星照片上识别公路的例子,以便给读者提供一点关于建立识别系统的感性材料.

在建立识别系统时,建立文法是关键,本节主要介绍这一步. 如果有了描写公路的文法,就不难建立识别程序.

公路文法是通过对于资料的“学习”来建立的. 这里的“学习”资料是根据航空照片并由人们参与下所画出的公路图.

因为航空照片拍摄的高度比卫星照片拍摄的高度低得多,所以由它可以提供比较精确的公路数据资料. 在图中公路经过的小格均由 Q 标出.

我们将公路识别的语言分为若干级,最低级的语言是将公路图分成一些小格作为基元. 取 5 ×5 个小格组成一个方块作为这一级语言识别的对象. 这一级的语言描述出如图 5 – 37 中所示的 6 种图像(模式):

① 本例取自[1]中第 9 章.

“垂直线(A)”“上斜线(B)”“水平线(C)”“下斜线(D)”“稠密区(E)”“空白块(BLK)”. 其中每一个图像(模式)都有一个语言规则来描述. 例如对“垂直线(A)”,就可用如图 5－38 的网状文法来描写. 容易看出:近似于一个垂直线的 5×5 方块可以有各种不同的花纹。图 5－38 中“→”右端的 5×5 方块应有什么样的花纹呢?(也就是 A 应有多少条生成规则?这些生成规则应该是怎样的?)这里采用匹配相关的标准来选择这些花纹. 这就是假定每一种模式有一个标准样子,用一个 5×5 的矩阵 $\boldsymbol{C}=(c_{ij})_{5\times5}$ 来描述它. 例如“垂直线”“水平线”与“上斜线”的 $\boldsymbol{C}$ 矩阵为

$$\boldsymbol{C}_{\text{垂直线}}=\begin{pmatrix}-1 & 0 & 2 & 0 & -1\\ -1 & 0 & 2 & 0 & -1\\ -1 & 0 & 2 & 0 & -1\\ -1 & 0 & 2 & 0 & -1\\ -1 & 0 & 2 & 0 & -1\end{pmatrix}$$

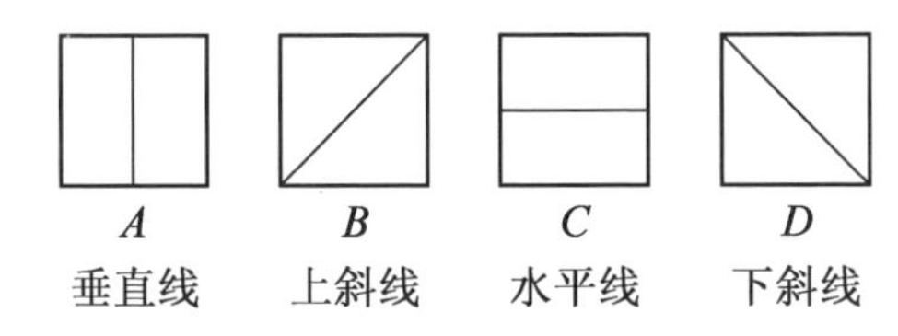

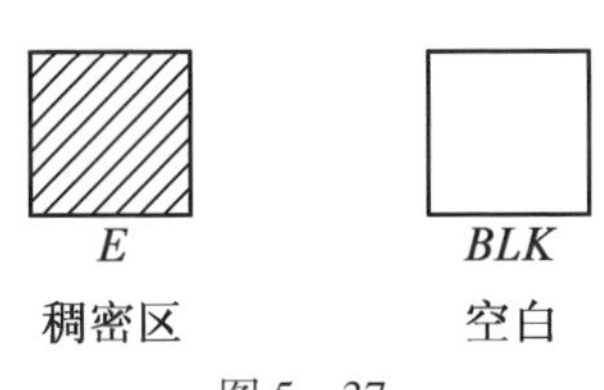

图 5－37

$$C_{\text{水平线}} = \begin{pmatrix} -1 & -1 & -1 & -1 & -1 \\ 0 & 0 & 0 & 0 & 0 \\ 2 & 2 & 2 & 2 & 2 \\ 0 & 0 & 0 & 0 & 0 \\ -1 & -1 & -1 & -1 & -1 \end{pmatrix}$$

$$C_{\text{上斜线}} = \begin{pmatrix} 0 & 0 & -1 & 0 & 2 \\ 0 & -1 & 0 & 2 & 0 \\ -1 & 0 & 2 & 0 & -1 \\ 0 & 2 & 0 & -1 & 0 \\ 2 & 0 & -1 & 0 & 0 \end{pmatrix}$$

此外,对每一个形如图 5 -38 中"→"右端的花纹(网)都可以定义一个矩阵 $\boldsymbol{K} = (k_{ij})_{5\times5}$,其中

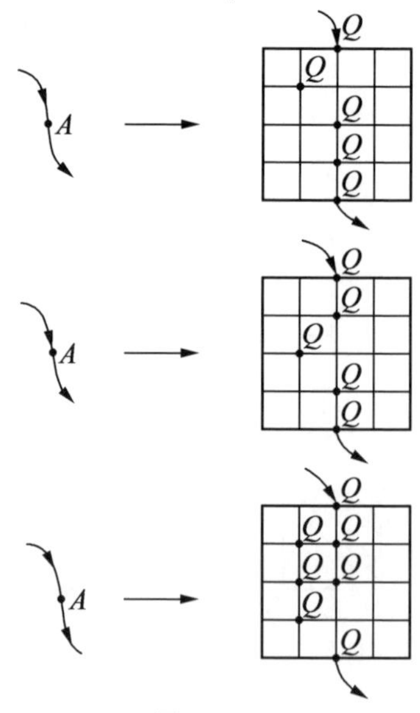

图 5 -38

$$k_{ij}=\begin{cases}0 & ((i,j)\text{这一小格不是 }Q)\\ 1 & ((i,j)\text{这一小格是 }Q)\end{cases}$$

如图 5－39 的花纹所对应的矩阵为

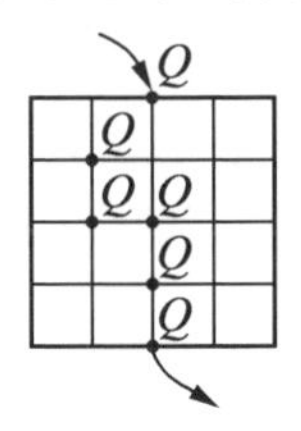

图 5－39

$$\boldsymbol{K}=\begin{pmatrix}0&0&1&0&0\\0&1&0&0&0\\0&1&1&0&0\\0&0&1&0&0\\0&0&1&0&0\end{pmatrix}$$

我们对每一种模式给出一个门限值（例如：垂直线（A）的门限值定为 8；上斜线（B）的门限值定为 8；水平线（C）的门限值也定为 8；……），这样，我们就可以由此对每一个花纹算出它与每一种模式的匹配效应 P

$$P=\sum_{i=1}^{5}\sum_{j=1}^{5}c_{ij}k_{ij}$$

如果 P 超过门限值，就认为这种花纹是属于这一个模式的. 例如图 5－38 中第一个花纹对垂直线的匹配效应为

$$P_{\text{垂直}}=1\times2+0\times2+1\times2+1\times2+1\times2=8$$

对上斜线的匹配效应为

$$P_{\text{上斜}}=-1\times1+(-1)\times1+2\times1+(-1)\times1=-1$$

因此认为：图 5－38 中第一个花纹应该包含在垂直线的模式（A）中，而不应在上斜线的模式（B）中. 这样，

在垂直线的生成规则中就应该有像图 5 - 38 中的第一条生成规则.

用这样的方法,就要以得到第一级语言的生成规则. 但是,由第一级语言,我们并没有得到右端的网的嵌入方式的任何信息. 这个信息将在第二级语言中得到. 用第一级语言识别样品图中的公路正确与错误的结果可见下面的表 5 - 2:

表 5 - 2

人工判断结果		用第一级语言分析结果	
		公路	非公路
公　路	点　数	320	316
	百分比	1.6%	1.6%
非公路	点　数	579	18 514
	百分比	2.9%	93.9%

第二级的语法规则为:它的右边表示一个公路点(方块)x 和它相邻的上、右、右上三个点(方块)应取什么值才是一个可以连贯的公路线(图 5 - 40). 这里 x 可能取图 5 - 37 中除 BLK 以外的全部 5 种值,而 v,w,y 则各自可取图 5 - 38 中列出的 6 个值(A,B,C,D,E,BLK). 这样生成的规则就共有 1 080 种了. 当然,其中只有一部分是线状的公路图,其他的有的是不可能或不大可能在线状公路图上出现. 因此,有必要再研究前面提到的“学习资料”,也就是考察 1 080 种生成规则所生成的语句(模式)中哪些是在“学习资料”中最常出现的? 哪些不出现? 哪些出现很少? [1]中表明了:在 1 080 种中只有 210 种较出现. 因此如果选这

210 种生成规则来作为第二级的公路语法规则,则对样品图像识别的结果会有所改进. 现列表(表 5 – 3)如下:

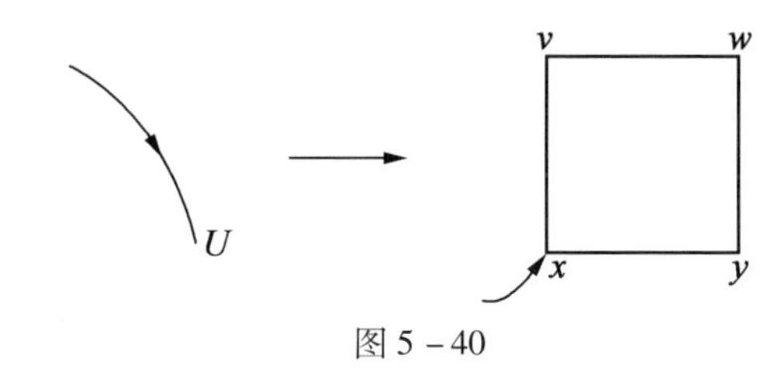

图 5 – 40

表 **5 – 3**

人工判断结果		用二级语法判别	
		公路	非公路
公　路	点　数	249	387
	百分比	1.3%	2.0%
非公路	点　数	155	18 938
	百分比	0.7%	96.0%

但如果为了便于识别,将 210 种生成规则减少到 69 种,这时误分类比率却仍无明显的增加. 现列表(表 5 – 4)如下:

表 **5 – 4**

人工判断结果		用二级语法判别	
		公路	非公路
公　路	点　数	205	431
	百分比	1.0%	2.2%
非公路	点　数	114	18 979
	百分比	0.6%	96.2%

从实验结果来看:将公路误判为非公路的比率还是太高,但是如果我们在第一级水平中将公路点的要求适当放宽,而在第二级中再多利用直观的认识和学习样本中包含的“嵌入”信息,就可能达到比较令人满意的识别精确度.

关于图像识别的语言结构法,本章主要只是介绍了它的大致思想.如果读者需要深入了解这方面的内容,尤其是近几年来的新发展,可以参考 K. S. Fu 的专著[10].

参考文献

[1] FU K S. Syntactic Pattern Recognition, Application[M]. New York: Springer-Verlag, Berlin Heidelberg, 1977.

[2] FU K S. Syntactic Methods in Pattern Recognition[M]. New York: Acad. Press, 1974.

[3] PFALTZ J L, ROSENFELD A. Proc. Ist Intern. Joint Conf. on Artificial Intelligence, Washington D. C. , 1969.

[4] HOPCROFT J E, Ullman J D. Formal Language and their Retation to Automata, Reading Mass, Addison Wesley, 1969.

[5] SHAW A C. A Formal Description Scheme as a Basis for Processing Systems[J]. Information and Control, 1969(14):9-52.

[6] FEDER J. Plex Languages[J]. Information Sciences, 1971(3): 225-242.

[7] FREEMAN H. On the Encoding of Arbitrary Gemetric Configurations [J]. IEEE Trans, 1961(EC-10):260-268.

[8] PAVILIDIS T. Representation of Figures by labeled Graphs[J]. Pattern Recognition, 1972(4):5-17.

[9] FU K S, Booth T L. Grammati cal Inference Introduction and Survey [J]. IEEE Trans, 1975(SMC-5):95, 409.

[10] FU K S. Syntactic Pattern Recognition and Applications. Prentice-Hall, Inc. , Englewood Cliffs, New Jersey, 1982.

[11] AHO A V, ULLMAN J D. The Theory of Parsing, Translation, and Compiling. Vol. 1: Parsing. Prentice-Hall, Inc. , Englewood Cliffs, N. J. 1972.

[12] LU S Y. Error-correcting Matching and Parsing for Syntactic Pattern Recognition, in Pattern Recognition and Signal Processing. Edited by Chen C. H. Sijthoff & Noordhoff, 1978.

[13] 自动化. 1979, 3(2): 37-43.

模糊集论及其在图像识别中的应用简介

第六章

§6.1 背景与概念

在我们研究世界的对象中,往往有一些具有含糊性的物类,这种物类的成员的定义是不明确的,或者说是"模糊的".例如"比1大得多的数""高个子的人""圆乎乎的图形",等等,在人们的思维中,这种模糊性的概念占有很重要的地位.怎样将这种模糊的物类用数量关系表达出来呢?模糊集论就是为了表达上述这些模糊物类与概念的一个尝试.自从1965年Zadeh提出了"模糊集"(Fuzzy Set)[1]后,十几年来,特别是20世纪70年代以来,各种冠以Fuzzy的文献不断涌现出来.不少从事信息、控制、图像识别、计算机科学等工作的学者都尝试用这一概念与想法去处理各种问题.到目前为止,在图像识别、控制、语言

程序、系统分析、经济科学等许多方面都有应用模糊集论的研究.

引入“模糊”的概念有什么好处呢？有些事物本来是可以用通常的数学语言很精确地表达或分类的，例如身高究竟是多少厘米，是完全可以用数字来表达的，但是在许多问题中（例如识别、控制等）我们并不需要知道确切是多少厘米，而只要大致上知道对象是“高个子”或“中等个”还是“矮个”就行了. 比如要找一个人，人们常常这样介绍：“大高个儿，穿军装，戴眼镜的中年人.”根据这样简单的介绍，在一定范围内，已完全能确定这个人是谁了. 根本无须细问身高究竟是 1.70 还是 1.80……；年龄 35 岁还是 40 岁. 另一方面，“高个子”“中年人”这些类别也不宜用一个身高或年龄的死板界线去划分. 如若 30 ~ 45 岁作为“中年人”，那么 29 岁半就不叫“中年”吗？45 岁一个月就不叫“中年”吗？——如果这样掌握标准，就太死板了. 实际上，在人们具体根据介绍的情况去找人时，对“高个”“中年”这些概念是掌握很灵活的. 为了反映人们这种灵活地掌握物类标准的智能，引入“模糊集”的概念是有益的.

所谓模糊集的概念，就是不要求说明它的成员是哪些或不是哪些，而只要说明一个元素能以多高的“资格”作为它的成员. 例如令

$$\mu(m)=\begin{cases}\left[1+\left(\dfrac{m-50}{5}\right)^{-2}\right]^{-1} & (m>50)\\ 0 \quad (m\leqslant 50)\end{cases}$$

我们说 m 岁的人是“老年人”这个模糊集的“资格”是 $\mu(m)$，可看到超过 50 岁，年岁越大，这个“资格”就越

高.

§6.2 模糊集的定义

定义 6.1 在普通集合 X 上,若有一个实函数 $\mu_A(x)$,满足:

$$0\leqslant\mu_A(x)\leqslant 1$$

则称 $\mu_A(x)$ 决定了一个 X 的模糊子集 $\mathscr{A}$,$\mu_A(x)$ 称为模糊集 $\mathscr{A}$ 的隶属度.

在这里对 X 的子集合,$\mathscr{A}\subset X$,若令

$$\mu_A(x)=\begin{cases}1 & (x\in\mathscr{A})\\ 0 & (x\notin\mathscr{A})\end{cases}$$

($\mu_A(x)$ 为 $\mathscr{A}$ 的特征函数.)那么 $\mu_A(x)$ 也是一个满足定义 6.1 要求的隶属度,$\mathscr{A}$ 也可以看成一个特殊的模糊集. 由此可见:模糊集的定义其实是将集合的特征函数推广到隶属度. 前者要求函数只要取 $\{0,1\}$ 两个值,而后者可以取 $[0,1]$ 区间上的一切值.

例 1 在平面 $\mathbf{R}^2$ 上,一个"一"字(图 6-1(a))是一个黑白二色的图像,可以看成 $\mathbf{R}^2$ 上的一个取 $\{0,1\}$ 二值的函数(图 6-2). 但人们概念中的"一"绝不仅是这种方方正正、死死板板的"一",对各种手写体的"一",人们都可以接受,所以"一"字的概念在人们的脑子里就模糊起来了(图 6-1(b)),各小格中的隶属度就不会是 1 与 0 了(图 6-3).

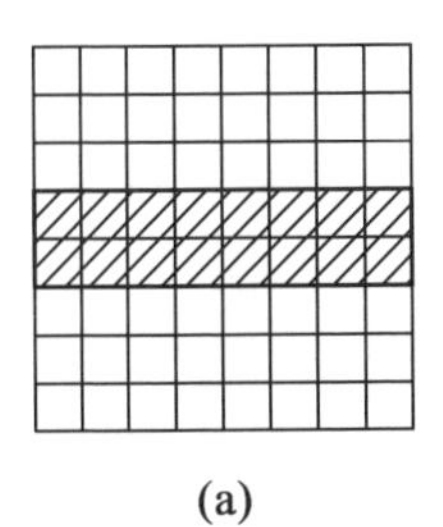
(a)

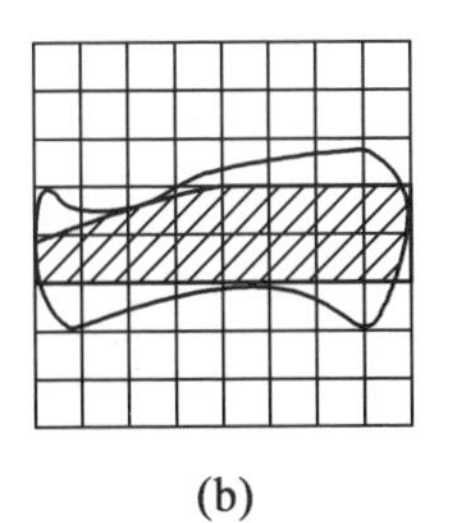
(b)

图 6－1

0	0	0	0	0	0	0	0
0	0	0	0	0	0	0	0
0	0	0	0	0	0	0	0
1	1	1	1	1	1	1	1
1	1	1	1	1	1	1	1
0	0	0	0	0	0	0	0
0	0	0	0	0	0	0	0
0	0	0	0	0	0	0	0

图 6－2

0	0	0	0	0	0	0	0
0	0	0	0	0	0	0	0
?	?	?	?	?	?	?	?
?	1	1	1	1	1	1	1
?	?	?	?	?	?	?	?
?	0	0	0	0	0	0	?
0	0	0	0	0	0	0	0
0	0	0	0	0	0	0	0

图 6－3

定义 6.2　若 A 是 X 的模糊子集，则普通集合

$$A_\alpha = \{x \mid \mu_A(x) \geqslant \alpha\} \subset X$$

称为 A 的 α 度普通子集.

$$A_{0+}=\{x|\mu_A(x)>0\}\subset X$$

称为 A 的支集. A_1 称为 A 的真域(毫不含糊地在 A 中的点集). $A_{0+}-A_1$ 称为 A 的不定图像,它是“含糊”地隶属于 A 中的点集.

在上面“一”的模糊集的例子中写“1”的小格是 A_1 中的点,写“?”的各小格是“一”的不定图像集.

易见:
$$A_\alpha\subset A_{\alpha'}(\alpha>\alpha')$$
$$A_1=\bigcap_{\alpha>0}A_\alpha,A_{0+}=\bigcup_{\alpha>0}A_\alpha$$

§6.3 模糊集的运算

与集合的运算类似,对模糊集也可以有“和”“交”“余”等运算. 定义的主要想法是推广集合运算时对应特征函数的运算.

定义 6.3 设 A,B 是集 X 的模糊子集,令

$$\mu_C(x)=\max\{\mu_A(x),\mu_B(x)\}$$
$$\mu_D(x)=\min\{\mu_A(x),\mu_B(x)\}$$
$$\mu_E(x)=1-\mu_A(x)$$

以 $\mu_C(x),\mu_D(x),\mu_E(x)$ 为隶属度的模糊子集 C,D,E 分别称为 A 与 B 的和,A 与 B 的交,A 的余. 记为

$$A\cup B=C,A\cap B=D$$
$$\overline{A}=E$$

(参见图 6-4.)

定义 6.4 设 A,B 是集合 X 上的两个模糊子集,又若对 $\forall x\in X$,有 $\mu_A(x)\leqslant\mu_B(x)$,则称 A 包含于 B 中,记为 $A\subseteq B$;若 $\forall x\in X$,有 $\mu_A(x)=\mu_B(x)$,则称 A 与 B 相等,记为 $A=B$.

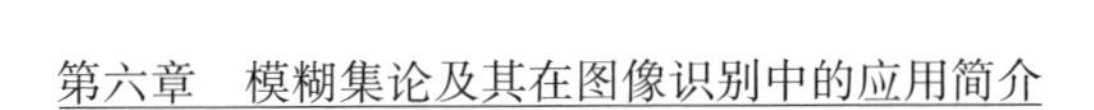

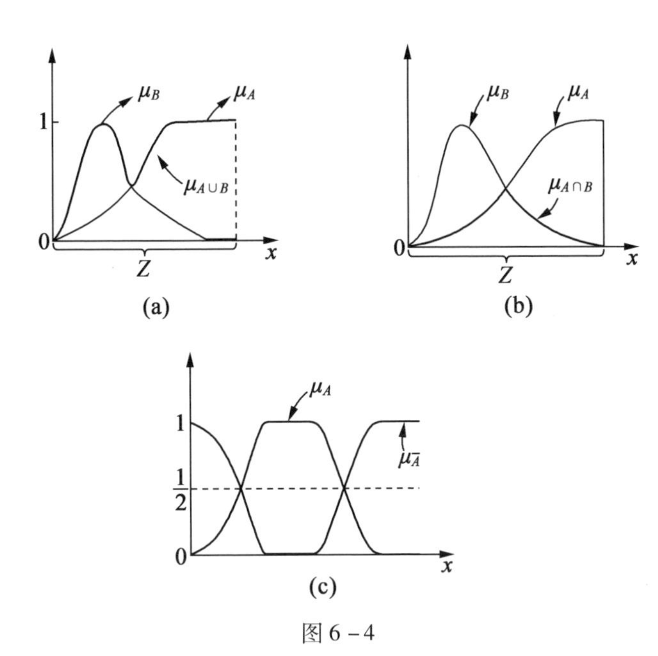

图 6－4

于是 $A\cup B$ 是包含 A,B 的最小模糊子集,$A\cap B$ 是含于 A,B 中的最大模糊子集.

定理 6.1　X 的全体模糊子集(记为 $F(x)$)对和($\cup$)、交($\cap$)两种运算组成分配格,即满足对和、交运算封闭,且对 X 的任意的模糊子集 $A,B,C\cdots$,有

(1)$A\cup B=B\cup A$(和的交换律);

(2)$(A\cup B)\cup C=A\cup(B\cup C)$(和的结合律);

(3)$A\cup A=A$(和的幂等律);

(4)$A\cap B=B\cap A$(交的交换律);

(5)$(A\cap B)\cap C=A\cap(B\cap C)$(交的结合律);

(6)$A\cap A=A$(交的幂等律);

(7)$(A\cup B)\cap C=(A\cap C)\cup(B\cap C)$(分配律);

(8)$(A\cap B)\cup A=A,(A\cup B)\cap A=A,$

又若令
$$\mu_1(x)=1 \quad (\forall x\in X)$$
$$\mu_0(x)=0 \quad (\forall x\in X)$$
则

(9) $A\cup\mathbf{0}=A, A\cap\mathbf{0}=\mathbf{0}$,
$A\cup\mathbf{1}=\mathbf{1}, A\cap\mathbf{1}=A$;

(10) $(\overline{\overline{A}})=A, \overline{\mathbf{0}}=\mathbf{1}, \overline{\mathbf{1}}=\mathbf{0}$.

也就是 X 的全体模糊子集 $F(X)$ 组成软代数(morgan)$(F(X),\cup,\cap,-)$.

值得注意的是:$F(X)$ 不满足互余律:一般地
$$A\cup\overline{A}\neq\mathbf{1}$$
$$A\cap\overline{A}\neq\mathbf{0}$$
这是与普通集合运算不同的,所以 $F(X)$ 不能组成布尔代数.

定理 6.2 对任意的 $0\leqslant\alpha\leqslant1$,
$$(A\cup B)_\alpha=A_\alpha\cup B_\alpha$$
$$(A\cap B)_\alpha=A_\alpha\cap B_\alpha$$

证 $x\in(A\cup B)_\alpha\Leftrightarrow\mu_{A\cup B}(x)\geqslant\alpha\Leftrightarrow\max(\mu_A(x),\mu_B(x))\geqslant\alpha\Leftrightarrow x\in A_\alpha\cup B_\alpha$. 所以 $(A\cup B)_\alpha=A_\alpha\cup B_\alpha$. 另一等式证明与此类似.

注意,一般地 A_α 与 $\overline{A}_\alpha$ 不互余. 关于这一点,有下面的定理:

定理 6.3 A,B 是 X 上的两个模糊子集,则对一切的 $0\leqslant\alpha\leqslant1$, $\overline{A}_\alpha=B_\alpha$ 的充要条件是:A,B 是 X 的普通子集,且 $\overline{A}=B$.

证 充分性是显然的. 下面证明必要性:

设有 $x\in X, 0<\mu_A(x)<1$,则存在 $0<\alpha<\beta<1$,使
$$0<\alpha\leqslant\mu_A(x)<\beta<1\Rightarrow x\in A_\alpha, x\notin A_\beta$$

又由 $A_\alpha=\overline{B}_\alpha,\overline{A}_\beta=B_\beta$,可见 $x\notin B_\alpha,x\in B_\beta$,即

$$\beta\leqslant\mu_B(x)<\alpha\leqslant\mu_A(x)<\beta$$

这是不可能的,可见所设不真,即 $\mu_A(x)=0$ 或 $1(\forall x\in X)$. 同理可证:$\mu_B(x)=0$ 或 $1(\forall x\in X)$. 又由 $A_1=\overline{B}_1$, $\overline{A}_1=B_1$ 易见:当 $\mu_A(x)=1$ 时,有 $x\in A_1,x\notin B_1$;$\mu_B(x)<1$ 时,即得 $\mu_B(x)=0$. 同样,当 $\mu_B(x)=1$ 时,有 $\mu_A(x)=0$,所以 A,B 是两个互余的普通集.

§6.4　模糊关系

1. 模糊关系的概念

在通常的集合论中,在 X,Y 上变化的两个变量之间的关系等价于两个变量组成的乘积空间 $X\times Y$ 的一个子集. 例如

$\{(x,y)\mid x\leqslant y\}$ 表示 x 小于或等于 y

$\{(x,y)\mid y=f(x)\}$ 表示 x 与 y 成函数关系

将这个概念推广到模糊的领域,就得到模糊关系的概念.

定义 6.5　$X\times Y$ 的一个模糊子集称为 $X\to Y$ 的一个模糊关系.

例如:"$y\ll x$",即 $X\times Y$ 上的一个模糊集,它的隶属度为

$$\mu(x,y)=\begin{cases}\dfrac{1}{1+(x-y)^{-2}} & (y<x)\\ 0 \quad (y\geqslant x)\end{cases}$$

可以看出:当 $x-y=10$ 时,隶属度是 $\frac{100}{101}$;

当 $x-y=100$ 时,隶属度是$\frac{10\ 000}{10\ 001}\sim 1$;

当 $x-y=1\ 000$ 时,隶属度是$\frac{1\ 000\ 000}{1\ 000\ 001}\sim 1$.

2. 复合模糊关系

在普通集合中的复合函数(图 6-5)

$y=f(\varphi(x))$(由 $y=f(z)$ 与 $z=\phi(x)$ 复合而成)

用集合论的语言讲,就是

$$\{(x,y)\mid y=f[\phi(x)]\}=\bigcup_{z\in Z}[\{z=\phi(x)\}\cap\{y=f(z)\}]$$

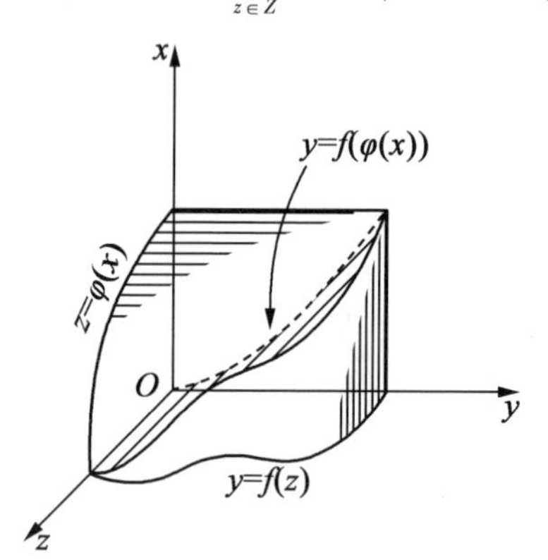

图 6-5

推广到模糊关系,得到两个模糊关系 R_1(定义在 $X\times Y$)、R_2(定义在 $Y\times Z$)的复合关系 $R_1\circ R_2$ 是定义在 $X\times Z$ 上的一个新的模糊关系,它的隶属度是

$$\mu_{R_1\circ R_2}(x,z)=\sup_{y\in Y}[\min(\mu_{R_1}(x,z),\mu_{R_2}(z,y))]$$

例 2　　$R_1:\mu_{R_1}(x,y)=\mathrm{e}^{-k(x-y)^2}$

$R_2:\mu_{R_2}(y,z)=\mathrm{e}^{-k(y-z)^2}$

$$\mu_{R_1\circ R_2}(x,z)=\sup_{y\in Y}[\min(\mathrm{e}^{-k(x-y)^2},\mathrm{e}^{-k(y-z)^2})]$$

$$=\mathrm{e}^{-k(\sup_{y\in Y}\min(|x-y|,|y-z|))^2}=\mathrm{e}^{-k(\frac{1}{2}(x-z))^2}$$

$$=\mathrm{e}^{\frac{-k(x-z)^2}{4}}$$

例 3　$R_1 = 0.4/(0,0) + 0.6/(0,1) + 0.6/(1,0) + 1/(1,1)$

$R_2 = 0.9/(0,0) + 0.7/(0,1) + 0.7/(1,0) + 0.5/(1,1)$

$R_1 \circ R_2 = 0.6/(0,0) + 0.5/(0,1) + 0.7/(1,0) + 0.6/(1,1)$

模糊关系的组合满足分配律和结合律,即

$$R \circ (R_1 \cup R_2) = (R \circ R_1) \cup (R \circ R_2)$$

$$R_1 \circ (R_2 \circ R_3) = (R_1 \cdot R_2) \circ R_3$$

而且当 $R_1 \subset R_2$ 时

$$R \circ R_1 \subset R \circ R_2$$

3. 在 $X \times X$ 上的关系 R

令

$$R^2 \triangleq R \circ R$$

$$R^n \triangleq R \circ R^{n-1} = R^{n-1} \circ R (\text{结合律})$$

定义 6.6　若 $\mu_R(x,x) = 1$,则 R 称为自反;

若 $\mu_R(x,y) = \mu_R(y,x)$,则 R 称为对称;

若 $\mu_R(x,z) \geqslant \sup\limits_y \min(\mu_R(x,y), \mu_R(y,z))$,则 R 称为传递.

注意:若 R 传递,则 $R \supset R^2$, $R^n \supset R^{n+1}$ $(n = 1, 2, 3, \cdots)$;若 R 自反,那么 $R \subset R^2$,这是因为

$$\begin{aligned}\mu_{R^2}(x,y) &= \sup_z \min(\mu_R(x,z), \mu_R(z,y)) \\ &\geqslant \min(\mu_R(x,y), \mu_R(y,y)) \\ &= \mu_R(x,y)\end{aligned}$$

所以,若 R 自反、传递,那么

$$R = R^2 = R^3 = \cdots = R^n = \cdots$$

定义 6.7　若 R 自反、对称,则称为相像关系. 若 R 自反、对称又传递,则称为相似关系.

定理 6.4　若 R 自反、对称,则当 $n \nearrow$ 时, $\mu_{R^n}(x,y) \nearrow$,

令

$$\mu_{\hat{R}}(x,y) = \lim_{n\to\infty} \mu_{R^n}(x,y)$$

则 $\hat{R}$ 是一个相似关系.

证 由于 R 自反,则

$$1 \geqslant \mu_{R^n}(x,y) \geqslant \mu_{R^{n-1}}(x,y)$$

所以 $\lim\limits_{n\to\infty} \mu_{R^n}(x,y)$ 存在,令

$$\mu_{\hat{R}}(x,y) = \lim_{n\to\infty} \mu_{R^n}(x,y)$$

$\hat{R}$ 是以 $\mu_{\hat{R}}$ 为隶属度的模糊关系,由 R 自反、对称,得

$$1 \geqslant \mu_{R^2}(x,x) \geqslant \mu_R(x,x) = 1, \cdots, \mu_{R^n}(x,x) = 1$$

$$\begin{aligned}\mu_{R^2}(x,y) &= \sup_z \min\{\mu_R(x,z), \mu_R(z,y)\} \\ &= \sup_z \min\{\mu_R(z,x), \mu_R(y,z)\} \\ &= \sup_z \min\{\mu_R(y,z), \mu_R(z,x)\} \\ &= \mu_{R^2}(y,x)\end{aligned}$$

同理 $\qquad \mu_{R^n}(x,y) = \mu_{R^n}(y,x)$

可见 $\qquad \mu_{\hat{R}}(x,x) = 1, \mu_{\hat{R}}(x,y) = \mu_{\hat{R}}(y,x)$

另一方面 $\qquad R^{n+m} = R^n \circ R^m$

$$\begin{aligned}\mu_{R^{n+m}}(x,y) &= \sup_z \min\{\mu_{R^n}(x,z), \mu_{R^m}(z,y)\} \\ &\geqslant \min\{\mu_{R^n}(x,y), \mu_{R^m}(z,y)\}\end{aligned}$$

令 $m,n\to\infty$,得

$$\mu_{\hat{R}}(x,y) \geqslant \min(\mu_{\hat{R}}(x,z), \mu_{\hat{R}}(z,y))$$

$$\mu_{\hat{R}}(x,y) \geqslant \sup_z \min\{\mu_{\hat{R}}(x,z), \mu_{\hat{R}}(z,y)\}$$

即 $\hat{R}$ 自反、对称、传递,所以 $\hat{R}$ 是一个相似关系.

4. 利用模糊关系作图像分类的一个例子

日本的 S. Tamura、S. Higuchi 和 K. Tanaka 在 1971 年[3]曾用模糊集做了一个照片分类的有趣实验. 他们在 60 个家庭的成员中,每人拿一张照片. 每个家庭由 4 ~6 人组成. 在每个家庭成员的相片中,父亲和母亲

之间一般来讲是不相像的，但他们可以通过他们的子女建立相像的关系，从而根据照片分出哪些人是同一家的. 在这里，作者将 60 个家庭的照片分成 20 组，每组由 3 个家庭的成员组成，将各组内不同家庭的相片混在一起，请来 20 个学生，对每组内的相片评定一个"相像"的等级，也就是在组内任取两张，按 5 级：0，0.2，0.4，0.6，0.8 评分，给出这两张"相像"的等级. 这样就对每组可以得到一个关系 R 的隶属度 $R(x,y)$. 例如有一组的隶属度由表 6－1 给出.

表 6－1　$R(x,y)((x,y)\in z=\{1,2,\cdots,16\})$

成员序号	1	2	3	4	5	6	7	8	9	10	11	12	13	14	15	16
1	1															
2	0	1														
3	0	0	1													
4	0	0	0.4	1												
5	0	0.8	0	0	1											
6	0.5	0	0.2	0.2	0	1										
7	0	0.8	0	0	0.4	0	1									
8	0.4	0.2	0.2	0.5	0	0.8	0	1								
9	0	0.4	0	0.8	0.4	0.2	0.4	0	1							
10	0	0	0.2	0.2	0	0	0.2	0	0.2	1						
11	0	0	0.2	0.2	0	0	0.8	0	0.4	0.2	1					
12	0	0	0.2	0.8	0	0	0	0	0.4	0.8	0	1				
13	0.8	0	0.2	0.4	0	0.4	0	0.4	0	0	0	0	1			
14	0	0.8	0	0.2	0.4	0	0.8	0	0.2	0.2	0.6	0	0	1		
15	0	0	0.4	0.8	0	0.2	0	0	0.2	0	0	0.2	0.2	0	1	
16	0.6	0	0	0.2	0.2	0.8	0	0.4	0	0	0	0	0.4	0.2	0	1

注：0.5 是在分三类时由 0.6 转化而来.

由 $R(x,y)$ 求得 $\hat{R}(x,y)$，它是一个相似关系. 不难证明：

定理6.5 若对 $\forall(x,y)\in X(x\neq y)$ 都有 $\hat{R}(x,y)\neq 1$，则令 $\rho(x,y)=1-\hat{R}(x,y)$ 是 X 上的一个距离.

证 $0\leqslant\rho(x,y)\leqslant 1$ 当且仅当 $x=y$ 时 $\rho(x,y)=0$，$\rho(x,y)=\rho(y,x)$，这两条显然.

又由 $\hat{R}(x,y)$ 传递，得

$$
\begin{aligned}
\hat{R}(x,y) &\geqslant \min(\hat{R}(x,z),\hat{R}(z,y)) \\
&= \frac{1}{2}(\hat{R}(x,z)+\hat{R}(z,y)-|\hat{R}(x,z)-\hat{R}(z,y)|) \\
&= \hat{R}(x,y)+\hat{R}(z,y)-\frac{1}{2}[\hat{R}(x,z)+\hat{R}(z,y)+ \\
&\quad |\hat{R}(x,z)-\hat{R}(z,y)|] \\
&= \hat{R}(x,y)+\hat{R}(z,y)-\max(\hat{R}(x,z),\hat{R}(z,y)) \\
&\geqslant \hat{R}(x,z)+\hat{R}(z,y)-1
\end{aligned}
$$

所以
$$\rho(x,y)\leqslant\rho(x,z)+\rho(z,y)$$

故可在本组（16 个成员）中，按 $\rho(x,y)$ 是否小于 λ，将 16 个成员分组；我们可以从小到大地调整 λ，使对这个 λ 按 $\rho(x,y)\leqslant\lambda$ 的规则正好将 16 个成员分成 3 个小组，这时分成的这 3 个小组就是识别的结果——3 个家庭.

这个实验的结果是：20 组中正确的分类率为 50% 到 90%；误分与拒分率为 0 到 33%，整个的平均正确分类率是 75%；错分率为 13%；拒分率为 12%.

§6.5　模糊语言和算法

1. 语气算子[2]

对前面讲的模糊集“大”“小”“年轻”“年老”……，再加上一些副词，如“很”（或“非常”）“稍微”“挺”……，就可以把可表达的模糊范围进一步扩大. 对这种副词，Zadeh 在 1973 年[1]提出了语气算子的表达方法. 例如：“大”的隶属度若为 $\mu_{大}(x)$，那么“很大”的隶属度定义为

$$\mu_{很大}(x)=(\mu_{大}(x))^2$$

“略大”（稍微有一点大）的隶属度为

$$\mu_{略大}(x)=(\mu_{大}(x))^{0.75}$$

“挺大”的隶属度为

$$\mu_{挺大}(x)=(\mu_{大}(x))^{1.25}$$

各种语气算子的统一表达式可写成

$$H_\lambda:H_\lambda\mu_A(x)=(\mu_A(x))^\lambda(\lambda\text{ 为正实数})$$

于是“很”就是 H_2，“稍”就是 $H_{0.75}$，“挺”就是 $H_{1.25}$……，再加前面讲过的“和”“交”“余”三种运算

$$\text{not}A\triangleq\overline{A}(\text{“不 }A\text{”})$$

$$A\text{ or }B\triangleq A\cup B(\text{“}A\text{ 或 }B\text{”})$$

$$A\text{ and }B\triangleq A\cap B(\text{“}A\text{ 且 }B\text{”})$$

这样，如果定义了“大”“小”，就可由此得到“不大”“很大”“非常大”“不大不小”“很大或很小”等模糊集. 例如在

$$X=\{1,2,3,\cdots,10\}$$

上定义“大”“小”两个模糊集为

$$“大”=0.2/4+0.4/5+0.6/6+0.8/7+1/8+1/9+1/10$$

$$“小”=1/1+0.8/2+0.6/3+0.4/4+0.2/5$$

（在上面两式中，“+”不是意味加法，而是指把“大”取的各种值及其隶属度放在一起；分式“0.2/4”等也不是指0.2除以4，而是用分母表示取 X 中什么元素，分子表示对应于该元素的隶属度.0.2/4就表示取4的隶属度为0.2.）于是

$$“很大”=0.04/4+0.16/5+0.36/6+0.64/7+1/8+1/9+1/10$$

$$\begin{aligned}“不大不小”&=(1/1+1/2+1/3+0.8/4+0.6/5+0.4/6+0.2/7)\wedge\\&\quad(0.2/2+0.4/3+0.6/4+0.8/5+1/6+1/7+1/8+1/9+1/10)\\&=0.2/2+0.4/3+0.6/4+0.6/5+0.4/6+0.2/7\end{aligned}$$

又例如

$$“老年”:\mu_{老年}(m)=\begin{cases}0 & (m\leqslant 50)\\ \left(1+\left(\frac{m-50}{5}\right)^{-2}\right)^{-1} & (m>50)\end{cases}$$

$$\mu_{很老}(m)=\begin{cases}0 & (m\leqslant 50)\\ \left(1+\left(\frac{m-50}{5}\right)^{-2}\right)^{-2} & (m>50)\end{cases}$$

$$\mu_{不很老}(m)=\begin{cases}1 & (m\leqslant 50)\\ \dfrac{\left(\frac{m-50}{5}\right)^{-4}+2\left(\frac{m-50}{5}\right)^{-2}}{\left(1+\left(\frac{m-50}{5}\right)^{-2}\right)^{2}} & (m>50)\end{cases}$$

2. **模糊化算子**

模糊化算子“大概”，记为 F，它可以作用于确切的“字”（普通集），使之模糊化，成一个模糊集. 例如：年龄为30岁. 这是一个普通集，可以看成是定义在整数集 $X=\{1,2,3,\cdots,n,\cdots\}$ 上的一个子集. 其特征函数是

$$\mu_{30}(x)=\begin{cases}0 & (x\neq 30)\\ 1 & (x=30)\end{cases}$$

$F\mu_{30}$ 就是模糊集“30 上下”

$$F\mu_{30}(x)=\begin{cases}e^{-(30-x)^2} & (|x-30|\leqslant 1)\\ 0 & (|x-30|>1)\end{cases}$$

F 的一般定义是：若有一个取值于$[0,1]$的二元实函数 $f(x,y)$，则

$$F\mu_A(x)=\sup_{y\in Y}(f(x,y)\mu_A(y))$$

例如上面的例子中

$$f(x,y)=\begin{cases}e^{-(x-y)^2} & (|x-y|\leqslant 1)\\ 0 & (|x-y|>1)\end{cases}$$

例 4　　$X=1+2+3+4$

$$A=0.8/1+0.6/2$$

$f(x,y)$ 由表 6－2 给出：

表 6－2

y \ $f(x,y)$	x = 1	2	3	4	$\mu_A(y)$
1	1	0.4	0	0.1	0.8
2	1	0.4	0.4	0.2	0.6
3	0	0	0	0	0
4	0	0	0	0	0

则

$$
\begin{aligned}
F\mu_A(x) &= \max\{0.8,0.6\}/1+\max\{0.32,0.24\}/2+ \\
&\quad 0.24/3+\max\{0.08,0.12\}/4 \\
&= 0.8/1+0.32/2+0.24/3+0.12/4
\end{aligned}
$$

这就将 A 进一步“模糊”化了！

3. 模糊语句

下面介绍“模糊语句”，作为模糊的推理. 有下列几种语句：

(1)赋值语句　例如

对应“$x=5$”有赋模糊值的语句，如“$x=$‘大’”“$x=$‘很老’”，等等.

(2)模糊操作语句　例如

“将 x 稍增加”“转向 7”“向前走几步”“打印”……

这类语句中有真正“模糊”的操作，也可以有确定的操作(如“打印”).

(3)模糊条件语句　例如

“若 x 小，则 y 大”；

“若 x 是高个子，则 y(是要找的人的可能)不大”；

“若 x 比 y 大得多，则停机”；

“碰到红绿灯，就再向前走几步”.

在这里，我们着重讲怎样用模糊集的运算来表示这种语句. 令

$$A\times B \triangleq \int_{X\times Y}\min(\mu_A(x),\mu_B(y))/(x,y)$$

(“$\int$”不是指积分，与上面“+”相同，指放在一起)

例如　$A=0.2/1+0.4/2+0.8/3+1/4$

$$B=1/0+0.5/100$$

$A\times B=0.2/(1,0)+0.4/(2,0)+0.8/(3,0)+$

$$1/(4,0)+0.2/(1,100)+0.4/(2,100)+0.5/(3,100)+0.5/(4,100)$$

条件语句“若 A 则 B”可以用一个二元模糊集表示. 设 A 是 X 上的模糊子集; B 是 Y 上的模糊子集; $A\times B$ 是 $X\times Y$ 上的模糊子集,“若 A 则 B”也是 $X\times Y$ 上的模糊子集

$$\text{“若 }A\text{ 则 }B\text{”}=(A\times B)\cup(\bar{A}\times Y)$$

一般地, A,B,C 分别是 X,Y,Y 上的模糊子集,“若 A 则 B, 否则 C”也是 $X\times Y$ 上的一个模糊子集

$$\text{“若 }A\text{ 则 }B\text{, 否则 }C\text{”}=(A\times B)\cup(\bar{A}\times C)$$

$X\times Y$ 上的模糊集可以看成是 X 上的模糊集与 Y 上的模糊集的一个关系,将这个关系作用到一个 X 上的模糊集上去,就可以得到对这个条件语句的作用结果.

例如: R =“若 A 则 B, 否则 C.”其中

$$A=\text{“小”}=1/1+0.8/2+0.6/3+0.4/4+0.2/5$$

$$B=\text{“大”}=0.2/1+0.4/2+0.6/3+0.8/4+1/5$$

$$C=\text{“不很大”}=0.96/1+0.84/2+0.64/3+0.36/4+0/5$$

$$\begin{aligned}A\times B=\ &0.2/(1.1)+0.4/(1.2)+0.6/(1.3)+\\&0.8/(1.4)+1/(1.5)+0.2/(2.1)+\\&0.4/(2.2)+0.6/(2.3)+0.8/(2.4)+\\&0.8/(2.5)+0.2/(3.1)+0.4/(3.2)+\\&0.6/(3.3)+0.6/(3.4)+0.6/(3.5)+\\&0.2/(4.1)+0.4/(4.2)+0.4/(4.2)+\\&0.4/(4.2)+0.4/(4.2)+0.2/(5.1)+\\&0.2/(5.2)+0.2/(5.3)+0.2/(5.4)+\\&0.2/(5.5)\end{aligned}$$

$$\bar{A} \times C = 0.2/(2.1) + 0.2/(2.2) + 0.2/(2.3) + 0.2/(2.4) + 0.4/(3.1) + 0.4/(3.2) + 0.4/(3.3) + 0.36/(3.4) + 0.6/(4.1) + 0.6/(4.2) + 0.6/(4.3) + 0.36/(4.4) + 0.8/(5.1) + 0.8/(5.2) + 0.64/(5.3) + 0.36/(5.4)$$

$$R = 0.2/(1.1) + 0.4/(1.2) + 0.6/(1.3) + 0.8/(1.4) + 1(1.5) + 0.2(2.1) + 0.4/(2.2) + 0.6/(2.3) + 0.8/(2.4) + 0.8/(2.5) + 0.4/(3.1) + 0.4/(3.2) + 0.6/(3.3) + 0.6/(3.4) + 0.6/(3.5) + 0.6/(4.1) + 0.6/(4.2) + 0.6/(4.3) + 0.4/(4.4) + 0.4/(4.5) + 0.8/(5.1) + 0.8/(5.2) + 0.64/(5.3) + 0.36/(5.4) + 0.2/(5.5)$$

执行(1)$x=$“很小”；

(2)若($x=$)“小”，则($y=$)“大”，否则 y“不很大”，这两个语句的执行结果是：

$$y = x \circ R(\mu_{x \circ R} = \sup_{x \in X}[\min \mu_X(x), \mu_R(x, y)])$$

所以

$$y = \text{“很小”} \circ R = (1/1 + 0.64/2 + 0.36/3 + 0.16/4 + 0.04/5) \circ R = 0.36/1 + 0.4/2 + 0.6/3 + 0.8/4 + 1/5$$

如果执行

(1)$x=$“小”；

(2)若($x=$)“小”，则($y=$)“大”.

那么

$$y = 1/1 + 0.8/2 + 0.6/3 + 0.4/4 + 0.2/5。$$

$$(A\times B\cup\times\overline{A}\times Y)$$

$$=(1,0.8,0.6,0.4,0.2)\circ$$

（为简单起见，将"分母"略去不写）

$$\begin{pmatrix}0.2&0.4&0.6&0.8&1\\0.2&0.4&0.6&0.8&0.8\\0.4&0.4&0.6&0.6&0.6\\0.6&0.6&0.6&0.6&0.6\\0.8&0.8&0.8&0.8&0.8\end{pmatrix}$$

$$=(0.4,0.4,0.6,0.8,1)$$

上式中记号"。"表示:在普通两个矩阵相乘中,将相应两个元素相乘换成取最小值;将相应的一些元素相加换成取这些元素的最大值.

注意:这里的结果 $y\neq$"大",而只是近似于"大",这一点是和非模糊的明确推理不同的.

利用上面讲的模糊语言,可以有一套模糊算法.

§6.6　利用模糊集论作图像识别的两个例子

1. 三角形的模糊分类[4]

这里,我们对已知三个角的任一三角形来判别它是近似的等腰三角形(记为 I)、近似的等边三角形(E),近似直角三角形(R)、近似等腰直角三角形(IR)、普通三角形(O). 令

$$\mu_I(\triangle ABC)=1-\rho_I\min\{|A-B|,|B-C|,|C-A|\}$$

其中 $\rho_I=1/60°$,A,B,C 是$\triangle ABC$ 的三个角的角度. 易见

当 $A=120°,B=60°,C=0°$时,$\mu_I(\triangle ABC)=0$;

当 $A=B$ 时，$\mu_I(\triangle ABC)=1$；

当 $A=90°, B=70°, C=20°$时

$$\mu_I(\triangle ABC)=1-3\times\frac{20}{180}=\frac{2}{3}$$

当 $A=90°, B=60°, C=30°$时

$$\mu_I(\triangle ABC)=1-3\times\frac{30}{180}=\frac{1}{2}$$

（见图 6－6 及图 6－7），$\triangle ABC$ 越接近等腰，$\mu_I(\triangle ABC)$越接近于 1.

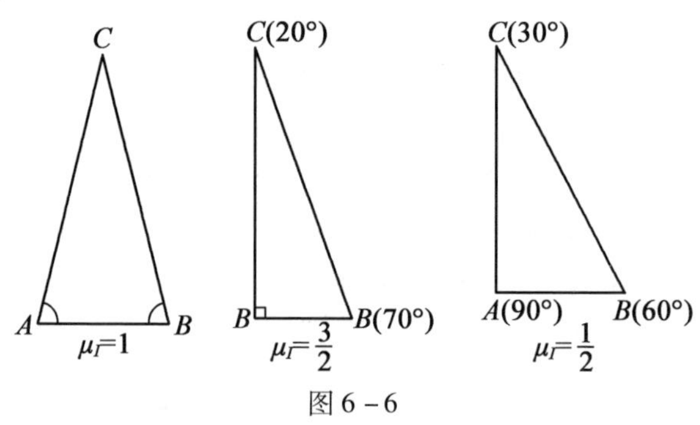

图 6－6

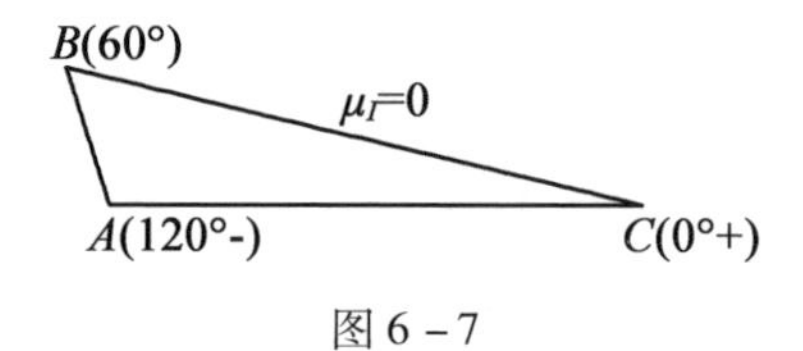

图 6－7

令

$$\mu_E(\triangle ABC)=1-\rho_E\max\{|A-B|,|B-C|,|C-A|\},$$

其中 $\rho_E=1/180°$，易见

当 $A=B=C=60°$时，$\mu_E(\triangle ABC)=1-0=1$；

当 $A=180°, B=C=0$ 时，$\mu_E(\triangle ABC)=0$；

当 $A=60°, C=90°, B=30°$时，

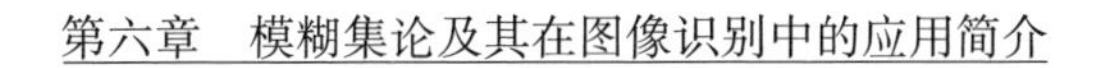

$$\mu_E(\triangle ABC)=\frac{2}{3}$$

当 $A=45°, B=45°, C=90°$ 时，

$$\mu_E(\triangle ABC)=\frac{3}{4}$$

（见图 6－8 及图 6－9），易见△ABC 越接近等边，$\mu_E(\triangle ABC)$越接近 1.

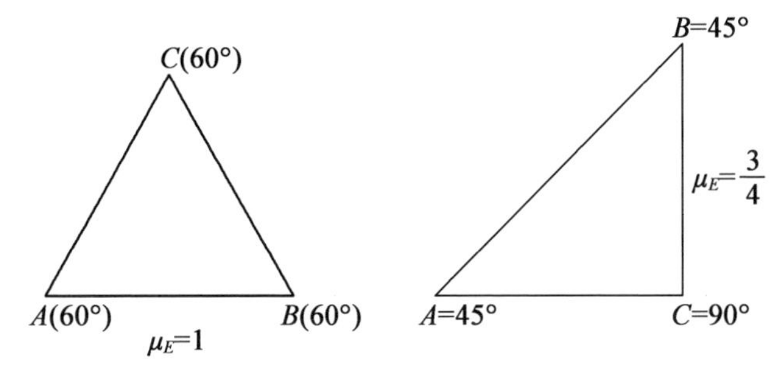

图 6－8

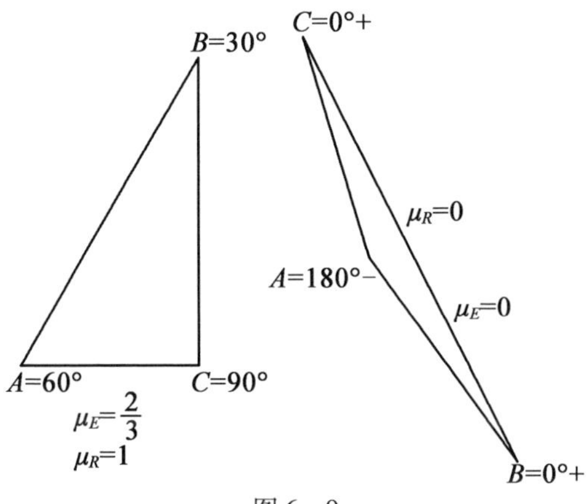

图 6－9

令

$$\mu_R(\triangle ABC)=1-\rho_R\min(|A-90°|,|B-90°|,|C-90°|)$$

其中 $\rho_R = \frac{1}{90°}$.

当 $A = 180°, B = C = 0$ 时

$$\mu_R(\triangle ABC) = 0$$

当 $A = 90°$时

$$\mu_R(\triangle ABC) = 1$$

当 $A = 40°, B = 75°, C = 60°$时

$$\mu_R(\triangle ABC) = \frac{5}{6}$$

当 $A = 60°, B = 60°, C = 60°$时

$$\mu_R(\triangle ABC) = \frac{2}{3}$$

$\triangle ABC$ 越接近直角三角形,μ_R 越接近 1.

由上面的三个模糊集,立得

$$\mu_{IR}(\triangle ABC) = \mu_{I\cap R}(\triangle ABC) = \min(\mu_I(\triangle ABC), \mu_R(\triangle ABC))$$

$$\mu_0(\triangle ABC) = \mu_{\overline{I\cup R\cup E}}(\triangle ABC) = 1 - \max(\mu_I, \mu_R, \mu_E)$$

给了$\triangle ABC$,可以按下面的步骤判别它属于哪一类,置门限 δ(根据近似要求给):

(1)求出 μ_I, μ_E, μ_R 及 $\max\{\mu_I, \mu_E, \mu_R\}$;

(2)当 $\max\{\mu_I, \mu_E, \mu_R\} > \delta$ 时,如最大值唯一,则$\triangle ABC$ 就属于达到最大值的那一类;如最大值有两个:$\mu_I = \mu_R = \max\{\mu_I, \mu_E, \mu_R\}$,则$\triangle ABC$ 是等腰直角三角形;如 $\mu_I = \mu_E = \max\{\mu_I, \mu_E, \mu_R\}$,则$\triangle ABC$ 是等边三角形. 当 $\max\{\mu_I, \mu_E, \mu_R\} \leqslant \delta$ 时,则$\triangle ABC$ 是普通三角形.

类似的,可以用模糊集的概念对四边形近似分类.对轮廓化后得到的只有"长与角"的染色体分类也可

采用和与上述类似的模糊方法.

2. 血细胞涂片上的白细胞分类[5]

不同的白细胞的核的形状不同. 如单核、淋巴、嗜碱、嗜酸的白细胞分别是圆缺弓形的、圆的、二叶的与细长的. 下面给出一些形状的尺度。

(1)圆形尺度

$$\mu_1 = \rho_1 / f$$

其中 $\rho_1 = 4\pi$, f = 周长^2/面积. 在一切图形中,圆的 f 最小,即 μ_1 最大,这时

$$\mu_{1(圆)} = 4\pi/(2\pi R)^2/\pi R^2 = 1$$

一般地 $$0 \leqslant \mu_1 \leqslant 4\pi/f_{圆} = 1$$

μ_1 可以看成是"近似圆"或"圆乎乎的"这个模糊集的隶属度.

(2)"长条形"的度量。

嗜酸性粒细胞核是长条形的,所以有必要找出"长条形"的尺度. 其中之一是这样的:

①求核的图形的质量中心和面积;

②找出与图形同面积、共质量中心的最相合的长方形:$ABCD$;

③设 $ABCD$ 的边长是 a,b,则令

$$\mu_e = \frac{\max(a,b)}{a+b}$$

(4)如最相合的长方形不唯一,则 μ_e 取其中最大的.

(3)"针形"的度量、针形的隶属度是

$$\mu_{sp} = (\mu_e)^2$$

(4)"弓形"的度量。

单细胞核是弓形的,所以我们应给出"弓形"的度

量：

①如图 6 - 10 所示，找出图形的对称轴 AB，若对称轴不存在，则以对称差最小的轴作近似对称轴；

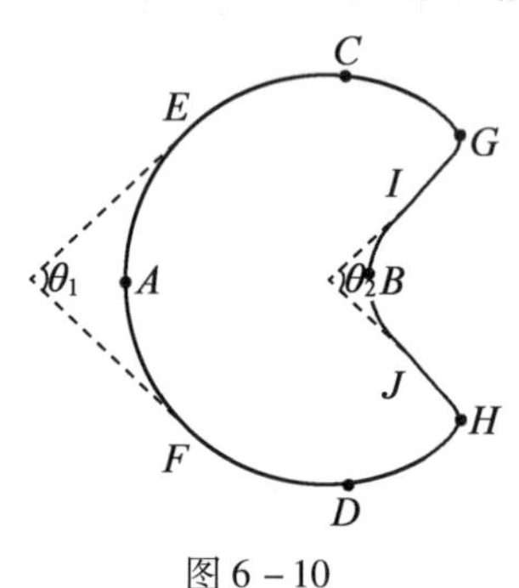

图 6 - 10

②求出 C,D 两点，使它们的切线与点 A 的切线垂直，如 C 不唯一，则取中值；

③定出点 G,H，使它们的切线与点 A 切线平行；

④定出 F,E，使$\widehat{AE}=\widehat{EC}$,$\widehat{AF}=\widehat{FD}$；定出 I,J，使

$$IG = BI, BJ = JH$$

(5)求出点 E 的切线与点 F 的切线的夹角 θ_1，再求出点 I 的切线与点 J 的切线的夹角 θ_2. 令

$$\mu_i = 1 - \rho_i \max(\theta_1, \theta_2)$$

$$\rho_i = \frac{1}{180^\circ}$$

例如：$\theta_1 = \theta_2 = 0^\circ$,$\mu_i = 1$(图 6 - 11(a))；

$\theta_1 = 25^\circ$,$\theta_2 = 10^\circ$,$\mu_i = 0.86$(图 6 - 11(b))；

$\theta_1 = 180^\circ$,$\theta_2 = 180^\circ$,$\mu_i = 0$(图 6 - 11(c))；

$\theta_1 = 84^\circ$,$\theta_2 = 70^\circ$,$\mu_i = 0.53$(图 6 - 11(d))；

$\theta_1 = 90^\circ$,$\theta_2 = 180^\circ$,$\mu_i = 0$(图 6 - 11(e)).

因此“略弓形”表达为 $\mu_{si} = (\mu_i)^{1/2}$.

例如图 6 - 11(b)：$\mu_{si}=0.93$；

　　图 6 - 11(d)：$\mu_{si}=0.73$.

"深度弓形"表达为

$$\mu_{di}=(\mu_i)^2$$

例如图 6 - 11(b)：$\mu_{di}=0.74$；

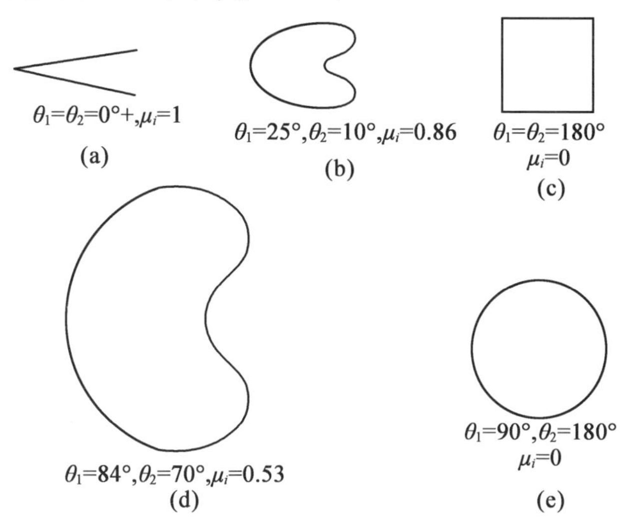

图 6 - 11

图 6 - 11(c)：$\mu_{di}=0.28$. 利用这些关于形状的语言的基本"同汇"，再用上面介绍的模糊语言的各种技巧，可进一步达到白细胞分类的目的.

利用类似的想法[8]，对癌细胞的识别，用模糊方法进行了有趣的尝试.

参考文献

[1] ZADEH L A. Fuzzy Sets[J]. Infor. & Control, 1965(8)：338-353.

[2] ZADEH L A. Outline of a New Approach to the Analysis of Complex Systems & Decision Processes[J]. IEEE Trans, 1973(SMC－3):28-44.

[3] TAMURA S, HIGUCHI S, TANAKA K. Pattern Classification Based on Fuzzy Relations[J]. IEEE Trans, 1971(SMC－1):61-66.

[4] LEE E T. An Application of Fuzzy Set to the Classificatioin of Geometric Figures & Chromosome Image[J]. Infor. Sciences, 1976, 10(2):95-114.

[5] LEE E T. Application of Fuzzy Languages to Pattern Recognition[J]. Kybernetic, 1977, 6(3):167-173.

[6] CHANG S K. On the Execution of F-Program Using Finite-State Machines[J]. IEEE Trans, 1972, C－21(3):241-253.

[7] PAPPIS C P, MAMDANI H A. Fuzzy Logic Controller for a Traffic Junction[J]. IEEE Trans, 1977, SMC－7(10):707-717.

[8] 陈传娟,钱敏平. 利用模糊方法进行癌细胞识别[J]. 生物化学与生物物理进展, 1979, 3:66-70.